规 划 泉 城

Planning for the City of Springs

王新文　等编著

中国建筑工业出版社

图书在版编目（CIP）数据

规划泉城/王新文等编著．—北京：中国建筑工业出版社，2008
ISBN 978-7-112-10199-3

Ⅰ.规… Ⅱ.王… Ⅲ.城市规划－研究－济南市 Ⅳ.TU984.252.1

中国版本图书馆CIP数据核字（2008）第096680号

责任编辑：王莉慧 黄 翎
责任设计：崔兰萍
责任校对：安 东 关 健

规 划 泉 城
Planning for the City of Springs
王新文 等编著
*
中国建筑工业出版社出版、发行（北京西郊百万庄）
各地新华书店、建筑书店经销
北京嘉泰利德公司制版
北京方嘉彩色印刷有限责任公司印刷
*
开本：880×1230毫米 1/16 印张：19 3/4 字数：620千字
2008年9月第一版 2008年9月第一次印刷
定价：165.00元
ISBN 978-7-112-10199-3
 (17002)
版权所有 翻印必究
如有印装质量问题，可寄本社退换
（邮政编码 100037）

序

　　城乡规划是一项全局性、综合性、战略性、科学性很强的工作，是政府指导城乡建设发展、维护社会公平、保障公共安全和公众利益的重要公共政策，是城乡建设发展的龙头和法定依据，对于引领经济社会和城乡建设发展具有重要作用。只有规划好才能建设好、管理好、发展好。建设美丽泉城，规划工作责任重大，使命光荣。

　　历届山东省委省政府、济南市委市政府一贯高度重视和大力支持济南规划工作，多次作出重要指示。2003年6月26日省委常委扩大会议、2005年7月15日省委省政府济南科学发展座谈会、2007年9月29日省委常委扩大会议，在济南发展的关键时期，专题听取济南市委市政府关于规划建设管理的汇报，对规划工作给予充分肯定，对今后工作提出了希望和要求。在省委省政府的高度重视和市委市政府的正确领导下，济南市规划部门坚持以科学发展观为统领，全面落实省、市党委政府的部署要求，认真履行"维护省城稳定、发展省会经济、建设美丽泉城"的重大职责，深入推行科学规划、民主规划、依法规划，积极创新规划管理，服务发展大局，充分发挥规划的先导引领作用，在探讨规划理论、完善规划体系、理顺体制机制、提高服务效能、强化制度创新、加强队伍建设等方面做了大量工作，进行了一系列有益的创新和尝试。济南市城乡规划的理念思路和体制机制发生了深刻变革，规划的先导引领作用和服务保障职能明显提升，管理水平和服务效能显著提高，济南规划工作步入了科学规划、民主规划、依法规划的新阶段。

　　《规划泉城》是对多年来济南城市规划实践的总结、反思和归纳，真实地记录了济南城市规划建设发展的轨迹。它坚持科学性与操作性的有机统一，结合济南实际，逐步构建科学合理、层次清晰、目标明确、覆盖城乡的规划体系。在规划编制体系上，通过战略研究，探讨城市未来的发展方向和发展机遇，通过覆盖城乡的各层次规划编制，建立完善以总体规划和专业规划为指导、控制性详细规划为基础、修建性详细规划和专项规划为依据、重点片区和重点项目规划为保障的城乡规划体系；在规划管理体系上，健全了规划法规制度体系，优化了规划管理技术手段，构建了规划服务信息平台，加强了专业队伍培养建设，实现了城乡规划管理由粗放型向精细特色型、由速度型向质量速度型、由把关型向把关调控型的全面提升，为推进济南科学发展、和谐发展、率先发展作出了积极贡献。

　　济南正站在新的历史起点上，朝着全面构建社会主义和谐社会的目标前进。济南市规划部门将继续深入贯彻省、市党委政府关于济南规划工作的部署要求，以高度的社会责任感和时不我待的紧迫感，抓住机遇，乘势而上，高标准高水平高效率地推进济南规划工作再上新水平，为把济南建设成为实力强大、人民富裕、社会和谐、生态良好的现代化省会城市而努力奋斗。

前言

济南，南依泰山，北临黄河，地处鲁中南低山丘陵与鲁西北冲积平原的交接地带，是中国东部沿海经济大省和人口大省——山东省的省会，全省政治、经济、科技、文化、教育、旅游中心，全国15个副省级城市之一。现辖六区一市三县，市域面积8177km^2，2006年底全市总人口603万人。

济南素以"泉城"蜚声中外，融"山、泉、湖、河、城"于一体，是一座拥有4600多年文明史和2600多年建城史的文明古城，齐鲁文化荟萃之地，国家级历史文化名城。

济南区位优越，承东启西、连南接北，在山东省"一体两翼"区域发展格局中处于中脊隆起带的主体部位，是连接京津和沪宁两大城市群、山东半岛和黄河中下游地区的枢纽城市，省会城市群经济圈的核心城市，环渤海地区南翼和黄河中下游地区的区域中心城市。

21世纪之初，伴随着经济全球化、信息社会和知识经济时代的到来，全球城市体系格局发生了深刻变化，对世界城市，尤其是中心城市的发展产生了深刻影响。与此同时，中国进入全面建设小康社会、加快构建社会主义和谐社会的新的历史发展时期。济南与中国许多特大城市一样，进入发展的重要战略机遇期，经济社会持续稳定快速发展，城市建设步伐不断加快。经济发展在带来巨大经济效益的同时，也对社会、生态、环境等诸多方面产生了深刻影响。经济的快速增长导致城市化高速发展，大量人口涌入城市，引起城市规模迅速膨胀，城市承担着巨大的社会经济、资源环境、人口用地等诸多方面的压力。这种只顾"增长"而忽略全面协调"发展"的模式，导致了生态环境的退化和对资源的掠夺性破坏，历史文脉缺失，社会的不稳定因素也大大增加。经济的发展只有与社会、环境效益和谐发展才能维系下去，否则，就不能实现可持续发展，这就是科学发展观的真谛和内涵。

经济、环境、社会成为城市空间和谐发展的目标三角（图1）。城市发展正从单纯注重经济增长转向经济、社会、生态、环境、文化的统筹协调发展，最终实现和谐社会的构建。可持续发展观、科学发展观、和谐社会等发展理念以及和谐城市、宜居城市等城市发展模式的提出，旨在探求更加合理的城市发展模式和人类聚居模式。

城市规划是一门综合性和实践性很强的学科，具有政治、经济、社会、历史、文化、技术等诸多属性。传统的规划模式以经济要素为主，较少考虑环境、社会、生态和资源等其他因素。为解决日益突出的资源、环境与经济社会发展问题，城市规划在内容、范围、理论研究和方法技术等方面应进行改革和创新，转变传

图1 城市空间可持续发展的目标三角

统规划理念，由单纯以经济开发规划为重点转向社会、经济、文化、生态等多元化综合性规划，更加关注社会因素、文化因素、生态因素、资源因素、人文因素等，高度重视生态环境的保护与提升、文化的传承与创新、资源的保护与利用等涉及生态与社会和谐发展的主题，促进城市经济、社会、生态、文化的综合协调可持续发展，从而实现构建社会主义和谐社会的目标。

济南作为山东省省会，全国15个副省级城市之一，面对新形势新任务，应以超前的思维和站在更高的战略高度，科学审视城市发展的历史与现状，探寻城市发展的规律与脉络、优势与不足，科学谋划城市长远发展战略，超前建构城市总体发展框架，提高规划的前瞻性、科学性、战略性和指导性，为城市和谐发展提供科学规划蓝图。

省市领导历来高度重视和关注济南城市规划工作，多次作出重要指示。2002年1月22日，省委、省政府召开济南城市建设现场办公会，指明了谋划省会济南长远发展的方向和目标，提出了要按照"高起点规划、高标准建设、高效能管理"的要求，拓展发展空间、规划建设新区、改善提升老城，把济南建设成为充分体现悠久历史文化、独特自然风貌和新世纪现代化气息的省会城市。这次会议对推动新时期省会城市的规划建设管理向更高水平迈进具有重要的历史意义，启动了城市规划建设重大战略调整的进程。

2003年6月26日，省委常委召开扩大会议，专题研究了济南的城市规划建设和今后发展问题，原则同意济南市委、市政府关于济南市城市规划建设的总体思路、空间布局和发展框架，确认了"东拓、西进、南控、北跨、中疏"的城市发展战略"十字"方针和东部产业带、东部新城、泉城特色风貌带及老城、西部新城、西部片区五大板块城市布局。事关城市今后20年乃至更长时间的发展方向得以明确，城市规划工作取得重大突破。

2005年7月15日，省委、省政府又专门召开济南科学发展座谈会，提出了"站在新起点，实现新发展"的发展主题，对实施"中部突破济南"战略、进一步加快济南改革开放和现代化建设，进行了研究部署。

2007年9月29日，在济南面临承办第十一届全运会重大历史机遇的关键时期，省委常委召开扩大会议，再次专题研究济南规划建设管理问题，对济南城市规划建设管理取得的成绩给予充分肯定，对今后两年济南城市规划建设管理工作作出了全面部署安排，提出了"抓住机遇，奋战两年，使济南城市规划、市政建设、市容市貌和城市载体功能有一个大提高、上一个大台阶，使济南市有一个新面貌、新形象，以崭新的姿态迎接十一届全运会"的新要求，确定围绕把济南建设成为活力之都、魅力之城、宜居家园的目标，集中打造奥体文博、特色标志区和腊山新客站三大片区，使济南人民、山东人民为之一振，使国人世人眼睛一亮，促进济南经济社会又好又快发展。

这几次重大会议的召开，标志着济南城市规划建设的理念和思路发生了重大突破和深刻变革，期间组织修编的城市总体规划，编制的控制性详细规划、重点片区重点工程规划、专业专项规划及新农村建设规划等，按照新的理念和发展思路，全面贯彻落实科学发展观、"五个统筹"及构建和谐社会等重要战略思想，按照能够较长时期有效指导城市经济社会全面协调持续发展的要求，着重把握了

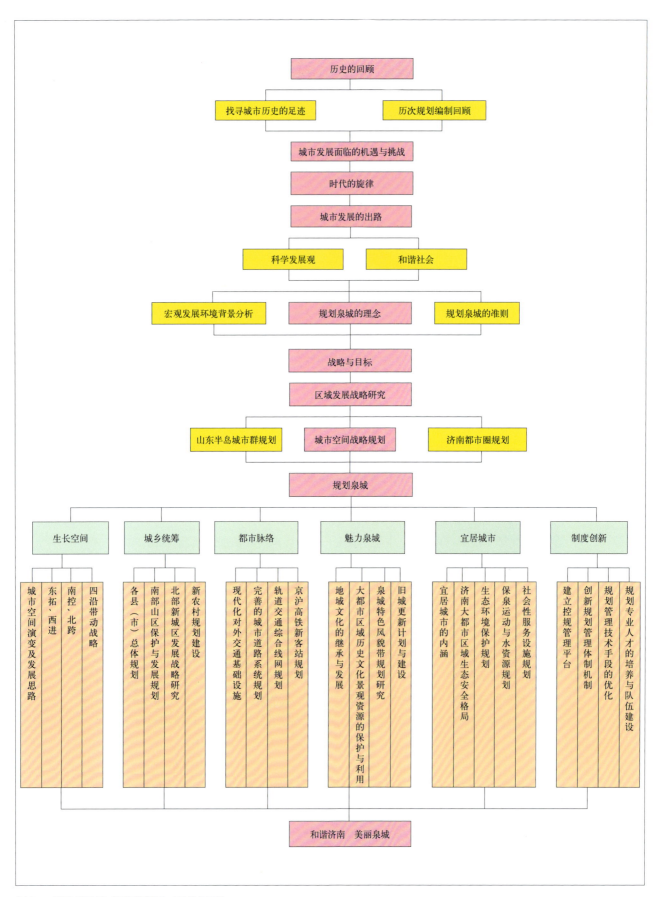

图2 《规划泉城》编著路径图（结构框图）

规划理念的三个根本性转变：一是从注重确定城市性质和规模向注重控制合理的环境容量和确定科学的建设标准转变；二是从注重开发建设布局向注重各类脆弱资源的有效保护利用和空间管制的要求转变；三是从局限于传统的城市规划区向市域的城乡一体、统筹协调发展转变。以先进的理念和思路科学编制规划，拓展城市空间，提升城市功能，整体推动济南城市规划建设事业迈上了新的台阶。

《规划泉城》从近年来济南市规划部门在规划编研和规划管理等方面的探索与实践入手，广泛借鉴国内外城乡规划领域的先进理念和发展模式，对涉及济南城市发展的诸多重大问题进行了深入探讨，旨在回顾济南城市规划历程，总结规划工作经验，试图从济南城乡规划实践中，探求中国城市科学发展的理念、思路和方法，以期能与国内外城市分享和交流城乡规划实践经验。此外，城乡规划体系是一个不断发展和完善的过程，这一过程依赖于实践的探索与推动。因此我们也期待济南的实践能对城乡规划体系的发展和改革起到积极的推动作用，为发展现代城市规划理论注入新的内容。

《规划泉城》是对济南城市规划历史、规划体系、规划实践和规划管理等方面进行的全面系统研究。在内容结构的安排上，第1章首先回顾和分析了济南城市发展的历史，对济南百年规划简史作了概括总结；第2章分析了济南城市发展面临的机遇与挑战，提出了新世纪泉城规划的基本思路与理念；第3章确定了济南城市发展战略与城市定位；第4章至第9章分别从泉城特色、城市空间、城乡统筹、都市脉络、宜居城市、制度创新等角度对济南城市规划进行了系统分析和总结。本书在编著过程中，力求脉络清晰、体系完整、理论联系实际（图2、图3）。

本书的出版，旨在抛砖引玉。我们期待更多的专家学者和同行来研究济南，关注济南，为济南未来的规划和发展献计献策。我们也深信通过本书的出版将会带来更多的关于中国城市规划理论创新和管理创新方面的佳作和新作。衷心希望本书能为济南实现科学发展、和谐发展、率先发展贡献一份智慧，一份责任！

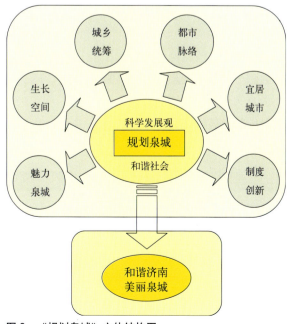

图3　《规划泉城》主体结构图

目 录

第1章 历史回顾——济南城市历史与规划工作的概述 ………… 1
    1.1 济南城市发展的历程 ………… 1
    1.2 济南百年规划简史 ………… 7

第2章 时代旋律——新世纪泉城规划的基本思路与理念 ………… 22
    2.1 济南城市发展面临的机遇与挑战 ………… 22
    2.2 泉城规划的基本思路 ………… 29
    2.3 泉城规划的基本理念 ………… 31
    2.4 泉城规划的主要任务 ………… 40

第3章 战略目标——城市空间发展战略与城市定位 ………… 42
    3.1 城市发展战略 ………… 42
    3.2 半岛城市群发展战略研究 ………… 43
    3.3 济南都市圈规划 ………… 46
    3.4 泉城发展新目标 ………… 51

第4章 魅力泉城——地域文化的传承与泉城特色的塑造 ………… 59
    4.1 济南地域特色的构成因素探讨 ………… 59
    4.2 大都市区域历史文化景观资源保护与利用 ………… 65
    4.3 历史文化名城保护与泉城特色 ………… 75
    4.4 泉城特色风貌的继承与发展 ………… 79
    4.5 旧城更新计划与再开发 ………… 99

第5章 生长空间——济南城市空间扩展与新区建设 ………… 112
    5.1 城市空间扩展与新区建设 ………… 112
    5.2 济南城市空间发展战略研究 ………… 118
    5.3 城市"东拓"及东部新区规划 ………… 124
    5.4 城市"西进"及西部新区规划 ………… 135
    5.5 城市"北跨"战略及北部新城构想 ………… 147
    5.6 城市空间增长与"四沿"带动战略 ………… 162

第6章 城乡统筹——城乡协调发展与新农村规划　　177

  6.1 城乡统筹发展的现实性和必要性　　177
  6.2 济南市各县（市）总体规划　　180
  6.3 南部山区保护与发展规划　　184
  6.4 济南市社会主义新农村规划　　192

第7章 都市脉络——泉城跨越式发展的支撑体系　　206

  7.1 现代化的对外交通基础设施　　206
  7.2 完善的城市道路系统规划与建设　　210
  7.3 轨道交通综合线网规划　　214
  7.4 京沪高铁西客站城市设计　　217
  7.5 市政基础设施的规划与建设　　225

第8章 宜居城市——资源环境与泉城人居环境建设　　230

  8.1 宜居城市的内涵　　230
  8.2 济南大都市区域生态安全格局　　234
  8.3 济南市生态环境保护规划　　240
  8.4 保泉运动与水资源规划　　243
  8.5 土地资源的集约利用　　245
  8.6 宜居城市的社会性基础设施规划　　248
  8.7 康居工程规划　　260

第9章 制度创新——城市规划管理体系的完善与创新　　265

  9.1 制度建设与管理方式的改变　　265
  9.2 建立规划管理的控制性指标数据库　　273
  9.3 优化规划管理技术手段与管理平台　　283
  9.4 专业人才培养与管理队伍建设　　295

参考文献　　302
后　记　　305

第1章 历史回顾
——济南城市历史与规划工作的概述

1.1 济南城市发展的历程

济南，地处山东省中西部，南依巍巍泰山，北跨滔滔黄河，是中国东部沿海经济大省——山东省的省会，全国15个副省级城市之一。自明代以来，济南一直是山东省省会，全省政治、经济、文化中心。

济南是全国重要的交通枢纽和区域性金融中心，是环渤海地区南翼和黄河中下游地区的中心城市，省会城市群经济圈的核心城市，在山东省"一体两翼"区域发展格局中处于中脊隆起带的主体部位。

济南东与临淄毗连，南与曲阜相望，是齐鲁文化荟萃之地；历史文化源远流长，素有"名泉湖山"之胜，是享誉海内外的著名"泉城"，国家级历史文化名城，中华民族灿烂的古代文明在这里留下了众多文物遗迹。

济南，一座拥有4600多年文明史和2600多年建城史的文明古城，一座历经沧桑而又充满活力的现代之都，正在向现代化美丽泉城阔步迈进。

1.1.1 济南城市的早期形成

在遥远的古代，济水自中原流来，经过今济南市北部，滚滚东去，直奔大海。济南因地处古济水（其故道今为黄河所据）南岸而得名。位于济南市东郊的龙山镇，其南部是山区，古时地表径流形成的武原河经过此地而流入济水。武原河畔有一高高的土崖隆起，当地人称城子崖。城子崖距水源较近，附近土壤肥沃，是人类居住的好地方（图1-1、图1-2）。

图1-1 济南出土的城子崖遗址

图1-2 城子崖遗址挖掘现场

图1-3 舜耕图

图1-4 出土黑陶

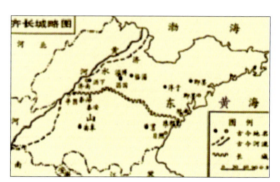

图1-5 "齐长城"走向线路图

在远古时代，原始社会时期，山东一带的居民属东夷族，传说中的部落联盟领袖是舜，舜的妻子娥皇、女英，是尧的女儿。相传舜曾在历山之下耕作（图1-3），所以历山又被称为"舜山"或"舜耕山"。1928年在这里发现了古文化遗址，其文化特征有别于中原仰韶文化，尤以黑陶最引人注目，这一时期的陶器烧制水平已经达到相当高度，以"黑、光、亮"的黑陶最为著名，堪称黄河中下游原始文化的代表（图1-4）。它预示着一种前所不知的文化类型，被命名为"龙山文化"。山东龙山文化的年代纵跨公元前20世纪前后的数百年，而20世纪50年代以来的考古发现表明，在公元前45世纪以前，济南已有人定居。

进入阶级社会的殷商时期，济南地区的经济有了进一步的发展。今东郊大辛庄商代遗址，面积30万m^2，是山东最先发现的商遗址。在市区刘家庄、长清复兴河、章丘明水镇，也都出土过晚商铜器。那时的城子崖一带，建有谭国，它是隶属于商朝的东方古国之一。西周建国以后，在今山东地区建立了一些诸侯国，其中最大的是齐国和鲁国。

春秋时期，齐国在今济南设"历下城"，这就是济南城市发展的起源，距今已有2600多年的历史。济南是齐国的西境，齐国为了防御，筑长城千里，经过济南的南部山区，今历城、章丘、长清等地均存有遗迹，这就是济南著名的历史遗迹——"齐长城"（图1-5）。

济南的名泉趵突泉是泺水之源，《春秋·桓公十八年》（公元前694年）有"公会齐侯于泺"的记载。泺邑是最早记入史册的济南地名。公元前589年，晋攻齐，战于历下。公元前555年，晋又攻齐，败齐兵于历下，即后来的"历城"。

图 1-6 东平陵古城遗址

1.1.2 古代济南城市的发展

(1) 秦汉时期——济南之名的出现

公元前 221 年，秦始皇统一天下，建立郡县制。当时，平陵、历下、谷城、卢邑等均隶属于济北郡，郡治博阳（今泰安境）。西汉王朝建立后，采取封国与郡县杂处而互相制约的制度。《史记》载汉高后元年（公元前 187 年），"割齐之济南郡为吕王（吕雉之侄吕台）奉邑"，说明汉高后时已设"济南郡"，这是"济南"一名的开始。汉文帝十六年（公元前 164 年）以济南为国，封齐悼惠王之子刘辟光为王。至汉景帝三年（公元前 154 年）改为济南郡，管领历城等 14 县。东汉初复置济南国。

汉代的济南，是经济文化发达地区，治所在东平陵（今胶济铁路平陵城车站附近），城址至今犹存。汉代实行盐铁官营，济水是盐运的通道，济南又是盐运的集散之地。济南自先秦以来就是丝织品的盛产地，所谓"齐冠带衣履天下"，因此，汉朝又特在济南设立工官（图 1-6）。

(2) 魏晋南北朝时期——山东地区封建统治中心

从三国到南北朝（公元 220—581 年），是我国历史上长期分裂和战乱的时代。济南也和北方各地一样，屡经战乱之祸。魏正始七年（公元 246 年）复置济南国。魏平蜀后（公元 263 年）曾在济南之北境设置济岷郡，晋又并入济南郡。晋永嘉（公元 307—312 年）以后，济南郡的郡治由平陵（汉代以后东平陵又恢复旧称平陵）移至历城，即现今济南旧城之东部一带，并将原历城县城垣扩大。从此，历城（济南）一直作为济南郡治所在地，是山东地区的封建统治中心。

(3) 唐宋金元时期——"南山北湖"整体格局形成

隋朝统一南北方以后，隋文帝开皇三年（公元 583 年）改济南郡为齐州。隋炀帝大业二年（公元 606 年）改称为齐郡，治所仍在历城。唐朝开国后，济南称齐州，隶属于河南道。唐代盛期，济南地区经济繁荣，社会富庶安定。当时，齐州的丝织业和冶铁业都很有名。历城唐冶，即为当时的冶铁基地之一。从北朝到隋唐，佛教盛行，济南地区留存了许多这一时期的佛教史迹。如山东一带最兴盛的佛教胜地——神通寺，唐代全国四大名刹之一的长清灵岩寺，以及济南南山一带的黄石崖造像、千佛崖造像和青铜山造像等。

宋代开国后，今济南地区仍沿称为齐州。济南在宋代距首都东京开封府较近，其东部的密州之板桥镇是当时重要的海运港口。穿境而过的大清河（即济水）既方便了与海滨物资交流，又便于转至汴河以通内陆的东南漕运。这时国家统一，济南商业发达，济南的园林风物经曾巩等官吏整治，使趵突泉、金线泉、大明湖闻名全国，已成为宋代的游览胜地。

济南在金朝统治下仍为府，作为金朝重镇，城市的建设有所发展。大约于1130—1132年间将城北由济南诸泉汇聚而成的湖沼之水宣泄，经过开凿疏浚而形成了小清河，使其直抵渤海，从此与大清河相辅相成，增加了航运能力，也改变了北郊沼泽地带面貌。同时章丘的白云湖也得到开发，并与大明湖相通，扩大了游览范围。其时还立了《名泉碑》，记载济南府的72个名泉的名称地址。南山区的寺观建筑增多，趵突泉畔建起了华美的胜概楼，曾有"济南楼观，天下莫与为比"的诗篇。

元代济南置济南路总管府，直属大都的中书省管领，称为"腹里"地区。济南路管辖整个大清河下游各县，直至利津海口，有利于对大清河航运（主要是盐运）的管理，也有利于生产的发展和济南城市商业的繁荣。当时，意大利人马可·波罗在旅行记中记载了济南的经济情况：市场繁荣，城郊全是果园，丝织业极为发达。此时，济南南部山区为佛教胜地，北部地区诸泉汇集成湖，"南山北湖"的城市整体格局初步形成。

（4）明清时期的济南——济南古城格局形成

明朝初建都于南京，后迁至北京，南京作为陪都。济南则介于两京及两直隶省之间。自元代以来，运河漕运大兴，济南附近有运河流经，且又兼有以盐运为主的大、小清河，于是成为全国重要地区。济南府所辖地域扩大，既有控制山东盐业的有利条件，又便于管理泰安的香税（每年收入数十万两）及民间进香旅游活动，同时也便于监管德州的漕粮。这样，济南府的事权职能进一步增大，地位更显重要，不仅是山东全省的政治、经济、文化中心，而且是南京与北京之间的最大都会。明洪武四年（公元1371年）开始新建府城，后又历经重修，使土城墙改建成为砖砌的石头城墙，周围一十二里四十八丈，高三丈二尺。城外围以护城河，城防设施坚固。因城北临水，故缺其一面。古城北依明湖，南屏群峰，城内诸泉环绕，巧妙地借用了山、泉、湖等自然景观构成了独特的泉城风貌，是中国古代城市建设史上充分利用自然景观建设城市的典范之一。城垣方正，与中国一般典型的封建府城形态一致。

济南古城是在明府城基础上发展起来的，古城池四周由护城河围合，面积3.26km²。平面布局以其形状不甚规整、四门不对称为特色，加之有天然的泉水和依山建城的独特地理位置，在中国古代城市发展史上具有重要地位。

清朝时期，济南官府为了防御捻军——农民起义军的进攻，曾环绕城垣四周扩建外廓，俗称"圩子"，后又缩减北面，将东南西三面改成石圩。康熙年间，济南已发展成为全国重要的工商业城市。鸦片战争后，帝国主义势力入侵，济南和中国内地广大城市一样，开始出现西方殖民主义文化侵略的征兆——在城内将军庙一带形成了西式教堂、医院、慈善堂为主的教区建筑群；同时，清末洋务运动兴起，陆续建立了新城机械局等近代军火工业和高等学堂等近代文化设施。但这一时期（1904年前）社会经济结构尚无较大变化，整个城市总体上还保持着较为完整的封建城市面貌（图1-7、图1-8）。

图1-7 济南明府城

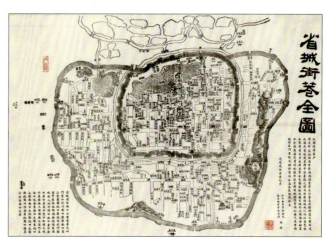

图1-8 济南古城图

1.1.3 近现代济南城市的发展

鸦片战争以后,中国沦为半殖民地半封建社会,成为列强宰割掠夺的对象。光绪二十三年(公元1897年),德帝国主义侵占胶州湾,后又强修胶济铁路,直达山东的政治经济中心济南。光绪三十年(公元1904年),经北洋大臣袁世凯会同山东巡抚周馥奏请,清政府在济南自开商埠,"准各国洋商并华商于划定界内租地杂居"。1912年津浦铁路黄河大桥建成,全线直达通车,济南成为南北交通中枢。在此前后,德、日、英等国相继在济南设立领事馆,开办银行、商店、教会、医院、学校等。

辛亥革命后,建立中华民国。民国2年(公元1913年)废除府州,山东省分为岱北、岱南、济西、胶东4道,原济南府署所在地之历城县属岱北首,仍作为山东省的省会。济南开辟商埠后,设立商埠局管理商埠事务。民国6年(公元1917年),商埠局改为市政公所,民国9年(公元1920年)改为市政厅。1928年北伐军进抵山东时,日本侵略军侵占济南,肆意残杀中国居民,制造了"济南惨案"。民国初立,政权落入北洋军阀手中。在军阀混战、外资输入、洋货倾销的情况下,济南的民族经济只能在挣扎中发展。第一次世界大战期间,由于欧美帝国主义暂时放松了对中国市场的控制,济南的民族工商业曾一度发展较快,自1904年济南开辟商埠到1919年"五四运动"时,全市出现了电力、砖瓦、造纸、面粉、纺纱、火柴、印刷等近现代工业。中国、交通等银行也先后在济设行,开展业务。至抗日战争前夕,济南市工业企业和手工业作坊已有几十个行业,而以面粉、纺织、印染、火柴、铁工、砖瓦业的产值所占比重最大。

1904年胶济铁路通车后,济南城市形态发生了显著变化。德国殖民势力由青岛西进,利用济南作为由青岛向西部伸展势力的一个据点,清政府惧外心理严重,自动把济南辟为商埠。商埠区位于旧城西侧和胶济铁路南侧,面积接近旧城,道路网布置成经纬垂直路网(经一路至经七路为东西向,纬一路至纬十路为南北向)。1911年,津浦铁路通车后,济南成为北至京津、南达沪宁、东连胶莱的交通枢纽,由于临依铁路,加之邻近旧城,济南商埠区发展较快。第一次世界大战爆发后,日本帝国主义代替了德国在山东的统治,迫使沿海地区的资本沿铁路向内地转移,在济南商埠区开辟了西市场、大观园等综合性商场,使商埠区用地扩展较快,形成了东起普利门、西至纬十二路、北起火车站、南至经七路,面积近4km²的商埠区。城市形态为旧城区和商埠区东西并立的带形布局。1938年日本侵占济南后,从经七路至经十路开辟了"新市区",又叫南商埠,面积近1km²,多为日本统治机关住宅区。从1945年到解放前,城市变化甚微,至1948年9月解放时,建成区面积23km²,人口54万人。城市空间布局呈现出的旧城区和商埠区并重发展的格局稳定地保持下来,城市呈东西长、南北窄的带状形态(图1-9)。

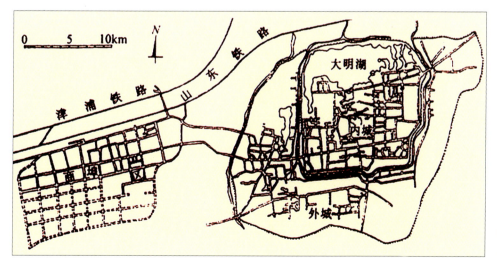

图1-9 近代商埠区的开辟与城市的发展演变

1948年9月济南解放后,济南市特别军事管制委员会宣布废除保甲制,沿用解放前旧有边界(北界黄河,西界大饮马庄,东界洪家楼,南界千佛山)将全市划分为11个区。同时建立了区政府,区下设街政府,街下设闾。农业比较集中的区,下设村政府。全市总面积157.62km², 总人口468826人。

在以后的半个多世纪,城市管辖范围经过多次调整,市域面积也大不一样。1951年市界向西延伸至北店子,总面积231.19km²;1956年济南市由天桥、历下、市中等3个区和1个郊区办事处组成,市界向东延伸至官屋子庄,全市总面积314.78km²;1958年济南市面积扩大较多,全市总面积达到12130km²,不仅辖历下、市中、天桥、槐荫4个区,而且历城、章丘、长清、新泰、莱芜、宁阳、泰安7个县(市)也划归济南;1961年恢复长清县建制,重建泰安专区,调整后济南市辖历下、天桥、市中、槐荫4个区和历城县,总面积1913km²,4个市辖区面积49.85km²;1980年重设济南市郊区,调整后,济南市共辖历下、市中、天桥、槐荫、郊区5个区和历城、章丘、长清3个县,总面积4875km²,市区面积483km²;1985年平阴县划归济南市,全市总面积增至5775km²;2003年末,济南市辖历下、市中、槐荫、天桥、历城、长清6个区及平阴、济阳、商河3县和章丘市等4个郊区县市,总面积为8177km²,总人口为582.6万人,其中市区面积3257km²,人口334.8万人(图1—10)。

济南市城市用地规模由1949年的23km²增长到2003年的269km²,人均用地由1949年的46m²增长到2003年的103m²。城市用地规模的发展历程划分为以下几个阶段(图1—11、图1—12):

(1) 1949—1957年,国民经济恢复和"一五"计划建设时期,是城市建设稳定发展的时期。城市用地规模处于平稳增长期,由23.2km²增加到37.18km²,年均增加1.75km²,人均用地由46.14m²提高到57.29m²。

(2) 1958—1965年,"大跃进"和国民经济调整时期,是城市建设大起大落发展时期。城市用地规模由37.18km²扩展到57.93km²,年均增加2.96km²,人均用地由57.29m²提高到81.64m²。1959年在距城区17.5km的王舍人镇设立近郊工业区。

(3) 1966—1977年,"文化大革命"时期,是城市建设动荡时期。城市用地规模由57.93km²扩展到78.06km²,年均增加1.83km²,人均用地由81.64m²提高到91.22m²。

(4) 1978—1995年,城市建设进入了迅速发展时期。城市用地规模由78.06km²扩展到152.63km²,年均增加4.39km²,人均用地由91.22m²提高到98.43m²。

(5) 1995—2003年,城市建设进入持续快速发展时期,城市用地规模由152.63km²扩展到268.92km²,人均用地由98.43m²提高到103m²。

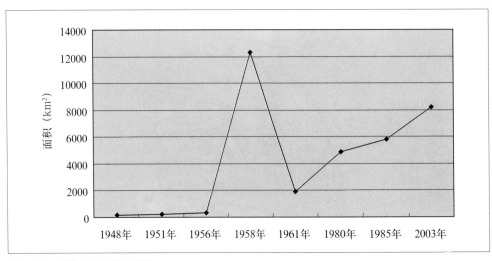

图1-10 济南市域面积变化图

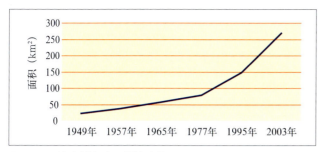

图1-11 济南城市建设用地变化图

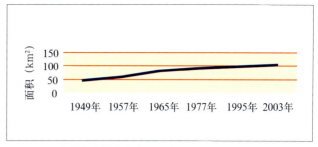

图1-12 济南市人均城市建设用地变化图

1.2 济南百年规划简史

作为黄河流域的古老城市之一，济南早在春秋时期就成为齐国西部的边陲重镇。齐为防御，筑长城千里，这就是著名的"齐长城"，现历城、章丘、长清等地的南部山区仍存有遗迹。至宋代政和六年（1116年）将济南设府，辖历城等五县，1371年始内外砌以砖石，周围一十二里四十八丈，高三丈二尺，池阔五丈。门四：东曰齐川，西曰泺源，南曰历山，北曰汇波。清末为解决交通阻塞，又开四门，西南坤顺门、西北干健门、东北艮吉门、东南巽利门。历史上记载的府城轮廓，与济南解放时的旧城相同。

济南旧城从规划布局来看，基本上沿袭了中国古代的一套传统布局形式，并有发展和独到之处。以清代为例，其主要布局为：巡抚部院署（明德王府）为城市中心，巡抚衙门前以主干道贯穿东西，东西轴线明显，但南北轴线建于城垣，不与南门直通。布政司（今山东省人民政府）在西、按察司（今济南第一中学）在东，道、府、县、盐运使等衙置和庙宇均布置在环绕中心的地区。由此可见，济南旧城除南北轴线不明显外，其余和中国一般典型的封建府城布局没有什么区别，但旧城的布局也有其周密慎重之处，比较突出的特点是：学院、贡院等文教机构布置在环境幽静、风光秀丽的湖滨地区；军营（今南营）设于城南高地，便于瞭望、防守；巡抚署占据了珍珠泉、黑虎泉（东）、趵突泉（西），成为鼎足之势；旧城北依大明湖，南屏群峰，巧妙地借用了山、泉、湖等自然景观，把园林山水的胜景尽量吸入城市，构成了独特的泉城风貌，可谓匠心独具。

如果说古代的济南城市建设是遵循了中国传统宗法礼仪制度而形成的古城格局，那么近代城市规划的探索则是社会演进的历史必然。

1.2.1 城市规划工作回顾

济南的城市规划最早始于清光绪三十年（1904年）济南开辟商埠之时而进行的商埠区规划，继而为民国时期开辟南、北商埠的规划，以及日伪时期开辟北郊（东、西部）工业区和南郊新市区的规划等。解放以后，进行了多次规划编制与研究。2006年济南市新一轮城市总体规划修编完成，同时全面开展中心城控制性详细规划编制工作，2007年底首次实现中心城控规全覆盖。

总体上讲，济南市城市规划的发展可以分为两个历史阶段：从20世纪初城市规划出现到济南解放是第一阶段，自建国初期至今是第二阶段。

(1) 第一阶段

1904年，因胶济铁路全线通车（全长394.1km），山东巡抚周馥与北洋大臣直隶总督袁世凯奏请清廷将胶济沿线的济南、周村、潍县三处开商埠，1904年5月15日，奉准将上述三处正式开埠。

民国成立（1912年）以后，对旧城、四关和商埠建成区内并未作规划。1918—1919年间，曾有开辟北商埠的动议，以后又几经调查、测量并作出了规划。至1925年开始征用土地，开挖引河（今工商河），建筑路基、桥梁等。后因发生"五三惨案"（1928年），省政府迁往泰安（1929年5月迁回济南），开辟北商埠事宜遂告中断。

1929年济南设市。济南市政府成立后，复又提起展界问题，并分为南展与北展两个阶段。1932年，市政府对南、北展界重作规划。在此期间，因战乱频繁，上述规划难以实施，仅1925—1926年开挖引河，1927年修建义威桥（今济泺桥，原桥已改建）。1934年陆续开始户地测绘、道路定线等工作，至1936年完成，1937年1月开始收放土地，后因"七七事变"停办。

1937年冬，日军侵占济南后，弃前规划不用，进行了北郊（东、西部）工业区和南郊新市区的规划与开发。

日本投降后，济南市工务局于1947年由技工李中轩作出城市规划初稿。道路以现在的大明湖路为北干路，现在的泉城路至经二路为中干路，正觉寺街至经七路为南干路。排雨、排污从东城到商埠西部，分成五个排水区域。

综上所述，济南自1904年有规划以来，至1948年济南解放这44年中，虽经过若干次规划，但因旧中国始终处于一个军阀割据、内战不息的局面，加之帝国主义的入侵，严重阻碍了城市建设工作的进展，因而城市规划多数是纸上谈兵，城市的发展始终处于一种自然发展、自然形成的状态。

这一阶段进行的规划仅局限于城市局部或若干片区的规划，且仅限于道路网的布局，对功能分区考虑甚少，更没有从城市全局出发对城市进行通盘规划，加之时局动荡，规划仅部分实施。

(2) 第二阶段

1950年6月2日，济南市都市计划委员会成立并举行第一次会议，讨论通过了《济南市都市计划纲要》。

1953年12月14日，中共济南市委向中共山东分局提交了《关于济南市城市建设工作情况及今后意见的报告》，简要回顾了解放5年城市建设工作所取得的成绩和存在的问题，提出"迅速确定本市的发展方针，编制城市总体规划，加强城市建设和管理"的具体意见。山东分局于1954年1月27日作出批示，同意上述《报告》。1955年4月正式成立济南市测量队。1955年7月正式成立济南市城市建设委员会。1956年1月市建委与济南市建设局合并，改为济南市城市建设局。

1955年济南市建设委员会根据全国第一次城市建设工作会议（1954年6月召开）制定的《城市规划批准程序试行办法》的精神，对城市的功能分区、干道系统、市（区）中心和人口规模等进行了分析研究，提出了初步方案，并绘制规划示意图，拟定15年人口发展规模为80万人。1956年，依照全国第二次城市建设工作会议精神和会议颁发的《城市规划编制试行方法》，进一步编制《济南市城市建设初步规划》。

1958年，为适应当时工业生产跃进的形势，在距城区17.5km的王舍人庄新辟近郊工业区，同时着重对现有的《初步规划》进行修改。1959年，由建筑工程部的建筑科学研究院、城市设计院、给排水设计院和省、市有关单位，共同组成了专门工作组，在总结前段工作的基础上，历时8个多月，编制完成《济南市城市总体规划》（以下简称《五九年规划》）和各项专业规划。《五九年规划》编制后，向建筑工程部作汇报，并经中共山东省委讨论通过。

1966—1976年的"文化大革命"期间，极左思潮泛滥，已制定的城市总体规划废弛，城市建设处于放任自流状态，城市规模失控，城市的建设和发展遭受了严重破坏和挫折。

粉碎"四人帮"以后，济南市于1978年5月对《五九年规划》重新进行修订。1980年修订工作结束，编制了《济南市城市总体规划》（以下简述《八〇年规划》）和18项专业规划。1983年6月10日，国务院批准了《八〇年规划》。国务院的批复指出，要把济南市"逐步地建设成具有泉城特色、环境优美、文明整洁和经济繁荣的社会主义现代化城市"，并对实施规划和加强管理等方面提出了7点具体指示，为济南市城市规划建设和管理指明了方向。

1983年8月，为适应规划工作的需要，将原济南市城市规划建设局的建筑管理科和局属规划设计室合并，成立济南市规划管理处，归济南市城乡建设委员会领导。1985年3月1日，又以规划管理处为基础，成立了济南市规划局。1987年4月28日，以济南市规划局规划设计室为基础，成立了济南市规划设计院。

《八〇年规划》批准后，济南市于1989年12月、1992年6月和1994年5月先后编制了《济南市历史文化名城保护规划》、《济南市分区规划》和《济南市消防规划》。1990年济南市对《八○年规划》进行了调整，主要加强了对城市历史文化的研究，并适当扩大了城市规模。

1995年，伴随着改革开放十几年的经济发展，济南城市发展也极为迅速，出现了许多新情况和新问题。根据建设部、山东省人民政府的工作部署，济南市人民政府于5月22日发布《关于做好〈济南市城市总体规划〉修订工作的通知》（济政发[1995]6号），决定对1983年版总体规划进行修订，编制《济南市城市总体规划（1996—2010）》。该版总体规划编制工作历时3年，于1997年编制完成，2000年12月22日经国务院正式批复。

2000年国务院批复的《济南市城市总体规划（1996—2010）》，在一定时期内对指导济南的城市建设、促进城市经济社会发展发挥了重要作用。随着济南经济社会的快速发展和城镇化进程的加快，原总体规划确定的城市规模等发展目标已提前实现。为适应形势发展要求，济南市人民政府适时提出了修编城市总体规划的申请。根据建设部《关于同意修编济南市城市总体规划的批复》（建规函[2003]255号）的精神，济南市人民政府于2004年6月全面启动了新一轮城市总体规划的修编，编制完成《济南市城市总体规划（2006—2020）》，于2006年7月正式上报国务院审批。

这一阶段自20世纪50年代初编制《济南市都市计划纲要》到1959年总规、1983年总规，2000年总规，直至2006年完成的新一轮总规的编制，均从城市长远发展的角度对城市进行了统筹规划，规划层次逐步提高，内容日臻完善，对引导与促进当时城市的发展均起到了很好的指导作用。

下面简要回顾济南百年来的规划历史。

1.2.2 商埠区规划——济南最早的城市规划

济南的城市规划最早始于清光绪三十年济南开辟商埠之时而进行的商埠区规划，继而为民国时期开辟南、北商埠的规划，以及日伪时期开辟北郊（东、西部）工业区和南郊新市区的规划等。这些规划的共同特点是，均为抛开了济南旧城及关厢一带而作的局部扩展规划，对包括旧城关改造在内的全市性规划则未曾涉及。上述局部规划，除商埠和南郊新市区的道路网规划基本实现外，其余规划内容则部分实现或基本未实现。

(1) 商埠区的规划与建设

1904年济南开埠的范围是：东起十王殿，西抵北大槐树，南沿赴长清的大路，北以铁路为限。开埠以后，遂由济东泰武临道衙门监督开设商埠总局，并制定了《济南商埠租建章程》15条，当时在拟开商埠的范围内大部分为田野耕地，仅保留了魏家庄、三里庄、五里沟三个村庄，其余耕地尽数收购归公。总局下设工程处等机构，具体办理商埠土地的收购、放租和规划建设等事宜，并绘制了济南最早的开埠规划图——《济南商埠全界图》（图1-13、图1-14）。

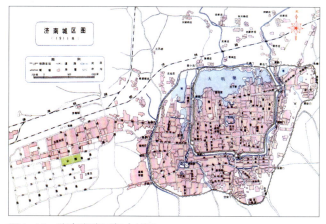

图1-13 济南商埠区与古城区

图1-14 商埠区内保存完好的历史建筑

①商埠区规划的历史意义

商埠规划是济南旧城外的新区扩建规划，虽然规划面积仅两个多平方公里，而且仅作了路网规划，对于功能分区及旧城关的改造和发展远景等问题均未作考虑，但它却是济南历史上最早的城市规划，在济南城市规划工作发展史上具有重要的历史意义。

②商埠区规划的特点

商埠区道路网规划纵横道路分布均匀，东西向道路称"经"路，南北向道路称"纬"路，经向道路基本上是沿铁路走向，由南向北平行排列（经一路—经七路），纬向道路则与之垂直，由东向西排列（纬一路—纬十一路）。道路网规划充分考虑了与旧城区及对外交通路线的衔接，如经一路东端经馆驿街与迎仙桥的永镇门相通，西首与通齐河大道相连；经七路东与杆石桥的永绥门相通，西接通泰安、长清大道等。道路宽度7—17m不等，道路广场和商埠中心广场均未考虑布置，车站虽有站前广场，但面积太小。道路网规划的功能分工不甚明确，从道路宽度看，经路是干路，纬路为次干路。

③商埠区的扩展

自济南商埠开设以来，由于中外商民租地者日益增多，工商业日趋发达，原来旧的商埠用地已不敷使用，1918年和1926年经济南市政厅两次呈准拓展商埠。第一次先将普利门沿顺河街一线向西至纬一路拓为商埠租地。第二次将清泉街（今并入顺河街）以西、馆驿街以南（皖新街、凤翔街等）展为埠地，此时商埠租地面积已增至2.5km²左右。"七七事变"后，1939—1945年期间，日伪济南市公署又第三次扩大商埠区面积，将三里庄、五里沟、魏家庄、官扎营、南、北大槐树、北坦、营市街等地辟为商埠区。至此，商埠区面积已增至6km²左右。

(2) 北商埠的规划

北商埠规划，也称"北展界"的规划，分两个阶段进行，第一阶段是1925年至1928年"五三惨案"，第二阶段是1929年至"七七事变"。

第一阶段：北商埠是1925年（民国14年）军阀张宗昌督鲁时开始草创的。它的范围是：南自官扎营，北至泺口镇的圩墙外，东起津浦铁路，西至黄屯、毕家洼一带，平均南北长5.4km，东西宽约1.6km，总面积约8.64km²。这片土地大部分为低洼碱涝地区，每到夏秋季节，平地积水常在30—40cm左右。鉴于上述情况，原规划设想有两个意图：一是开辟北商埠，繁荣济南市北部工商业；二是疏通北部河道，以利运输，同时兼治夏秋积水。在这个设想指导下，以义威路（今济泺路）为主干道，另配以纵路11条，横路18条，采用棋盘式道路网，并以外国地名、人名作为路名。1925—1926年，以主干道义威路为中心线，两边开挖了"U"字形的"引河"（今工商河）。河长6600m，口宽23m，底宽9m，深4—6m，引小清河水灌流，以利北埠运输，夏秋积水便导入引河，以利排泄。1927年10月，修建了跨小清河的义威桥（今济泺桥，已改建），这是济南市第一座最大的钢筋混凝土三铰拱桥。拱跨32m，桥长45m，宽10m。1928年发生"五三惨案"，北商埠的规划与修建遂告中断。

第二阶段：1929年济南市政府成立后，复又提出"南展北展计划"，并着手进行了现状调查与测量，城市规划工作也提到议事日程上来。1930年4月，蒋冯阎中原大战，工作中断。1930年9月，韩复榘主鲁后，重组济南市政府，并于1932年6月对南展界及北展界（即北商埠）重作规划，北展界名为"模范市"，南展界名为"模范村"，并以模范市作为全市中心。模范市规划仍以五三路（原义威路，今济泺路）为主干道，其东设纵路两条，其西设纵路五条；小清河以南设横路12条，以北设横路4条。成丰桥、济泺桥中间设一椭圆形（长径约250m，短径约150m）地区作为市政府，其周围为行政区（南北长约400m，东西宽约500m）。四方马路均以椭圆作为转盘，转盘的四隅，放射出四条斜路，各与五三路成25°左右夹角。主要道路交叉口规划5个广场。在功能分区规划方面，除市政府所在地的行政区外，尚有第一、二、三住宅区，第一、二、三工业区，第一、二、三小工商区。金牛山及小清河的宽阔部分规划为公园区。此外，还计划将标山一带及泺口镇南和官扎营北各设一处公园，将规划区外的药山一带辟为大公园，行政区南北面的中心地带规划作商业区。市政设施方面，计划在五柳闸一带建2万kW电厂一座，在五柳闸以西建自来水厂一座。排水方面，计划采用雨污分流制。

北商埠虽经两个阶段规划，但由于时局动荡，规划时办时停，进展缓慢。"七七事变"后，日伪又将原北商埠规划全部予以放弃，并将成丰桥以北，济泺桥以南地区，开辟为北郊（东部）工业区（图1-15）。

（3）东、西部工业区规划

东、西部工业区是济南北郊工业区东部和西部的简称，为日军侵华时期，日伪济南市公署于1941年发价征用的土地。东部工业区占用了原北商埠的南端，即今成丰桥以北、北园路及汽车厂路西段以南，西边以工商河内侧为界，东至津浦铁路，占地面积1.1km²左右。西部工业区在纬十二路北头东侧，万盛街东头以西，南临津浦铁路，北至堤口路以北原济南铁工组北墙外，占地面积0.9km²左右。

东部工业区的南北主干道是天津线路（今济泺路），南起成丰桥，北至泺口，以此为中轴线。其东、西两侧的工商河岸，均留有沿河道路，成丰桥两侧沿工商河北岸留有码头地段，便于小型漕船靠岸装卸货物。由码头向北，东西向的干道有九号线路（今堤口路）、二十八号线路（今北园路）等。

图1-15 北商埠的规划

西部工业区的干道，主要有五号线路（今纬十二路）和九号线路。并从五号线路开始，沿九号线路两侧向东发展。同时，九号线路还作为东部和西部的联系纽带。

(4) 南郊新市区规划

南郊新市区位于经七路以南，四里山以北，齐鲁大学（今山东大学西校区）以西，岔路街以东地区。它是1939年日伪华北建设总署济南工程局强行征购的民有土地，共计占地面积2161.304亩。除去铁路局购买650亩外，余地面积仅道路、水沟等就占去702.498亩，余下能够建筑房屋的基地只有808.806亩，约为全部用地的53.5%。南郊新市区仅作了道路网规划，整个新市区内的道路，多系子午垂直方向，自然形成了矩形的街坊，但一般面积均甚小，路面系数有的达45%，极不经济。其主要道路，现东西向的有：建国小经一路（原名兴亚北五路，下同）、建国小经三路（兴亚北四路）、经八路（兴亚北二路）、经九路（兴亚北一路）、经十路（兴亚大路）等；南北向的有：新生大街（新民东七路）、民族大街（新民东六路）、民权大街（新民东五路）、民生大街（新民东四路）、胜利大街（新民东三路）、纬一路南段（经七路以南，新民东二路）、自由大街（新民东一路）、纬二路南段（经七路以南，新民大路）等。上述道路，以经十路、经八路和纬二路南段为主要干道。经十路原规划宽度80m，以后改为50m。纬二路南段宽50m，经八路宽35m，其余路宽均在35m以下。

(5) 小结

商埠规划的出现标志着济南近代城市规划建设的开始。当时的规划主要是围绕商埠的扩展和工业的开发进行的，未对城市未来的发展进行全面考虑，且规划意图不同，服务于不同的利益集团，只是局部、片面地考虑问题，加之时局动荡，除商埠区路网基本按规划实施外，其余规划仅部分实施。几次规划均对当时的城市建设及工业发展起到了一定的促进和引导作用。

商埠区的西移，旧城区的"双核"结构的形成，客观上对保护古城起到了积极作用，同时为城市工商业的发展提供了足够的延展空间。沿铁路布局工业，为城市北郊、西南工业区的形成奠定了基础。

1.2.3 1950年都市计划纲要

《济南市都市计划纲要》是济南市解放后首次编制的城市总体规划。《纲要》首次提出了"为生产服务，为工人阶级服务"的建设方针，以及"扩大市场，内外交流，城乡互助，四面八方"的政策，同时还提出"建设要按照当时的需要，但也要照顾到未来的发展"的思想（图1-16）。

《纲要》针对济南市的自然地理特点和经济基础，分析了城市的发展趋势，认为基于济南的优良条件，纺织、印染、面粉、榨油和化学工业必然得到发展，可形成轻工业中心；由于铁路和内河航运的有利条件，交通运输

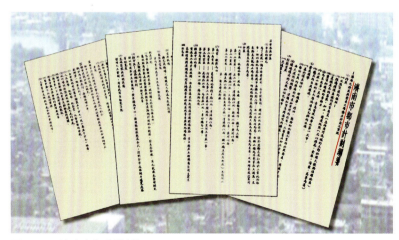

图1-16 济南市都市计划纲要

和贸易"将无限的扩张";可利用自然风景条件,建设"环境优美的文教和住宅都市"。

《纲要》对城市的人口发展规模未进行分析和预测,只对城市用地发展范围勾绘了轮廓,将规划市界扩大为:西至玉符河,南至大涧沟、黑龙峪,东至刘志远庙到大张马庄一线,北至黄河。

《纲要》对城市的结构布局,则利用铁路和城市道路分割,进行了如下功能分区:

第一工业区在匡山以东,津浦铁路以北,新城庄以西,黄河以南地区;第二工业区在胶济铁路以北,大张马庄以西,黄台以东,黄河以南地区;第三工业区在济(南)长(清)公路以南,津浦铁路以西,玉符河以东地区(该区暂不兴建新厂)。

第一商业区为经十路以北,津浦铁路以南的原商埠地区;第二商业区为新划行政区和第三工业区中间的地段,位于西十里河、王官庄一带;第三商业区在花园庄以南,马家庄以北,东圩墙外一带;第四商业区在泺口以南,济泺路两侧。

第一住宅区在新划行政区和第二商业区以南,东、西十六里河庄以北,第二住宅区在匡山以西,沙王庄、吴家堡、大金庄一带;第三住宅区在胶济铁路以南,祝甸一带;第四住宅区是示范区,为环绕山麓及姚家庄附近。旧城关地区规划为商业与住宅的混合区。

行政区规划有两种方案:其一,在纬二路以西,纬五路以东,经十路以南一带开辟新区;其二,不另辟新区,而将解放后的省市政府所在地,加以扩大为东、西行政区。

文教区规划在齐鲁大学(今山东大学西校区)以南,南山绿化带以北,并向东再沿历山路东侧绕至洪家楼附近。

园艺区规划在北园到洪家楼、祝甸北一带。除原有和新设公园外,以所有南山森林地区、环城地带、林荫大道及北园园艺区等,构成绿地系统,并与郊区绿面相衔接。

此外,《纲要》还对一些重要公共建筑确定了具体位置,如人民广场定在经十路南,千佛山与马鞍山之间(今济南市植物园);烈士纪念塔和纪念堂,选在四里山(今英雄山);医院与疗养院选在千佛山东麓羊头峪一带;气象台定在无影山等等,并依此进行了修建。

建国初期的城市各项建设,基本上都是依照《纲要》和相应的管理规则进行的。东郊的青岛路(今历山路)、解放路、山大路、莱阳路(今历山东路)、平度路(今山师东路)以及北郊的无影山二路(今无影山路)等,都形成了雏形,为城市今后的开发建设奠定了基础。

1.2.4　1956年城市建设初步规划

1953年第一个五年计划开始后,为了适应新形势和城市发展的需要,济南市开始酝酿编制城市总体规划。1953年12月,济南市委在向中共中央山东分局提交的《关于济南市城市建设工作情况及今后意见的报告》中,提出了"迅速确定本市的发展方针,编制城市总体规划,加强城市建设和管理"的具体意见。山东分局同意了这个报告,并作了批示。

为了落实上述《报告》所反映的问题,1955年开展了城市地形测量和资料搜集等工作,并作出了规划示意图,进一步明确了城市功能分区和干道系统,进行了用地平衡,选择了市、区中心,拟定了15年内城市人口发展规模为80万人。

1956年,按照全国第二次城市建设工作会议精神和《城市规划编制暂行办法》的规定,济南市在前阶段工作的基础上,在城市建设部苏联专家巴拉金指导下,编制了《济南市城市建设初步规划》(以下简称《初步规划》)。1956年10月25日,《初步规划》报中共山东省委,1957年1月28日,省委作了批复。济南市人民委员会于1957年2月22日正式公布。《初步规划》的主要内容如下(图1-17、图1-18)。

济南市是全省的政治、经济、文化中心,有一定规模的轻、重工业基础,是水陆交通枢纽,又有良好的风景条件,因此济南市是一个综合性质的城市。

根据"社会主义城市不宜过大,人口不宜过多"的原则,拟定了市区人口的发展规模控制在80万—

图1-17 济南市城市建设初步规划（1956）

图1-18 中心区总体布置图（1956）

100万人，规划区总面积控制在125km²。

在发展方向上，东郊地下基础条件良好，空地较多，拟定为今后的城市发展地区。珍珠泉以南、正觉寺街以北、趵突泉以东、黑虎泉以西地带，作为城市中心。

工业区的分布，结合现状布置。规划有：西郊重工业区，主要是机械工业，在铁路大厂（今机车工厂）、机床二厂附近，并向津浦铁路以西、段店以南地带发展；北郊轻工业区，在津浦铁路两侧，以纺织印染、面粉为主；东郊混合工业区，在黄台至小清河南岸一带，以烟酒、农具及拖拉机修理为主；有害工业区，如骨粉、肥料、化工和易爆性工业，则安排在黄台山以东、小清河地区。

交通仓库区分布在铁路两侧及泺口、白马山、黄台一带。盖家沟至黄台板桥地区，为清黄联运码头和仓库地带，泺口及成丰桥以东的工商河沿岸地区，为内河码头。

居住区以现有城区为基础，适当向四周扩展，并以向东郊扩建居住区为主。居住区普遍采用4—12hm²的街坊，拟定了建筑层数分区和比例。层数比例为：一层29.6%，二层14.8%，三层36.6%，四层10.8%，五层8.2%。高层放在市区中心及干道两侧，低层放在市区边沿。

北园地势低洼，不宜建设，作为园艺保留区，仍栽种水稻、荷花、蔬菜等。拟将龙洞、佛峪、玉符河两岸，开辟为休养或疗养区。

道路及广场：市中心广场设在南门外，面积为5hm²；区中心广场另行规划，面积为3hm²。道路分为主、次干道，主干道宽50m，次干道宽25—35m，街坊道路10—25m。设计东西干道5条：堤口路、北园路、工业北路；经一路、天茂路至黄台；经四路、共青团路、泉城路、解放路；经七路、正觉寺街、和平路；经十路。南北干道5条：纬十二路；济泺路、大纬二路；珍珠泉至八里洼；青岛路至盖家沟；由黄台板桥经甸柳庄至经十路。并设内外两条环路与主次干道连通，组成干道网。内环利用纬二路、经七路、青岛路、天茂路；外环利用纬十二路、经十路东接五顶茂陵山，向北跨胶济铁路再沿小清河北至盖家沟，折向西至济泺路、堤口路至纬十二路。

绿地指标按12m²/人。以大明湖为中心，通过林荫道、河滨路，把市区公园、小游园和区级绿地、防护林带（黄河大堤、遥堤和南郊山区）联结起来，构成绿化系统。

体育设施除已有的体育场外，拟在人民广场东、大明湖绿地内、无影山、工人文化宫（今第二工人文化宫）等处，增设区域性体育场。

《初步规划》还结合近期建设需要，拟定了7年市政建设工程近期修建规划。《初步规划》编制完成后，1957年由建筑工程部综合勘察院对济南市进行了水文地质和工程地质的全面普查，为济南市城市规划工作的进一步充实完善提供了翔实的资料依据。1957年2月22日，《初步规划》正式公布后，为了广泛征集各方面的意见，于1957年3月10日在大明湖南丰祠举办了"济南市城市规划展览会"。1956年编制的《初步规划》，尽管尚不完善，但对指导"一五"期间的城市建设工作起了积极作用。到1957年底，济南市建成区面积发展到37.18km²，市区非农业人口达到64.9万人。

1.2.5　1959年城市总体规划

1958年在"大跃进"的发展形势下，许多工业项目迅速上马，原有的《初步规划》在某些方面已不能适应这种新形势的要求。为控制市区用地规模，避免城市不合理的扩展，在距城17.5km的王舍人庄规划新辟了独立的近郊工业区，设置了年产60万t的济南钢铁厂、30万t的济南化肥厂和重型机械厂等大、中型骨干工业企业。由于原《初步规划》已不适应新形势发展的需要，有必要尽快作出修改，重新编制规划。1959年，以建筑工程部所属的建筑科学研究院、城市设计院和给水排水设计院派来的技术力量为骨干，省、市有关单位抽调了技术力量予以配合，共同组成了专门的工作班子，历时8个多月，编制了《济南市城市总体规划》（图1-19）。其主要内容如下：

城市性质：全省的政治、经济和文化中心，是以冶金、机械工业为主的综合性的工业城市，同时又是一个水、陆、空交通的枢纽。

功能分区：市中心位置选择在旧城区位于中间地带的珍珠泉周围；工业区在原有基础上进行适当并、迁、调整，形成白马山、北郊、黄台、东郊四个工业区和东郊、西郊两个工业备用地；居住区以现状为基础，形成以铁路北的无影山地区与铁路南原行政区的市区部分为主的生活居住区，另在津浦线以东、胶济线以北形成以黄台工业区为中心的生活居住区，规划居住面积为6—9m²/人；仓库区按便利于规划区供应的原则，确定为东、中、西、北四个仓库区；园林绿化以环城公园为核心，从街坊绿化、庭园绿化着手，加强美化处理，适当布置各种内容的公园设施，利用风景山头、苗圃、防护林等形成绿带，环绕城市，引向郊区，实现城市园林化；规划中除分

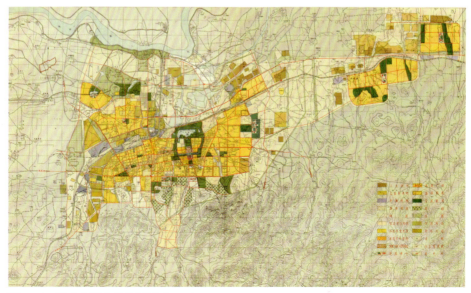

图1-19　济南市城市总体规划（1959）

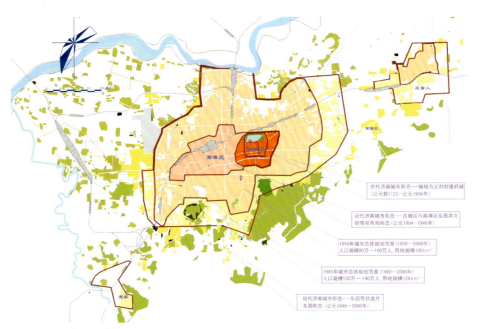

图1-20 济南城市空间演变图

区分级进行组织外，对全市性公共建筑则力求使其均匀分布。

道路交通：分别以主、次干道紧密联系形成环路，为各区居民到达各区中心、市中心以及主要公共场所、车站、码头、机场等创造便利条件。

《五九年规划》虽未经国家正式批准，但它是在调查研究、科学分析的基础上编制的，此后20多年的建设初步证明，这次城市总体规划的骨架基本上是合理的。至1965年底，济南市建成区面积发展到57.93km²，市区非农业人口增加到70.96万人。

1.2.6　1980年城市总体规划 (1980—2000)

1978年党的十一届三中全会以来，济南城市建设迅速发展，1959年版城市总体规划已明显不能适应城市建设发展的需要，市政府开始着手对1959年总体规划进行重新修订，并于1980年编制完成，1983年6月经国务院正式批复实施。

1983年版《济南市城市总体规划》是经国务院正式批复的济南市第一个城市总体规划，主要内容为（图1-20、图1-21）：

城市性质：山东省会，以泉水著称，以机械、轻纺工业为重点，适于开展旅游的社会主义现代化城市。

城市规模：至2000年城市非农业人口市区控制在115万—120万人，王舍人庄工业区控制在10万—12万人，党家庄工业区控制在6万—8万人。城市规划总用地控制在128km²，其中市区108km²，近郊工业区20km²。

功能分区与规划布局：规划强调市区内不再扩建和新建大、中型项目，重点建设王舍人庄工业区及党家庄工业区。创造条件发展章丘县明水镇、长清县城关镇，作为济南市的远郊小城镇。

对市区已有工业区具体规划为：西南工业区以机械工业为主，迁出化工、冶金，控制建材发展；黄台工业区以轻工业为主；七里河工业区以机械、化纤工业为主；洛口工业区以小化工为主；王舍人庄工业区以冶金、化工、轻纺工业为主，逐步建成相对独立的工业区；党家庄工业区以汽车制造为主，适当配以轻工和仪器加工工业。

仓库规划布局：市区以现有铁路沿线库区为基础，进一步扩大库容量，解决市区居民生活物资方面的储运仓库，也可利用工业调整出的市区旧厂地，建部分小型生活仓库。中转仓库布置在远郊铁路附近，开辟枣园、洋村仓库区。

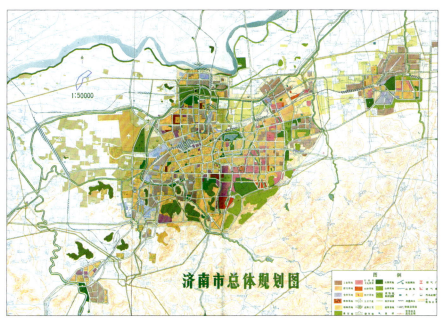

图1-21　济南市城市总体规划图（1983）

居住区布局：以旧城区、商埠区、无影山地区为集中的居住区，除旧城改造和新建的七里山、毕家洼、菜市庄三个居住区外，新辟八里洼、甸柳庄、王官庄、段店东、黄岗、八洞堡等几个新居住区，并搞好王舍人庄工业区及党家庄工业区的住宅建设。

近期旧城改造的重点是，铁路沿线的棚户区和配合市政建设改造干道两侧的平房建筑，层数一般以五层为主，在泉、河、湖、山及风景名胜保护区，以二三层为主，商埠区及历山路以东等地质条件较好的地区，可建部分高层建筑，但要注意建筑环境和空间艺术效果。

园林绿地：充分发挥济南市山、泉、湖、河的自然特色，突出趵突泉、黑虎泉、珍珠泉、五龙潭四大泉群，以千佛山、大明湖为重点，护城河、湖山路为纽带；组成济南独特的园林绿化系统。利用河道、铁路两侧的绿化带和南部山林的有利条件，加强苗圃、果园建设，为城市保泉、绿化创造条件。

道路交通：以现有路网为基础，布置城市干道路网。南北向干道以纬十二路、纬六路、纬一路、顺河街、湖山路、历山路、山大路；东西向干道以经十路、经七路、经四路、经一路（东接北关街，西接营市街）、堤口路、北园路；以及从窑头向北经甸柳庄、黄台北路到前进桥，向西沿小清河至匡山再向南经张庄、段店至荆家沟，折向东经七贤庄、土屋、太平庄、羊头峪回至窑头的规划外环路，组成城市干道网。并利用工业北路、大桥路、济齐路、济兖路、济微路、济临路、济王路和工业南路，作为市区与近郊工业区和远郊小城镇的联系干道。在主要干道交叉口预留远期建设立交的用地。

对外交通：市区以现有铁路、公路设施为基础适当扩大，加强站场的扩建改造，适当增加长途汽车运输站场。水路交通除充分利用现有设施改建外，黄河在老徐庄，小清河在黄台板桥西扩建码头，并为"南水北调"引入济南小清河后具备通航条件，预留丰齐港的建设用地。民航机场近期仍以张庄机场为军民合用，远期全部迁出，另选新址建航空港，现机场改作军事体育航空俱乐部。

中心广场：规划在英雄山以北，经十路以南，广场规模按容纳10万人考虑。

为了更广泛有效地宣传和贯彻城市总体规划，从1983年7月底开始筹备举办"济南市规划建设展览会"，这是继1957年3月举办的城市规划展览会以来，规模空前的第二次展览。筹备工作历时5个多月，于1984年元旦在大明湖南丰祠正式展出。展览会以国务院批复总体规划为先导，分城市建设方针政策、30年来的城市建设成就、总体规划和详细规划三部分，共展出80多块版面，35个模型，16张主要图张，15件城市雕塑方案和彩色电视录像片。展览会持续 9 个月，接待观众近 10 万人次。

1.2.7 1990 年总体规划调整（1989—2000）

1990 年根据新的发展形势，对 1983 年版总规进行了适当调整。城市性质调整为：济南市素有"泉城之誉"，是国家级历史文化名城，山东省会，以机械、轻纺工业为重点，适于开展旅游事业的社会主义现代化开放型城市。人口规模为 2000 年全市非农人口为 160 万人，其中，市区非农人口 140 万人，王舍人庄工业区非农人口 12 万人，党家庄工业区非农人口 8 万人。用地规模为 2000 年城市建设用地规模 125.02km^2，人均建设用地 89.3m^2。

城市结构由单一中心封闭型结构变为多中心开放型结构，特点是：沿济南东西经济轴，向东沿轴发展，多中心应有各自的特点和性质，具备弹性布局结构。

居住用地新增郎茂山北侧、王官庄、匡山、大桥路北、还乡店、祝甸、燕翅山、羊头峪、106 医院北侧、洛口、北园路北 11 片居住用地，新增居住用地 13.24km^2。

市区基本形成四大工业区，即西南工业区，洛口工业区，黄台工业区，七里河工业区。严格控制黄台工业区和西南工业区的发展；规划在王舍人庄工业区内安排了近期 2.13km^2，远期 6.2km^2 的经济技术开发区。拟在黄河北桑梓店北部规划一处化工区，用地规模近期 2km^2，远期 6km^2，主要为我市工业结构调整后新建重污染项目或现有化工厂建分厂预留用地。

道路广场用地的调整：市内主要解决经七路、纬十路的高架交通系统，以解决东西向交通问题。加快实施内环路的立交工程，使平面交通组织变为立体交通组织，适当建设轻轨交通和地铁交通，从根本上解决我市的交通问题。市区内大型公建前增设机动车停车场，以解决现状静态交通存在的问题。加强公交系统的管理和发展，适当增设部分缓冲点、停车场、保养厂等。拟在济南站、北关站、人民商场、市立五院和甸柳庄等处增设换乘枢纽站，并加快出租交通的管理和建设，以解决公交现状存在的问题。

对外交通调整：以济青高速公路、城市北外环及西外环组成城市对外快速干道，通过大桥路立交、洛口立交、吴家堡立交、段店立交节点与市区二环路有机联系，带动市区的发展，东部以三环、济王路、机场路形成次快速干道来带动王舍人庄工业区的发展。

城市绿地的调整：通过 3 个入口将南山绿化引进市区，即四里山至七里山将南山绿化引入市区，并通过大纬二路绿化带与市区北部绿化带相连，千佛山公园通过历山路绿化带与市区北部绿化带相连，郎茂山和青龙山绿化通过纬十二路绿化带与市区北部绿化带相连。市区通过 3 个绿带的楔入，将有效改善城市气候和环境，并且市区北部加强黄河两岸的东西绿化带和小清河两岸的东西绿化带，可改善城市气候和预防黄河风沙侵入市区。加快黄河公园的建设，尽快形成鹊山－黄河公园－华山连为一体的风景区，改善城市北部环境，开发荷花公园、羊头峪森林公园和龙洞佛峪风景区，提高城市的环境质量，改善居民的生活居住条件。

公共设施用地的调整：文教用地在燕子山东侧集中规划部分用地；金融贸易中心规划在大纬二路中段，结合现状改建；市级商业服务设施的规划以经四路一条线贯穿几个商业中心为主，其他居住区级公建设施在小区规划中加以解决，形成舜井街、百货大楼、西门、人民商场、大观园、经二纬二、西市场等中心；省市级科研用地规划在燕子山大厦周围和花园路与外环路的交叉口处，产业区规划在七里河工业区的备用地内；文化娱乐设施，拟在千佛山公园东侧，即历山路与经十路相交处，建一处省级博物馆，在七里山和八里洼小区内各规划一处市级文化娱乐设施，如影剧院等；体育设施，各区相应规划一处区级体育场，满足各区体育运动发展的需要；医疗卫生设施，除按原总体规划实施外，在历山路与北园路交叉口西北角新建一处省级医院，即山医附属二院。

1.2.8 2000 年城市总体规划（1996—2010）

改革开放十几年来，随着经济的持续、高速增长，城市建设迅猛发展，进入"第二次城市建设高潮"。济南城市发展也极其迅速，城市用地从 1989 年的 101.7km^2 发展到 1995 年的 152.63km^2，1983 年版城市总体规划已明显不能适应城市发展的需要，必须及时作出调整。针对当时出现的许多新情况和新问题，为适应城市经济社会发展的需要，济南市人民政府于1995年5月正式启动对1983年版济南市城市总体规划的修订工作，编制了《济南市城市总体规划（1996—2010）》，2000年12月22日经国务院正式批复。该版总体规划的主要内容为（图1-22—图1-24）：

城市性质：山东省省会，著名的泉城和国家历史文化名城，我国东部沿海经济开放区重要的中心城市。

城市规模：2000年城市人口将达到180万人，城市建设用地规模控制在170km² 以内；2010年城市人口将达到220万人，城市建设用地规模控制在205km² 以内。

发展目标：2010年把济南市建设成为经济发达，社会文明，布局合理，交通便捷，基础设施完善，生态环境良好，人民生活富裕，泉城特色突出的现代化省会城市。

中心城区为"东西带状组团式"布局，由主城区和王舍人、贤文、大金、党家四个外围组团组成，主城区与组团之间以绿色空间相隔离。

主城区范围东至大辛河，西至二环西路，北至黄河，南至分水岭，总面积255km²。2010年城市人口为180万人，规划建设用地160km²。主城区是全市的行政、金融、商贸、文化、科教、居住中心，划分为核心区和11个功能各有侧重的片区。核心区为历山路、经十路、铁路围合的地区。白马山、泺口、黄台、七里河是以工业为主的片区；无影山、工人新村、北园、洪楼、七里山是以居住为主的片区；文东为科研文教片区；千佛山为风景旅游片区。

王舍人组团位于中心城区最东部，规划为独立工业区。2010年城市人口为15万人，规划建设用地18km²。重点发展冶金、石化、轻工业。严格控制该组团与贤文组团之间小汉峪沟以东宽度不小于1000m的绿色隔离地带。

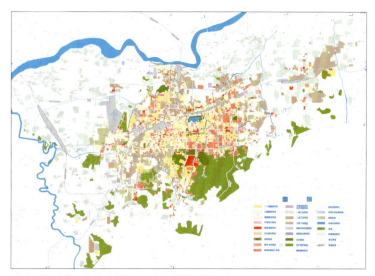

图1-22 济南市中心城区用地现状图（1996）

图1-23 济南市中心城区功能结构图（1996—2010）

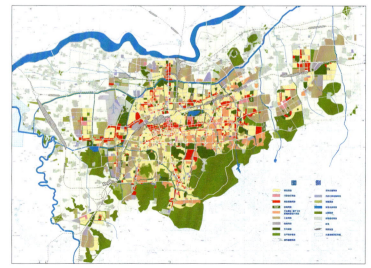

图1-24 济南市中心城区用地规划图（1996—2010）

贤文组团位于主城区与王舍人组团之间，以济南开发区新区为主体构成。2010年城市人口为10万人，规划建设用地10km²。重点发展电子信息、生物技术、光机电一体化等产业。严格控制该组团与主城区之间大辛河两侧宽度不小于1000m的绿色隔离地带，北部建设用地控制在花园路延长线以南。

大金组团位于中心城区西部，规划为新兴产业园区。2010年城市人口为10万人，规划建设用地11km²。重点发展电子信息、材料科学等新兴产业和仓储业。严格控制腊山河与张庄机场之间宽度约2000m的绿色隔离地带。

党家组团位于中心城区西南部，规划为以汽车制造工业为主的独立工业区。2010年城市人口5万人，规划建设用地6km²，重点发展汽车制造工业。该组团位于玉符河中游和地下水补给区内，严禁对地表水和地下水有污染的工业生产和建设项目。严格控制该组团与主城区之间宽度不小于2000m的绿色隔离地带。

中心城区的建设以主城区的调整改造和以"先东后西"的时序发展建设外围组团为重点。主城区调整改造应控制外延，重点调整用地结构和布局，强化省会城市的中心功能，积极发展第三产业，完善城市基础设施和公共服务设施，改善城市环境，突出泉城特色，保护历史文化名城。

2000年版城市总体规划首次从区域分析的角度合理确定城市的发展定位和城市性质，对市域城镇体系及市区卫星镇进行了统筹布局安排，并引入有机疏解的理念，在城市外围构筑发展组团，有效疏解城市功能，拓展城市发展空间，对有效指导城市建设、促进城市合理健康发展起到了重要作用。

1.2.9 济南百年规划的经验总结

通过对济南历次城市总体规划的研究，我们从表1-1可以得出济南城市规划在100年以来的变化趋势。

济南市历次总体规划确定的城市性质与规模及规划主要特点一览表 表1-1

历次规划	城市性质	城市规模	主要特点
商埠区规划			商埠区规划采用经纬道路网布局，纵横道路均匀分布，东西向道路称"经"路，南北向道路称"纬"路，经向道路基本上是沿铁路走向，由南向北平行排列（经一路—经七路），纬向道路则与之垂直，由东向西排列（纬一路—纬十一路）
1950年都市计划纲要	轻工业中心、环境优美的文教和住宅都市		是首次编制的城市总体规划，首次对城市的结构布局和功能分区进行了规划安排，界定了城市用地发展的范围
1956年城市建设初步规划	全省的政治、经济、文化中心，有一定规模的轻、重工业基础，是水陆交通枢纽，又有良好的风景条件，因此济南市是一个综合性质的城市	15年内人口规模控制在80万—100万人，用地规模控制在125km²	首次明确界定了城市性质和城市规模，进行了用地平衡，开展了城市地形测量和资料搜集等工作，并作出了规划示意图，进一步明确了城市功能分区和干道系统
1959年城市总体规划	全省的政治、经济和文化中心，是以冶金、机械工业为主的综合性的工业城市，同时又是一个水、陆、空交通的枢纽		规划新辟了独立的近郊工业区，城市建设用地首次出现"飞地"，城市布局形态发生了根本变化，该规划在调查研究、科学分析的基础上编制，此后二十多年的建设证明，这次总体规划的骨架是基本合理的
1980年城市总体规划	山东省会，以泉水著称，以机械、轻纺工业为重点，适于开展旅游的社会主义现代化城市	至2000年城市人口规模控制在115万—120万人，城市用地规模控制在128km²	是经国务院正式批复的济南市第一个城市总体规划，规划适应了改革开放后城市建设发展的需要，对城市性质、规模、空间布局、功能分区、道路交通等作出了全面布局安排
1990年总体规划调整	素有"泉城之誉"，是国家级历史文化名城，山东省会，以机械、轻纺工业为重点，适于开展旅游事业的社会主义现代化开放型城市	至2000年城市人口规模为160万人，城市用地规模125.02km²	适应新的发展形势，对1980年版总体规划确定的城市性质、规模和总体布局进行了调整，符合城市建设发展的需要
2000年城市总体规划	山东省省会，著名的泉城和国家历史文化名城，我国东部沿海经济开放区重要的中心城市	至2000年城市人口规模达到180万人，用地规模控制在170km²以内；2010年人口规模将达到220万人，建设用地规模控制在205km²以内	首次从区域分析的角度合理确定城市的发展定位和城市性质，对市域城镇体系及市区卫星镇进行了统筹布局安排，并引入有机疏解的理念，在城市外围构筑发展组团，有效疏解城市功能，拓展城市发展空间，对有效指导城市建设健康发展起到了重要作用

规划研究的思路从"局部地段设计"向"区域整体思考"转变;规划思想从"单纯的产业发展"向"和谐社会的构建"转变;城市职能从"地域中心城市"向"区域中心城市"转变;"地域文化特色和生态环境"得到进一步加强。

通过对济南城市发展历程和100年来济南城市规划工作的简要回顾,我们可以看出,济南的城市发展和规划建设深深地烙上时代的印记,人们对美好家园的追求和对未来的探索,成为城市不断前进的动力。

在城市发展的历程中,我们也不难看出,社会的发展与城市建设息息相关,规划的思想也在很大程度上体现了时代的进步和民主化进程。人们的思想意识随着物质文明的建设逐步得到提升,随着社会的进步,越来越多的人加入到城市的规划、建设与管理中,城市已成为人民的城市。

区域的整体发展对城市的发展具有重要作用。现代城市已不是一个封闭的社会,自给自足的发展思想早已被抛弃。"在区域中合作,在合作中竞争",区域产业合作已成为区域中各个城市产业发展的必由之路。

经济的发展与城市环境面貌的改善有很大的关系。但在城市发展过程中,一味追求经济的增长速度,而忽略了社会文化、生态环境的综合效益也会给城市带来严重的后果。

100年来,济南人民对济南的城市规划建设作出了巨大贡献,才有了今天颇具魅力的泉城。那么,我们在未来的城市规划与建设中应树立什么样的观念,才能让这座城市永葆魅力、可持续地健康发展下去呢?这是需要我们共同探讨的问题。

第 2 章 时代旋律

——新世纪泉城规划的基本思路与理念

2.1 济南城市发展面临的机遇与挑战

2.1.1 经济持续高速增长，城市化进程进入加速期

（1）经济持续高速增长

济南目前正处于经济的高速增长期，经济发展速度明显高于全国平均水平。1980—2000 年，济南 GDP 年均增长速度超过了 10%。2000 年以来，济南市经济社会持续快速发展，"十五"期间年均增长速度达到了 14.2%，比全国平均水平高出 5.4 个百分点以上（图 2-1）。

据统计，1978—2005 年济南市 GDP 年均增长率为 15.8%，同期建设用地年均增长率为 5.1%，二者比值为 3.1。按照济南市国民经济发展规划，到 2020 年济南市 GDP 将达到 8000 亿元以上，年均增长 11%，相应的建设用地年均增长率约为 3.5%，则至 2020 年需建设用地约 500km^2，表明在经济快速增长期，对土地的需求极为旺盛。但由于目前城市发展缺乏空间载体，一大批建设项目无法落地，严重制约了城市经济社会的发展。

1995 年济南人均 GDP 首次超过 1000 美元，到 2004 年末，济南人均 GDP 已经超过了 3000 美元大关，达到 3305 美元。经过 10 年的时间，济南人均 GDP 增加了 2000 美元，并进入中等发达经济水平阶段。参照国内上海市和国际上发达国家的发展经验，济南城市化发展已经进入快速发展阶段，经济发展水平也将加速增长。对比于上海，上海的经济增长从 1991 年人均 GDP 达到 1151 美元，已经在 12 年间经历了 1000 美元、3000 美元和 5000 美元的阶段，在 2002 年已经达到 5228 美元，进入中等发达水平，并预计在 2008 年超过 8000 美元。可以预见，在未来的 10 年内，至 2015 年前后，济南的人均 GDP 也将超过 8000 美元，并且很快将达到 10000 美元，经历工业化经济后将进入后工业化经济时代。这一时期，济南的城市化水平也将迅速超过 70% 的重要关口。

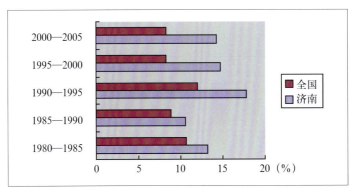

图 2-1　济南市 GDP 增长速度与全国平均速度比较

需要特别注意的是，经济增长和经济结构调整的同时，将会面临着对资源、生态环境消耗的增加，社会问题也将更加突出，而这些因素往往是制约经济能够正常发展的主要原因，需要采取各种手段、措施和政策进行保护和控制，这将成为巨大发展机遇下的严峻挑战，并且也成为社会经济发展成败的关键，保障区域经济高速增长下的可持续发展是规划泉城需要回答的重要历史命题。

（2）城镇化进入快速发展阶段

随着济南经济社会的持续快速发展，市域城镇化进程日益加快，根据对市域城镇化水平的分析，1995年济南市域城镇化水平为44%，2004年为57%，年均增长达1.6个百分点，大大高于全省及全国平均水平，进入城镇化加速发展的新阶段。据统计，自1990—2004年，全市非农业人口由160.7万人增至307.96万人，非农化率由30.7%上升至52.2%；城镇人口由206.7万人增至335.8万人，城镇化水平由39%上升至57%（表2-1、图2-2）。

济南市城镇化进程表　　　　　　　表2-1

年份	总人口（万人）	非农业人口（万人）	非农业人口比重（%）	城镇人口（万人）	城镇化水平（%）
1990	523.60	160.67	30.69	206.67	39.47
1991	527.43	163.29	30.96	212.87	40.36
1992	530.70	166.01	31.28	218.86	41.24
1993	533.53	169.31	31.73	224.98	42.17
1994	537.31	180.28	33.55	232.49	43.27
1995	542.12	186.04	34.32	240.48	44.36
1996	543.45	190.97	35.14	247.75	45.59
1997	549.20	194.23	35.37	256.58	46.72
1998	553.54	199.29	36.00	264.92	47.86
1999	557.63	202.47	36.31	273.96	49.13
2000	562.65	207.68	36.91	284.98	50.65
2001	569.00	222.24	39.06	298.21	52.41
2002	575.01	285.83	49.71	312.51	54.35
2003	582.56	297.21	51.02	324.31	55.67
2004	590.08	307.96	52.19	335.82	56.91

图2-2　1990—2004年济南市城镇化水平变化趋势

同时，随着城镇化的发展，城市人口不断增加，用地规模迅速扩大。1995—2004年，城市建设用地规模自152.63km² 增长至277.6km²，年均增加建设用地达14km²；城市人口规模自160万人增长至280万人，年均增加城市人口14万人，城市规模大大突破了2000年版城市总体规划所确定的到2010年城市人口规模达到220万人、用地规模达到205km² 的发展目标。2004年城市建设用地与1995年的相比总规模扩大了82%，城市建设发展速度之快远远超出了原总体规划的预期。

行政区划的调整可使城市资源重组、整合和优化，造就富有活力的新区，导致城市规模和空间的跳跃式增长。2001年原济南市辖县长清县撤县设区，成为济南市区的重要组成部分，济南市区范围扩大，由原来的2119km² 扩展到3257km²，为城市发展拓展了空间，提供了载体。

济南市域城镇化的加快发展迫切要求城市规划与之相适应，构筑城乡统筹一体、区域协调发展的新格局，这是关系到缩小城乡差距、构建城乡和谐社会、实现城乡统筹发展的关键，也是全面实现小康社会建设目标的需要。

2.1.2 区域的竞争与合作，区域中心地位有待加强

(1) 经济的全球化

当今世界，正经历着一个时空收缩的强烈阶段——经济全球化。所谓经济全球化是指随着社会经济和科学技术的飞速发展，全球各国、各地区之间的经济联系和相互依存关系日益密切，世界市场正在加速形成，世界经济一体化发展的趋势日趋明显。经济全球化有四个主要特征，一是经济一体化，技术、贸易、资金、生产要素等在全球范围内广泛流动，特别是以跨国公司为代表的经济实体垄断了世界经济的1/3；二是全球城市化，在全球范围内人口不断向城市流动，城市的影响力和地位日益凸显；三是全球性产业分工，通过贸易、资金流动、技术涌现、信息网络和文化交流，世界范围的经济高速融合，产生了新的国际分工；四是全球性产业转移，产业分工的不同，导致了国际产业的转移，以制造业、加工业、高新技术产业为代表的国际产业转移和产业结构调整明显加速。

经济全球化可概括为国际分工的深化与生产的全球化、技术创新和知识传播的全球化、贸易投资的自由化、全球范围的区域经济一体化等内涵。经济全球化是世界科学技术发展与生产力发展的必然结果。在经济全球化背景下，任何一个国家或地区的经济发展，都不可能在一个封闭的、孤立的环境中进行，都不可能只从本国或本地区内部状况来考虑问题，其经济发展的状况、产业布局、产业分工、发展方式、速度、质量和效果乃至空间格局等，都会受到全球经济发展、国际市场、国际劳动地域分工、国家生产力布局体系等因素的深刻影响，甚至受到全球化政治、文化、信息等非生产因素的影响，因而必须密切联系全球范围正在不断变动着的大趋势和诸多因素通盘考虑。

(2) 区域城市的竞争与合作

伴随着经济全球化的发展，21世纪的世界经济重心东移，亚太地区成为世界经济发展最具活力的地区，而包括中国在内的东北亚地区是亚太地区中最具活力和潜力的地区，成为整个亚太地区的一个新的增长极。环渤海地区地处东北亚的中枢，在该区域国际分工中起着重要的作用。济南地处环渤海地区，不仅居于南北交流、东西交流、国内外交流的三重枢纽地位，并且在资源、技术结构以及产业结构上与东北亚其他地区具有互补性，这为济南参与国际经济大循环、与国际经济接轨提供了极大的可能与发展机遇。

长期以来，济南作为山东省省会，全省政治、经济、文化中心，始终是山东省第一大城市，对于引领山东省经济社会发展发挥了巨大作用，具有不可替代的中心地位。但随着国家改革开放政策的深入推进，在沿海开放战略下，外向型经济作为拉动经济增长的主驱动力，使沿海口岸城市经济得到迅速发展，城市建设发展速度明显超越内陆城市。济南作为山东省的内陆城市，和沿海的青岛、烟台等城市同处山东半岛城市群，区域合作态势非常明显，但也受到了来自这些兄弟城市的强大的竞争压力。

图 2-3 山东半岛"双城格局"

从近年来国内很多同等城市的发展历程可见,在某一区域内存在"双城"的格局,如沈阳与大连、南京与苏州、杭州与宁波、福州与厦门、广州与深圳等。这与国家的宏观政策和产业发展思路无不相关。然而,伴随着经济一体化和全球资源与市场的整合,国家宏观战略的变化,预示着新的经济空间格局重构的到来。由于城市面对国内、国外两个市场,因此,原有城市体系的中心和边缘概念将会重新演绎,位居中心区位的省会城市多年积淀的历史人文资源将获得更好的释放机会(图 2-3)。

(3)从注重解决城市内部问题转向区域城市综合竞争力的提升

济南虽然是山东经济大省和人口大省的省会,但其市域面积偏小、城市规模偏低的现象极为突出,长期以来严重困扰和制约着济南的城市建设发展。济南市域面积 8177km², 在全国 15 个副省级城市中仅列第 11 位,在全省 17 城市中仅列第 10 位,市域面积明显小于大多数副省级城市,甚至不及省内某些中等城市。从省会城市市域面积占其所在省土地面积的比重来看,济南市域面积仅占山东省土地面积的 5.2%,在全国 26 个省会城市中仅列第 18 位;2005 年底济南市总人口为 597 万人,仅占山东省总人口的 6.4%,在全省 17 城市中仅列第 7 位,难以起到山东经济大省省会城市的作用,与其作为山东省省会城市和全国副省级城市的地位作用极不适应,难以发挥对周边城市的辐射带动作用。

经济全球化的浪潮将激烈的竞争摆在了每个城市的面前,也给城市的发展带来了无比广阔的发展空间,城市的角色和作用因此也发生着巨大的变化。区域被看作是当今全球竞争体系中协调社会经济生活的一种最先进形式和竞争优势的来源。在上述背景下,国家、城市竞争力都越来越依赖于区域整体竞争力的提升,区域规划因而也成为促进区域竞争力提升的一种积极和重要的措施。因此,全球化时代的区域统筹规划,是区域内城市应对全球化的一种战略回应。城市规划已不再是仅仅解决区域内自身发展中遇到的某些具体问题,而更具有增强区域吸引力和竞争力以获取更多发展机会等空间形态以外的内涵。

2.1.3 中心城区高度集聚,城乡发展亟须统筹协调

(1)旧城功能高度集聚,城市空间亟须向外拓展

济南是山东省省会,省、市两级政府及济南军区和省军区两级军区驻地。目前济南城市建设面临最突出的问题是多种城市功能高度集中于旧城中心,省市两级行政中心、商业中心高度重叠,又分布有古城及一些文物古迹、旅游景点,使城市功能在目前城区狭小的区域内反复罗列,以至城区的发展不堪重负,人口密度过大,发展空间明显不足(图 2-4)。

图 2-4　旧城区功能高度集聚

① 商业功能

城市市级大型商业设施主要聚集在城市核心区的泉城路、泺源大街、经四路、南门等商业繁华地区和主要商业街，形成市级商贸金融中心。

② 行政功能

省政府、省人大、省政协等省级行政办公用地主要分布在老城区，省委办公用地在经八路纬一路一带。历山路两侧为省检察院、省高级人民法院、省旅游局等省直机关。济南著名的四大泉群之一的珍珠泉就位于省人大院内。市级行政办公用地主要分布在经二路、经七路和大纬二路附近。

③ 文体功能

省、部级教育、科研机构主要分布在沿历山路、文化东（西）路一带，紧贴旧城，用地空间局促。经十路南侧有城市级的大型体育设施——省体育中心，还集中了省市博物馆、电视台等公共设施。

④ 交通功能

经一路北的济南火车站是城市重要的交通枢纽，大量的交通流汇聚于此，形成老城巨大的交通压力，难于排解。据调查，目前城区人口的13.5%集中在人口密度超过3万人/km^2的8km^2范围内，34%集中在人口密度超过2万人/km^2的27km^2范围内。过高的人口密度使旧城交通拥挤、住房紧张、环境卫生差等问题日益严重，居住环境质量严重下降。

（2）从注重城市优先发展转向注重城乡区域统筹协调发展

早期的规划编制多以"城市优先发展"为导向，规划内容重城市，轻乡村；重核心，轻边缘；重经济，轻社会；重增长，轻环境，这显然有悖于科学发展观的要求。应转变这种传统规划模式，注重落实科学发展观和"五个统筹"的要求，坚持统筹规划理念，统筹城乡发展，落实党中央、国务院确定的建设社会主义新农村的战略部署，统筹安排城乡居民点体系规划布局，建立城乡一体化的产业布局体系，合理配置城乡资源，统筹安排城乡公共设施和基础设施，促进城乡协调发展；统筹区域发展，在全球化视野下，从区域分析入手，在不同区域层面合理研究确定济南的区域地位和功能定位，本着统筹区域发展的理念，从区域整体发展的角度，通盘构筑城市发展布局总体框架，突出核心地区规划，强化其在区域发展中的龙头作用；统筹经济社会发展，树立经济与社会协调发展的思想，注重各类社会服务设施的发展和布局；统筹人与自然的和谐发展，注重保护脆弱资源和生态环境，合理划定各类限制建设分区，制定明确的空间管制要求和措施，实现城市的可持续发展。

图 2-5 趵突泉

图 2-6 护城河

2.1.4 生态环境文化建设，泉城特质需要全面提升

（1）城市风貌特色

济南素有"齐鲁雄都、海佑名城"之称，中华民族灿烂的古代文化在这里留下了丰富的文物遗迹，现有市级以上文物重点保护单位 116 处，是著名的国家级历史文化名城。济南的古城风貌独特，素有"四面荷花三面柳，一城山色半城湖"和"家家泉水，户户垂杨"的美誉。"山泉湖河城"有机融合，构成了济南独具特色的泉城风貌（图 2-5、图 2-6）。

然而由于近年来经济的快速增长，城市建设力度的逐年加强和在旧城改造与新区建设认识上的分歧，使名城保护与发展的矛盾越来越尖锐，名城风貌格局正在逐步消失，城市特色面临危机。

名城保护受限于城市发展空间，城市功能过度集中，旧城负荷日益加重，城市人口的高密度与建设的高密度无法得到有效缓解，环境质量严重下降；同时，旧城改造速度不断加快，强度日益增大，加之过分注重经济效益，忽视环境效益，以至部分地段的开发建设已突破规划的控制要求，密度过高，开敞空间缺乏，绿地少，个别新建建筑高度、容量及功能与周围古城环境缺乏有机协调。部分传统特色建筑和院落被拆掉，对古城格局的保护造成了破坏性影响。

(2) 历史地段的保护与发展

和全国大多数城市一样，济南的旧城更新和历史文化保护面临着两方面的问题，一是促进经济发展，二是环境质量的提升。两者是一个矛盾的统一体，如何协调它们之间的关系成为重点研究的问题。

由于济南城市建成区面积由解放初期的 23km² 扩展到 2005 年的 295km²，城区不透水面积大量增加，加上近几年城区不断向南部扩展，直接侵占了岩溶水和降水的补给区，造成城区四大泉群由常年喷涌变成季节性喷涌甚至有的年份全年停喷，"泉城"特色日趋削弱。大明湖和护城河也由于泉水喷涌减少、断流，导致补水量减少，富营养化严重。同时，开发南部山区产生的垃圾和污水，对市区泉水将产生长期的、破坏性的影响，带来的后果是灾难性的。

(3) 泉水文化战略

在文化的提升方面，济南推出了以"泉水文化"为主题的文化发展战略，以进一步提升泉城历史文化内涵和地域特色。特别是近些年来，济南市委、市政府对名泉保护十分重视，采取了一系列保泉措施，全市人民已经形成共识，并积极行动起来节水保泉，取得了显著成效。自 2003 年 9 月 6 日以趵突泉为代表的济南泉水从"沉睡"中醒来后，济南众泉已经持续喷涌，泉城景观得以凸显。2005 年济南市正式提出和启动济南泉水申遗工作，充实调整了济南市名泉保护委员会，颁布实施了我国首部名泉保护法规《济南市名泉保护条例》，为泉水持续喷涌提供了有力的支撑。

2.1.5 市政设施建设滞后，都市脉络期待顺达畅通

由于解放前济南市没有统一的规划建设，城市各片区的路网自成体系，走向、间距、宽度不一，各系统之间缺少联系及畅通的道路，加之铁路的分割，整个城市的道路网"十路九不通"。解放后，疏通了十余条贯通的干道，建设了二环路，城市交通状况得到缓解。但随着济南市近几年的大规模建设，交通需求的变化和激增，城市道路建设明显滞后，道路交通设施的建设速度落后于车辆增长速度，道路面积以 6.2% 的速度逐年增加，而车辆却以 20.9% 的速度飞快增长。交通设施容量的扩充，完全被车辆的高速增长所抵消。单纯的道路交通建设，已难以全面解决城市交通问题，疏解城市功能是解决城市交通问题的"治本"之路（图 2-7）。

同时，城市东西向交通在中心区受阻，也是济南市交通症结之一。济南城市是典型的带状布局形态，东西绵延长达 50 多公里，决定了它的主要交通流向为东西方向，城市现有承担各区片联系的东西向贯通道路不足，仅有的几条路交通压力大，道路分工不明确，城市东西向快速交通走廊尚未完全形成，尤其是城市中心区的交通不能及时疏散，城市与外围的交通联系不畅。随着城市形态的继续东西延伸，城市东西向的交通需求将有增无减，城市快速交通体系的建立已迫在眉睫。

图 2-7 济南高峰小时客流分布图

2.2 泉城规划的基本思路

2.2.1 科学发展观——泉城规划的指导思想

中国共产党十六届三中全会首次提出了"以人为本"的科学发展观。科学发展观开宗明义地提出，坚持以人为本，树立全面、协调、可持续的科学发展观，确立了"五个统筹"发展的新战略，这被认为是"中国第二代发展战略"。科学发展观的内涵十分丰富，简要地说，就是全面、协调、可持续发展。其核心内容就是落实"五个统筹"，即统筹城乡发展、统筹区域发展、统筹经济社会发展、统筹人与自然和谐发展、统筹国内发展与对外开放。"协调发展"成为新时期发展的主旋律。"五个统筹"战略思维的转变，实质是对发展理念所进行的一次深层次的哲学反思。发展不同于增长，发展是一种全面、协调、可持续、有效率、重质量的增长，发展观取代了增长观。科学发展观的本质和核心是以人为本，实现人的全面发展。

城市规划是政府指导和调控城乡建设和发展的基本手段和法律依据。推进科学发展、构建和谐城市是城市规划的目标任务，科学发展观是城市规划的根本指导思想和行动指南。城市规划要更好地体现以人为本的要求，切实落实"五个统筹"，坚持以科学规划、民主规划、依法规划来引导、调控、推动城市可持续发展。

科学发展观的"五个统筹"为城市规划提供了方法论的导向。科学发展观的根本要求是统筹兼顾，这是构建和谐规划的内在要求。规划工作面对的社会利益主体越多，利益关系越复杂，就越要确立科学发展观的统筹兼顾理念。城市规划要落实"五个统筹"，做到城乡和谐，使农村与城市相互协调、融合发展；区域和谐，实现区域发展的合作共赢；经济社会和谐，在加快经济发展的同时，重视各类社会事业的协调发展；人与自然和谐，实现资源节约和环境友好；国内发展与对外开放和谐，实现我国发展与世界的和谐统一。要充分发挥规划的综合协调功能，妥善处理各方面的突出矛盾，协调各种利益关系，努力实现和谐发展。

> 推进城镇化健康有序地发展，必须坚持以规划为依据，研究制定科学合理的规划，保证规划经得起实践和时间的检验。要维护规划的权威性、严肃性，保证规划全面实施。
>
> ——胡锦涛
>
> 城市规划是城市建设和发展的蓝图，是建设和管理城市的基本依据。城市规划搞得好不好，直接关系城市总体功能能否有效发挥，关系经济、社会、人口、资源、环境能否协调发展。要以科学发展观为指导，统筹做好城市规划、建设和管理的各项工作。城市规模要合理控制；城市风貌要突出民族特色和地方特色；城市发展要走节约资源、保护环境的集约化道路；城市功能要以人为本，创建宜居环境；城市建设要实现经济社会协调发展、物质文明与精神文明共同进步；城市管理要健全民主法制，坚持依法治市，构建和谐社会。
>
> ——温家宝

2.2.2 可持续发展观——泉城规划的基本准则

20世纪60年代出现了震惊世界的十大公害事件，环境问题向人类提出了严峻的挑战。1962年，卡尔逊女士一本《寂静的春天》，揭示了发达国家在第二次世界大战后的非理性经济活动，导致了环境与发展的严重背离。70年代初，在西欧各国相继发起了呼吁正视和解决环境问题的"环境运动"。1972年联合国人类环境委员会通过了《斯德哥尔摩宣言》，提出了"人类只有一个地球"的口号，70年代，这场绿色运动达到高潮，甚至在一些国家形成一股绿色政治思潮。今天，越来越多的人们认识到生态环境的重要，可持续发展的概念、准则和行动纲领，已为国际法令所公认。

可持续发展能力的大小，既是衡量实施可持续发展战略成功程度的基本标志，又是可持续发展战略实施中着力培育的物质能力和精神能力的总和。在可持续能力研究的开拓中，2001年《科学》刊登了由23位世界著名的可持续发展研究者联名发表的题为"可持续能力学"的论文，其中对可持续能力定义为"可持续能力的本质是如何维系地球生存支持系统去满足人类基本需求的能力"。

可持续发展是泉城规划的基本准则，主要体现在以下几个方面：

（1）以人为本，维护社会公平的准则

规划泉城应始终坚持以人为本，重视人的需要、人的发展、人的价值体现，始终把广大人民群众的利益作为城市规划的根本出发点和落脚点，切实实现好、维护好、发展好广大人民群众的根本利益，注重发展社会事业，建设宜居人居环境。坚持从维护广大人民群众的根本利益出发，坚持为民规划，高度重视解决民生问题，在规划编制中优先安排关系群众切身利益的城市基础设施和公共设施布局，关注弱势群体需求，为城乡居民营造良好的人居环境。

（2）统筹协调，维护三大平衡的准则

城市规划的编制和实施，要以科学发展观为根本指导思想，落实"五个统筹"的要求，促进城乡、区域、经济社会、人与自然和谐发展，优化城市布局，完善城市功能，注重与土地利用总体规划等相关规划的协调和衔接。要加强对近期建设的规划管理，以城市总体规划和近期建设规划确定的优先发展地区为重点，提高控制性详细规划的质量，引导城市土地的科学合理开发利用。要加强对城市绿地、自然地貌、植被、水系、湿地等生态敏感区的保护，努力实现城市与自然环境和谐相处，实现社会、经济和环境的三大平衡。

（3）合理利用，维护代际公平的准则

按照城市发展的客观规律和经济社会发展的内在规律，科学编制规划，统筹谋划城市的合理健康发展，正确处理城乡建设增长速度与质量效益、资源环境承载能力以及社会承受程度的关系。合理利用资源，维护代际公平。

2.2.3 构建和谐社会——泉城规划的目标导向

党的十六大以来，党中央审时度势，明确提出了构建社会主义和谐社会的重要战略思想，系统阐述了社会主义和谐社会的基本特征和重大原则，从而为社会主义和谐社会赋予了全新的概念和丰富的内涵。党的十七大进一步确立了"高举中国特色社会主义伟大旗帜，以邓小平理论和'三个代表'重要思想为指导，深入贯彻落实科学发展观，继续解放思想，坚持改革开放，推动科学发展，促进社会和谐，为夺取全面建设小康社会新胜利而奋斗"的目标任务。

党中央提出的社会主义和谐社会建设目标，为城市规划建设指明了根本方向和出路，为我们规划泉城确立了根本的目标导向。

城市规划作为政府调控城市空间资源、指导城市建设发展、维护社会公平与公正、保障公众利益和公共安全的重要手段和公共政策，是塑造城市形象、提升城市品位、保障经济社会可持续发展的重要前提和基础。在城市建设发展中，规划始终处于非常重要的"龙头"地位，是引导、控制和管理整个城市建设和发展的法定依据和手段，对引领经济社会和城市建设发展具有无可替代的重要作用。规划水平如何，将直接影响一个城市建设和管理水平的高低，影响居住在那里的人们的生活方式，就业水平，影响人与自然的和谐相处，影响一个地区的历史文脉延续及城市的可持续发展，最终影响到和谐社会的构建。城市规划的根本目的就是要创造一个空间布局合理、功能配套完善、经济社会繁荣、产业发展协调、资源匹配得当、生态环境平衡、基础设施完备、交通顺畅便捷、人居环境良好的城市，构建和谐城市、实现和谐社会是城市规划的根本宗旨和目标所在。

2.3 泉城规划的基本理念

当今城市发展越来越注重城市特色的地域化与个性化、城市环境的生态化与园林化、生活空间的人性化与人本化、资源的集约化与效益化。济南城市规划在可持续发展的基本思想指导下，应坚持以下基本理念：城市区域共生，构筑整体空间；紧凑集约利用，倡导持续发展；经济产业集群，促进城市增长；公共交通优先，支撑城市拓展；文化景观独特，丰富城市内涵；生态环境友好，建设宜居城市。

2.3.1 城市区域共生，构筑整体空间

(1) 区域城市化和城市区域化

伴随着经济全球化的发展，世界范围内区域城市化趋势日趋明显。城市数量不断增加，城市规模迅速扩大。从全球范围来看，目前差不多有一半以上的人口生活在城市里，欧美一些发达国家的城市化水平都在78%左右，拉丁美洲国家的城市化水平相对较低，我国基本居于中等偏上的水平。全球范围的区域城市化对我国产生了深刻影响，当前中国社会城乡关系正发生着巨大的变化，城乡二元结构不断被打破，小城镇快速集聚式发展，城镇数量和规模迅速扩大，区域城市化趋势日趋明显，城乡差距不断缩小。我国区域城市化的实质是城乡社会结构的转型，是国力发展、经济发展、社会进步带来的社会结构的巨变。区域城市化有利于推动我国农村工业化、城镇化和现代化进程，逐步打破城乡二元结构的束缚，缩小城乡差距，引导和促进城市文明向农村地区传播和转移，对促进城乡统筹协调发展、构建城乡和谐社会具有重大意义。

城市区域化是当今世界城市发展的潮流，经济的全球化必然伴随着城市发展的区域化，表现为大城市的扩张或其某些功能不断地外溢发展，与区域内其他城市形成经济社会联系密切的区域经济共同体，从而形成区域化城市空间。城市区域化包括单一型城市区域和复合型城市区域。单一型城市区域是指城市的发展本身形成一个区域，它的发展既表现在城区半径的扩大，也表现在城市群的形成；复合型城市区域是由于城市集中发展之后的循序性扩散与跳跃式扩散，使许多原本不相干或联系很少的城市逐渐连为一体，形成网络型、联系密切的城市区域。不论阶段如何划分，基本都遵循了城市由点到面、由集聚到分散不断延伸扩展的发展规律，逐步形成梯次合理、辐射力强的城市网络体系，带动整个区域的发展。

(2) 对区域空间发展的研究

基于整体发展的区域规划观念从1898年霍华德（Ebenezer Howard）的《明日的田园城市》开始，在欧洲开始产生深远影响。1915年盖迪斯（P.Geddes）首创了区域规划综合研究方法，并预见性地提出了城市扩散到更大范围内而集聚形成新的群体形态：城市地区（City Rigion）、集合城市（Conurbation）甚至世界城市（World City）。

在中国，自20世纪80年代以来先后组织开展了"城市空间发展战略规划研究"的实践活动，学者借鉴了西方相关城镇群体空间的理论与概念，也提出了一系列基于中文语境的相关理论概念，如"都市区"（Metropolitan Area）、"都市连绵区"（Metropolitan Interlocking Region，MIR）、城市群（Urban Agglomerations）、城镇密集区、都市经济圈、都市圈、组合城市等（周一星，1988；姚士谋，1992；孙一飞，1994；邹军、张京祥，2001；邹军、王兴海、张伟等，2003等）。随着中国城市化进程得到迅猛发展，在中国的长三角、珠三角、环渤海地区出现了大都市连绵区，针对城市群的规划工作也得到大力推进。其中有单中心的都市圈规划，比如早期完成的"南京都市圈规划"、"徐州都市圈规划"、"武汉都市圈规划"等，最近完成的"济南都市圈规划"、"哈尔滨都市圈规划"等；也有跨行政区多中心都市圈规划，如"珠江三角洲经济区城市群规划"、"京津冀北地区城乡空间发展规划研究"（吴良镛院士主持），以及"长江三角洲城市群规划"等。

(3) 泉城空间发展的区域整体思维

城市及其所在的区域作为社会、经济、文化和环境的复合载体，因其空间发展内涵的丰富性、问题的复杂性、

类型的多样性和发展的动态性，必须要求我们以区域整体的发展观来指导城市空间发展。

随着城市的扩展，城市产业空间、社会空间、形态空间都将面临重新组合。在大城市的中心，传统制造业由于产业结构调整而大批外迁，生产制造活动逐渐被金融和商务、指挥和控制、文化和创造、旅游和休闲等更高级的产业活动所取代（Peter Hall，2002）。在大城市边缘地带，从市中心迁出的日常办公服务设施选择交通便利之处重新集聚，与相关服务设施共同组成办公活动中心，形成新的城市中心或者"边缘城市"。在大城市郊区靠近高速公路的区位上，高科技产业活动以科学园区的形式相对集中发展，成为城市空间发展上的主要驱动器（Peter Hall，2000）。

城市发展离不开城市区域的整体思维，正如AG·汉贝尔所言，人们没有认识到整体性的城市发展和建筑政策的必要性，也没有达成有关它的一致意见。孤独的政治呼声在旷地上回荡，仅仅吸引了其他领域的专家们来倾听。例如，柏林新城市中心的规划直到两德统一后的数年才出现，而且目前已在被公开地争论着，变得支离破碎。整体性的理想意象在应用中被割裂开来。例如过分强调个人交通、在城市更新改造中过于理性地划分空间、用服务行业置换生产部门、政府干预住宅产业的市场——所有这些都导致了在很大程度上不成功的发展。在此能清楚地看到，这种失败的发展不能仅仅归咎于自由市场的力量，而是由于缺乏整体性的考虑。[①]

近年来，我国城市区域化的趋势日趋明显，东部沿海自南向北已逐步崛起了珠三角城市群、长三角城市群和京津环渤海城市群三大城市区域，同时也有学者提出全国可划分为"九大都市圈"的城市区域。因此，在经济全球化的宏观背景下，伴随着区域城市化和城市区域化的发展，城市的发展已愈来愈走向区域，城市之间的竞争已不再是单个城市间的竞争，而是以中心城市为核心，与周边城镇共同构成的城市区域或城市集群的竞争，对中心城市与周围区域的发展提出了更高的和一体化的要求。

济南地处环渤海湾地区与长江经济区的过渡中心，地理上的中间性是其非常重要的特征，也是其经济发展的优势所在，使其成为承接京津与沪宁两大都市圈辐射的枢纽城市，具有建设跨省域区域中心城市的得天独厚的地缘优势。随着京津环渤海城市群的加快发展，对中心城市的功能定位、职能转换将会有更高的和一体化的要求。济南作为环渤海地区南翼重要的中心城市之一，应抓住机遇，以区域一体化发展为目标，着力培育城市核心竞争力，积极融入到环渤海地区的经济交流与协作中。因此，迫切需要从更宏观的角度、更大的范围审视城市发展现状，找出发展优势与不足，积极谋划城市总体发展框架，大大提高规划的前瞻性、科学性、战略性和指导性。

2.3.2 紧凑集约利用，倡导持续发展

（1）紧凑集中发展的思想

紧凑发展技术是基于可持续发展城市的理念提出来的，主要内容有：在已经发生城市化的地区进行建设、重新开发被污染的土地或废弃的工业区、在规模不断减小的土地上进行集聚开发等。这种开发模式占地少，有助于缩短交通里程、促进步行、自行车与公共交通的使用，保护绿地、野生动物栖息地和农田，并可以改善排污与水质状况（美国环保局，2001）。

相对于其他以可持续发展为指针的空间规划模式，紧缩城市因为本身固有的高密度高强度特点，能够容纳更多的城市发展活动，可以更为合理地利用公共基础设施和能源，在更为方便的通勤距离内提供更多的工作、生活必需品、服务以及休闲娱乐的选择和与周边朋友进行更多社会交流的机会，从而造就更有活力的城市生活。高密度城市中的居民和高强度的经济活动造就了香港丰富多彩的市民生活。在国际上，东京是另外一个成功的例证。

---

① （德）AG·汉贝尔．关于城市远景的主导思想．1999年北京国际建筑师协会第20届世界建筑师大会论文．

1996年中国科学院国情研究报告《机遇与挑战》中提出了中国面向21世纪的八条基本对策，提出了建立具有中国特色的资源节约型的国民经济体系的思想，包括"建立以节地、节水为中心的资源节约型农业生产体系；建立以重效益节能节材为中心的工业生产体系；建立以节省运力为中心的交通运输体系；建立以节约资本与资源的科学技术体系；建立以提倡适度消费、勤俭节约为中心的生产服务体系；建立社会分配合理、注重社会效益的社会保障体系"等。

在中国的城市发展战略中，应强调"紧凑型"的城市发展（Compacted City）模式和区域发展模式。中国特殊的资源条件与生态条件要求城市个体发展必须走紧凑集约发展的道路，不模仿西方国家的郊区化模式，提倡以节省建设用地为中心的住房制度，提倡以公共交通为主的节能、节地的交通体系，限制私人小汽车的盲目发展。以香港为例，在这个全世界人口最密集的地区，采取了全世界最密集的居住模式，并没有形成蔓延式的发展。全港的85%用地仍保留为乡村用地，建有21个郊野公园，全港绿化覆盖率达到70%。

(2) 城市发展中的土地集约使用

城市化与逆城市化是世界城市发展过程中的两种趋势，反映在城市空间结构与形态上是城市空间的集中化与分散化两种相互作用、相互交织的过程，在高速城市化的过程中，城市空间的演化将随之加快。一方面集中程度越来越高；另一方面，分散的要求也越来越强烈，两种力量在不同时空内表现出不同的强弱对比。因此城市空间集中发展还是分散发展历来成为城市空间发展中两种思想、两种主义争论的焦点。我国城市化达到一定水平后将不可避免地出现逆城市化空间分散现象，同时城市中心区集中程度将加剧，这对我国选择合理的城市空间扩展模式提出了严峻的课题。

长期以来，城市的粗放型发展以城市范围无限制的外延扩展以及空间的无序蔓延为主要特征。集约化经营与效益化经营是城市资源稀缺性日趋突出的客观要求，也是城市经营的基本前提与重要内容。对于中国这样一个人多地少的国家，在追求多元城市发展目标的过程中，城市政府将在土地开发与其他空间资源的经营中从粗放型开发向集约型开发转化；从关心量的扩大到关心质的提高；从注重政府政绩到注重城市经营的实效，城市基础设施的建设以及其他公共设施的建设都将在认真考虑投入与产出效益的前提下予以实施，为此注重提高城市开发建设的集约化与效益化水平与质量将是今后城市发展的主要特征。

(3) 分散化集中，建设紧缩型城市

美国及欧洲城市建设发展的实践证明，长期实行紧缩城市和精明增长政策，有效遏制了城市蔓延，保护了土地和生态环境，有助于保护和改善社区生活质量、保持老中心和商业区的活力，并确保各社区实现社会公平。这种理念也许并不完全适合于我国所有城市的发展，但我国节约型城市的建设，需要借鉴紧缩城市和精明增长的规划理论，选择合理的城市化发展模式，促进城市从根本上实现集约型增长。

近年来，由于过分强调城市紧缩发展会带来城市过高的密度而导致住房密集、交通拥堵等症结。因此，"分散化集中"成为紧缩城市和精明增长理念的新的热点而被广泛倡导。

规划泉城应突出体现建设节约型城市的发展理念，借鉴国外城市精明增长思想内涵，注重转变城市增长方式，由粗放型向集约型、由外延式向内涵式转变。采取"集约增长"发展策略，合理确定城乡建设用地标准，集约用地、科学用地、合理用地，优化城市功能布局，营造多样性、富有活力的城市空间。合理利用和保护资源，坚持开发与节约并重、节约优先，着力发展循环经济，加强对节能、节水、节地、节材等对策和措施的研究，促进资源综合利用，建设节约型城市。

2.3.3 经济产业集群，促进城市增长

产业与城市是相互契合、缺一不可的。现代化大工业对农业经济产生了巨大的冲击，使得人们不再束缚在血缘关系和封闭的地域因素之上。集约化的劳动使家庭作坊式的传统工业失去了生机和活力，20世纪70年代末80年代初，许多发达的传统工业城市陷入衰退，经济停滞不前，劳动条件恶化。然而在意大利、美国等国家却

表现出新兴工业发展的强劲势头。

城市的发展不能脱离了产业。许多城市的衰败、竞争力下降往往是忽视产业和城市发展的结合。城市新区的发展必须与产业的发展紧密结合在一起。尤其是科技园区的规划建设，就科技园的真正目标来讲，其创造所起的作用应该是重大的，但庞大的建设行为本身充满了巨大的风险，巨额投资如果不符合产业特性的要求，将直接导致地区发展的滞后和有限资源的浪费，使开发者背上沉重的包袱。因此，从产业特点的角度出发来建设和规划各种产业空间的物质载体就显得尤其重要，可以使国家将有限的资源发挥出最大的效力。

（1）产业集群是城市经济的核心支柱

产业集群越来越成为城市新区发展的经济增长点。产业集聚所形成的产业优势是城市竞争优势的重要组成部分。政府在制定城市化发展战略中应当采取产业集群的基本战略，培育和推动产业集聚，营造良性循环的文化生态环境，最终提升城市竞争力[①]。世界各国的实践证明，产业集聚是城市竞争力提高的重要途径，在中国当今快速城市化进程中，各种类型的工业园区正成为推动城市经济发展的一股强大力量。

产业集群也成为创新机制形成的巨型实验室。创新是区域产业保持竞争力、持续繁荣的根本保障。产业集聚可以使企业在生产速度、能力和灵活性方面加强创新行为，相互竞争企业在地理上的集中，刺激企业不懈地致力于创新。

（2）以主导产业整合城市优势资源

以主导产业整合城市优势资源就是要形成城市的"产业高地"，其目标是提供高质量、高技术的服务，对市场的重大影响力，生产规模的扩张力。

同时，产业是一个动态、发展的范畴，不同产业都有一个新旧更替、彼衰此起的过程。优劣是可以相互转化的。因此产业的选择必须把握产业技术的发展方向，抓住具有潜力、特色的产品和市场竞争力，重视潜在优势产业的发掘和开拓。

（3）园区建设是城市经济的重要载体

当今时代，各种类型的开发区、商务区、生态园、科技园正成为城市经济发展的强大支撑，科技研发、商务贸易、生产制造三位一体，成为新区经济核心。发展"区域经济特色"或"园区经济"的核心是体现特色，它们离不开资源、技术和市场三个基本要素。在发展"园区经济"过程中，必须要结合当地经济发展水平，从实际出发，扬长避短，发挥优势，培育和发展具有区域特色的高效益的规模经济，形成开发区、商务区、生态园区三位一体的城市经济新高地。

2.3.4 公共交通优先，支撑城市拓展

（1）城市交通发展状况

21世纪的城市区内人口将不断增加，人流的交往频率增加，交通量大幅度增长。西方发达国家经验证明，一味地扩大交通设施是无法满足交通量的无限度增长的。西方国家目前采取的"交通导向型"土地利用政策，使城市规划和交通规划紧密结合，对大城市郊区化的布局和形态进行引导。为了遏制低密度蔓延式发展，需要提供快速优质的轨道交通把郊区和市区连接起来，同时积极引导形成沿轨道交通线串珠状的集聚发展，并围绕车站建设城市次中心或郊区中心。

我国沿海大都市区应吸取西方国家的经验，区域运输通道的发展应与区域土地利用政策相协调，积极发展区域大容量快速轨道交通的建设，有效地引导和控制城镇发展方向，避免城镇的蔓延式发展；加强区域交通和城市内部交通、用地模式的联系。

用最低环境代价实现最大的人流、物流效率是绿色交通系统建立的根本目的。集约化运输的公共交通承担

---

① 连玉明．中国城市报告2004．北京：中国时代经济出版社，2004．

的运输份额最大，交通污染总量最小，强大的现代化公交系统是环保型绿色交通系统的最主要特征。对公共交通基础设施进行投资，通过在轻轨或快速公共汽车专用道车站附近建立"步行城市"，既能控制好城市的形态，又能较容易地解决交通问题。公共交通必须作为城市规划政策措施中的一个重要组成部分，而不是当成为小汽车而进行的道路设计中的一个补充部分，才能真正解决交通问题。

对于行人、自行车，提供最有效、公平和富有人情味的交通方式是城市交通的目标，因此城市街道、广场和商业步行街应具有良好的自行车和步行空间。城市忽略了这点，必然带来明显的社会、经济和环境问题。

（2）公共交通导向的发展模式

以公共交通为导向的发展模式（TOD），这个概念最早由美国建筑设计师哈里森·弗雷克（现任美国加利福尼亚州伯克利大学建筑学院院长）提出，是为了解决第二次世界大战后美国城市的无限制蔓延而采取的一种以公共交通为中枢、综合发展的步行化城区。其中公共交通主要是地铁、轻轨等轨道交通及巴士干线，然后以公交站点为中心，以400—800m（5—10min步行路程）为半径建立中心广场或城市中心，其特点在于集工作、商业、文化、教育、居住等为一身的"混合用途"。城市重建地块、填充地块和新开发土地均可用来建造TOD。以公共交通为导向的发展模式具有以下几个特点：

① 方便居民出行

现代城市发展的特征是纵向和横向的双向运动。纵向发展的主要标志是市中心的高层林立及地下结构的多层化趋势；横向发展的特征是城市人口向周边地区扩散。城市公共交通，尤其是大运量轨道交通特别适用于城市内部与城郊之间的大规模的、集中性的，定时、定点、定向的出行需求。欧洲城市普遍认为，如果要避免交通堵塞，必须在通往城市中心商业区的通道上取得公共交通使用率。在大运量的公共交通系统中，城市轨道交通（Urban Rapid Rail Transit，URRT）是一种快捷高效、安全舒适、节能环保的交通方式。

② 节约土地资源

城市土地、城市空间是城市有限资源的重要组成部分。不同的交通方式完成单位客运量，对城市道路设施的占用是不同的。公共交通比个体交通节约用地，而轨道交通最为节约，与地面交通方式相比，完成相同运量，前者占用土地面积仅为后者的1/8—1/3。

③ 有利于环境保护

发展城市公共交通能够减少环境污染、节约能源消耗。在我国的城市中，由于交通运输排放的有害气体占大气污染的一半以上。公共汽车每乘客每公里二氧化碳的排放量是小汽车的1/3，轨道交通的排放量还不到小汽车的1/20。而单位能源消耗，大运量的公共交通方式明显比其他交通方式要低得多。

（3）TOD模式对城市扩张的影响

在南美国家巴西东南部的库里蒂巴，从1950年开始，一直以优美的城市环境吸引着外来人口，20世纪90年代人口增长至210万人，是1950年的7倍，但它优良的居住品质一如既往。尽管库里蒂巴市人均GDP不高，污染程度却明显比其他发展中国家低得多，市民受教育水平较高，市内公共交通方便，公民环保意识强。库里蒂巴城市规划与管理的成功经验中重要的一条就是建立城市发展与交通紧密联系的综合战略。

在香港，TOD发展很成功。香港的土地资源极其有限也极其宝贵，受这个条件限制，政府大力发展地铁和巴士等公共交通。而香港的地铁赚钱，这在世界上都是少有的，一个重要原因就是香港政府在发展轨道交通的同时结合周边物业共同发展。具体做法是在为建设地铁集资时采取出售周边物业的方式，将地铁站点附近的土地出售给开发商进行开发。由于公共交通的发展必然导致人们出行方式的"步行化"，而步行化又必然要求开发商在打造TOD的时候注重广场、花园、商服、天桥等公共设施的建设以吸引和方便居民搭乘地铁，所以在一定程度上开发商代替政府进行了城市公共设施的建设。香港政府也采取了一定的政策优惠，比如说如果开发商可以将退红线增加1m的话，政府会允许开发商提高容积率并增加建设面积。由于房地产开发与地铁和新市镇开发等城市发展计划紧密结合，所以地铁沿线和地铁站的开发权伴随巨大的利益，新市镇的开发更让房地产商有了大显身手的机会去兴建超大规模的社区。而随着社区的逐渐成熟，也有利于房产的保值和升值，最终形成良性循环。这样做的结果是政府、开发商和城市居民的多赢。香港的成功经验和成熟的房地产市场开发行为，应该会对国内城市建设和房地产市场发展带来帮助。

东京被日本建筑界称为"炸面饼圈"式的城市，犹如我国建筑界称北京为"摊大饼"。由于中心区功能越来越密集，"聚焦"作用越来越强，东京曾出现了严重的交通拥堵，政府不得不投巨资加以解决。现在，东京四通八达的地铁与地面铁路规格统一，不仅覆盖整个东京，而且与首都圈内其他城市直接相连，利用铁路要比利用小汽车快得多。快捷的铁道客运系统已成为东京居民出行的首选交通工具。在东京23个区，公共交通承担着70%的出行，为世界之最。其中在城市中心区，90.6%的客运量由有轨交通承担，车站间距不超过500m，公共交通非常发达。

目前我国正处于一个高速发展的时期，尤其是汽车工业和房地产。如何有效利用我国十分有限的土地资源，避免在城市建设中造成土地的浪费和交通状况的拥挤，成为城市规划和可持续发展的关键问题。TOD模式给北京的发展带来启发。人口规模的扩大和交通拥挤已经成为北京城市发展的主要障碍，加上老城保护以及住宅郊区化发展中的功能单一等问题，使得房地产开发在一定程度上将更加依赖于政府的调控及城市规划。根本上说，TOD就是变单一功能的土地使用方法为较有弹性的、功能混合的土地开发；提高居住密度，在设计上强调可步行的空间，比如社区中心和公共空间的提供。一方面促使城市居民采取公共交通的方式，另一方面限制小汽车过多占用有限的城市空间和道路。

2.3.5 文化景观独特，丰富城市内涵

文化是经济和技术进步的真正量度，即人的尺度；文化是科学和技术发展的方向，即以人为本；文化是历史的积淀，存留于城市和建筑中，融会于人们的生活中，对城市的建造、市民的观念和行为起着无形的影响，是城市和建筑之魂（《北京宪章》）。城市的魅力在于文化，文化是城市个性与特征的集中表现，而城市的个性和特征取决于城市的形态结构和社会特征。城市整体特色的形成离不开构成城市的诸多因素的特征，地方特色、地域文化、环境特征是创造城市特色的基础和条件。

（1）对文化景观的理解

对于文化的概念，有许多定义。一般日常生活中，文化指文学、艺术等人类的精神活动领域。广义地讲，文化则几乎包括人类活动的各个方面。指一定人群的整合生活方式，包括他们的生产劳动、经济活动、政治组织、宗教信仰、家庭结构、道德、价值观、艺术等。中国传统对文化的解释来自《易经》里的"关乎天文，以察时变，关乎人文，以化成天下"，意即"以人伦秩序教化世人，使之自觉按规范行动"（冯天瑜等，1990）。在西方，文化（Culture）一词源于拉丁语"耕耘"（Colore），因为文化修养和种庄稼一样，必须经过辛勤的耕耘，才能获得丰硕的果实。后来在英语中，则有"社会塑造"（Social Refinement）或社会加工之意，被赋予具有影响人的行为的社会属性。英国人类学家爱德华·B·泰勒爵士认为，文化或文明，就其广泛的民族学意义来说，是包括全部的知识、信仰、艺术、道德、法律、风俗，以及作为社会成员的人所掌握和接受的任何其他才能和习惯的复合体（E.B.Tylor，1871）。

对于景观一词，各个国家有不同的称谓，在英语中有"城市景观"（Cityscape）、"建筑环境"（Setting）、"远眺景观"（View）等术语。使用最多的要数Landscape一词。美国传统词典认为，从Landscape这个词，我们似乎能看到一个模仿自然艺术的例子。单就这个词的意思发展来说，Landscape首次记载于1598年，它是在16世纪期间作为一个绘画术语从荷兰传过来的，当时的荷兰艺术家正在成为自然风景绘画的大师。在地理学的研究中，"景观"是一组地理概念，与之联系在一起的是"地方"（Area）和"区域"（Region）。在德语中，景观一词是"Landschaftskunde"，代表了大地的形状。地理学对景观的认知不仅仅是局限于对结构、边界等自然环境要素

的认知以及对景观类型的描述，而且还将景观赋予了生物的属性，将景观看作是一个生物体，从土地与生命相互联系的角度去理解一个地方的特质，赋予其生命的意义。

如果把人类活动对区域的影响因素不加考虑而形成的景观称为自然景观的话，那么有人的活动表现而形成的景观则称之为文化景观。事实上，当今世界上纯粹的自然景观几乎不存在了，人类的活动已经延伸到地球表面大部分区域，通过文化的作用，对自然景观的认知、改造与利用，形成文化景观的格局。文化景观产生于自然景观，又随着文化的发展和文化的更替而不断演进。

文化景观（Cultural Landscape）是居住于该地的某文化集团为满足其需要，利用自然界所提供的材料，在自然景观的基础上，叠加上自己所创造的文化产品。文化景观之所以成为人文地理学家的研究对象，是因为文化景观形象地反映了各文化集团的特征。最重要的文化景观是聚落。聚落是人类活动的中心，聚落景观表现出城市与乡村的差异，在聚落形态、道路格局及建筑物的式样和组合的不同。除聚落、建筑以外，文化景观还包括服饰、器物等有形的物质文化，同时还包括音乐、戏曲等非物质的文化景观。

（2）文化竞争力

文化是一种非正式的制度，城市特有的精神文化作为一种无形的、内在的要素资源，是城市竞争力的重要来源，在新区建设中，把握住文化景观的塑造，对新区发展会产生重大的影响。

价值取向影响城市的资源配置。一个"重商"的城市能对居民形成强烈的创业激励，相反，一个"官本位"、"轻商"的城市则抑制了资源向实际产业部门的流动，不利于产业的发展。标新立异、开放宽容、无拘无束、充分交流的创业氛围，有助于创新思想的形成，有利于创新产业的发展。

城市是文明的产物，又是根植文明的土壤。世界各国综合国力的较量，城市之间的竞争，既是经济的竞争，又是文化的竞争。文化产业将是21世纪全球最大的新兴产业之一，是现代城市的支柱产业。"城市即文化，文化即城市"，这是巴塞罗那为提升城市综合竞争力向世界提出的一个口号，它反映了城市文化在城市发展进程中占有特殊的重要地位和起着巨大的推动作用。在欧洲，英格兰地方政府在2000年制定地方文化战略指南；老牌工业城市曼彻斯特提出了新世纪将曼彻斯特建设成为"文化之都"（Cultural Capital）的发展战略。在亚洲，日本各地方政府为加强文化的领导，设立了文化咨询机构，将文化发展战略作为城市发展战略的核心；新加坡已制定了"文艺复兴城市"（Renaissance City）的文化战略，明确提出要将新加坡建成21世纪的文艺复兴城市，亚洲核心城市和世界文化中心城市之一；香港于2000年也提出了名为"香港无限"的文化发展战略，这一发展战略以"全方位发展艺术"为总策略，以发挥艺术功能、扩大社会参与、推动艺术教育、保障艺术自由及提升艺术水平和艺术家社会地位等为具体策略。

巴塞罗那城市复兴计划包含了许多综合的因素。不同事物相互交融、互动的感受体验，不同思想共生共存的相互关系，共同参与的环境场所和不断的信息交流激发了巴塞罗那人对多样性与复杂性的包容与理解，而不再强调单一的同源同性的艺术审美观。今天的巴塞罗那是一个文化多元的城市，市民对城市的发展理念是：支持它的多样性，发展它的差异性，展示它的独特性。这并非简单的复制，而是强化它的特质的可识别性。今天的巴塞罗那与时俱进，抛弃了呆板的、官僚作风的组织结构，通过多种多样的研究，已经成为国际都市生活、社会物质需求研究的长久的观察平台。它将成为具R+3D（Research、Development、Education、Diffusion）结构的新的城市发展模式。

当今中国，正处在高速城市化的阶段，这是城市难得的发展机会。然而许多城市既缺少对传统文化的理解，又忽略了现代文化的创新，导致城市建设缺乏特色。巴塞罗那的城市也面临着许多问题，但它的城市建设的艺术性，传统文化与现代艺术的交融性，城市特质的可识别性，城市增长的内部性，以及对生态环境的尊重也许会对当今的中国城市建设产生一定的启发。保护与发掘城市的文脉与景观特色，弘扬地方文化，极力打造城市特色品牌成为城市政府在城市经营与城市竞争过程中最重要的手段，也是对过去城市特色模糊、城市发展模式雷同的理性反思。

济南是著名的泉城，国家历史文化名城，拥有深厚的历史文化底蕴和悠久的历史文化传统，具有丰富的历史遗存和独特的自然景观，山、泉、湖、河、城有机融合，构成独具特色的泉城风貌。规划泉城应充分尊重历史，崇尚文化，切实保护和弘扬自己的历史文化遗产，继承和延续城市历史文脉，深入挖掘泉城历史文化底蕴，保持城市建设发展中历史文化发展的延续性，古今贯通，新老融合，实现城市历史文化的传承发扬与新的科学技术运用之间的和谐统一、城市历史文化遗产保护与城市现代化建设之间的和谐统一，历史、现在与未来的和谐统一。

规划泉城应从继承弘扬济南优秀历史文化和保护真实的历史文化遗存及其环境出发，加强对规划文化属性和地域属性的研究，深入挖掘城市特有的城市个性、文化底蕴和泉城魅力，发展好"山、泉、湖、河、城"有机融合的城市特色风貌，传承历史文脉，打造泉城品牌，提升城市品位，避免"千城一面，建设雷同"现象的发生。应从城市格局、历史街区保护、城市肌理、特色建筑、路网、河系、绿化等方面体现城市特色，彰显泉城特色风貌，继承和发扬城市独有的泉城特色和历史文化内涵，妥善处理历史文化名城保护与城市现代化建设的关系，居民生活条件改善与名城风貌保护的关系，使传统风貌保护与现代化城市建设相互协调，科学塑造独具魅力的城市特色。

2.3.6 生态环境友好，建设宜居城市

(1) 生态学理论与可持续发展

生态学是研究生命有机体和其环境之间相互关系的学科。用生态学的方法来解释城市发展的动力机制似乎缺乏强有力的支撑，但生态方法对于城市发展的现代理念具有极大的启示作用。保护人类的生活环境，顺应和保护自然生态，创造适宜人类生存与行为发展的物质环境、生物环境和社会环境，已成为当今世界非常迫切的问题，生态建筑学的研究正是为了探讨这个问题而出现的，同时也是时代特征的表现，它既是生态学（包括社会生态学、城市生态学等）与建筑学交叉渗透的产物，又是自然科学的多学科和社会科学如美学、历史学、心理学等多学科更大规模结合的产物。

可持续发展很大程度上是在"两难境地"中寻求积极的平衡。"环境与发展"矛盾关系的合理把握是可持续发展两难抉择的重要体现。一般而论，偏重于发展可能对自然环境与人文环境产生过大的干扰或"应力"，而偏重于环境又可能制约发展的速度和财富的积累。[①]

1955年，美国经济学家库兹涅茨提出了经济增长与收入分配著名的倒U形假定：在经济未充分发展时期，收入分配将随着经济发展而趋于不平等。其后，收入分配经历暂时无大变化的时期，到达经济充分发展的阶段，收入分配将趋于平等（Kuznets, 1955）。这一假定被后人称为"库兹涅茨曲线"。许多环境经济学家经过研究发现，环境恶化同经济发展水平之间的关系同样可能遵循这一倒U形状。这一假定规律被环境经济学家们称为环境库兹涅茨曲线（Environmental Kuznets Curve，简称EKC，图2-8）

科学发展观不赞成单纯为了经济增长而牺牲环境的容量和能力，也不赞成单纯为了保护环境而不敢能动地开发自然资源。两者之间的关系可以通过不同类型的调节和控制，达到在经济发展水平不断提高时，也能相应地将环境能力保持在较高的水平上。为此，一些地区在构造"循环经济"、"生态补偿制度"、"工业生态园"、"全过程无害化控制"、"绿色化学体系"等，其根本目的都在维系人与自然之间的协调发展（牛文元，2004）。

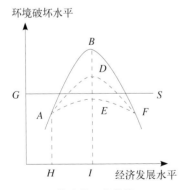

图2-8 环境库兹涅茨曲线

[①] 中国科学院可持续发展研究组．2002中国可持续发展战略报告．北京：科学出版社，2002.

对于中国的城市来说，生态化与园林化建设既是对以往忽视生态环境建设、破坏生存环境的一种补偿性、修复性的被动行动，又是基于对人类建设性破坏活动理性反省的一种前瞻性、预支性的主动行为。可以看到，各级城市政府都已经开始自觉或不自觉地将城市的环境建设作为政府工作的主要内容，建设生态城市与花园城市的费用已经成为大多数城市政府城建投入中上升比例最快的一项财政支出，其中用于环境治理与污染控制投入所占的比例最大。

(2) 城市发展的生态原则

生态系统内在的生态安全机制是为了保证系统的稳定，并向高级阶段发展。其结果就表现在系统的各种结构和功能特征的变化上。自然生态系统的进化目标是维持系统内部最大的生物量与系统稳定性，人工生态系统的设计目标是获取最多的生产量，使留在自然的生物量最小。自然生态系统与人工生态系统在空间上不断进行妥协与协调，进行空间区划时，不同地段应采用不同的发展对策。

对于城市扩张，采用因地制宜的原则。对于平原地区的非耕地来讲，适宜建设中高密度住宅、工业、公共设施，农业用地则作为城市的开放空间；缓坡地则适宜建设中高密度住宅，工业、公共设施等；陡坡地则应作为森林、绿地、娱乐以及低密度住宅区；对于森林和林地也可以提供一定的娱乐活动以及低密度住宅；对于洪泛区内，在不破坏沼泽地的农业如蔓沼农业的情况下也可以提供小范围的游憩活动。

生态安全格局中的生态过程主要指风、水、动植物的空间迁移。这种空间迁移不断塑造着区域的地表外貌，及其上的动植物覆盖状况，形成了区域生态系统中的物质与能量的循环体系。主要表现在：①都沿着自然地带，半自然地带如蓝色廊道(Blue Corridor，水系)、绿色廊道(Green Corridor)、河流、林地等移动。②通过规划来加强空间的生态连接性是保证区域生态安全的基本手段。③维持区域内景观的多样性与异质性是维持区域生态系统稳定性的基本前提之一。④尽量保护利用已有的自然空间，形成自然空间网络体系，并与人为空间形成镶嵌性的空间组合结构。

(3) 科学发展观下的生态环境思想

2004年5月，地球日创始人丹尼斯·海斯在北京"科学发展观世界环境名人报告会"的演讲中提到，几百年来一些国家已经经历了一些经济价值不能够反映现实的阶段，这一阶段往往被称为泡沫性的。中国进入到下一阶段的经济发展，要衡量它的进步是否朝着正确的方向发展，这是非常重要的。联合国副秘书长莫里斯·斯特朗在电视讲话中强调，"抛弃黑色文明，致力绿色文明"。这两种模式的区别很明显，在第一个模式中，生产者对环境、人体健康，乃至整个自然生态都造成了很严重的危害，是不可持续的，所以黑色文明的模式只能是最后给人类带来灾难，之所以把它叫作黑色文明，也就是说人类未来也将是一片黑暗，没有生存的希望。但在绿色文明的模式中，它不仅仅是一个环境的模式，实际上是一种经济效率模式，即人们使用资源的效率，换言之是要为环境保护和可持续发展承担一定的社会责任。

从整体的角度考虑，环境问题从来不是孤立的，任何一个国家出现的环境问题，都需要利用综合的方式来解决。在城市大规模新区开发建设中，从工业厂房的修建到修一条街道，甚至建一栋住宅，所有建设都需要消耗资源，都需要占用土地，并会对环境、人类生活造成影响。2003年中央提出以人为本，全面、协调、可持续的科学发展观，提出城乡、区域、经济社会、人与自然和谐、国内发展与对外开放五个统筹发展。2004年《北京城市空间发展战略研究》除将北京定位为国家首都、文化名城、世界城市之外，还首次提出了要将北京建设成为一个"宜居城市"。"宜居城市"要有充分的就业机会，舒适的居住环境，要以人为本、可持续发展。北京"宜居城市"目标的提出，标志着政府观念从重物轻人到以人为本发生了重大改变。在北京新城的建设当中，牢记这点，更显得尤为重要。

规划泉城要从可持续发展的理念出发，高度重视对原生态自然生态环境的保护，城市的产业发展、城市发展应与生态环境相适应、与环境的再生产能力和环境容量相协调，以环境保护为重点，强化对市域内水源、土地、自然保护区、山林绿地水系等自然资源的有效保护与管制，创造良好的生态环境，实现城市、人与自然环境和谐共生，营造绿色健康的城市生态环境。

建立资源节约和环境友好型社会体现了人与自然和谐相处、实现可持续发展的目标导向，也是应对我们目前所处的资源环境状况和经济增长方式所必须采取的规划理念和发展策略。城市规划应按照建设资源节约型和环境友好型城市的要求，更加注重走集约型的城市发展道路，更加注重对脆弱资源环境的保护和空间管制的要求，更加注重资源保护与综合利用，更加注重确定合理的城乡建设标准，更加注重人与自然的和谐相处，优化城市布局，提高城市效率，大力发展循环经济，实现城市发展与自然生态环境相协调，人口、资源、环境相协调，避免超越资源环境的承受能力盲目发展，而导致生态环境的破坏和资源的浪费，切实保障城市长远的可持续发展。

2.4 泉城规划的主要任务

2002年1月22日，省委、省政府召开济南城市建设现场办公会，指明了谋划省会济南长远发展的方向和目标，提出了要按照"高起点规划、高标准建设、高效能管理"的要求，拓展发展空间、规划建设新区、改善提升老城的要求，把济南建设成为充分体现悠久历史文化、独特自然风貌和新世纪现代化气息的省会城市。"1·22"会议对如何建设好省会济南，赋予了更高更深的内涵，对推动新时期省会城市的规划建设管理向更高水平迈进具有重要的历史意义，启动了城市规划建设重大战略调整的进程。

根据会议精神，济南市邀请中国城市规划设计研究院、清华大学等高水平规划设计机构与济南市规划设计研究院合作，在吴良镛、周干峙等著名专家的主持下，完成了《济南市城市空间战略及新区发展研究》和《泉城特色风貌带规划》等规划成果，对城市空间结构进行了战略性调整。基于对城市发展现状、区域地位、竞争力和发展机遇等方面的系统分析，认为济南作为山东大省的省会，应当并能够在更大的区域范围内发挥重要作用。应成为东北亚经济圈和环渤海地区的中心城市之一，是南北承接沪宁、京津两大都市圈、东西辐射黄河中下游并推动山东半岛城市群发展的区域中心城市。

2003年6月26日，省委常委召开扩大会议，专题研究了济南的城市建设和今后的发展问题，会议在听取济南市城市规划建设情况汇报后，原则同意济南市委、市政府关于济南市城市规划建设的总体思路、空间布局和发展框架，确认了"东拓、西进、南控、北跨、中疏"的城市发展战略"十字"方针和东部产业带、东部新城、泉城特色风貌带及老城、西部新城、西部片区五大板块城市布局。事关城市今后20年乃至更长时间的发展方向得以明了，城市规划工作取得重大突破。"6·26"会议召开后，按照市委、市政府的指示要求，市规划局于2003年7月1日—8月31日在舜耕国际会展中心举办了为期两个月的城市规划公示展，广泛征求全市各界人民群众对城市规划的意见和建议。针对规划审批机制发生变革的新情况，进一步充实"阳光规划"工作内容，加大规划公示的力度。编制完成了综合交通、东部产业带、东部新城、泉城特色风貌带及老城区、西部新城、西部片区等一大批规划成果。

2005年7月15日，省委、省政府又专门召开济南科学发展座谈会，提出了"站在新起点，实现新发展"的发展主题。

2007年以来，时任山东省委书记的李建国同志多次到济南调研，对省会的发展提出了殷切期望，强调要以科学发展观统领全局，加强城市的规划、建设和管理工作，促进省会经济社会又好又快发展。并指出包括中央驻济单位、省直各部门在内的所有单位，都应该自觉维护规划的严肃性和权威性，支持济南执行好城市规划。

2007年4月召开的济南市第九次党代会确定了"维护省城稳定、发展省会经济、建设美丽泉城"的中心任务，规划了未来5年全市经济社会发展的蓝图，提出建设实力强大、人民富裕、社会和谐、生态良好的现代化省会城市的奋斗目标，对省会城市规划工作作出了全面部署，要求按照建设现代化省会城市的要求，坚持高起点规划、高水平建设、高效能管理，全面提升省会的现代化水平，充分发挥规划在城市建设发展中的引领作用，提高城市规划的前瞻性和权威性。

2007年9月29日，在济南面临承办第十一届全运会重大历史机遇的关键时期，省委常委召开扩大会议，再次专题研究济南规划建设管理问题。会议充分肯定了济南市规划建设发展取得的成绩，指出第十一届全国运动会2009年10月在济南举办，对济南的建设和发展既是机遇也是挑战。要求各级、各方面特别是济南市，要增强机遇意识，增强紧迫感和责任感，全力以赴，精心运筹，迎接十一届全运会的举行。

会议指出，今后两年济南城市规划建设管理的总要求是，坚持全面贯彻落实科学发展观，加快实现经济工作指导的转变，抓住机遇，奋战两年，使济南城市规划、市政建设、市容市貌和城市载体功能有一个大提高、上一个大台阶，使济南市有一个新面貌、新形象，以崭新的姿态迎接第十一届全运会，促进全省经济社会又好又快发展。在工作中，要坚持以科学发展观统领全局，坚持以人为本，坚持规划先行，坚持正确处理城市建设与经济建设、当前与长远、新城区建设与老城区改造的关系，突出重点，统筹兼顾，扎实有效地推进城市规划建设管理各项工作。市委市政府就认真贯彻落实省委常委扩大会议精神，进一步加强城市规划建设管理工作出台了意见，确定围绕把济南建设成为"活力之都、魅力之城、宜居家园"的目标，集中打造奥体文博、特色标志区和腊山新客站三大片区，努力使城市规划、市政建设、市容市貌和城市载体功能有一个大提高，上一个大台阶，使济南人民、山东人民为之一振，使国人世人眼睛一亮，以新的面貌、新的形象、新的姿态办好第十一届全运会，促进经济社会又好又快发展。

这几次重大会议的召开，标志着济南城市规划建设的理念和思路发生了重大突破和深刻变革，期间组织修编的城市总体规划，编制的控制性详细规划、重点片区重点工程规划、专业专项规划及新农村建设规划等，按照新的理念和发展思路，全面贯彻落实科学发展观、"五个统筹"及构建和谐社会等重要战略思想，按照能够较长时期有效指导城市经济社会全面协调持续发展的要求，着重把握了规划理念的三个根本性转变：一是从注重确定城市性质和规模向注重控制合理的环境容量和确定科学的建设标准转变；二是从注重开发建设布局向注重各类脆弱资源的有效保护利用和空间管制的要求转变；三是从局限于传统的城市规划区向市域的城乡一体、统筹协调发展转变。以先进的理念和思路科学编制规划，拓展城市空间，提升城市功能，整体推动济南城市规划建设事业迈上了新的台阶。

第 3 章 战略目标
——城市空间发展战略与城市定位

3.1 城市发展战略

3.1.1 战略的定义

对于战略的定义，不同的人有不同的看法，即使是杰出的管理者们也很难在对战略的定义上达成一致，但有一些基本原则是经受了时间的考验的。成功的战略必须是具有创造力的——必须与竞争对手在提供客户价值方面有所不同。竞争优势是一种特殊的方式，它可以使组织在市场中得到的好处超过它的竞争对手。竞争优势的保持是指组织保持凭借其独特的竞争力，通过模仿或取代竞争对手获得经济价值的能力。与获得竞争优势的联系最为紧密的流程环节是战略规划，战略规划过程是指组织严密、目标明确地制定出组织战略的详细说明书和执行过程中的责任安排。

3.1.2 城市发展战略

城市发展战略是原则性、纲领性的表述，要把它付诸实施，必须有规划和计划，城市发展战略规划应把目标和实现目标所具备的基本条件作进一步科学的规定，并考虑这些条件之间的协调关系和综合平衡，把规划的目标分解成为具体的实施计划，并明确其行动步骤和保障条件，同时根据实施反馈信息，对战略的可行性作进一步的研究和修正。

随着全球化时代的到来和城市间竞争的加剧，城市发展的战略思想正以传统的建设导向转为经营导向，以期通过将城市的各类资源优势转化为竞争优势，从而提高综合竞争力。城市新区开发作为城市发展制度创新、技术创新和经济增长相当重要的一部分，更应重视充分挖掘各种资源的最大价值。

经营城市，就是把城市中的可经营资源如城市土地、城市基础设施、城市生态环境、文物古迹和旅游资源等有形资产，以及依附于其上的名称、形象、知名度和城市特色文化等无形的资产，通过对其使用权、经营权、冠名权等相关权益的市场运作，最大限度地盘活存量、引进增量，广泛利用社会资金进行城市建设，以实现城市资源配置的最优化和效益的最大化，实现城市的自我滚动、自我积累、自我增值的新的城市建设和管理模式。

21 世纪是中国城市发展的世纪。当今中国城市的风格大同小异，城市的同质化成为目前中国数百个城市的通病，而随着市场的竞争愈演愈烈，城市迫切期待着个性化。1993 年，大连首先打出"经营城市"的大旗，城市经整体规划后的美丽至今都是范本而备受其他城市的青睐。之后，上海以"国际大都会"，西安以"大西安都市圈"作为突破加入了城市经营的行列。接着，深圳、广州、北京等大中城市也纷纷把"经营城市"的理念作为本地的发展战略。经营城市已悄然成为各地关注的重点，城市经营首先要定位、定性（实际上就是凸显城市个性），其次才是定量，前期工作至少应包括：城市战略定位研究、城市发展战略、策略设计、城市产业要素的梳理和整合、城市规划与建筑设计、城市包装与推广这5个层面的内容。

3.2 半岛城市群发展战略研究

山东半岛城市群包括：济南、青岛、威海、烟台、潍坊、日照、淄博、东营等8个城市。根据山东省委、省政府的战略部署，山东半岛城市群8个城市将强强联手，共同促进半岛城市群的崛起，这是山东省委、省政府为促进全省经济社会发展而采取的一项重要举措。

山东半岛地处山东省的东部，扼黄渤海之咽喉地带，处长江三角洲、京津冀、辽中南几大都市连绵区之中心和连接枢纽，与韩国、日本等发达和中等发达国家临海相望，是欧亚大陆桥的重要桥头堡，在中国乃至东北亚具有举足轻重的重要地位。2003年山东省GDP仅次于广东和江苏，名列全国第三，高居北方各省之首，与京津冀之和相当；而2002年山东半岛GDP达到7014.23亿元，占到山东省的64.6%，是山东经济社会发展的龙头和引擎。因此，半岛的发展和兴盛对于山东乃至中国具有重要影响。

3.2.1 半岛城镇群规划的核心思想

从发挥地区优势转变为促进国际化优势，从经济目标规划转变为区域发展目标规划，从追求经济规模增长为导向转变为以提升区域核心竞争力为导向，从"堆砌填充"式规划转变为"问题导向"型规划，从单一考虑经济联系转变为综合考虑经济、社会、文化等各种联系网络，从重视增长极核的区域发展理念转变为重视核心城市与城市密集区并重，从传统点轴式的区域空间结构模式转变为等级结构和空间联系网络构成的网络结构模式，从单一发展城市用地或单一限制城市扩张的土地利用模式转变为以"五个统筹"为基本思路来统筹安排城市群土地的可持续开发，从通过参与城市竞争实现每个城市最大限度的增长转变为通过区域协作实现整个区域的协调发展，从城市经济政策的惟一制度保障转变为保障城市群社会经济合理发展的城市成长管理制度体系。

3.2.2 半岛城市群发展战略目标

通过对山东半岛城市群城市、人口、产业、土地等要素的合理布局和统筹安排，以青岛为区域对外开放的龙头城市，在规划期内以济南、青岛为区域发展的双中心，并积极培养烟台的副中心城市地位，联合城市群8个地市，积极促进以城市化重点引导区为重心的区域快速城市化过程。立足东亚，面向世界，将山东半岛城市群发展成为区域综合竞争力强大的都市连绵区和城市空间联系密集区，全国最为重要的制造业生产服务基地之一，并实现山东半岛城市群和带动全省社会经济的跨越式发展。

在全球范围内，山东半岛城市群是以东北亚区域性国际城市青岛为龙头，带动山东半岛城市群外向型城市功能整体发展的城市密集区域，是全球城市体系和全球产品生产服务供应链中重要的一环。

在次区域经济合作圈内，山东半岛城市群是环黄海地区区域经济合作的制造业生产服务中心。构筑由山东半岛、韩国西、南海岸地区、日本九州岛地区组成的三角地带跨国城市走廊，推动"鲁日韩黄海地区成长三角"形成。

在全国范围内，山东半岛城市群是黄河流域的经济中心和龙头带动区域，是与珠三角、长三角比肩的中国北方地区的增长极之一，是与京津唐、辽中南地区共同构筑环渤海地区经济合作圈的领头军（图3-1）。

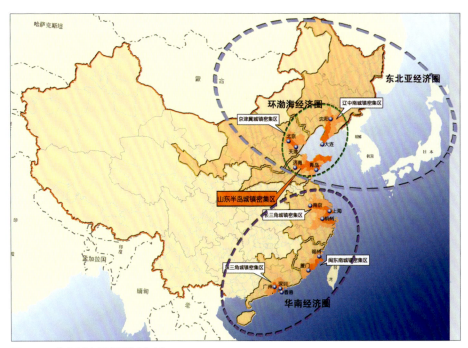

图 3-1 半岛城市群的区域分析

3.2.3 半岛城市群空间发展总体构架

山东半岛城市群以济南、青岛为区域发展的双中心，积极培育烟台的副中心城市地位，促使烟台与青岛、济南分别成为区域东、南、西部子区域的核心城市；区域内其他核心城市节点还包括淄博、潍坊、东营、日照、威海等，并以这8个核心城市为中心构成了各自空间经济联系紧密的城市区功能地域。以济南—淄博—潍坊—青岛、日照—青岛—威海—烟台等两条空间发展轴为半岛区域城市发展主轴，以烟台—莱州—潍坊—寿光—广饶—东营为区域城市发展次轴，形成区域内部城镇密集分布的多条城市聚合带；依托于这三条城市发展轴的辐射作用，激化5个城市化重点引导区的城市集聚和城市经济发展进程，并逐渐促使山东半岛都市连绵区的形成（图3-2、图3-3）。

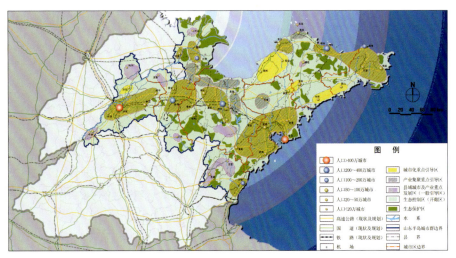

图 3-2 半岛城市群生态环境保护规划

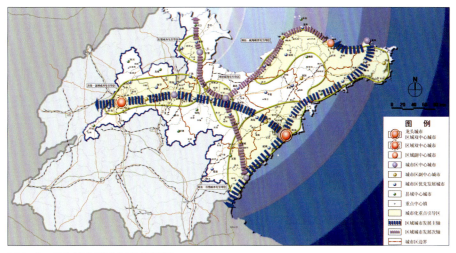

图 3-3　半岛城市群空间结构规划

　　山东半岛在 2020 年规划期内，仍将保持双中心的格局，青岛和济南城市规模将达到 420 万人左右，发展成为超大城市。济南的辐射范围主要是济南、淄博、东营等半岛三城市地区和山东省的其他内陆地区，济南将成为该区域的首位城市，通过首位城市中心性的增强，这一地区的位序规模将进一步向有序化发展。青岛的辐射范围仍然大体维持在青岛、烟台、威海、潍坊、日照五个城市行政区之内，成为这一地域的首位城市，形成规则的位序－规模分布。2020 年后到 2050 年间，济南继续保持一定的增长速度，规模将达到 500—600 万人左右，对山东内陆地区仍具有较强的辐射中心职能（表 3-1）。

山东半岛城市群2020年规模等级规划　　　　表3-1

超大城市（人口大于 400 万）	青岛、济南
特大城市（人口大于 200 万）	淄博、烟台、潍坊
特大城市（人口大于 100 万）	东营、威海、日照
大城市（人口 50—100 万）	荣成、章丘、青州、高密、寿光、龙口、乳山
中等城市（人口 20—50 万）	文登、莱州、平度、莱西、安丘、高密、邹平、桓台、昌乐、胶南、即墨、胶州、诸城、广饶、招远、莒县
小城市（人口小于 20 万）	莱阳、济阳、栖霞、昌邑、垦利、五莲县等城镇

3.2.4　济南城市区空间发展概念性规划

　　济南城市区是以济南为中心城市，章丘为副中心，济阳、邹平为优先发展城镇，其他城镇分别承担相应功能分工的综合性城市区。济南城市区的空间结构表现为"两轴四翼"的形态，其中"两轴"为沿胶济铁路和济青高速的城市发展轴线和沿 220 国道的城市发展轴线。"四翼"为城市区的四个重点发展方向。"四翼"均是以济南市区为中心，向四个方向辐射，分别为章丘、邹平方向，济阳、商河、滨州方向，长清、平阴方向，万德、仲宫、泰安方向。济南城市区内中心城市济南的功能、规模占绝对优势，而其他城镇除章丘外，无论是城市功能的对内对外服务规模都非常有限，呈现为强大综合性中心城市主导的空间结构。济南城市区内应通过中心城市的辐射作用和功能扩散，以及强化中小城市之间，包括与其他城市区城市和山东省内其他地区城市之间的相互联系与合作，提升邹平、济阳、平阴等中小城市的规模和城市服务能力，并进一步增强章丘市作为副中心城市的各种城市功能，以构成更为合理的城市区空间结构和城市体系。由于邹平在行政区划上不属于 8 地市的任何城市，考虑到邹平与济南密切的空间联系，以及为行政管理便利，规划建议将邹平划入济南市的行政区划范围。

3.3 济南都市圈规划

济南都市圈北临渤海，西北接京津冀大都市圈，东与山东半岛城市群紧密相连。不仅是山东半岛城市群与广大腹地的重要连接点，而且作为中国大陆东部的南北交通枢纽，是连接京津冀与长江三角洲两大经济圈的要塞，更是中国环渤海经济圈的重要组成部分，具有显赫的地缘优势。

济南都市圈范围包括济南市、淄博市、泰安市、莱芜市、聊城市、德州市、滨州市等共7个城市市域范围。规划区辖区总面积为52655km^2，共包括7个地级以上城市（其中包括一个副省级市）、6个县级市、28个县城、428个建制镇，涉及总人口3163.96万人。

3.3.1 都市圈规划理念与原则

《济南都市圈规划》的理念强调八个并重：腹地竞争与区际协作并重，核心强化与整体发展并重，层级梳理与网络建构并重，全面提升与重点引导并重，总量控制与统筹布局并重，城市发展与生态优化并重，经济增长与社会和谐并重，综合战略与问题导向并重。

《济南都市圈规划》强调三大原则：竞争力提升原则，空间组织优化原则，区域协调和可持续发展原则。

3.3.2 济南都市圈在环渤海地区的定位

济南都市圈在环渤海地区范围内区域经济发展的各方面比较中均不占绝对优势。在这个层面上，济南都市圈必将成为该地区（包括京、津、冀、鲁、辽）的经济增长中心之一，是环渤海地区基础工业和制造业的发展基地，也将成为环渤海地区辐射中原、联动长三角的综合枢纽。济南都市圈及中心城市济南在这个区域面临的不仅是竞争，更多是在这个跨行政合作区域中的分工协作所带来的巨大机遇，济南都市圈应积极融入环渤海经济圈的建设，尤其是在外向度上进行强化，以将其建设成为环渤海重要的经济增长极和社会和谐发展之典范。

3.3.3 外围环境因素分析及应对策略

建设部编制的《全国城镇体系规划纲要（2005—2020）》，提出了"点—轴—面"相结合的空间开发模式，以国家中心城市和区域中心城市为核心组织区域经济活动，以点带轴、以轴促面。通过培育具有国家战略意义和辐射带动作用的"多中心"，构建具有"内引外联"作用和能够加强区域协作的城镇发展轴带，形成以"一带、七轴、多中心"为骨架，大中小城市协调发展，网络状、开放型的城镇空间结构（图3-4、图3-5）。

三个大都市连绵区、八个城镇群和重要的支点城市，是国家未来空间发展的重点地区和空间组织的核心。

三个大都市连绵区指以北京为中心的京津冀大都市连绵区，以上海为中心的长江三角洲大都市连绵区，以广州为中心的珠江三角洲大都市连绵区，是国家利用国内、国外两个市场，参与经济全球化竞争的龙头，也是引导国家实现全面发展的核心地区。

八个城镇群是组织区域经济发展的核心地区，也是落实国家区域发展政策的重要地区。其中的江汉平原（武汉）城镇群、成渝城镇群、关中（西安）城镇群、辽中南城镇群是在中部、西南、西北、东北重点发展的城镇群；此外大力发展山东半岛城镇群、中原城镇群、湘东城镇群、海峡西岸城镇群。

从全国层面来看，有两条联系通道在济南交会，分别是青岛—济南—太原—银川通道和北京—天津—济南—合肥—南昌—福州—厦门通道。从华北地区层面来看，有一条主通道，即京沪线穿过济南，另外还有青岛—济南—石家庄—太原次通道也穿过济南。国家级的体系规划主要是构建全国和区域性中心城市之间的空间联系轴线，从这一点上看，济南除向北联系京津、向南联系上海外，向西北联系石家庄、太原也具有非常重要的意义，尤其是在这一方向上各省的中心城市实力与济南相当或偏弱，是济南最有可能突破的腹地范围之一。从全国高

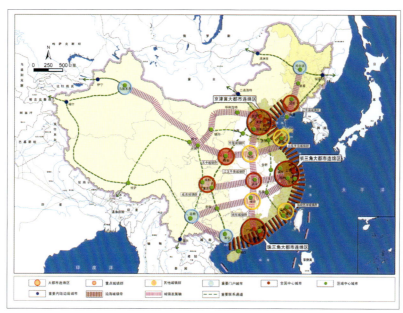

图 3-4　全国城镇空间结构规划（2005—2020 年）

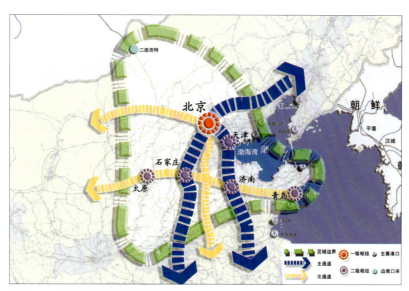

图 3-5　华北地区交通通道建设规划

速公路网规划来看，由济南规划了一条不经过德州，直接通往石家庄的高速公路，这必将加强这两个省会城市之间的空间联系。因此，为适应国家城镇体系空间开发策略，济南都市圈的空间应对思路为：打通并积极建立与京津以及石家庄、太原等华北区域中心城市的空间联系，培育壮大鲁西北门户城市带的实力，以作为济南都市圈扩大辐射和竞争能力的支撑。

从京津冀地区空间发展来看，京津方向是济南都市圈建立省外空间联系的最主要方向。京津冀地区的协调发展、尤其是北京和天津两个超大城市之间的协调一直是该区域持续发展中遇到的核心问题。随着天津滨海新区的开发，国家政策向环渤海转移，天津新区将打造辐射三北的经济中心，尤其随着京沪高速铁路、济南—乐陵—天津高速、津汕高速和黄大铁路的建设，德州、滨州等城市都将体现出非常优越的区位优势，成为济南都市圈联系京津的门户。而对于天津来说，除向西联系北京和向北辐射唐山、辽中外，向南沿沿海高速经滨州联系山东半岛和沿京沪铁路、京沪高速联系济南、上海将是同样重要的轴线方向。因此，济南都市圈应对京津冀一体

图 3-6 京津冀城乡空间发展结构概念图

图 3-7 中原城市群空间发展结构图

图 3-8 济南都市圈区位关系图

化发展和天津滨海新区崛起的空间对策应是：发挥德州、滨州的区位优势，强化联系京津的空间发展轴线，积极建立与京津的产业关联，使之成为济南乃至山东省与京津互动的通道和支承点；打通多条向西辐射通道，提升西部门户城镇实力，积极竞争中西部腹地（图3-6）。

从中原城市群空间发展结构对济南都市圈的影响来看，以强化中心城市为核心战略的中原城市群，其空间发展走向势必会造成对济南都市圈发展的影响。中原城市群是河南省为推动河南经济迅速崛起提出的战略构想。其空间范围包括郑州、洛阳、济源、焦作、新乡、开封、许昌、平顶山、漯河。地理上看，中原城市群与济南都市圈空间距离较近，并且同处黄河流域中下游，中原城市群与济南都市圈共同存在中心城市辐射能力不强，对周边带动力不够的问题。为扩大济南都市圈的辐射范围，针对中原城市群打造全国重要的制造业基地和物流中心的十字空间发展架构，济南都市圈的空间应对策略为：拉开济南中心城市发展框架，完善鲁豫边境副中心各项城市服务和制造业功能，辐射豫北，并向中原城市群梯度延伸（图3-7）。

从山东半岛城市群区域空间发展结构对济南都市圈的影响来看，济南都市圈与山东半岛城市群空间联系紧密，并在地域范围上也有所重合。济南都市圈的济南市和淄博市均为山东半岛城市群的8个中心城市之一，是济南都市圈对接山东半岛城市群、加强与山东半岛城市群经济联系的中心城市节点。针对未来山东半岛城市群全国乃至环黄海跨国经济圈先进制造业基地的崛起，济南都市圈的空间应对策略包括：继续强化济青轴线，加强鲁西地区与山东半岛城市群的经济联系，并促使轴线向西延伸，扩大山东省经济腹地；继续延伸沿海发展轴线，环渤海湾构筑联系京津发展通道；依托半岛地区港口优势，打通济南都市圈制造业密集区的出海通道（图3-8）。

3.3.4 济南都市圈总体定位

都市圈发展定位是规划对都市圈在国家或区域的政治、经济、文化生活中所担负的任务和作用的提炼。依据对济南都市圈发展现状及其在区域中的优劣势分析，确定济南都市圈的总体发展定位如下：

济南都市圈应以七市产业及城镇现状发展优势为基础，继续努力扩大城镇及产业发展规模，建设综合化基础设施网络，强化都市圈经济联系，完善大中小城镇体系，延长产业链条，扩大对外开放，提升区域自主创新能力，并通过城乡统筹和区域协调，集约利用各种自然人文资源，保障区域生态环境可持续发展，在"市场主导，政府推动，多主体协调，政策保障"的运作机制下，通过15年的努力，将济南都市圈建设成为：山东省的省会都市圈；孕育齐鲁、开放创新的文化型都市圈；山水形胜，生态宜居的环境友好型都市圈；环渤海经济发达地区联结长三角、面向中原腹地的枢纽型都市圈；辐射黄河中下游的强势龙头；环渤海经济圈南翼具有国际竞争力的基础产业、先进制造业和服务业中心。

3.3.5 济南都市圈空间发展战略

济南都市圈区域空间发展战略定位为"强化核心、多元中心、区域联动、县域支撑"。具体说，即强化以济南—淄博一体化为核心的带动辐射作用，构建济南都市圈的核心竞争力地域；推进多个中心城市的人口产业集聚，培育多元增长极；引导区域中心城市之间乃至各级城市之间的产业发展联动，加强区际分工协作，形成整体竞争优势；带动优势县域经济发展，增强济南都市圈的整体实力，支撑济南都市圈城市化和社会经济的健康发展（表3-2）。

济南都市圈各市县城市职能发展指引　　　　　表3-2

城市职能发展引导类型		市、县名
大类	亚类	
服务业职能发达的中心城市	公共管理、商贸、金融、社会服务业以及教育、科研业均很发达，同时技术、资金密集型制造业发达的区域性中心城市	济南
	公共管理、商贸、金融、社会服务业发达，制造业职能向心性集聚引导的中心城市	淄博、德州、滨州、莱芜
	公共管理、商贸、金融、社会服务业发达，非污染型制造业职能选择性集聚引导的中心城市	聊城、泰安
制造业职能引导型的中小城市	各类制造业集聚引导，同时引导提升城市商贸流通和服务业职能的中等城市	章丘、平阴、济阳、商河、齐河、禹城、乐陵、庆云、宁津、临清、茌平、东阿、阳信
	资金密集型制造业集聚引导的制造业专业化城市	桓台、高唐、阳谷、平原、陵县、武城、邹平、惠民、博兴、沂源
	资源、劳动密集型制造业集聚引导的制造业专业化城市	高青、冠县、莘县、夏津
	采掘业非常突出，相关制造业和商贸服务业职能集聚引导的资源型制造业城市	新泰、肥城、宁阳、临邑
生态功能突出的中小城市	滨海生态保育功能突出，有选择的引导资源生态型产业布局的制造业城市	无棣、沾化
	湖泊生态保育功能突出，控制污染型产业布局的制造业城市	东平

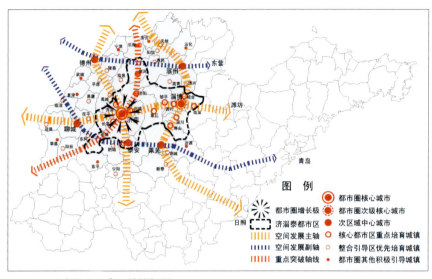

图 3-9 济南都市圈空间结构规划

3.3.6 济南都市圈空间总体布局

依据济南都市圈区域社会经济发展的空间分布特点和区际空间互动关系，提出两种城镇空间发展模式：中心城市联动—轴向发展模式和济南都市区推动—整合发展模式。根据这两种空间发展模式，以及确定的"以中心城市联动的轴向发展作为济南都市圈空间发展的核心策略，同时积极培育核心都市区，提升济南的竞争力和对区域的辐射带动能力，在规划中后期，通过两种发展模式的共同作用实现区域协调发展"的综合空间模式方案，并基于都市圈"强化核心、多元中心、区域联动、县域支撑"的空间发展战略，规划确定济南都市圈空间结构布局为"一极、一区、六轴"（图3-9）。

"一极"即济南中心城区增长极。包括济南六城区以及济南北部新城区的空间范围。由于济南的城市综合竞争实力仍不够强大，较之北京、天津等其他区域性中心城市存在差距，导致济南对省内周边城市的辐射带动功能不强，对省外腹地的吸引力较弱，这成为阻碍济南都市圈一体化发展和竞争力增强的重要因素。规划通过强化济南的中心服务功能和优势竞争力产业功能，促使济南城市空间结构由单中心集聚蔓延式发展向多中心组团式紧凑发展转变，如图3-10所示，以济南中心城区高度发达的服务业为核心，以东部、西部、北部等多个制造专业化城市组团为衔接点，通过济南中心城区服务、制造业竞争优势的快速提升，使之成为带动济南都市圈整体协调和快速发展的增长极。这里增长极强调"服务型"的概念，也就是说，济南并不是都市圈内各种经济要素的引力中心，各种大型产业项目也并非都往济南城区内集聚布局，而是济南应为都市圈内其他地区提供各种生产性服务和发展机会，打破行政分割观念，各项目在都市圈内统筹安排，使得济南在市场环境下完善自身服务业和制造业优势、提升自身竞争实力的同时，带动周边地区的整体发展。此外，济南应积极发挥其在济南都市圈吸引各种外部经济要素集聚和对外经济辐射中的窗口、枢纽作用，使之成为"外向型"的增长极。因此，济南中心城区增长极在济南都市圈中的空间功能定位为：济南都市圈服务业和先进制造业高度发达的极核，济南都市圈内各地区的经济联系中心，积极为济南都市圈内其他城市提供生产服务和发展机会、带动都市圈整合发展的"服务型"增长极，积极承担济南都市圈吸引外部经济要素、对外辐射经济功能的窗口和枢纽职能的"外向型"增长极。

《济南都市圈规划》对济南的定义为：山东省政治、文化、教育和科技研发中心，济南都市圈以及省际区域交通枢纽和经济中心，国家历史文化名城，以现代服务业和总部经济为主导，以机械装备与交通设备制造、高新技术产业两大产业链为内核的制造业发达的综合性省会城市，以"泉城"文化为内涵的休闲旅游目的地城市。

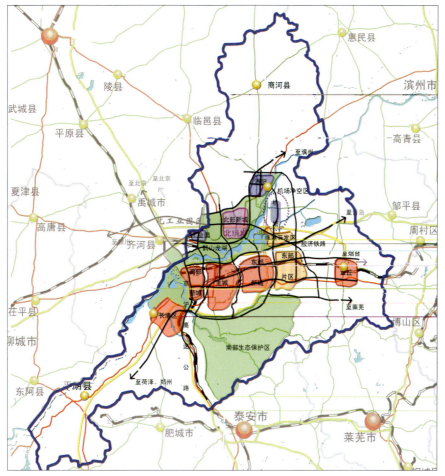

图 3-10 济南中心城区增长极空间范围和结构

3.4 泉城发展新目标

2000年国务院批复的《济南市城市总体规划（1996—2010）》，在一定时期内对指导济南的城市建设、促进城市经济社会发展发挥了重要作用。随着济南经济社会的快速发展和城镇化进程的加快，原总体规划确定的城市规模等发展目标已提前实现。当前我国经济社会发展正处于重要战略机遇期，省会济南各项事业步入加快发展的新阶段，济南市的行政区划也进行了相应调整，原总体规划确定的城市空间布局和发展目标已不能满足城市发展需求。为适应形势发展要求，济南市人民政府适时提出了修编城市总体规划的申请。根据建设部《关于同意修编济南市城市总体规划的批复》（建规函 [2003]255号）的精神，编制了《济南市城市总体规划（2006—2020）》。本次总体规划分市域、市区、中心城三个规划层次。市域规划范围为济南市全部行政辖区，面积8177km²；规划区为济南市区，即市辖行政六区，面积3257km²；中心城规划范围东至东巨野河，西至南大沙河以东（归德镇界），南至南部双尖山、兴隆山一带山体及规划的济莱高速公路，北至黄河及济青高速公路，面积1022km²（图3-11）。

规划以科学发展观为统领，全面贯彻落实"五个统筹"、构建和谐社会等重要战略思想。按照转变发展观念、创新发展模式、提高发展质量的要求，注重市域城乡一体、统筹协调发展；注重各类脆弱资源的有效保护利用和空间管制的要求；注重控制合理的环境容量和确定科学的建设标准，促进城市发展模式由粗放型向集约型、由外延式向内涵式转变，实现城市经济社会的全面协调可持续发展。

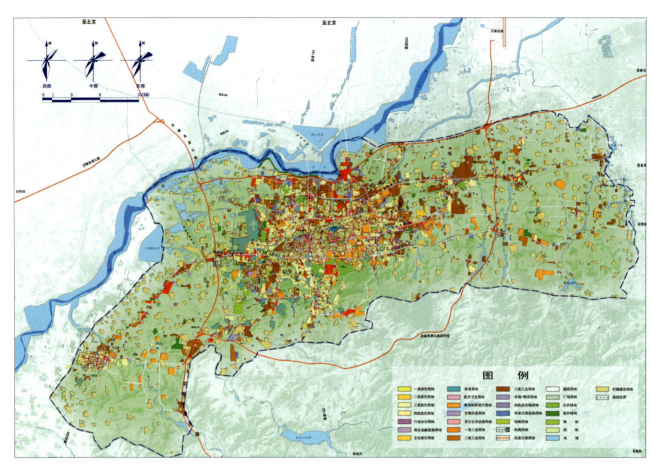

图 3-11 中心城土地利用现状图（2005）

修编重点为城乡统筹发展、城市空间结构和规模调整、城市生态环境保护和资源节约利用、城市综合交通、城市公共事业发展、历史文化名城保护、城市安全与综合防灾体系等。

3.4.1 城市性质与规模

（1）城市性质与职能

山东省省会，著名的泉城和国家历史文化名城，环渤海地区南翼和黄河中下游地区的中心城市。

加强和完善的城市职能：全省的政治、经济、科技、文化、教育、旅游中心，区域性金融中心，全国重要交通枢纽。培育和凸显的城市职能：现代服务业和总部经济，高新技术产业和先进制造业。

（2）城市人口与用地规模

规划期内济南市人口和用地仍呈持续增长的趋势，依据人口增长和经济发展规律，科学预测人口与用地规模，切实加强土地资源的保护与利用，形成集约用地、节约用地的发展模式。

2020年市域城镇化水平将由2005年的58%增至75%以上。2020年市域户籍总人口将由2005年的597万人增至700万人左右，城镇人口将由2005年的347万人增至530万人左右，暂住半年以上人口将由2005年的58万人增至140万人左右。2020年全市总人口将达到840万人左右，城镇总人口为670万人左右。

2010年中心城人口规模为340万人左右，建设用地规模为330km²。2020年中心城人口规模为430万人左右，建设用地规模为410km²。

3.4.2 城市发展目标

（1）总体发展目标

到 2020 年把济南建成具有独特自然风貌、深厚历史文化底蕴、浓郁现代化气息、代表山东形象的区域中心城市和繁荣、和谐、宜居、魅力的泉城。

①繁荣的城市

率先全面实现小康社会，基本实现现代化，成为经济实力雄厚、物质财富充裕、社会事业发达、服务功能完善的繁荣城市。

②和谐的城市

坚持全面发展，促进社会公平，构建社会安定、保障有力、诚信公平的和谐城市。

③宜居的城市

推进城乡协调发展，建设服务设施完善、就业机会充分、居民生活舒适、人居环境良好的宜居城市。

④魅力的泉城

彰显泉城特色，传承历史文脉，融合现代文明，成为山水相融、特色鲜明、底蕴深厚的魅力泉城。

（2）经济发展目标

2020 年济南市国内生产总值将达到 8000 亿以上，年均增长 11%，人均国内生产总值达到 10 万元以上；经济结构调整取得显著进展，三次产业结构调整为 4：46：50；形成发达的现代产业体系和完善的市场经济机制，率先基本实现现代化。

①社会发展目标

2020 年济南市各项社会事业全面繁荣，全市常住总人口将达到 700 万人，城镇化水平将达到 75%左右，人口自然增长率控制在 3‰以内；形成完善健全的社会保障体系和现代化的医疗卫生、科技教育、文化体育体系，人民生活水平和质量明显提高；民主法制和精神文明建设开创新局面，形成拥有良好精神文明的社会风尚，实现社会全面进步。

②环境发展目标

2020 年济南市环境质量显著改善，自然景观和历史文化环境得到妥善保护，基本建成生态良好、景观独特、环境优美、适宜居住和创业的山水生态城市，实现人与自然和谐发展。

③城市建设目标

城市的集聚与辐射功能强大，拥有完善的公共服务设施、先进的城市基础设施、高效的城市管理体系和优良的城市生态环境。城市人均居住建筑面积达 39m² 以上，人均道路广场用地面积达 20m²，人均绿地面积不小于 14m²，人均生活用水量达 250L/d，集中供热率达 60%，污水处理率达 95%以上，生活燃气普及率达 100%。

3.4.3 市域产业空间布局

按照"提升中心区、做强近郊区、突破远郊区"的总体思路，积极推进区域产业分工和协同发展，加快市域产业布局调整，改变中心城功能过于聚集的状况，积极引导传统产业向中心城周围县（市）转移，带动县（市）经济的全面发展和提升，在全市形成布局合理、分工明确、功能突出、优势互补的产业发展空间格局。围绕"东拓、西进、南控、北跨、中疏"的城市空间发展战略，市域产业发展规划实施两翼展开、跨河发展的总体战略，形成主城区产业聚集区和沿交通走廊向东、向西、向北的三条产业聚集带。

（1）主城区产业聚集区

适应主城区功能定位，以发展现代服务业为主体，积极发展都市型产业，大力发展总部经济，适度发展无污染、低能耗、高科技、高附加值的高技术产业等新型工业。

(2) 东部产业聚集带

市域内沿经十东路、济青公路等交通走廊，形成贯穿市域东部、连接中心城和章丘、辐射带动东部地区的产业发展走廊。落实城市"东拓"战略，积极承接中心城优势产业转移，重点发展先进制造业、高新技术产业，打造电子信息、交通装备、食品药品等产业集群，形成孙村工业区、枣园—龙山工业园、圣井工业园、明水经济开发区4个产业园区，打造山东省济青产业带西部制造业基地。

(3) 西部产业聚集带

市域内沿济郑公路（国道220线）形成贯穿市域西部、连接中心城和平阴、辐射带动西部地区的产业发展走廊。落实城市"西进"战略，积极承接中心城传统产业的转移，打造机械装备、电子信息等产业集群，形成济南经济开发区、万德企业示范园、平阴工业园3个产业园区，建成机械装备、旅游产品制造基地及农副产品深加工基地。

(4) 北部产业聚集带

市域内自中心城跨黄河向北，沿国道220线、济盐公路（省道248线）形成贯穿市域北部、连接中心城和济阳、商河、辐射带动北部地区的产业发展走廊。落实城市"北跨"战略，积极承接中心城传统产业的转移，着力打造精细化工、煤电化工、石油化工、纺织服装、农副产品深加工等产业集群，形成济北民营经济园、商河经济开发区2个产业园区，成为特色鲜明、优势明显的重化工业基地。

(5) 市域农业布局

构建南部山区生态农业区、沿黄特色农业区及黄河北高效农业区的区域化布局。南部山区生态农业区着力发展生态和观光旅游农业，大力发展林果生产，加快优质果品生产基地建设，形成绿色产业体系；沿黄特色农业区围绕黄河滨河生态旅游带的建设，以都市农业和观光旅游农业为发展方向，开发建设现代都市农业示范基地和出口创汇基地；黄河北高效农业区以"高产、优质、高效"为目标，大力发展设施农业，建设高效经济作物和优质粮食生产基地，重点发展无公害农产品、绿色食品和农业名优新特品种。

3.4.4 市域空间组织

根据城镇分布现状特点，本着城镇统筹发展、区域协调发展的原则，市域城镇空间组织规划形成"一心三轴十六群"结构，即以济南中心城为核心，形成三条城镇聚合轴，组建十六个城镇组群，构筑市域城镇统筹协调发展的格局（图3-12、图3-13）。

(1) 三条城镇聚合轴

市域内以济南市区为核心，向东、向西、向北沿主要对外放射状干道已形成三条较明显的城镇发展带——济青、济郑和济盐城镇发展带，规划进一步强化这三条已具雏形的城镇带，构建三条城镇聚合轴，沿轴线分布的城镇的主要产业区、中心区、重要的公共设施多集中布置在聚合轴上，以加强其空间集聚性，强化轴线的功能，增强集聚效益，充分体现公共设施和基础设施共建共享和区域统筹发展的理念。

(2) 十六个城镇组群

根据对城镇分布状况和现状条件的分析，地域邻近的城镇往往在资源条件、产业类型、经济特征等方面具有趋同性，根据这一特征，为促进城镇的协调发展，增强城镇的集合竞争力，规划打破行政区划的界限，以地域邻近、资源相似、产业相近等为依据，组建城镇组群，促进组群城镇的统筹发展。规划形成16个城镇组群，即市区南部山区西部市镇组群、市区南部山区东部市镇组群、市区空港市镇组群、市区黄河北市镇组群、章丘南部组群、章丘中部组群、章丘北部组群、平阴北部组群、平阴东南部组群、平阴西南部组群、济阳南部组群、济阳东北部组群、济阳西北部组群、商河西南部组群、商河东南部组群、商河北部组群。每一组群以一个次中心城市或中心镇为中心，带动组群内其他城镇的共同发展。

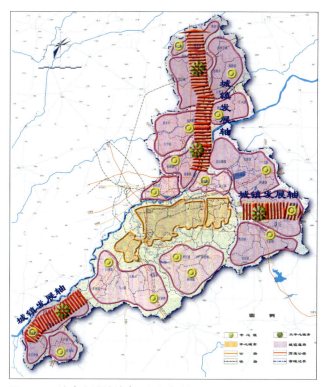

图 3-12 济南市域城镇空间组织规划图

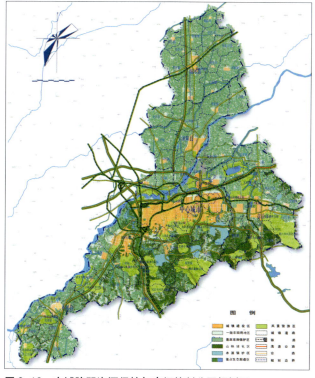

图 3-13 市域脆弱资源保护与空间管制分区规划图

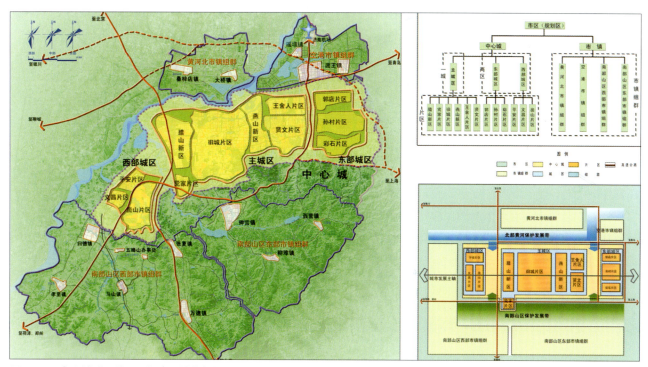

图 3-14 中心城"一城两区"空间结构规划图

3.4.5 中心城总体布局

中心城建设用地集中在北部黄河和南部山区之间的适宜建设区域，用地发展方向在现状城区用地的基础上，主要向东西两翼拓展。规划范围向东扩展至市区边界，向西南扩展至长清城区。中心城规划用地范围由上版总体规划的 526km² 扩大到 1022km²（图 3-14）。

(1) 总体结构

中心城空间结构为"一城两区"。"一城"为主城区,"两区"为西部城区和东部城区。主城区为玉符河以东,绕城高速公路东环线以西,黄河与南部山体之间地区;西部城区为玉符河以西地区;东部城区为绕城高速公路东环线以东地区。主城区与西部城区、东部城区之间以绿色空间相隔离(图3-15)。

(2) 主城区

主城区由腊山、党家、旧城、燕山、王舍人和贤文六个片区组成。主城区人口规模控制在310万人,用地规模控制在290km²。主城区的规划重点是优化用地结构,调整和强化政治、经济、科技和文化中心功能,发展会展、体育、物流等新兴服务业;建设腊山、燕山两个新区,疏解旧城的中心功能;加强王舍人、贤文两个片区传统产业的改造和高新技术产业的发展。

旧城片区位于二环路以内及二环南路以南部分地区。在加强古城区和商埠区保护的同时,保留商业、服务业中心功能,发展商业、金融、旅游服务等第三产业。增强小清河两岸的中心功能,提升景观环境。古城—商埠区旧城改造应特别注意保护和继承以千佛山、大明湖、四大泉群和古城区及黄河为主体的城市风貌特色。文东科教区发挥大专院校、科研单位集中的优势,完善文东科研教育中心功能。其他地区以发展居住为主。将城市二环路以内地区划定为旧区。对旧区内功能高度集中、人口和建筑密度较高的地区实施"中疏"策略。控制人口容量和建筑容量,疏解旧区功能和交通,增加绿地、开敞空间和服务设施,提升旧城整体环境和城市功能。

腊山新区位于二环西路以西、京福高速公路两侧,规划形成以铁路新济南站为依托,以商务和会展产业为主导的现代化新区。结合新济南站建设,沿堤口路西延长线重点布局商业金融、物流会展等用地;京沪高速公路以西地区布局物流、工业用地;沿小清河南侧和腊山河两侧,结合自然地理环境,布局生活居住和工业研发用地。

党家片区位于主城区西南部。规划调整产业发展重点,加快高新技术产业发展,完善居住配套。

燕山新区位于二环东路以东、大辛河以西,形成以行政办公、公共服务、体育休闲为主的现代化新区。经十路两侧规划为以行政办公、体育休闲、文化娱乐等为主导功能的综合性公共中心,建设省、市行政办公中心和奥体中心;沿旅游路两侧规划居住用地;沿花园东路和工业北路两侧以布局生活居住、高新技术产业、科技研发用地为主。

王舍人片区位于主城区东北部,以传统冶金工业为主导,加快产业和产品结构优化升级,加强污染治理,控制生产用地规模,为实施搬迁创造条件。在王舍人镇驻地以居住区建设和公共设施配套为重点。

贤文片区位于主城区东南部,依托高新技术产业开发区新区,大力发展高新技术产业,强化金融商务、科研教育功能;规划完善生活居住、配套服务功能。对原有传统石化工业进行产品结构调整,控制用地规模,为实施搬迁创造条件。

(3) 西部城区

西部城区由文昌、平安和崮山三个片区组成。西部城区人口规模控制在50万人,用地规模控制在50km²。西部城区规划以发展高等教育、高科技产业、生活居住为主,形成现代化新城区。

①文昌片区

位于西部城区西部,以原长清县城为基础,加强配套公共服务和居住建设,形成综合性片区。

②平安片区

位于西部城区北部,以经济开发区建设为主导,规划相关配套设施及生活居住用地。

③崮山片区

位于西部城区东南部,以安排高等教育、科研机构为主,配套完善城市公共设施、生活服务设施,沿长清大道两侧建设西部城区公共服务中心。

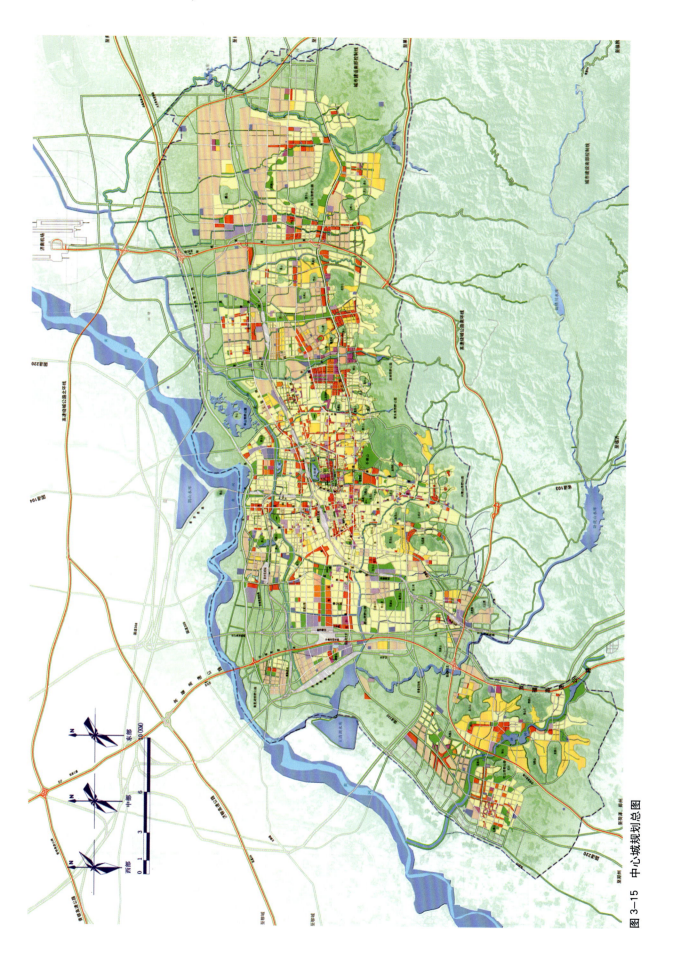

图 3-15 中心城规划总图

(4) 东部城区

东部城区由郭店、孙村和彩石三个片区组成。东部城区人口规模控制在70万人，用地规模控制在70km²。东部城区规划的重点是发展高新技术产业、高附加值制造业和加工业，完善生活居住、公共服务配套，形成现代化新城区。

①郭店片区

位于胶济铁路以北，重点发展机械装备、环保新材料和现代物流等产业。

②孙村片区

位于绕城高速公路东环线以东、胶济铁路和经十东路之间，以发展电子信息、交通装备、食品药品等产业为主。在唐冶建设东部城区公共服务中心。

③彩石片区

位于经十东路以南，西部以出口加工区为依托，重点发展电子信息、新材料等产业。东部以科教、居住为主。

城市的发展离不开城市发展战略，本章主要介绍了济南市在城市发展战略研究方面所作的工作。从山东半岛城市群规划、济南都市圈规划以及济南市新一轮城市总体规划确定的泉城发展新目标来探讨济南城市的发展策略。

鉴于山东半岛重要的战略地位，为整合半岛城市群经济社会发展，统筹协调区域发展，打造半岛城市群整体竞争优势，按照山东省委、省政府的要求，自2003年起山东省相关省直部门组织编制了《山东半岛产业发展规划》、《山东半岛制造业基地规划》、《山东半岛旅游规划》、《山东半岛城市群发展战略研究》等一系列专项研究规划，以期形成完善的发展框架体系，为半岛的长远发展提供指导和依据。2003年底，在北京大学周一星教授等著名专家的带领下，北大地理科学研究中心编制完成的《山东半岛城市群发展战略研究》着重于以区域的政治经济文化核心——城市和城市密集地区为研究对象，分析半岛发展的宏观尺度制约因素和解决策略，为促进半岛协调发展制定战略方针。在此基础上，研究中心课题组在吕斌教授的带领下，又进一步编制完成了《山东半岛城市群总体规划》，进一步深化分析的精度，剖析半岛社会经济发展的中观和一些专项微观问题，将问题的解决从概念方针落实为具体的空间和设施布局，为指导区域协调发展提供具体指导，为各城市编制城镇体系规划、城市总体规划提供依据，为济南的发展明确了方向。

济南省会城市群经济圈是山东省委、省政府提出的"中部突破济南"的又一重大决策。在这一战略背景下，《济南都市圈规划》显现出其特殊的涵义。省会城市群经济圈与济南都市圈规划所涉及的七市范围相同，并与都市圈规划编制基本同步，省委办公厅组织人员就加快以济南为中心的省会城市群经济圈发展问题进行了深入调研。调研分析认为，目前以济南为中心的省会城市群经济圈已具雏形，并呈现出加速发展的态势，对拉动全省中部以及全省区域经济协调发展发挥了重要作用。应深刻认识加快构筑省会城市群经济圈的重要性、紧迫性，遵循经济社会发展的客观规律，采取积极有效的政策措施，使省会城市群经济圈尽快成为我省继半岛城市群之后又一个新的经济增长极。

以上的区域规划从整体层面对济南大都市地区进行了研究，为济南大都市地区的发展指明了方向。早在2002年1月22日，山东省委、省政府在济南召开城市建设现场办公会，指明了谋划省会济南长远发展的方向和目标，启动了城市规划建设重大战略调整的进程。在吴良镛、周干峙等著名专家主持和指导下，济南市编制完成《济南市城市空间战略及新区发展研究》等规划研究成果。在此基础上，2004年6月，新一轮城市总体规划修编工作正式展开，为泉城的发展提出了新的目标。在目标指引下，泉城的规划工作正全面有序开展。

第4章 魅力泉城
——地域文化的传承与泉城特色的塑造

4.1 济南地域特色的构成因素探讨

4.1.1 地域文化的承继与发展

(1) 地域文化

地域文化是指在一个辽阔广大的地域上，由于地理环境的差异和人群构成的不同所存在的区域性的文化，是在一定的地域范围内长期形成的历史遗存、文化形态、社会习俗、生产生活方式等。构成地域文化的因素有：自然环境，地理条件的特殊或得天独厚，特定区域的人群有明确的区域意识并与其他区域的人群形成竞争关系，典范人物潜移默化的影响。

每一个城市都有它独特的品质，源于它所处位置地理环境因素的影响，历史文化传统的积淀，政治、经济和社会的情况，以及城市未来的发展方向。这种独特的品质，不仅仅来自于个体建筑的特征以及城市街道和空间带来的特色，还体现在构成城市空间诸多因素的相互交融——包括地方特色、地域文化、生态环境特征。它们都是创造城市特色的基础和条件，是构成城市整体特色的不可缺少的重要因素。同时，这种品质还体现在追求城市特色的人们对开创地域文化和生态环境建设新模式的不懈努力。合理利用资源，保护生态环境，体现地域特色，展示城市空间，彰显城市魅力，成为规划工作者探索不倦的主题。

(2) 地域文化的继承与发展

城市发展继承并延续地域文化特征是城市良性发展的前提，城市的发展不仅需要发达的经济，更需要有城市自己所特有的文化积淀和人文精神的塑造。当今世界上的知名城市，无一不有着丰富的文化底蕴及自己独特的城市特色。伦敦、巴黎、罗马、维也纳等城市之所以著名，依赖的不仅是其雄厚的经济基础，更是这些城市历经数百年甚至数千年积淀下来的城市文化，而城市文化的形成又与城市独特地域文化特征的传承延续分不开。因此，巴黎成为誉满世界的浪漫之都，罗马被称为艺术的殿堂等等都表明了城市发展过程中地域文化的继承与发展的重要性，这也是城市规划需要探讨的重要内容。纵观国内外著名城市继承与发展地域文化的做法，都遵循了以下几个阶段（图4-1）：

首先，在城市发展过程中重视对地域文化的继承与发展，在城市建设过程中有意识地做到对地域文化的保护和继承。其次，深入研究属于城市的独特地域文化特征，提取城市规划中涉及的城市地域文化特征并使其形成符号，在城市建设中有意识地采用这些地域文化特征符号，使旧的地域文化得以继承并以新的形式发展。最后，从建筑符号、环境符号、文化符号以及规划符号等几个方面入手，延续并塑造城市的地域文化特征，形成独特的城市特色。

具体操作方法无外乎由具体的个例保护逐渐汇集成一般的、通则性的保护，由感性具象的阶段上升为理性抽象的阶段，形成符合本地地域文化特征的特征符号，从而再将这些特征符号运用到具体的城市建设过程中去，最终形成与城市发展相适应的城市独特的景观风貌与特征。城市地域文化特征的继承与发展经历了一个由具体到一般再到具体的过程。

济南是一座历史悠久的古城，北辛文化、大汶口文化、龙山文化、岳石文化、先秦文化使得济南成为全国古文化发展脉络最清晰的几个地区之一，从秦始皇统一以来的北方重镇到明清以来的山东政治、经济、文化中心，悠久的历史赋予了济南深厚的底蕴。

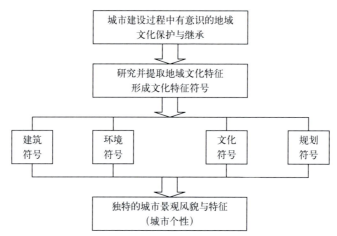

图 4-1　城市地域文化继承与发展的做法示意图

图 4-2　山泉湖河城有机相融的城市风貌

4.1.2 山、水、城交融的整体空间环境

济南南依泰山，北临黄河，总揽齐鲁，地处鲁中低山丘陵与华北冲积平原的交接地带，地势南高北低，山湖遥遥相望，形成山水相依的城市地理形态和独特的城市空间特色。济南的城市空间特色是山、泉、湖、河、城有机结合，浑然一体，南部是恢廓苍翠的自然山体，中部名泉荟萃、湖光山色，北部是蜿蜒曲折的黄河以及鹊山、华山等众多平地凸起的小山头（图4-2）。

济南南部山区，是泰山山脉的余脉，从东岳绵延而来，山峦起伏，群峰叠翠。其中最有名的是千佛山，是济南的三大名胜之一。千佛山又称历山，相传舜曾耕种于山下，故又名舜耕山。此山虽不高，但却俊逸灵秀，犹如矗立在济南南侧的一幅壁画，恰如晚清小说家刘鹗在《老残游记》中描绘的"仿佛宋人赵千里的一幅大画，做了一架数十里长的屏风"。

中部城区与自然环境相得益彰，古城、名泉、大明湖相互交融。"海右此亭古，济南名士多"，"家家泉水，户户垂杨"，"四面荷花三面柳，一城山色半城湖"等，都是中部城区高度艺术概括的真实写照。古城具有浓郁的文化氛围，自古就是人居的最佳环境。

北部黄河蜿蜒前行，东流入海。从坦荡无垠的平原土地上覆盖的黄土粉砂，到鲁北人民豪放淳朴的个性；从许多易涝区的"基台民居"、"台田"耕作，到大坝锁身的"悬河干流"、连锁而布的沿黄三角洲，无处不表现出黄泛区的历史烙印和文化特征。著名的黄河"长堤捕蝉"、"黄河落日"、"故道林带"、"南水北调穿黄工程"等景观，都具有独特的文化景观价值。

这种山、水、城交融的独特自然景观与济南几千年的文化内涵相互融合，形成了济南独特的城市风貌和空间特色。总体来讲，济南大气厚重，具有北方城市粗放的性格；济南独特的泉水文化，又赋予了这座城市另一

面的景致，城市总是因为有了水而显得清灵俊秀，济南因这浸润在城市肌理中的泉群水系而比普通的北方城市多生出了一股轻盈，有了几分"烟雨江南"的柔美。

4.1.3 悠久的历史文化与景观资源

济南历史文化悠久，是1986年国务院公布的国家历史文化名城之一，沿海开放城市，首批中国优秀旅游城市之一。济南地处齐鲁文化中心，有深厚的历史文化积淀，素有"齐鲁雄都、海右名城"之称，其文化可追溯到八九千年前，先后经历了后李文化、北辛文化、大汶口文化、龙山文化和岳石文化时期，自商代起进入人类文明社会。悠久的历史文化积淀了济南相对醇厚的景观资源。

目前，济南拥有国家级重点文物保护单位8处，包括四门塔、灵岩寺、千佛崖造像、九顶塔、孝堂山郭氏墓石祠罩室等；省级文物保护单位36处；省级历史优秀建筑58处；市级文物保护单位74处；区、县级文物保护单位295处；区、县级依法登记保护的文物328处；普查登记在册文物约1000余处。

济南的历史文化街区和特色街区共有8处，分别是：芙蓉街—曲水亭街传统历史文化街区、将军庙历史文化街区、山东大学西校区（原齐鲁大学）历史文化街区、洪家楼历史文化街区、朱家峪历史文化街区、宽厚所街特色街区、经一路经三路纬一路纬五路围合的特色街区、经三路经五路小纬六路纬七路围合的特色街区。

济南名胜古迹众多，三大名胜（大明湖、趵突泉、千佛山）、四大泉群（趵突泉、五龙潭、珍珠泉、黑虎泉）和八大景观（明湖泛舟、汇波晚照、鹊华烟雨、锦屏春晓、趵突腾空、白云雪霁、佛山赏菊、历下秋风）构成了济南文化景观资源最重要的部分。宋代诗人黄庭坚在诗中称赞道："济南潇洒似江南"。"斜阳草树，寻常巷陌，人道寄奴曾住"，一首辛弃疾的千古名篇引发了人们对济南历史渊源的探究和对英雄人物的缅怀。更有元代书画家赵孟頫所绘的"思乡之画"——《鹊华秋色图》，表达了远离故土的人士对家乡的依念。这看似平常的泉溪、街巷却往往有着不凡的历史渊源。

4.1.4 "古城商埠，双星闪耀"的空间布局

（1）明清时期完整的古城奠定了城市整体格局

从龙山文化古城遗址算起，济南的建城史已逾2600多年。春秋战国时期，齐国在济南设"历下城"，因城位于历山（今千佛山）之下而得名。晋永嘉末年（公元313年前后），济南郡治所由东平陵城迁至历城，古城垣扩大，此后济南成为历代这一地区的政治中心。自宋代以来，随着"济南府"作为山东中心城市地位的逐步确定，更显示出其在全国和全省的重要性。明洪武元年（公元1368年）置山东行省，治所济南。

济南古城是在明府城基础上发展起来的，古城池四周由护城河围合，面积3.26km²。平面布局以其形状不甚规整、四门不对称为特色，加之有天然的泉水和依山建城的独特地理位置，在中国古代城市发展史上具有重要的地位。古城以珍珠泉为中心，黑虎泉、趵突泉位于古城东南隅和西南隅，形成一个三角形平面构图布局。而大明湖、千佛山与英雄山又形成了一个大三角形重复构图。小三角之上，珍珠泉与大明湖正在两个三角形的尖部，把地理区内自然景观的精华集中于古城中。这种平面构图非匠心之独具所不及。在地理位置上千佛山与大明湖并不在一条南北轴线上，千佛山约偏东15°左右。古城格局决无对称模式，因形随势，突出了千佛山、大明湖的相互通视的对应关系。

（2）近代商埠的开辟促进东西双城格局的形成

济南商埠开辟于20世纪初，商埠区的规划和建设是中国城建史上中西合璧的典范。商埠区位于古城区的西侧，为纬一路、胶济铁路、纬十二路、经七路围合的地区，总用地约4.08km²。济南开埠起源于甲午战争后人们对抵制外来侵略、挽救民族危亡的思索。1904年，德国修筑的胶济铁路全线通车，标志着振兴民族实业的"自开商埠"便应运而生。许多银行、洋行、老字号及商场式市场的设立，使济南工商业在国内城市中的地位扶摇直上，经过多年的发展，济南一跃成为山东内陆第一大流通商贸中心。百年以来，商埠区的空间格局一直延续

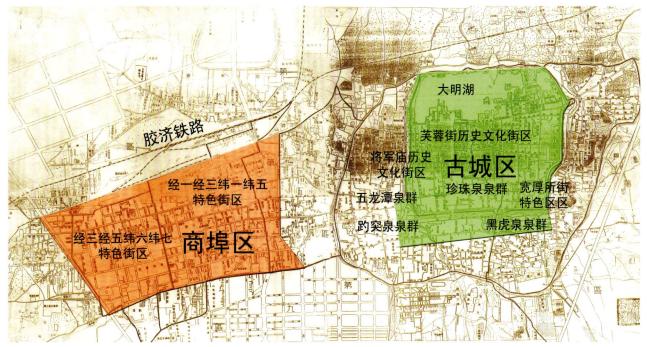

图 4-3　1948 年济南东西双城格局

下来,揭示了济南近代城市规划的序幕。

商埠区的规划设计没有延续轴线对称、布局严谨的中国城市规划传统,而是采用当时西方新区发展中常用的网格状城市空间形态,道路系统采用 200m×200m 的方格网,与铁路或平行或垂直,街道交叉口作切角处理,街坊划分大小恰当,有利于批租和管理,街区外侧安排商业店铺,街区里面建设里弄或别墅,城市里数以百计的这种街区有如巴塞罗那著名的"赛尔特方块",也称之为"黄金方块",充分体现了城市中商业等服务业的价值;在公共设施与开放空间方面,为了方便市民休憩娱乐,建立了济南最早的公园——商埠公园(今中山公园),并建设了公共娱乐服务设施和火车站广场;城市基础设施集中布置,充分考虑了济南地势南高北低的特点以及洪水对城市的危害,在经一路修筑了完善的地下排水系统,雨污合流;在建筑风格方面,由于中外商人的商业活动交流促进了中西建筑文化交融于一体的商埠风貌,早期的日耳曼式、英吉利式、日本式建筑以及具有中西合璧风格的近代建筑,代表着济南近代不同历史时期的建筑文化,丰富了济南的城市空间特色。

(3)"古城商埠,双星闪耀"

具有浓厚异国情调的商埠区街道与建筑,与具有传统气息的古城街区和民居,有着鲜明的对比,一中一洋,一古一新。东西并列的古城和商埠,形成济南城市空间演变历史上"古城商埠,双星闪耀"的格局(图 4-3)。

4.1.5　"泉水文化"的独特品质

济南是著名泉城,泉水是济南独具特色的自然景观,是济南深厚历史文化底蕴的重要载体。济南的南部山区是泉水的涵养区,独特的地质构造使得济南自古以来就以泉水丰沛而闻名于世,城市因此有了一个别称"泉城"。甘醇的泉水给城市注入了灵气与活力,赋予了济南独具特色的城市魅力(图 4-4)。从广义上讲,泉城文化景观资源应包括"泉水"、"泉城"、"泉村"、"泉文化"等四泉文化景观资源。泉水是四泉文化的核心。济南独特的地质结构,造就了众多泉水的形成。济南泉水的独特性体现在以下几个方面:

(1) 数量众多

目前济南辖区范围内共发现泉水645处，著名的有趵突泉、黑虎泉、珍珠泉、五龙潭等四大泉群以及百脉泉、洪范池等72名泉，在国内外城市之中极为罕见。

(2) 形态优美

由于地质条件的特殊性，泉水出露地点的形态不同，有的如倾流的瀑布，有的似珍珠撒玉盘，有的呈喷涌的急流，有的则清流潺潺。恰像清代学者王昶所描绘的那样，"泉从沙际出，忽聚忽散，忽断忽续，忽急忽缓，日映之，大者为珠，小者为玑，皆自底以达于面。"大自然的神奇造化，造成千姿百态、绚丽多彩的泉水自然景观。

(3) 水质优良

济南市区泉水的源头在南部山区。宋代曾巩在《齐州二堂记》中有"趵突泉自渴马之崖，潜流地下，而至此复出也"的论述。济南泉水来自岩层深处，水温恒定，清冽甘醇，富含多种对人体有益的微量元素，为天然优质饮用水。

(4) 文人诗韵

泉水构成济南独特优美的城市风貌和极具深邃的历史文化，历代文人墨客无不为之倾倒，留下赞颂济南泉水的不朽篇章。济南的泉水，孕育出李清照、辛弃疾等一代又一代婉约与豪放派诗人、词人。济南千百年来的城市发展、历史沿革、民风民俗都与泉水有着最直接、最密切的渊源关系，最终积淀成济南独特的泉水文化。

4.1.6 "包容厚重"的城市文化

济南的城市文化"包容厚重"。长期以来，作为中国东部地区区域性中心城市的济南，具有各种文化的兼容性。官方文化、知识分子文化和市井文化长期处于一种多层共生状态；齐文化、鲁文化以及其他地域外来文化融会一起，形成了独特的济南文化个性。济南数千年底蕴丰厚、源远流长的文化，对外来文化有着极强的包容力，并将外来文化融入其自身文化之中。济南处在西陆东海之间，古文化与今文化之间，城市不大也不小，处于"中庸之道"的状态，这是它典型的文化特征。这样的文化特征就形成了济南厚重朴实、温婉宽容的城市气质。

图4-4 形态各异的泉水

4.2 大都市区域历史文化景观资源保护与利用

要充分展示区域的文化底蕴，必须首先对区域的文化遗产及文化景观资源进行分析，探讨历史文化景观资源的核心内容；其次研究区域历史文化景观空间保护与利用的方法；最后，通过对区域文化的精神特质分析，对区域文化传播展示的途径与方法进行研究，探讨区域文化建设的政府引导和管理创新。

4.2.1 区域历史文化景观资源

(1) 区域历史文化景观资源概述

济南都市圈内自然景观独特，文化景观资源丰富。区域内有世界自然、文化双重遗产泰山，有济南、聊城、淄博等三个国家历史文化名城，有临清和泰安两个省级历史文化名城，有章丘市官庄乡朱家峪村一个中国历史文化名村。济南都市圈内，省级以上文物保护单位共151处，其中国家级保护单位30处，省级保护单位121处，主要集中在济南、泰安、淄博、聊城等4个城市（图4-5、表4-1）。

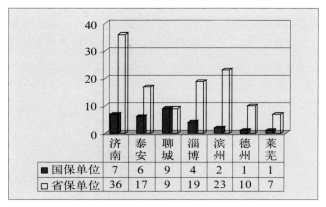

图4-5 济南都市圈各城市文物保护单位数量比较图

济南都市圈文物资源表　　　　　　　　表4-1

城市 \ 文物等级	国家级文保单位	省级文保单位	数量		
			总计	国家级	省级
济南	城子崖遗址、孝堂山郭氏墓石祠、四门塔—千佛崖造像、灵岩寺、西河遗址、汉济北王墓	大佛寺石刻造像、翠屏山多佛塔、大辛庄遗址、东平陵故城等	43	7	36
泰安	大汶口遗址、岱庙、冯玉祥墓、齐长城、泰山石刻、白佛山石窟	碧霞祠、古瓷窑址、东平古城、泰山古盘道等	23	6	17
聊城	光岳楼、山陕会馆、曹植墓、景阳冈龙山文化城、钞关、鳌头矶、清真西寺、清真东寺、舍利塔	海源阁、铁塔、依绿园、付氏祠堂、运河码头、古槐、天主教堂等	18	9	9
淄博	齐国故城、田齐王陵、桐林遗址、齐长城遗址	小庞遗址、董褚遗址、上崖洞遗址、后李遗址等	23	4	19
滨州	魏氏庄园、丁公遗址	大商遗址、鲍家遗址、大郭遗址、兰家遗址、杨家古窑址等	25	2	23
德州	古苏禄王墓	神头汉墓群，五里冢、禹王亭、冯李汉墓、殷屯遗址、朱庄墓等	11	1	10
莱芜	齐长城青石关	莱芜战役指挥所旧址、牟城遗址、嬴城遗址、蔡家镇经幢等	8	1	7
总计			151	30	121

(2) 区域历史文化景观资源核心内容

区域以其自然、人文景观而闻名遐迩。文化景观的核心内容是：中华五岳之首——泰山，中国最古老的长城——齐长城，长达600年的临淄古城——齐故都，运河文化，古典文学名著。这些大都市区域内的核心文化景观资源都对济南地域文化特征的形成具有潜移默化的影响，共同构成了孕育济南地域文化特征生长的醇厚土壤（图4-6）。

① 泰山文化

泰山位于中国北部、山东省中部的泰安市。泰山主峰海拔1545m，气势雄伟磅礴，享有"五岳之首"、"天下第一山"的称号。泰山于1987年根据文化遗产和自然遗产遴选标准C(I)(II)(III)(IV)(V)(VI)、N(III)被列入《世界遗产名录》。庄严神圣的泰山，两千年来一直是帝王朝拜的对象，其山中的人文杰作与自然景观完美和谐地融合在一起。泰山一直是中国艺术家和学者的精神源泉，是古代中国文明和信仰的象征。自古以来，中国人就崇拜泰山，有"泰山安，四海皆安"的说法。古代历朝历代不断在泰山封禅和祭祀，并且在泰山上下建庙塑神，刻石题字。古代的文人雅士更对泰山仰慕备至，纷纷前来游历，作诗记文。泰山宏大的山体上留下了20余处古建筑群，2200余处碑碣石刻。

泰山风景以壮丽著称。重叠的山势，厚重的形体，苍松巨石的烘托，云烟的变化，使它在雄浑中兼有明丽，静穆中透着神奇。泰山日出是岱顶奇观之一，也是泰山的重要标志，每当云雾弥漫的清晨或傍晚，游人站在较高的山头上顺光看，就可能看到缥缈的雾幕上，呈现出一个内蓝外红的彩色光环，将整个人影或头影映在里面，

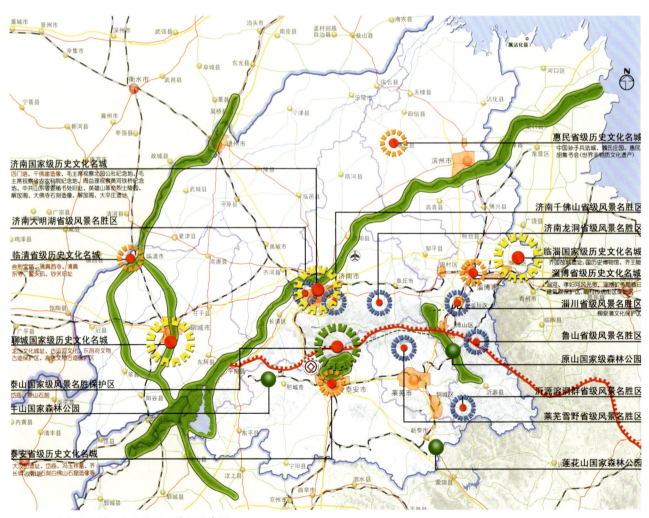

图4-6 大都市区域历史文化景观资源分布图

好像佛像头上方五彩斑斓的光环,所以被称为"佛光"或"宝光"。泰山佛光是一种光的衍射现象,它的出现是有条件的。据记载,泰山佛光大多出现在每年6—8月份的半晴半雾的天气,而且是太阳斜照的时候。泰山还以石刻众多闻名天下,这些石刻有的是帝王亲自题写的,有的出自名流之手,大都文辞优美,书体高雅,制作精巧。泰山现存石刻1696处,分为摩崖石刻和碑刻,既是记载泰山历史的重要资料,又是泰山风景中的精彩去处之一。

②黄河文化

从坦荡无垠的平原土地上覆盖的黄土粉砂,到鲁北人民豪放淳朴的个性;从许多易涝区的"基台民居"、"台田"耕作,到大坝锁身的"悬河干流"、连锁而布的沿黄三角洲,无处不表现出黄泛区的历史烙印和文化特征。著名的黄河"长堤捕蝉"、"黄河落日"、"故道林带"、"南水北调穿黄工程"等景观,都具有独特的文化景观价值。

③齐长城

春秋战国时期,中国多有长城,除北方燕赵长城外,尚有齐长城、魏长城、楚长城。齐长城横亘于山东中部,又名长城岭、大横岭,西起今黄河东岸的长清县西南孝里镇广里村北,向东行进丘陵区,又逐渐蜿蜒攀升至泰山西麓的中低山区,尔后沿泰沂山脉分水岭,直达黄海西岸的今青岛市小珠山之东的黄岛区东于家河村东北入海,蜿蜒618.9km,史称千里长城,现存遗址占总长度的64.3%。千里齐长城,在连年的战争中屡兴屡废,世世代代地建,年年月月地修,是中国历史上影响最大的钜防之一,是目前国内年代最久远、规模最大的古建筑遗址。整座齐长城,巍峨恢弘,恰似东方巨龙,盘旋飞舞于崇山峻岭之中,将黄河、泰山、东海连成一体,是劳动人民智慧与力量的结晶,是齐鲁大地的脊梁(图4-7)。

④齐故都

临淄齐国故城是国务院1961年公布的全国重点文物保护单位,处在临淄辛店镇以北15华里。故城位于今临淄县城的西面和北面,北至古城村北,南至西关村南,西依系水(今泥河),东临淄河,故名临淄。

西周初年,周王朝大封宗族勋戚,封姜太公(姜尚)于山东北部地区,建立了齐国。它是周王朝分封下的一个东方诸侯大国,在我国历史上经历了西周、春秋和战国三个历史阶段,临淄是它的都城。临淄是我国早期规模最大的城市之一,自公元前9世纪50年代姜氏第七代国君献公由薄姑(今山东桓台田庄一带)迁都于此,至公元前221年秦灭齐为止,临淄作为齐国的都城长达630余年之久。

故城包括大城和小城两部分。大城南北近9华里,东西7华里余,是官吏、平民及商人居住的廓城;小城衔筑在大城的西南方,其东北部伸进大城的西南隅,南北4华里余,东西近3华里,是国君居住的宫城。两城总面积达60余平方华里。故城内外,还有众多的宫室台榭基址。桓公台坐落于小城内,与小城北门外的晏家南北对应,其周围是大面积的宫殿建筑基址。大城南部有韶院村,是相传孔子在齐闻韶乐"三月不知肉味"的地方。临淄齐国故城虽然延续时间很长,但仍然是保存较好的我国东周时期的一座大城市,地上地下浩繁的文物古迹

图4-7 齐长城分布图

是我们伟大祖国悠久历史和古老文明的见证，对研究我国历史有着重要价值。

⑤运河文化

中国的大运河与万里长城一样，被列为世界最宏伟的四大古代工程之一，这是中国劳动人民和一大批水利专家利用自然与改造自然的伟大创造。中国大运河是世界上开凿时间最早、流程最长的一条人工运河。它创始于春秋时期，公元前486年（周敬王三十四年）吴王夫差开凿的从江都（今扬州）到末口（今淮安）的南北水道邗沟，距今已有2400多年的历史。从此以后不断地开凿整修，直至公元1293年（元世祖至元三十年），完成了一条由杭州直达北京纵贯南北的人工大运河。大运河全长1782km（东西走向的浙东运河及其他局部地区的小运河未计在内），跨越北京、天津、河北、山东、江苏、浙江四省二市，沟通了钱塘江、长江、淮河、黄河、海河五大水系，比巴拿马运河（1914年竣工，全长81.3km）长21倍，比苏伊士运河（1869年竣工，全长172.5km）长10倍，比这两条运河开凿的时间早2000多年。

大运河的开凿与贯通，营造了新的自然环境、生态环境、生产环境，极大地促进了整个运河区域社会经济的发展。隋唐以后，运河的贯通直接导致了南北方农业生产技术的广泛交流、南北方农作物品种的相互移植与栽培，促进了南北方商品农业经济的发展。从今日北京南下，经天津、沧州、德州、临清、聊城、济宁、徐州、淮安、扬州、镇江、常州、无锡、苏州、嘉兴、杭州、绍兴，直到宁波，这一座座城市宛如一串镶嵌在运河上的明珠，璀璨辉映，耀人眼目。其共同特点都是工商繁荣、客商云集、货物山积、交易繁盛，成为运河上一个个重要的商品集散地。尤其是隋唐的长安、洛阳，北宋的开封，南宋的杭州，元、明、清的北京，更是运河区域乃至全中国的政治、经济、文化中心。

山东运河文化区为我国较早的文明发祥地之一，早在远古时期，这里就为东夷人活动的主要区域，后被融入华夏部落。在德州、聊城、济宁、菏泽、枣庄等地多处发现有大汶口文化、仰韶文化、龙山文化时期的文化遗址，发掘出大量石器、骨器、蚌器、陶器，以及石斧、石镰、石铧等生产工具和陶制壶、罐、鼎、杯等生活用品，这大量的遗迹和文化遗存证明了古迹文化的确实存在。在济南都市圈的范围内，位于古运河文化带的城市主要有聊城、临清、德州。都市圈内运河沿岸的城市，如临清、聊城，都有自己的标志性建筑物，而塔就是其中的运河标志性建筑物之一。一般认为，塔有指示作用，即代表一座城市，而在夜间行船，塔上点灯则可起到灯塔的作用，如聊城东昌三宝之首的铁塔、位于城北运河东岸的临清舍利宝塔。

⑥古典文学名著

闻名中外的《水浒传》、《聊斋志异》、《老残游记》等古典名著中描述的许多故事都发生在济南都市圈内，为这片古老的土地注入了灵气,增添了文化内涵。水浒文化资源是全国惟一的以古代农民起义为主题的组合类型，因其以真实的历史事件为背景，又以浓郁的文学色彩为表现手法，在全省及全国范围内，甚至在国际上都享有较高的文化价值。聊城是水浒故事的原型地，区内有许多与作品相关的历史遗存；上千年的民间传说，使小说推崇的善良、豪爽、乐于助人的优良品质成为当地的社会风尚，造就了聊城特有的"水浒文化"。区域内存在许多水浒文化人物活动的地区，如阳谷武松打虎的景阳冈、武松庙、狮子楼、祝家庄、李逵县衙、武大郎和西门庆住宅、东昌府衙、柴进花园、高唐州衙等故事发生地。风行数百年、流传不衰的著名小说《聊斋志异》的作者蒲松龄的故居、墓园位于淄博市淄川区。

4.2.2 保护与利用的基本原则与目标

(1) 基本原则

从保持区域城市特色、历史文化遗产出发，加强对文物古迹、历史性街区、传统风貌地区的保护，形成区域历史文化空间保护的完整体系。不仅对历史文化名城、历史文化街区进行保护,还对区域内历史古迹、文化遗产、具有考古意义的遗址地、古村落及其赖以生存的周边环境进行整体保护。妥善处理好历史文化保护与现代化建设的关系，使得区域的发展既符合现代化生活和工作的需要，又保持区域的历史文化传统特色。

(2) 目标

①延续地域文化传统，提升城市文化品位

创造高品质、多样化的城镇生活空间，建立完善的多层次社会文化网络。通过城市文化环境的创造及文化产品的供给，不仅满足居民多样化的需求，提高居民的整体生活质量，而且让文化资源成为旅游观光的重要产品和传播对象，从文化角度提升区域的综合竞争力。

②积极保护文化资源，深度发掘文化优势

保护好区域文化景观资源，进一步挖掘地域文化，实现区域文化的可持续发展，为城镇建设和产业发展创造良好的社会环境与人文环境，建设高效、文明、宜居的济南都市区域。

③营造宜居环境氛围，构建和谐区域环境

秉承齐鲁文化"崇尚德礼，崇尚民本"的优良传统，"忠孝仁义，人文关怀"的道德准则，并不断赋予其新的时代内涵，关注社会各阶层尤其是各类弱势群体的利益，为其提供基本的物质和精神保障，促进社会公平，保持社会稳定，构建和谐社会。

④积极推动文化创新、促进区域经济发展

发扬"自强不息，厚德载物"的地域文化精神，以及运河文化的"崇尚实用，兼容并蓄"的实用主义思想。建立根植于本土人文环境的文化创新系统，促进文化创新和文化交融，推动区域文化的可持续发展，重现昔日文化中枢的辉煌。保持安定团结的社会环境，营造关爱人才、尊重人才的社会氛围和良好创业环境，吸引各类优秀人才到济南都市区域大展宏图，积极促进产业发展，为区域经济发展注入鲜活动力。

4.2.3 济南都市圈历史文化景观资源的保护与利用

(1) 区域历史文化景观发展走廊

在区域4条历史文化景观发展走廊中，与济南紧密联系的有3条走廊。

①济南—泰安文化走廊

该走廊主题定位为：山—水—圣人文化景观走廊。

该走廊处于齐鲁文化的交汇处，济南作为齐鲁文化与现代文化复合区，以泉水文化而著称。泰安作为圣人文化的发源地，具有浓厚的历史文化积淀。该走廊历史文化景观资源有：泰山、灵岩寺、济南芙蓉街、五峰山、四门塔、泰安岱庙、泰安普照寺、大汶口文化遗址。

②济南—淄博—莱芜—邹平文化走廊

该走廊主题定位为：历史文化名城—齐国故都文化景观走廊。

该走廊的文化特质递变为齐鲁正统文化—齐传统文化—齐正统文化。淄博是古齐文化代表区，齐国故都，蒲松龄故里，齐文化产品和文化历史与自然景观结合的文化区。莱芜具有齐长城保存得最完好的雄关——青石关。该走廊历史文化景观资源有：蒲松龄故居、周村大街、古车博物馆、殉马坑、淄博历史博物馆、齐长城莱芜段、范仲淹故居等。包括了济南市历城区、章丘市、淄博市、莱芜市以及滨州的邹平县。

③东阿—平阴—长清—齐河—济南—滨州黄河文化走廊

该走廊主题定位为：黄河文化景观走廊。

该走廊位于区域西北部，泰沂山脉的北侧。中国古代聚落的选址，一条重要原则就是择水而居，黄河是中华民族的母亲河，它孕育了华夏文明，见证了中华五千年的文明史。然而黄河的泛滥也使人们意识到人与自然和谐相处的道理。黄河具有文化与自然景观的价值，著名的黄河"长堤捕蝉"、"黄河落日"、"故道林带"、"南水北调穿黄工程"等景观，都具有独特的文化景观价值。该走廊涉及许多城市，城市之间的文化定位要突出特色与关键，形成区域整合的黄河文化景观带。

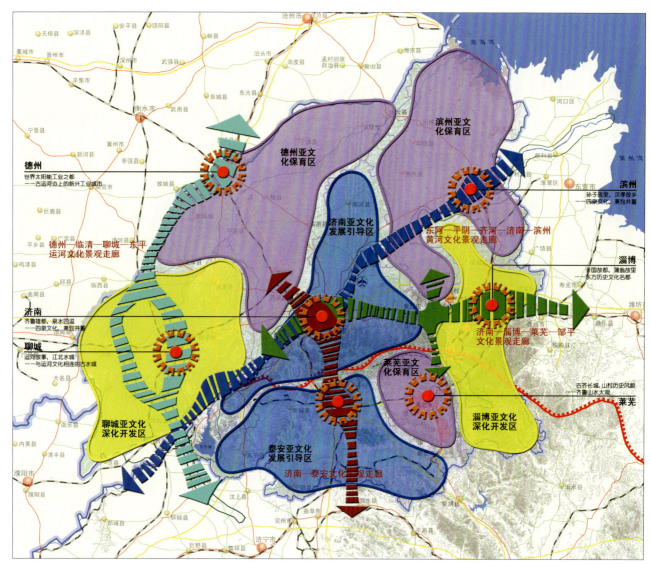

图 4-8 大都市区域历史文化景观保护与利用示意图

(2) 区域历史文化景观空间分区

亚文化发展引导区指地域文化特征显著、具有较好的文化识别性和大众认同感的区域，包括济南、泰安两个亚文化区。该类亚文化区今后的发展战略应是明确文化发展方向，树立阶段化的目标，有效推动文化升级，强化其对区域增长的支撑作用。

济南亚文化发展引导区的文化特质与发展方向：齐鲁文化与现代文化复合区。由于处在古齐文化中心淄博与鲁文化中心曲阜之间，济南是齐鲁文化融合交汇之地，也是山东地域文化的最典型代表，作为省会它还是现代城市文明的地域载体。浓厚的历史文化积淀是济南的优势，其今后的发展方向应区别于青岛的动感开放，而以塑造含蓄内敛、格调清雅的新型城市文明为目标，提升城市的文化品位（图4-8）。

4.2.4 区域文化发展战略

(1) 地域文化的精神特质分析

山东是中华文化的发祥地之一，从新石器时代至商周以前，今山东及其周围地区，聚居着东夷族人，他们在长期的历史过程中创造出了独具特色的东夷文化，并在以后的发展中逐渐融入中原文化，成为中国文化源头中重要的一部分。新石器时代的北辛文化和大汶口文化，以及青铜器时代的龙山文化，都是东夷文化延续与发展的典型代表。它们共同构成了齐鲁史前文化。

济南都市圈区域内包含了两个文化单元，以泰山为界，可分为齐、鲁两个文化单元。《史记·货殖列传》中这样描述，"泰山之阳则鲁，其阴则齐"。在夏、商、周三代，这种文化传统得以继承发扬，至春秋战国时代，地域文化达到了历史的高峰——诸子并出、百家争鸣、人物荟萃。"齐鲁"不仅成为全国思想文化的中心，而且也成为孕育"东方思想的摇篮"。这个时代儒学的产生与发展，促进了山东地域文化向正统的中华文化的转变，特别是在汉武帝"独尊儒术"之后，齐鲁儒学开始超越自身的地域文化形态，逐渐成为大一统的华夏文化的精神内核，并作为主流的意识形态在中华大地延续了数千年。

济南都市圈区域的两种文化，从创立之初就存在差异。司马迁从先秦六国的历史现象来看齐人，齐人尚勇刚健，有别于鲁人的文质彬彬。齐以"举贤而尚功"，鲁以"尊尊而亲亲"，表明了齐、鲁两地不同的治理观念。举贤哲的齐，注重治国理财，产生了管仲那样"设轻重以富国"的经济思想家。以武论功则尚勇，发展出崇武尚勇的民众性格。唐朝以来在鲁中山地以北兴修水利，兼营渔业，使齐地成为富裕的地区之一，手工业、商业得到空前的繁荣，经济优势使得齐文化一改先秦两汉的旧俗，变得崇文尚礼了，"男子多务农桑，崇尚学业，其归于简约，则颇变旧风"。到了宋代齐人"其俗重礼仪，勤耕纴"。鲁以"尊尊而亲亲"为礼治方针，又有孔子圣人的教化，形成了鲁人"好学，尚礼义，重廉耻"的好风气，形成以曲阜为中心的中国学术圣地。孔孟之乡，儒家文化的思想在鲁南地区一直延续下去。总之，两面性是济南都市圈地域文化的特征属性，而这种特征在以泰山为界的济南都市圈更加显著。

齐鲁文化本身就是具有二元性的文化。齐文化务实、尚变、开放、兼容，而鲁文化勤俭质朴、恪守礼仪、重德尚恩。济南都市圈区域大多属齐国故地，临淄是齐国故都，齐长城横贯区域，故受齐文化影响相对较深。综合看来，地域文化具有如下特点：崇尚刚健，自强不息；崇尚德礼，忠孝仁义；崇尚民本，厚德载物；崇尚实用，兼容并蓄。

(2) 全球视野下区域文化认同

济南都市圈不仅是一个地理概念，而且已经成为政治、经济、文化概念，区域文化与政治经济良性互动，整个区域经济发达、政治文明、社会进步，成为较具活力的区域之一，都市圈的理念基本上在人们的头脑中形成，这一切应主要归功于区域内各地区政府的运筹帷幄、励精图治。但都市圈要在短时间内实现现代化还有许多障碍和制约因素，因为现代化的实现包含着政治、经济、社会、文化等各项综合指标和实力的全面发展。区域文化建设虽取得巨大的成绩，但总体发展远远滞后于现代化进程，从而导致一系列矛盾的产生和深化，这些矛盾势必成为济南都市圈现代化发展的重要制约和深层次的隐患。在全球化的进程中，随着文化的全球化，区域政府的文化认同问题也就明显地凸现出来。

当今世界存在着政治、经济全球化和区域化的两大趋势。在政治、经济全球化的推动下，文化也在全球层面上交流和互动，从而产生文化全球化。文化的全球化是相对于政治、经济全球化而言的，是政治、经济全球化的必然产物。从含义上看是不同的文化在全球层面上交流和互动，不是文化的同质化和单一化，并不排斥文化的区域化。但是对于一个处于成长和发展中的区域来说，文化全球化是一把"双刃剑"。一方面促进了区域的科技和文明走向世界，丰富人们的物质文化生活，促进社会繁荣和进步，具有积极作用。另一方面也具有不可忽视的消极作用。西方发达资本主义国家出于推行"全球霸权"目的，往往凭借其科技和经济实力的强势和优势，利用对各种传媒和网络的主导地位，在文化领域向全世界各地区倾销、灌输西方资本主义的腐朽的价值观念和落后的生活方式，从而降低区域人民的文化认同感，造成区域政府的文化认同的危机。区域政府的文化认同是指人们在社会政治生活中对政府产生的一种情感和意识上的信任感和归宿感，它受到世界文化形势的影响。

北京大学关世杰根据《世界文化报1998》总结出当前世界文化形势有6个突出特点：文化正在成为一种主导产业；国家控制文化的权力有所削弱，分权于国际组织、国内组织和国民个人；文化交流混合加快；文化的产业化加剧了交流的不平等,弱小国家和社会群体对自己文化的不安全感增大;文化多元性受到前所未有的威胁;社会的凝聚力减弱,国民的国家意识减弱,文化冲突增加。

济南都市圈作为我国处于成长和发展中的区域之一,在当前这种世界文化形势下,走向区域化的同时实施"走出去"和"引进来"战略,必然面临着西方文明的强大冲击。客观上会因为全球化带来机遇,促进区域的现代化进程、经济发展和社会政治进步,但也不可避免地会受到全球化负面因素的影响,使区域文化丧失文化传统,导致各级地方政府对文化的控制力和区域的凝聚力变得弱化。人们的政治信仰、信任、信心等政治意识形态必然会受到冲击,区域文化中某些民族性的东西可能弱化,区域政府的凝聚力和向心力受到影响,从而产生政治意识形态认同的危机。

因此,济南都市圈在新一轮发展竞争过程中,必须坚持区域文化的特色,利用现代科技手段,进一步强化区域文化的内涵,理解区域文化的精神实质,创造新时代促进区域社会、经济、文化全方位发展的具有地域特质的区域文化。

(3) 区域文化发展战略

通过研究国内几个大的城市群,如珠三角城市群、长三角城市群等发达地区城市区域发展的经验,可以得出如下结论:区域的文化发展必须推行持续、稳定的政策引导,使得区域文化建设植根于先进文化的价值观之中,表现为兼容创新的文化形态和聚散效应的文化增长方式。区域文化的价值观、文化形态和文化增长方式构成一种有机统一的互动系统,推动区域快速发展、全面进步。济南都市圈区域文化的发展战略应注重以下几点。

①区域文化的价值观战略

价值观是文化的核心层面,珠江三角洲在规划和确立区域文化发展战略时,非常重视区域文化价值观的作用,与时俱进地构建了以先进文化为核心的文化价值体系。当今世界,文化与经济和政治相互交融,在综合国力竞争中的地位和作用越来越突出,先进文化日益成为经济发展和政治文明的一种支撑力,成为一个区域综合实力和整体竞争力的重要标志。

济南都市圈要率先基本实现现代化,不仅需要繁荣、发达的经济来支撑,而且需要繁荣、先进的文化来推动。经济建设虽然在现代化进程中具有决定性作用,但文化发展在同一进程中作为精神动力具有不可低估的作用,离开了先进文化的引导、推动、调适和保障的作用,政治就难以稳定,经济也难以持续发展。正是在这个意义上,国内许多城市大力推行文化发展战略。在当代中国,全面建设小康社会,必须大力发展社会主义文化。发展先进文化,就是要发展面向现代化、面向世界、面向未来,民族的、科学的、大众的社会主义文化,以不断丰富人们的精神世界,增强人们的精神力量。济南都市圈也应因地制宜发展地方文化资源,提升区域的文化品位,打造出内涵丰富、特色鲜明的区域文化品牌。在先进文化的价值观的指引下,面对各种文化冲突,做到改造落后的文化,抵制腐朽的文化,以科学的理论武装人,以正确的舆论引导人,以高尚的精神塑造人,以优秀的作品鼓舞人,从而赢得区域文化发展的比较优势。

②区域文化的兼容创新战略

建立兼容创新的文化形态。文化形态是一切文化生命体的存在形式,它以一定的价值观为核心并表现价值观。一种文化形态只有通过与一定的价值观相适应并生动、具体地把它表现出来,才是实证的。在全球的文化视野和开放竞争的市场规则之下,济南都市圈在文化建设方面应高屋建瓴,积极地进行政策引导,建立起一种兼容互补、开拓创新的文化形态。

所谓兼容创新,是指既大力弘扬和培育以民族精神为目的的社会主义主流文化,又同各种支流文化协同互补、均衡发展,并积极地吸收西方文化的合理成分。

山东省内的半岛城市群、济南都市圈毗邻日韩、远通欧美,既要不断接受日韩文化的洗礼,也要逐渐扩大与欧美文化的交融。区域各级政府准确地把握这种充满机遇和挑战的区位条件,积极地制定相应政策,使各城市以一种兼容并蓄、融贯中西的博大胸襟吸取各种文化的精华。这是一种科学文化的整合与文化的生命接续方式,促使区域文化形态不断地对我国优秀的文化传统和世界的先进文化进行优化选择、整合吸收,在吸收中创新,在创新中发展。

③区域文化的集聚与辐射战略

发展聚散效应的文化增长方式。文化增长方式是文化形态发挥作用的具体化,是文化形态的动力源。"聚散效应"借用到区域文化的增长方式中来,有两层含义:一是文化的聚集效应,二是文化的辐射效应。

济南都市圈区域在发挥文化的聚集效应上,一方面立足于本区域的文化资源和文化优势,注重区域文化量的积累和质的提高,增强区域文化的内聚力、整合力,利用政策引导文化产业向规模化、集约化的方向发展,促使区域文化快速增长。另一方面注意在区域内形成尊重知识、尊重技术、尊重人才的社会氛围,以求贤若渴的心情千方百计招徕区域内外各种各样的专业人才,使区域成为人才云集的聚宝盆。在人才竞争日趋激烈的争夺战中占领人才的制高点,使科技、人才和文化相互交融、相互促进,推动区域文化加速度地增长。

在发挥文化的辐射作用上,自古以来,齐鲁文化一直是处于中国传统文化的核心,通过文化的交流与传播,辐射到全国各地乃至世界华人的心中。新的时代,区域文化应发挥区域文化对内的示范辐射功能和对外的形象展示功能,要带动其他地区的文化快速发展,促进区域及其周边地域的协调发展。

4.2.5 区域形象的塑造

一个地区良好的区域形象,对区域自身及所在国家,都是一种宝贵的资源。它不仅能折射出区域的魅力和吸引力,同时能形成一种强大的凝聚力、辐射力,成为扩大对外交往、吸引投资与游人的"金字招牌",是可以转化为有形财富的巨大无形财富。正因为如此,世界上许多发达区域(含城市、地区、开发区、县域等)都非常注重形象建设,非常注重开发利用区域形象这笔无形资产,并取得了显著效果。当前,我国社会主义市场经济已进入品牌竞争的阶段,塑造良好的区域品牌形象也刻不容缓地提到了各地政府的战略规划高度。

区域形象作为区域内部与外部公众对于区域内在综合实力、外显活力和未来展望的综合评价,是区域内自然环境、资源经济、社会制度、科技水平、教育文化、历史传统、生态旅游、建筑景观诸方面要素在公众头脑中反映后形成的总体印象。区域形象识别(Regional Identity,RI)是借鉴企业形象设计的思路和方法,将区域(包括城市、县域、开发区、城镇等)政治、经济、社会和文化特色,通过一定方式和途径,使社会公众对区域形成的总体可识别印象,目的在于提高区域的人口素质,改善区域投资环境,增强区域活动水平,加重区域景观的美学色彩。以此来优化人地系统的结构,达到提升区域的知名度和美誉度,快速认知区域,加速区域间交流的目的。

区域形象包括两大构成要素:硬形象,它是指那些具有客观形体或可以精确测量的各种因素,这些因素一般可以形成较为一致的价值取向和评价标准。软形象,它是指那些很难精确测量,受心理因素影响较大的因素。不论是硬形象,还是软形象,区域形象本身是一种客观存在。但是,如果我们将此视为无形财富而系统、科学、规范地加以开发,使之转化为有形财富,它就会成为推动区域(城市、地区、县域等)发展的一种新的强大动力。通过区域形象设计与建设,可以有效地促成这种转化,使形象成为生产力的一个重要构成要素。

(1)发掘文化共性,塑造区域形象

同质的文化是区域团结协作的良好基础,应发挥其综合优势,联手打造城市群整体形象与品牌,提升区域的国际地位及影响力。辉煌灿烂的齐鲁文化有着广泛深远的影响,但是由于文化及文物的现有展示方法不尽如人意,文物古迹介绍不够充分,陈列展示方式消极被动,影响了游客与文化之间的感性认识,旅游者的需求和期望得不到满足。区域城市应通力合作,联手协办具有国际影响力的重大节事活动,如电影节、旅游节、世博会,以及各种政府论坛,首脑会议等。区域应积极开展与国内其他地区及日韩、欧美等地区的文化交流,引进境外文化精粹,拓展区域文化辐射范围,将新齐鲁文化推向全世界。

(2) 保持文化传统，突出地方特色

保护地方历史文化资源，发扬传统文化精髓，创造具有地方特色的微观人文环境，丰富齐鲁文化底蕴。应保护的对象不仅包括有形的文物古迹、传统建筑与历史名城，还包括无形的文化资源，如民间艺术、民俗活动等等。通过对文化资源的解读，分析城市文化特质，提炼城市特色形象，为城市宣传和城市营销服务。

(3) 凸现文化内涵，强化城市景观

城市建设中应强调文化内涵与地域风貌，因地制宜地创造高品质的城市空间，塑造独具特色的城市景观。

严格保护城镇内的山体、河流、湿地、岸线等自然资源和文物、古建、历史街区等人文资源，禁止任何破坏性的开发建设。建立完整、清晰的城市公共空间系统，构筑合理、充分的城市开放空间体系，注重营造尺度宜人的特色街道空间。通过对户外广告、夜景照明、城市雕塑、街边绿地、公共广场及街心花园的整治建设，提升城市的景观品质。

从整体城市设计到节点环境设计的层面均应注意形式美感和文化内涵，为居民创造高质量与高品位的生活环境。发挥空间的引导及教育功能，提高居民的美学素养及综合文化素质。

(4) 注重传统更新，完善文化网络

以空间和设施的提供再现和谐的街区生活，以传统文化为基础塑造新的社区精神，以多层次文化组织的建构引导市民的文化交流，形成完善的社会文化网络，增强地域的凝聚力和归属感。全面推广社区文化站点建设，以学校为依托，普及社区基层教育。组织多层次的文化交流活动，促进单位之间、社区之间、城市之间的文化交流，通过文化交流促进地域文化的融合创新，形成具有相同价值诉求的社会文化共同体。

(5) 规范管理体制，营造文化环境

区域文化政策引导的成功，离不开管理的保障作用。区域各级政府在区域文化管理改革方面主要着力于区域文化管理体制的完善和文化环境的优化，使体制上的硬管理和环境上的软管理有机结合，形成合力，为区域文化发展提供有力的制度和环境保障。在区域文化管理改革中，积极推进文化体制改革，制定区域文化体制改革的总体方案，加强文化法制建设和宏观管理，逐步建立起一种宏观调控区域文化建设的文化管理体制。这种文化管理体制的改革主要表现为以下两个方面：进行文化经济政策引导，进行文化市场调控。通过有效的政策法规进行文化经营管理，使文化建设以市场化的方式运作，是区域各级政府进行文化管理的有效途径。

文化生态环境是一个包括政治经济环境、社会舆论环境和文化自身环境在内的综合文化生态系统。区域各地区政府在加强文化建设体制上的硬管理外，还应积极加强文化建设环境上的软管理，在区域内营造可持续发展的文化生态环境，使区域文化能够持续生长和持续发展，既能满足当代人文化需求，又能为后代人满足其自身发展需要提供传统文化精神支持的能力。为了营造这种可持续发展的文化生态环境，政府应重视文化政策制定的稳定性、执行的连贯性、构建的科学性，使文化政策与管理有利于区域文化的可持续发展。

4.2.6 小结

济南都市圈层次上的区域历史文化景观资源的保护与利用，首先分析了具有两面性的济南地域文化特征，探讨了新的发展形势下济南地域文化与区域历史文化景观资源保护的融合关系，从而构架了济南区域历史文化景观资源保护与利用的宏观框架与发展方向，为下一层次的城市地域文化与区域历史文化景观资源保护与利用奠定了基础。

区域文化发展必须有持续、稳定的政策引导，使得区域文化建设植根于先进文化的价值观之中，表现为兼容创新的文化形态和聚散效应的文化增长方式。区域文化的价值观、文化形态和文化增长方式构成一种有机统一的互动系统，推动区域快速发展，全面进步。

4.3 历史文化名城保护与泉城特色

济南市都市核心区范围内的地域文化传承与城市空间发展之间和谐关系的构建是城市规划需要着重探讨的内容。这一范围内的城市特征最具地域文化特色，是城市规划最需要保护的地区，也是地域文化最需要继承的地区。在对这一地区的地域文化特色进行深入研究的基础上，结合各时期所作的济南市城市总体规划，济南市陆续编制完成了济南市历史文化名城保护规划、泉城特色风貌带规划研究及泉城特色标志区规划等成果，这些规划在宏观、中观和微观层面上对济南地域文化的传承和弘扬进行了深入研究，促进了济南城市空间的发展与地域文化的有机融合。

4.3.1 济南市历史文化名城保护规划历程

济南是 1986 年国务院公布的第二批国家历史文化名城。其范围是指济南市全部行政辖区，总面积 8177km²。其中，以古城和商埠区为主体的老城是保护的重点区域。

济南历史文化名城保护，以济南市域范围内各个历史时期珍贵的文物古迹、优秀近现代建筑、历史文化街区、名城整体和传统风貌特色、风景名胜及其环境的保护为重点，继承和发扬济南优秀的历史文化传统，使各类历史文化遗产得以保存和合理利用，历史文化街区的传统建筑形态与风貌得以维护和延续，名城整体格局和传统空间特色得以保持和继承，历史文化资源价值得以有效发挥。

济南早在 1988 年就组建了历史文化名城保护规划班子，1989 年编制完成初稿，并邀请国内有关专家进行了咨询论证。在汲取多方面意见的基础上，1990 年编制完成《济南历史文化名城保护规划》并上报建设部审批。1994 年 8 月 29 日，建设部和国家文物局以建规 [1994]534 号文批准了该规划。这是我国首批正式批准的历史文化名城保护规划之一，它一出台，便得到了全国文化、建设、规划部门的高度重视和齐声赞誉（图 4-9）。

图 4-9　1990 古城保护现状图

随着时间的流逝，1990年版《济南历史文化名城保护规划》中的部分内容已不适应时代发展的要求。基于此，在2000年国务院批复同意的《济南市城市总体规划（1996—2010）》中，根据情况变化，对1990年版《济南历史文化名城保护规划》进行了修改、调整，编制了济南市历史文化名城保护专项规划。该规划深化完善了历史文化名城保护内容，提出了从整体上保护历史文化名城的保护重点和保护措施。2006年编竣的新一轮济南市城市总体规划（2006—2020），对2000年版总规中的历史文化名城保护专项规划进一步进行了深化和完善，编制了济南市历史文化名城保护专项规划。该规划是对济南历史文化名城保护经验的总结和发展、保护内容的延续和深化。经过历次名城保护规划的调整与深化，进一步充实了济南历史文化名城保护的内容、深度和措施，并使其日臻完善。

4.3.2 历次历史文化名城保护规划重点

（1）1990年版《济南历史文化名城保护规划》

1990年版的《济南历史文化名城保护规划》鲜明地突出这样一个原则，"从保护城市特色，保存城市历史文化遗产出发，点、线、片相结合，加强对文化古迹、历史性街区、传统风貌地区的保护，形成名城保护的完整体系"。强调名城保护的重点是"古城区及其自然地理环境、历史性街区、泉水、文物古迹、风景名胜区和城市风貌基本特色"，并指出要将济南最有特色的"山、泉、湖、河、城有机结合"，在名城保护和现代化建设的历史进程中，逐步形成"和谐的人文与自然相依存的整体"。其保护的核心内容提出了"一带一片三街坊，五十二点一个网"这个简明而又有较强针对性的构思。《济南历史文化名城保护规划》的出台和贯彻执行，对济南市的名城保护具有重大而深远的意义。

（2）2000年版济南市城市总体规划中的历史文化名城保护专项规划

在2000年国务院批复同意的《济南市城市总体规划（1996—2010）》中，根据情况变化，对1990年版《济南历史文化名城保护规划》进行了修改和调整，深化完善保护内容，提出了从整体上保护历史文化名城的保护重点和6条保护实施措施，并首次将历史文化名城保护纳入了城市总体规划中。本次历史文化名城保护专项规划确定的保护重点为古城区及其自然地理环境、历史性街区、泉水、文物古迹、风景名胜区和城市风貌基本特色。古城区的保护要从整体出发，既要保护古城区，还要保护与古城特色密切相关的外部自然地理环境。要继承古城区的传统格局，保护古城轴线、路网、水系。严格控制古城区建设容量、建筑高度、建筑风格及空间尺度。建筑容量控制在150万m^2以内；建筑高度要低于自大明湖至千佛山1.5°仰角的控制线，满足风景视廊的通视要求；建筑风格及空间尺度要符合古城区的风貌环境要求。珍珠泉、芙蓉街等地区为传统历史性街区，是济南历史文化、传统民俗、泉池园林等泉城特色精华所在，规划提出要对这些区域进行严格保护。将芙蓉街、府学文庙、百花洲、后宰门、珍珠泉、王府池子、曲水亭街等街区进行统一规划，保护其真实的历史遗存和传统风貌，逐步改善基础设施条件，体现"家家泉水，户户垂杨"的地方特色（图4-10）。

泉水是济南历史文化名城的重要特色，应重点加以保护。本次规划划定了以南部山区和玉符河地区为重点的泉水补给保护区，采取有效措施，增强水源涵养与补给能力，保持泉水喷涌。加强以趵突泉、黑虎泉、五龙潭、珍珠泉等四大泉群为重点的名泉保护，划定名泉保护区，严禁对泉水喷涌和泉池环境有破坏性影响的建设活动。同时，本次规划注重保护和构建济南城市风貌的基本特色和总体格局，提出山、泉、湖、河、城有机结合是济南城市风貌的基本特色。南北以自然山水城市为特征，东西以城市发展时代延续为特征，构成济南城市风貌的总体格局。规划还研究了济南旅游资源的开发和旅游区的建设，按照"山水圣人旅游区"总体框架的要求，形成以古城旅游区为中心、四面扩展的格局。

（3）新一轮城市总体规划（2006—2020）中的历史文化名城保护专项规划

《济南市城市总体规划（2006—2020）》中的历史文化名城保护专项规划在秉承上一轮总体规划对济南历史文化名城保护原则的基础上，突出研究了以下几个具体问题。

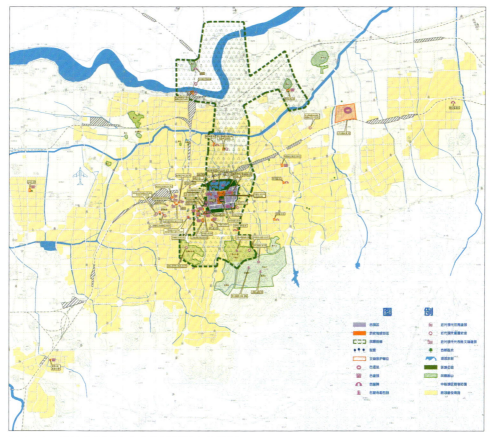

图 4-10　2000 年版历史文化名城保护专项规划

①名城整体的保护

济南城市整体格局的保护。济南依山傍水，风景优美灵秀。南眺群山连绵，拱卫泰山，北望孤峰点点，依傍黄河。古城内以护城河、环城公园为纽带，以大明湖为中心，串联着趵突泉、黑虎泉、珍珠泉、五龙潭等四大泉群。城市一面绿水回环，三面翠带起伏，境内河湖环绕，构成济南城市和区域山环水绕的自然山水格局。

济南的古城选址基本符合风水学说的精髓，且创造性地利用了自然环境。古城位于华山等山体的南侧，北靠大清河（故道为今黄河所据），较好地解决了城市日照、泄洪等问题；南依丘陵山地，由于山体低矮，既无对城市日照的不良影响，又能为城市提供充足的水源供应，成为济南泉水之源。这种城市与自然环境相融合的空间格局，在唐长安、唐洛阳均有所体现，是我国和世界规划史上的杰作。城市北部为沿黄河蓝色滨河景观带，南部为山体绿色生态景观带，城市中部以老城为中心，历史文化遗产集中，展现城市人文景观。城市南北方向为展现和延续自然山水城市特征的城市中轴线的延伸控制地带，城市的主要发展方向为向东、西、北发展。规模和尺度扩大了的未来济南，在更大范围内与黄河及由东、南至西的蜿蜒起伏的群山浑然一体，构成更大尺度的山环水绕的济南城市山水格局。整合构成济南城市"山水格局"的历史文化资源和自然景观资源，保护传统路网格局，开辟城市新区，拉开城市布局，减轻老城压力，从而有效保护老城的整体格局。

传统风貌的保护。注重城市中轴线的保护和发展。济南城市中轴线是指从千佛山、古城、古城北部的大明湖到城北的黄河呈明确的宏观空间秩序的南北轴线，是展现和延续自然山水城市特征的南北景观风貌轴线。这条中轴线融合了济南市独特的自然景观与济南几千年的文化内涵，凝聚了丰富的自然人文要素，形成了体现城市风貌基本特色的风貌带。其保护规划应遵循以保护为主，保护与发展、继承相结合的原则，在做好用地功能调整的同时，注意丰富中轴线的空间结构，规划标志性节点。重点研究千佛山风景名胜区、泉城特色标志区和

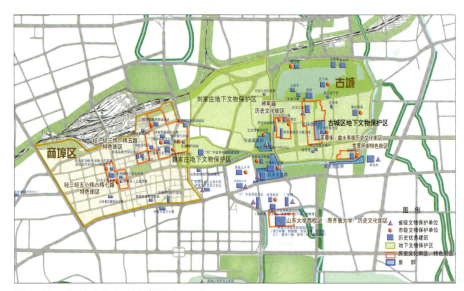

图 4-11　历史文化街区分布图（2006）

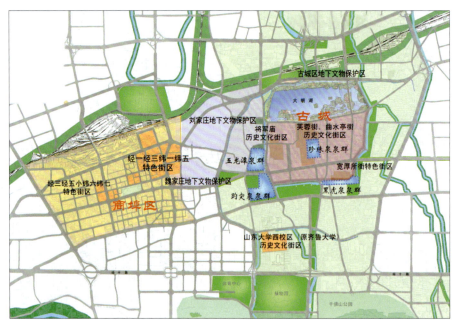

图 4-12　历史文化街区保护规划图（2006）

北湖市民文化区三大功能区的保护与规划。注重城市空间特色的塑造与提升。济南城市空间的"山、泉、湖、河"四大特色要素，通过多年的建设积累和自然组合，已经基本"融为一体"，形成了济南城市空间的整体特色。从强化"山泉湖河，融为一体"的城市空间特色出发，规划提出保护和延续城市历史文化、显现和融入自然山水环境、体现和反映现代化城市风貌的保护思路。

古城和商埠区的保护。对于这两个最能体现济南城市区域文化特征的区域，规划提出了重点保护的要求。针对两个片区不同的特点，分别侧重古城历史文化价值及商埠区建筑文化特色的保护（图 4-11、图 4-12）。

在对名城进行整体保护的措施中，规划还涉及河湖水系的保护、城市空间轮廓的保护和高度控制、非物质文化遗产的保护以及古树名木的保护，通过以上各个方面的保护，从整体上保证济南的地域特色得到继承与延续。

②其他元素的保护

在对名城进行整体保护的同时，这次总规还对历史文化街区及特色街区的保护、风景名胜区的保护、文物保护单位和历史优秀建筑的保护以及泉水的保护提出了要求。明确了特色街区与历史文化街区的具体范围，区分核心保护区（重点保护区）和风貌保护区（一般保护区），并在保护区范围外设置了建设控制区。核心保护区是指由重要的文物古迹、传统建筑物以及连接这些传统建筑物的主要街道视线所及范围的建筑物、构筑物所共同组成的区域。风貌保护区是核心保护区的"背景"地区，具体划定时应考虑地貌、植物等自然环境的整体性，及由主要视点视线所及范围景观的完整性，结合道路河流等明显的地理标志确定。外围建设控制区即风貌协调范围，是为了确保历史风貌的完好，体现历史文化街区的传统风貌特色而必须进行建设行为控制的地区，包括历史地段赖以生存的环境。

对以上保护区内的建筑物，强调必须以"院落"为基本单位进行保护与更新，危房的改造和更新不得破坏原有院落布局和胡同肌理，以及原有结构，特别是外部特色不得随意改变，并须遵照执行。对保护区内的建筑保护和更新分为六类进行规划管理：文物类建筑、保护类建筑、改善类建筑、保留类建筑、更新类建筑、装饰类建筑，须遵照执行，并做好单项规划论证，依法审批。对保护区内的用地性质变更、人口疏解、道路调整、市政设施改善、环境绿化保护等方面必须提出具体原则、对策和措施，经市规委专家委员会论证，依法审批，并须遵照执行。

风景名胜区是指具有观赏、文化和科学价值，自然景物、人文景物比较集中，环境优美，可供人们游览、休息，或进行科学文化教育活动，具有一定规模和范围的地域。风景名胜区包括自然景观、文化古迹和生态环境等有机组成部分。本次规划划定了济南市市域范围内规划风景名胜区12个。重点是保护与济南历史文化内涵有关的历史文化名胜区，主要是：大明湖风景名胜区、千佛山风景名胜区、柳埠风景名胜区、灵岩寺风景名胜区、城子崖遗址风景名胜区、黄河风景名胜区等。对具有历史文化价值的千佛山、大明湖、龙洞、灵岩寺、四门塔等风景名胜区进行重点保护。划定严格保护及控制范围，坚持适度开发、永续利用的原则，保护风景名胜及其生态环境。

规划中将文物保护单位依所处区域不同划分为三个层次：古城商埠区范围、规划市区范围、市域范围。明确各范围内的文物保护单位，依据不同的保护内容采取不同的保护措施。对文物保护单位的保护采取"保护为主，抢救第一，合理利用，加强管理"的方针。

泉水是济南城市的灵魂，本次规划中加强了对泉水保护的规划研究。充分分析泉水分布与构成、泉水形态与水质，规划对泉水出露点以及地下泉脉流径的保护作了详细的规定，着重对南部山区生态环境的保护与重建，保护好济南泉水的脉源，为济南注入生机和活力。

4.4 泉城特色风貌的继承与发展

4.4.1 泉城特色风貌总体格局

山、泉、湖、河、城有机结合是济南城市风貌的基本特色。南北以自然山水为特征，东西以城市发展时代延续并与南北山水融合为特征，构成济南城市风貌的总体格局。保持"四面荷花三面柳、一城山色半城湖"，"家家泉水、户户垂杨"的城市风貌特色，借助新区开发，创造全新功能、全新面貌的新城景观。以河、湖、山、城为基盘，以绿色为基调，以主要河、路为骨架，重点建设景观面、景观带、景观点，形成完整的城市景观体系。

城市景观风貌强调体现南部自然绿色山体景观、中部城市人文景观、北部黄河水体及滨河景观，按照城市总体规划，济南城市将形成"四轴六区"的城市景观风貌。四轴是南北泉城特色风貌轴、东西城市时代发展轴、燕山新区现代城市景观轴、腊山新区现代城市景观轴。六区是古城—商埠区、腊山新区、燕山新区、王舍人—贤文区、东部和西部城区6个风貌分区（图4-13）。

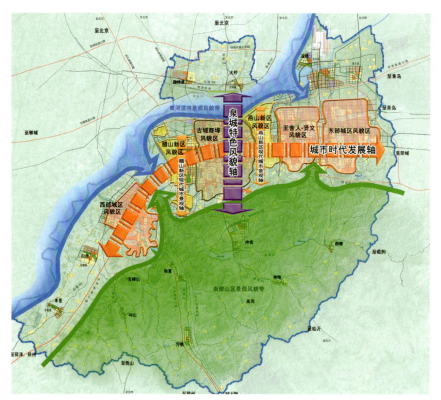

图 4-13 城市总体风貌规划图

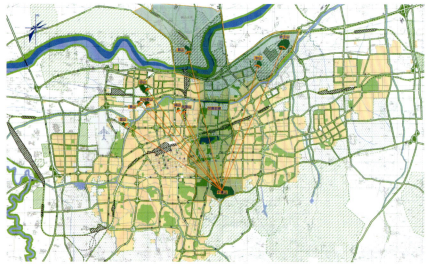

图 4-14 风貌带位置图

4.4.2 泉城特色风貌带规划

为进一步突出泉城特色，延续历史文脉，按照省委、省政府 2002 年 1 月 22 日济南城市建设现场办公会议精神，邀请两院院士、清华大学教授吴良镛先生主持指导，编制了《泉城特色风貌带规划》。

泉城特色风貌带位于城市中心，东至历山路，西至顺河高架路，南至千佛山，北至黄河，南北长约 10km，东西宽约 4km，总用地约 27km^2。南部千佛山地区（经十一路以南），以山体绿地为主，有少量居住用地；中部地区（经十一路至胶济铁路），以居住、公共设施、公共绿地为主；中北部地区（胶济铁路至小清河），以居住、工业和公共设施用地为主；北部地区（小清河至黄河），以耕地、闲置地、村庄和工业用地为主（图 4-14、图 4-15）。

(1) 基本构思

① 从宏观环境出发，保护和继承以千佛山、大明湖、四大泉群和古城区及黄河为主体的城市风貌特色。

② 突出自然景观和地方传统文化，体现"齐烟九点"、"青山进城"、"一城山色半城湖"和"泉水串流于小巷民居之间"的风貌特征。

③ 保持风貌带特有的空间形态，控制风貌带内的建筑高度和体量，体现自然山水和古城的有机结合，按风景视廊的通视要求重点控制自大明湖至千佛山之间的建筑高度。

④ 古城区的保护要从整体出发，既要保护古城区，还要保护与古城区特色密切相关的外部自然地理环境。要继承古城区的传统格局，保护古城轴线、路网、水系。疏解古城区的中心职能，降低其人口、就业、交通压力，保留古城区商业零售中心职能，增加开敞空间和公共绿地，改善居住环境质量，恢复泉城历史风貌。

⑤ 调整和加强风貌带北部城市功能，提升风貌带北部城市中心功能和景观环境。

⑥ 加强以趵突泉、黑虎泉、五龙潭、珍珠泉等四大泉群为重点的名泉保护，划定名泉保护区，严禁对泉水喷涌和泉池环境有破坏性影响的建设活动。

⑦ 对文物古迹应严格按照有关文物保护法规进行科学保护，划定重点文物保护单位的保护范围及建设控制范围，完善保护措施。加强优秀历史建筑和古树名木的保护与管理。

(2) 空间形态

济南古城区基本上位于千佛山、华山、鹊山三者所形成的大三角形

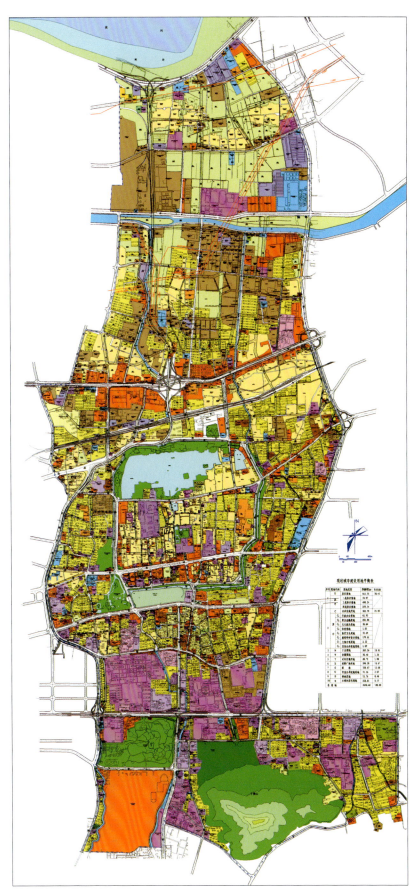

图 4-15 风貌带现状图

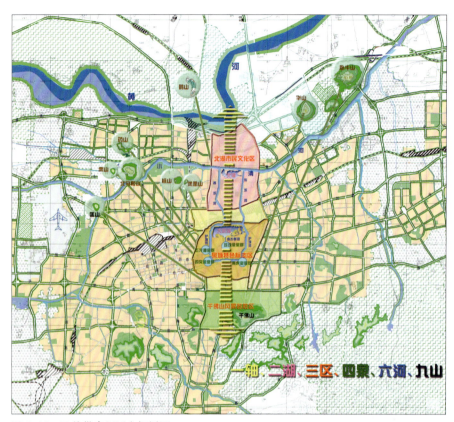

图 4-16 风貌带空间形态规划图

平面构图布局中间,黄河、小清河横亘在城区北部,泉水巧妙地穿插在城市中间,大明湖汇集泉水,经东西泺河流入小清河。基于对历史传统的尊重和借鉴,济南特色风貌带的空间形态可以归纳成"一轴、两湖、三区、四泉、六河、九山"(图4-16)。

"一轴"指从千佛山到黄河形成的一个南北向历史传统风貌发展延续轴;"两湖"指大明湖和北部新开发的北湖;"三区"指千佛山风景名胜区、泉城特色标志区、北湖市民文化区;"四泉"指与古城鼎足而立的趵突泉群和五龙潭泉群、黑虎泉群、珍珠泉群;"六河"指黄河、小清河、东泺河、西泺河、护城河和曲水亭河;"九山"指齐烟九点,包括卧牛山、华山、鹊山、标山、凤凰山、北马鞍山、粟山、匡山、药山。重点建设泉城特色标志区,即位于泉城特色风貌带中部,以古城区及环城河以外的周边地区为主体,东至历山路、西至顺河高架路、南至文化西路、北至胶济铁路,总用地约9km²的区域。以"泉水"为主题,以泉池园林景观区、地方传统历史性街区和商业中心区等三个特色片区为主体,统筹规划、综合整治,融山、泉、湖、河、城等自然景观和历史文化遗存等人文景观于一体,将特色区建设成为主体形象鲜明、文化品位高尚、泉城特色突出、环境幽雅、生态良好、功能完善的园林式的城市中心标志区,体现"泉水串流于小巷民居之间"的风貌和"家家泉水,户户垂杨"的地域特色。

为保护重要景观点和景观视廊的通视及适宜的空间尺度,保持空间和自然环境的和谐,以空间形态规划为依据,结合古城历史街区、历史建筑保护的要求,进行了建筑高度控制规划以及视廊控制。为突出和强化风貌带特色,体现不同时期的文化遗存和建筑风格,对风貌带进行了建筑风貌分区,形成三个特色不同的风貌分区和三个过渡控制协调段。在这些技术要求规定的前提下,风貌带规划还对绿化体系、泉池水系进行了梳理规划。结合道路系统的规划,力争恢复老济南"家家泉水,户户垂杨"的市井景象。

风貌带规划还对大明湖景区及周边地区、泉城广场及趵突泉周边地区、芙蓉街—曲水亭街、将军庙地区、县西巷两侧及解放阁片区等6个重点地区进行了规划安排,保证这几个极具济南地域文化特色的街区地域特征鲜明,使风貌带的空间发展与地域文化特色的传承保持和谐。

(3) 特色风貌的继承与发展

济南城市中轴线是从千佛山、古城、古城北部的大明湖到城北的黄河,呈明确宏观空间秩序的南北轴线,是展现和延续自然山水城市特征的南北景观风貌轴线。这条中轴线融合了济南独特的自然景观与济南几千年的文化内涵,凝聚了丰富的自然人文要素,形成了体现城市风貌基本特色的风貌带。济南的城市整体空间格局,应以此为基础,不断丰富中轴线的空间结构,规划标志性节点。南面的千佛山是风貌带南部起点,是俯视泉城和风貌带全貌,远眺"齐烟九点"的制高点;风貌带中部以古城、大明湖为核心并包括其与千佛山之间的地段,是最能体现"泉水"特色的历史文化地区;大明湖以北、铁路以北地区是城市中轴线的北端,现在多为工厂和仓储用地,居住环境相对较差,没有充分体现泉城特色,与整体风貌极不协调。城市的特色空间需要发展和创新,北部地区的空间特色需要进一步优化提升。

①北湖市民文化区

北湖市民文化区位于风貌带北部,规划该区域要大面积整合改造,形成市民文化区。结合滞洪区及小清河改造,开辟约40hm²的新水面形成"北湖",与大明湖遥相呼应。该功能区的设立更加突出和完善了"山、泉、湖、河、城"的独特空间格局,将泉城特色风貌带所体现的城市中心服务功能及景观特色北延,形成新的城市功能空间,以带动城市经济社会的全面发展。

在谈到新景区的开辟时,两院院士吴良镛先生认为:"并不是说新湖的开辟就立刻比大明湖好。不见得。因为新景区的开拓需要时间的积累和涵养,同样也需要人文的积淀。我们不能固守原有的风景区,尤其当原有的景区遭到淹没或破坏时,正如大明湖失去了《老残游记》的光彩后,新的风景区就更需要开拓。我们现有的名胜风景区,都是前人陆续开拓,逐步充实的。"

正如吴先生所想,"可使北湖湿地开发起来,就可以再造一个新的湖面,姑且称之为'北湖'。如今新湖面的开拓,或可使昔日景观重现,历下八景之一的'鹊华烟雨'图景,有望日后再次成为济南的风景'绝胜之处'"。[①]

②鹊华历史文化公园

"鹊华历史文化公园"的建设是吴先生提出的,是北部风貌带建设的又一重要思想。元代书画家赵孟頫所绘的"思乡之画"——《鹊华秋色图》,表达了远离故土的游子对济南家乡的依恋。《鹊华秋色图》描绘山东济南郊区的"鹊山"和"华不注山"一带的秋景。画中长汀层叠,渔舟出没,林木村舍掩映,平原上两山突起,遥遥相对。画中林木种类颇多,红绿相间,枯润相杂;树姿高低直曲变化丰富,布置得宜,聚散自然,故多而不繁,疏朗有致。这幅画反映的正是济南北部风貌带的历史景观,为北部风貌带的建设提供了重要的参考依据(图4-17)。

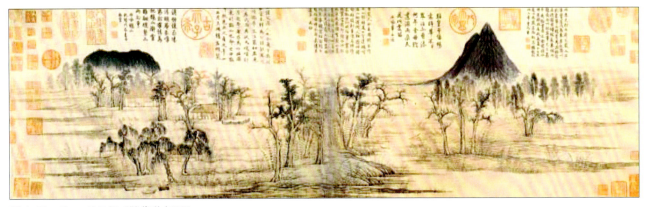

图4-17 元·赵孟頫《鹊华秋色图》

---

① 吴良镛.借"名画"之余晖,点江山之异彩——济南"鹊华历史文化公园"刍议.中国园林,2006(1).

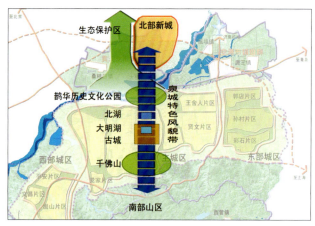

图4-18 北跨战略与泉城特色风貌带的发展

为此,吴先生发表了"借'名画'之余晖,点江山之异彩——济南'鹊华历史文化公园'刍议"一文。文中对北湖的开拓表达了赞许之意,同时提出,能否把这一地段,至少是华、鹊二山,以及从二山之间穿流而过的黄河及其周边地段,建设成一个大面积的"历史文化公园",还提出筹建"鹊华秋色博物馆",为济南城增添文化特色。吴先生的畅想是:"济南的北湖湿地逐渐建成之后,若有仙鹤、白鸥之类的鸟类来栖息,那'齐烟九点'各有风光,不用过分着力经营,也不要耗资亿万,则能够形成一个大的游憩空间,这对济南人民和全社会来说都是非常有益的。"[①]

(4)北部新城区的建设

济南城市空间形态演变经历了三个主要时期,从最早的单中心的"古城格局",到20世纪初古城商埠"双城格局",再到现在城市沿黄河和南部山区"带状组团"发展的空间结构。济南市在"东拓、西进、南控、北跨、中疏"的战略的指引下,城市功能得到进一步加强,城市结构得到进一步完善。随着城市建设规模的扩大,地区的发展空间已经渐趋饱和,需要寻找新的发展空间以满足不断增长的城市需求,"北跨战略"的研究已经提上议事日程。

可以设想,济南城市风貌带应该是一个可以延伸的空间,北部新城区的建设,处在济南城市特色风貌带跨越黄河风貌带向北延伸的中轴线上,新城区核心区的选址与建设应体现城市特色风貌带的时代发展,其空间布局和开发方式应该有所考虑(图4-18)。延伸到济南大都市区域的空间范畴,北部的商河作为济南的次中心城市,具有良好的生态与环境,商河的温泉资源极为丰富,能否将商河"温泉文化"作为泉城特色空间的延伸与发展,提供更多的泉文化旅游资源和产品,赋予泉城特色更多的内涵(图4-19)?

图4-19 北部"温泉文化"开发

4.4.3 泉城特色标志区规划

2007年9月29日,山东省委常委扩大会议在济南召开,会议围绕举办2009年第十一届全国运动会,专题研究推进济南城市规划建设管理迈上新台阶、再上新水平问题。会议确定两年内济南城市规划建设管理的总要求是,坚持全面贯彻落实科学发展观,加快实现经济工作指导的转变,抓住机遇,奋战两年,使济南城市规划、市政建设、市容市貌和城市载体功能有一个大提高、上一个大台阶,使济南市有一个新面貌、新形象,以崭新的姿态迎接第十一届全运会,促进全省经济社会又好又快地发展。

---

① 吴良镛. 借"名画"之余晖,点江山之异彩——济南"鹊华历史文化公园"刍议. 中国园林,2006(1).

市委市政府就认真贯彻落实省委常委扩大会议精神，进一步加强城市规划建设管理工作出台了意见，确定围绕建设活力之都、魅力之城、宜居家园，集中打造奥体文博、特色标志区和腊山新客站三大片区，使之成为济南市的"三大亮点"，努力使城市规划、市政建设、市容市貌和城市载体功能有一个大提高，上一个大台阶。

泉城特色标志区是泉城特色风貌带的核心区域，是以明清济南府城为主体，集湖光山色、名泉园林、文物古迹、民俗民居于一体，集中体现泉城风貌特色的标志性区域，是济南市贯彻"9·29"省委常委扩大会议精神、迎接十一届全运会着力打造的"三大亮点"之一。为了更好地彰显泉城特色、延续历史文脉、提升形象品质、打造城市品牌，依据《济南市历史文化名城保护规划》和《泉城特色风貌带规划》，编制了《泉城特色标志区规划与更新整治方案》。

（1）规划目标

以建设"国际知名的魅力泉城和文化名城"为目标，延续历史文脉，彰显泉城特色，提升服务功能，增强城市活力，打造特色鲜明、功能完善、环境优美的泉城特色标志区，实现"人城和谐，人水和谐，人文和谐，人居和谐"。以科学发展观为统领，坚持恢复性保护、艺术性更新、创新性改造的规划理念，按照统筹规划、长期控制、持续改造、逐步更新的原则，充分发挥规划的先导和引领作用，有力促进市委、市政府确定的"维护省城稳定、发展省会经济、建设美丽泉城"中心任务的顺利实现。

（2）总体构思与规划重点

从整体风貌出发，继承和保护"山泉湖河城"有机结合的传统格局，保护府城街巷肌理和泉池园林水系，以明府城、大明湖、环城公园为主体，体现泉城风貌特色；从个性特色出发，突出自然景观和地方特色，体现"家家泉水，户户垂杨"和"泉水串流于小巷民居之间"的风貌特征；从持续发展出发，优化府城职能，疏解老城容量，控制建筑高度，增加开敞空间，完善基础设施，改善居住环境。

以"一城、一湖、一环"的整治改造为重点，保护明府城的结构肌理，整治改造历史街区，梳理泉池水系；扩建大明湖风景名胜区，使园中湖变成城中湖，形成环湖休闲游览景观线；整治改造护城河环境景观，丰富游览景点，贯通环城陆地及水上游览线（图4-20）。

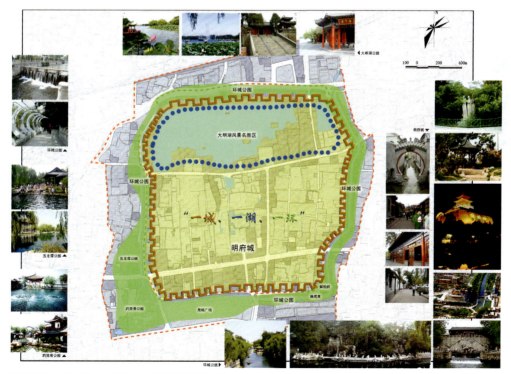

图4-20 "一城、一湖、一环"规划结构图

图 4-21　曲水亭街、百花洲整治规划

(3) 明府城保护改造规划

明府城规划在研究济南老城历史沿革的基础上，塑造"幽幽古巷绕古城，处处清泉伴人家"的城市意象，突出"府、街、宅、泉、市"有机结合的规划主题。

府——对德王府、布政司、府学文庙等历史职能建筑进行恢复和保护；

街——对明府城内传统老街小巷进行保护和整治，使之成为民风民俗最有特色的载体；

宅——对明府城内留存的官府商贾宅院和传统特色民居，进行修缮、改造和更新，体现特色人居环境，满足现代生活需要；

泉——对以珍珠泉、王府池子为重点的泉池及水系，进行梳理、保护和整治，再现"家家泉水，户户垂杨"的特色景观；

市——对以芙蓉街、茶市街、估衣市街、花店街为重点的传统商业街，进行恢复和改造，展现店铺林立、集市纷纷的繁荣景象。

历史文化街区的保护改造：规划进一步强化对芙蓉街—曲水亭街、将军庙街和宽厚所街三个历史文化和特色街区的保护，明确划定各自重点保护区、风貌协调区、建设控制区的范围，严格执行不同等级的保护规定（图 4-21、图 4-22）。

泉池水系的保护：泉水为济南之魂，明府城泉眼众多，泉水经由渠、河，汇入大明湖，呈现出"水在石上流，人在水上走"的泉城风光。规划进一步加强对四大泉群泉水出露点、地下水脉、地表溪渠以及周边景观的保护和梳理，像保护文物一样保护好泉水出露点的泉眼、泉池；划定泉脉保护区范围，禁止可能对泉脉造成破坏的深基础工程；

图 4-22 明府城重点街道和景区整治改造规划——府学文庙

对地表溪渠进行岸线恢复与渠底清淤，保持溪渠泉流的自然生态性，恢复"清泉石上流"的自然景观。

传统街巷的保护规划：坊巷制在明府城内留下了明显的痕迹，有的以行业命名，有的以常见物事命名，是民俗文化最合适的载体。据调查，府城内尚存的历史传统街巷 56 条。规划力求保护传统的社会空间网络及原有的街巷格局，保持其自然性、原真性、整体性。

(4) 大明湖风景名胜区规划

位于济南市区的大明湖是一天然湖泊，其水来源于珍珠、濯缨、芙蓉诸泉，有"众泉汇流"之说。"恒雨不涨，久旱不涸"是其一大优点，并具"蛇不见，蛙不鸣"的自然生态之谜。现今大明湖，公园面积 74hm²，其中湖面 46hm²，水深平均 2m。"四面荷花三面柳，一城山色半城湖"是大明湖风景特色的写照。湖上鸢飞鱼跃，画舫穿行，岸边繁花似锦，游人如织。

大明湖位于济南市旧城北部，是济南三大名胜之一，也是构成济南"山、泉、湖、河、城"特色风貌的重要组成部分，2003 年被省政府确定为省级风景名胜区。大明湖南侧即是"泉城特色风貌带"中的历史风貌保护区。为保护景区资源，与周边区域协调发展，使景区成功地向半开放式城市风景名胜区转变，济南市于 2007 年启动了大明湖风景名胜区规划。大明湖风景名胜区总体规划范围为：东至黑虎泉北路，南至明湖路，西北连接西护城河、北护城河。扩建后总面积达到 103.4hm²。

大明湖风景区是以对济南文化产生影响的历史人物为传承的"名士文化"为文化主题，以自然景观以及文化古迹、街巷民居建筑等人文景观为其风景特色，集游赏观光、休闲娱乐、科学文化传播和爱国主义教育等内容为一体的，代表泉城特色风貌的半开放式城市型省级风景名胜区。通过大明湖风景名胜区总体规划及周边综

图 4-23 大明湖风景名胜区规划总平面图

合整治，实现"园中湖"变为"城中湖"的规划设想，提升大明湖景区的旅游配套服务功能，进一步强化大明湖作为泉城特色标志区的景观核心作用，创造优美的沿湖植物生态环境，为市民创造风景宜人的休闲娱乐场所。同时也带动大明湖周边地区的旅游业及商业发展。

①规划功能分区

根据大明湖的景源布局特点及游线组织方式，将大明湖风景名胜区规划为水上活动区、环湖游览区及小东湖餐饮服务区。水上活动区面积 60.16hm²，是大明湖主要的游览内容，沿湖岸线与湖中岛屿之间形成了多个水上游览线路；环湖游览区面积 37.82hm²。环湖游览区除沿湖观赏湖水风光之外，可进入园中园游览，园中园景区文化主题多样，体现泉城风貌及多彩的滨湖水景的魅力；小东湖餐饮服务区面积 5.42hm²，为景区主要的餐饮服务区，游人观光后在湖边就餐（图 4-23）。

②规划结构布局

规划布局为一路、二湖、六园、九岛、十八景，规划重点为六园。一路是指环湖游览路；二湖为大明湖主体水面和小东湖水面；六园为沿大明湖湖岸线分布的六个主题景园：稼轩园、遐园、秋柳园、湖居园、南丰园、奇石观鱼园；九岛为大明湖风景名胜区中的九个岛屿：翠柳屏岛、鸟禽憩栖岛、名士岛、汇泉岛、湖心岛、稼轩岛、秋柳岛、湖居岛、鹊华岛；十八景为景区中分布的历史性景点及恢复、新建景点 18 处：清漪江南、龙泉清听、滨湖长廊、佛山倒影、鹤鸰起舞、曲池观鱼、北极道场、明昌晚钟、汇波晚照、柳浪荷风、鹊华烟雨、明湖绝调、七桥风月、荷香北渚、秋柳遗风、历下秋风、蒲香荷馨、明湖秋月。

结合大明湖公园现状，有机地将扩建部分沿湖岸线形成完整的沿湖观景环线，使园中湖变成城中湖。继承发扬济南传统文化，保留整理南岸线民居、街巷，规划给老民居、街巷赋予新的功能和内涵。同时，为平衡大明湖改扩建资金，原规划将小东湖片区规划为商业开发项目，建筑容量和密度较大，影响了大明湖与小东湖的完整性，不利于将园中湖变为城中湖。故拟在原规划的基础上，对小东湖周围规划进行局部调整，建筑高度以二层为主，建筑容量适当减少（图 4-24、图 4-25）。

 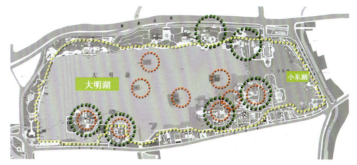

图 4-24 大明湖风景名胜区规划——明湖居鸟瞰图　　图 4-25 大明湖风景名胜区规划——功能结构图

(5) 趵突泉、五龙潭和环城公园规划

①趵突泉公园扩建改造规划

趵突泉素有"天下第一泉"之美誉。趵突泉公园几经扩建与改造,成为以泉石植物为景观特点的三大名胜之一,用地面积 10.4hm²。园内泉池水溪贯穿,构成联系公园各景园的纽带。

规划将公园用地向西扩至饮虎池街,向北扩至共青团路,扩大用地面积 8.58hm²,公园总用地面积可达到 18.98hm²。拆除建筑面积 13.4 万 m²,规划拆除用地主要作为泉溪水景和绿化用地,把市级文保单位长春观纳入公园范围,改造公园南部的白龙湾泉池,拆除其西南侧建筑,展露泉池,使饮虎池、白龙湾与公园融为一体。

②五龙潭公园扩建改造规划

五龙潭公园现状用地 5.17hm²。包含五龙潭泉群中所有泉池,潭水深邃、清澈,在济南诸泉中别具一格,颇具特色。

规划将公园用地西扩至筐市街、朝阳街,北扩至周公祠街,东扩至西护城河,扩大用地面积 2.8hm²,公园总用地面积可达到 7.97hm²。拆除文物总店,结合山东省委旧址重建党史馆;将东门外的现状跨河桥改造为公园东门专用,使五龙潭公园与环城公园融为一体。

③环城公园扩建改造规划

环绕济南古城的护城河全长 6300m,将大明湖、趵突泉、黑虎泉、五龙潭、泉城广场有机串联为一体,河水清澈见底,沿河景色秀丽,是一条可游可憩、得天独厚的城市环状休闲游览景观带。

公园于 1984 年兴建,1985 年建成,建有"五三"纪念园,泉石园和春、夏、秋、冬四季园等,规划搬迁拆除凸入公园内的单位和陈旧建筑,进一步扩展公园用地,增设游览景点,改善环城步行游览线景观环境,改造护城河游船航道,实现水上环城游。

(6) 空间景观控制规划

①空间视廊控制

为了保持"佛山倒影"、"一城山色半城湖"的湖山景色,保护特色街区的景观风貌,规划严格控制府城内的建筑高度,控制大明湖周边的开敞空间和城市轮廓线,保护空间走廊,拆除或改造影响景观的超高建筑。规划对各区段作出了不同的界定:历史文化保护区芙蓉街—曲水亭街、将军庙和宽厚所街特色街区的重点保护区建筑限高 12m;趵突泉北路以东、泉城路以北、黑虎泉北路以西、大明湖路以南的区域自北向南建筑限高控制在 12—35m;泉城路以南、黑虎泉西路以北的区域建筑限高 45m;大明湖周边,严格控制大明湖周边的建筑高度,以大明湖为中心,建筑高度由内向外平缓增高,大明湖开放空间;大明湖至千佛山,对大明湖至千佛山的景观视廊进行控制;环城公园周边,保护环城公园开敞空间,严格控制周边建筑高度,保持平缓的天际轮廓线,注重在护城河水上游览观赏的效果;解放阁俯瞰,作为明府城和环

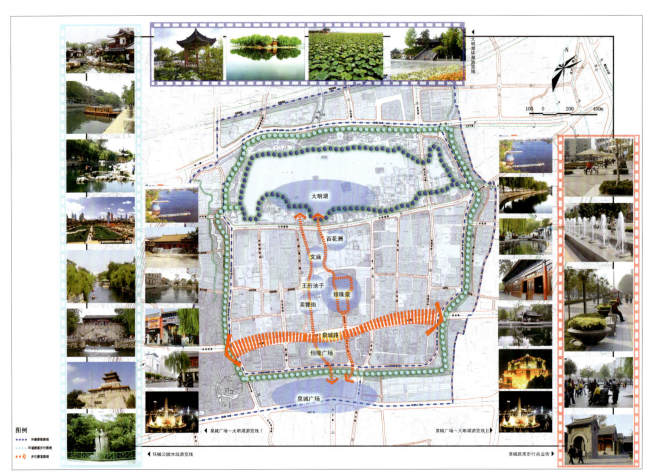

图 4-26 游览路线与旅游景点规划图

城公园重要的制高观景点，应严格控制解放阁周围的建筑高度和屋顶立面形式，保证解放阁周围开敞的空间和良好的景观。

②建筑色彩控制

明府城建筑色彩以灰砖、青石、灰瓦"黑白灰色"为基调，在不同的细部有暗红色、黑色等其他颜色的运用。遵循整体和谐、突出地方特色的基本原则，确定府城内及周边建筑的主色调为：灰（青砖）、淡黄色（面砖）、青灰、白（涂料色）四种颜色，色彩的搭配主要采取互补色对比，淡雅素净。

（7）旅游景点规划

结合旅游景区景点，形成"两环"、"三线"步行休闲游览线。

"两环"指大明湖环湖游览线和环城公园水陆游览线；"三线"为：泉城路准步行商业街，泉城广场—芙蓉街（王府池）—府学文庙—大明湖，泉城广场—曲水亭—百花洲—大明湖（图4-26）。

4.4.4 明府城历史文化街区保护规划

明府城历史街区位于泉城特色标志区的核心部分，是济南老城特色的集中体现区域。为进一步"迎和谐全运，建美丽泉城"，按照市委、市政府提出的聚焦亮点、彰显特色的要求，编制了明府城历史街区保护规划。该规划包括芙蓉街—百花洲和将军庙街两个历史街区保护规划以及迎全运近期实施方案。

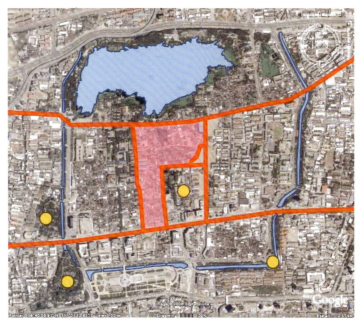

图 4-27 芙蓉街——百花洲历史文化街区规划范围与区位图

(1) 芙蓉街—百花洲历史文化街区保护规划方案

①规划范围与区位

芙蓉街—百花洲街区位于济南老城中心区，南以泉城路、珍珠泉北墙为界，北临明湖路，东以县西巷、珍池街为界，西临贡院墙根街，现状占地总面积为 24hm²。片区南望千佛山、黑虎泉，北揽大明湖，西闻趵突泉，是济南市自然人文的焦点所在（图 4-27）。

②历史沿革

芙蓉街—百花洲街区是济南从商周到西晋时期最早发展起来的城市的主要部分。自晋以后到清末民初，直至 1904 年济南商埠区建立，该地区一直是济南市行政、经贸和文化中心地区。解放后，街区的传统商业功能逐渐衰退，一些机关单位及街区工业进入该地区。文庙等重要历史建筑衰败破坏，一些泉、井、渠道湮塞填埋。

20 世纪 70—80 年代，人口压力剧增，住房短缺，出现居民及单位搭建和违章房屋，整个街区建筑环境质量下降。1985 年对该地区进行了保护与改建规划研究，1986 年该地区被划定为传统历史保护街区。

1997 年制定芙蓉街—百花洲地区保护规划，为全面保护、控制该地区，推动遗产保护工作打下了良好的基础。20 世纪 90 年代末改善街巷风貌及对芙蓉街南段以及对整个街区内进行的改造，一定程度上带动了附近地段的商业发展。

2000 年后修缮复原府学文庙。2006 年前后，有关方面对芙蓉街—百花洲地区的部分街巷进行了整治改造。

③价值评估

芙蓉街—百花洲街区在历史、人文、科学研究方面具有极高价值，是古城济南现存惟一的保留较完整的最具传统特色的地区，是济南古城乃至中国历史文化的巨大财富。可将其价值评估概括为：世界人居环境的优秀案例，中国山水文化的典型代表，反映传统礼文化的古城格局核心片区，古城非物质文化的重要载体（图 4-28、图 4-29）。

图 4-28　芙蓉街——百花洲历史文化街区规划方案总平面图

图 4-29　芙蓉街——百花洲历史文化街区规划方案鸟瞰图

④规划理念

高起点高标准的定位拉动，以文化遗产价值评估为基础的整治更新，从大山水格局到局部地段的多层次规划设计，重点起步、有序开展的实施建议。

⑤功能结构

功能规划的主要内容是商业功能规划，从城市与街区两个层面考虑。

城市层面：根据现状商业设施分布及未来发展预测，对古城规划"两横四纵"的商业设施结构。两横为沿泉城路商业轴和沿明湖路休闲文化轴；四纵为县西巷特色商业街、芙蓉街传统商业街、省府文化轴和趵突泉北路商业轴。芙蓉街及后宰门街内商业业态仍然强调以小规模、丰富性为主的传统特色商业，并具有一定的展示功能（图4-30）。

街区层面：街区内主要打造四条特色意图街道（图4-31）。

体现传统商业特色的芙蓉街：主要以小型的特色传统商业为主，在可能条件下鼓励功能用地的水平和竖向兼容和弹性。

体现传统文化特色的曲水亭街—辘轳把子街：以文庙为依托，发展主要文化性商业及书吧、酒吧、茶吧等文化休闲功能为主，严格限制餐饮，避免造成污染。

王府池子—刘氏泉—百花洲的泉文化体验街：主要以居住功能为主，辅以少量商业文化建筑和公共开敞空间。

后宰门传统商业展示街：恢复部分功能，并增加展示原有功能的小型展览馆。

⑥保护更新措施

保护古城整体格局：规划从保护古城整体格局的高度出发，保护街区的完整街巷肌理，保持重要的传统城市公共建筑间清晰的相对关系。

整体规划街区内泉水体系：系统看待街区内所有泉池水体，建立"芙蓉街—百花洲街区泉水文化"的整体概念，恢复连通历史上街区内的重要水系，整体塑造泉池水体的观赏环境。

图4-30　功能结构图——城市层面

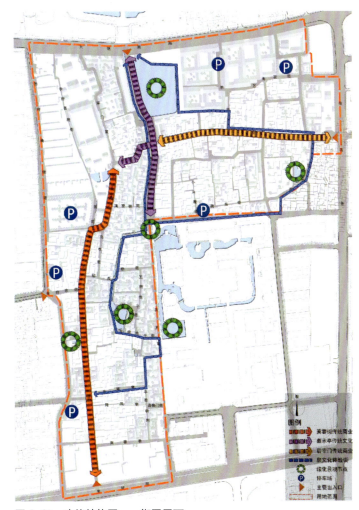

图4-31　功能结构图——街区层面

图4-32 将军庙街历史文化街区规划范围与区位图

保护完整的景观视廊体系：不能割裂街区与周边环境的紧密关系，系统保护街区内丰富的传统文化景观。

(2) 将军庙街历史文化街区保护规划

①规划范围与区位

将军庙地区位于济南历史城区西北部，南依济南最重要的商业街——泉城路，北接景色旖旎的大明湖景区，历史遗存丰富，地理位置极佳。研究范围东起鞭指巷，西至趵突泉北路，南起泉城路，北至明湖路，基地呈南北狭长形，南北长约800m，东西宽约250m，总面积约为20hm²（图4-32）。

②历史沿革

将军庙地区因其内有始建于清代的将军庙而得名。由于基地紧邻济南城西南的泺源门，独得水运交通之便，因此自古以来即是济南经济文化交流的窗口与繁华之地，形成了独具特色的宗教一条街。此外它东近衙署，历代为官员、商贾的居住地，名宅深院鳞次栉比。作为济南现存的历史文化积淀最为深厚的地区之一，将军庙地区不仅保存了基本的历史街巷格局，而且存有天主教堂、题壁堂、慈云观、将军庙等众多中西传统庙宇和众多各个历史时期的宅地院落，留下了诸多名人遗迹。这些珍贵的历史文化遗存不仅是济南不断演变发展的历史见证，也是一笔亟待开发的历史文化资源宝库。另一方面，将军庙地区目前正在经受着衰败与破坏，优越的区位条件和资源优势未能较好地转化为现实的社会经济综合效益。

③价值评估

街区历史文化遗存丰富，历史空间格局保存较为完整：街区内拥有市级文物保护单位、重要历史建筑、独特的宗教建筑遗存、部分传统水系以及济南市现存的惟一一段明代城墙残迹，街区内传统街巷肌理犹存，院落格局相对完整。

街区区位优势明显，社会经济发展蕴含巨大潜力：街区历史条件显著，为连接老城与商埠的重要节点，其基本格局及其作为城市中心的基本地位并未有太多变化；街区现代条件独特，蕴含着难以估量的巨大社会经济发展潜力。

街区价值总体定位：街区为中西文化交汇与融合的历史见证，天主教在济南传播发展的源点，济南古城因泉成街的历史空间格局特色的生动案例，以及济南民俗文化的典型代表（图4-33、图4-34）。

④规划理念

规划采取持续性更新的理念，即恪守逐步演化和动态延续的保护理念，采用分块小规模保护与更新的方法，一方面保护历史城区的格局、风貌等历史特征，一方面延伸或延续其主体功能。

图4-33 将军庙街历史文化街区规划方案总平面图

⑤方案构思

"明湖水注，庙堂临风"：保护历史遗存，恢复小明湖，注入新功能，增加展示面。

⑥功能结构

整个将军庙地区依据历史遗存状况和规划功能定位划分为南、中、北、西四个片区，分别为传统商业文化综合区（南区）、庙堂文化区（中区）、城墙风光带（西区）、小明湖商办区（北区）。规划设计了一条贯穿南北的功能与景观主轴以及若干条东西向次轴，并通过设计手法使它串联起了各功能区内的文化与历史景点，使将军庙地区成为一个有机的、功能与景观相统一的整体（图4-35）。

(3) 明府城历史街区近期实施方案

①芙蓉街—百花洲历史文化街区近期实施规划方案

芙蓉街沿线整治更新规划方案：本着整体规划先行，环境整治为首，节点塑造拉动，近期远期结合的工作策略，对芙蓉街沿街建筑与环境进行整治，并对芙蓉街北段文庙南广场、芙蓉泉周边以及将军庙街东段与芙蓉街街区交叉口三个节点进行重点保护更新（图4-36、图4-37）。

在对芙蓉街沿线现状问题深入分析的基础上，采取分期实施方法，对芙蓉街沿线进行整治更新。近期实施内容为：统一规划沿街外立面的外挂附属物，集中规划自行车停放区，采用传统尺度及方式进行地面铺装，塑造芙蓉街北段文庙南广场节点、芙蓉泉周边节点以及将军庙街东段与芙蓉街街区交叉口节点等；远期实施内容为：条件成熟时积极推动恢复符合芙蓉街传统特色的风貌。

对芙蓉街沿街建筑进行整治时，采取下列措施：严格按保护规划确定的评估与保护措施对保护建筑与历史建筑进行维修；依据从芙蓉街传统风貌出发的立面整治方案，对现状立面逐步进行整治更新；统一广告等外挂物。

王府池子周边整治更新规划方案：规划针对王府池子周边现状特征，提出梳理滨水公共空间，打造完整观水游线；控制容量强调兼容，形成功能混合社区；细致调研产权人口，比对最佳回迁方案的设计理念。规划制定了经济技术指标，对交通组织作出了合理规划，并重点对环王府池子地段、起凤桥街南住宅组团、关帝庙地块等几个重点区域提出了设计要点（图4-38）。

图4-34 将军庙街历史文化街区规划方案鸟瞰图

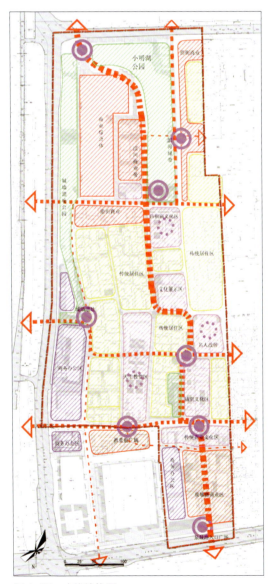

图4-35 功能结构图

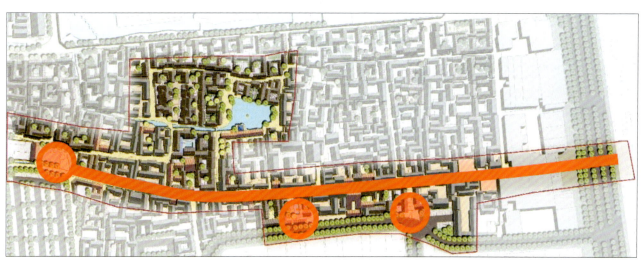

图 4-36 节点分布图

图 4-37 芙蓉街沿街立面图

图 4-38 王府池子周边整治更新规划方案平面图

②百花洲周边和明湖路沿街整治改造规划方案

百花洲周边和明湖路以南地区为泉城特色风貌带"山泉湖河城"和泉城特色标志区"一城、一湖、一环"中"一城"的重要组成部分，具有浓厚的人文文化氛围和极具特色的自然景色，是济南旧城"家家泉水，户户垂杨"的集中体现。

百花洲周边规划范围北至明湖路，南至后宰门街，西至曲水亭西广场，东至岱宗街，总用地面积约为 2.71hm²，其中百花洲水面面积 0.63hm²。明湖路沿街规划范围东至县西巷，西至趵突泉北路，南至明湖路以南 1—2 个小街区，东西长约 1.05km。

针对现状特征，规划坚持统筹规划、长期控制、持续改造、逐步更新的原则，按照恢复性保护、艺术性更新、创新性改造的规划理念，保护该片区的城市肌理、空间形态、泉水与城市相融的风貌特色，保护历史遗存和建筑风格的原真性，保护与整治、延续与发展相结合，在保护整治的同时，以人为本，满足现代功能要求，在充分保护历史文化资源的同时，赋予其新的内涵和文化活力，在保护中更新、在更新中传承历史文脉，使历史保护与地区建设协调发展，创造人性化的商业、餐饮、旅游和居住空间。以第十一届全运会的召开为契机，通过"改、拆、绿、整、饰"等方式，对百花洲周边和明湖路沿街进行综合整治和更新。

③西更道近期实施项目设计方案

规划设计范围北起刘氏泉，南至芙蓉巷，为西更道与平泉胡同、王府池子大街相夹范围，总规划面积约 1.13hm²（图 4-39）。

规划对沿街建筑立面、街巷路面、绿化、开敞空间、市政设施等重点提出了详细的保护整治措施。在对重点院落的保护规划中，对保存较好并具有重要历史文化价值的院落采取拆除搭建、恢复历史格局的保护措施；对有泉池的院落，重点进行泉池清理和结合泉池的庭院空间设计；对一般院落的更新，在维持街巷界面、尺度及保护重点院落的前提下，提出适量建设二层住宅以提高容积率和住宅的成套率，通过院落整合降低建筑密度，提高绿地率，满足日照间距及消防要求，适当加大建筑进深，院落尺度略有扩大（图 4-40、图 4-41）。

图 4-39　规划范围与区位图

明湖路规划为"半壁商业街"，路北是开放的大明湖风景名胜区，路南是具有地方特色的文化游览、商业餐饮、休闲娱乐为主的商业文化游览带。

文庙东西两侧规划为文庙配套的文昌祠、启圣祠、魁星楼及学署、乡贤祠、名宦祠及会馔堂和青少年活动教育中心等附属功能区。

百花洲周边规划为以历史文化、泉水文化为主题，旅游、商业为一体的休闲文化商业区。

图 4-40　功能结构图

图 4-41　重点院落保护效果图

4.5 旧城更新计划与再开发

济南的旧城更新项目是泉城特色风貌的延续，是地域文化保护由面及线再到点的延伸，是微观层面上保护济南地域特色和传统文化的举措。涉及的项目有古城片区控制性详细规划、解放阁地区及舜井街两侧详细规划、大观园街坊规划研究与策划、商埠片区规划研究、泉城广场周边地区规划设计、魏家庄片区棚改策划等。这些项目的共同点是，其空间位置基本都处在泉城特色风貌带范围或者历史悠久的商埠区内，各区域基本上都是老济南文化与文脉的主要呈现地，是具有老济南城市风貌的特色区域，做好这些"点"的地域文化传承并使之与其空间的生长相融合，是城市规划需要考虑的重中之重。这些关键"节点"的规划，将带动其他地区的地域文化传承与弘扬，给城市建设带来灵动的一笔，彰显泉城的独有魅力。

4.5.1 以保护为主的旧城更新计划——古城片区控制性详细规划

为进一步深化落实城市总体规划，对城市开发建设活动进行系统的控制与引导，济南市于2006年初启动了中心城控制性详细规划编制工作，并于2007年底实现了中心城控规全覆盖。古城片区是中心城50个编制片区之一，位于济南中心城中部，规划范围北至胶济铁路，南到经十路，西至顺河高架，东到历山路，面积约10.36km²。

(1) 规划理念

区域协调——整合理念：规划从整个区域开发建设的科学合理性出发，整合资源、整合规划、整合用地，实现与济南城区的区域总协调和规划区内的用地调整、中心区开发、公共设施和基础设施配套方面的全方位整合。

环境优先——生态理念：充分利用现状山、泉、湖、河等绿地与水系进行古城片区的景观生态建设，并与泉城历史传统风貌发展延续轴保持连贯，保护古城片区良好的生态环境以及悠久的历史文化，使古城片区与其周边的自然景观相互渗透。使城景、山水景观相互交融、有机结合，构成生态宜人的良好景观环境。

个性塑造——传统理念：有意识地保留地域文化与民俗文化的物质精华，并充分利用现有的资源，做到传统文化与现代文化相结合，将规划区真正建设成为一个让记忆留在身边的新型古城。

迁居落户——人文理念：慎重对待原居民社会关系的解构与重构过程，尽可能把公众意愿和精神需求体现在本区未来的发展建设中，特别是通过合理的解决拆迁安置问题，有效促进社会关系重构过程的顺利进行。

弹性规划——市场理念：为适应土地买方市场需求的不定量性，规划保持一定的弹性，在区内道路组织和地块大小布置上，有利于配合不同类型、不同规模房地产企业的进入。同时，在开发时序上也要具有相当的灵活性，从而保证开发建设具有持续性的市场支撑，并能够保证城市环境得到持续有效的改善（图4-42、图4-43）。

(2) 规划构思与功能分区

以济南古城为核心，形成"一城、一湖、一环"的空间格局，重现济南"家家泉水，户户垂杨"和"泉水串流于小巷民居之间"的城市风貌特征。古城片区位于济南泉城历史文化传统风貌发展延续轴的中心，具有良好的区位条件、交通条件和文化资源，是历史文化名城核心保护区，并具有行政办公和商业服务的功能。规划形成六个功能分区：古城保护区、商业中心区、文化教育区、东北片综合居住区、西北片综合居住区、东南部居住组团。

(3) 城市设计导引

规划以保护济南古城为核心，形成以古城街巷肌理为特征的明府城泉城风貌，展示传统历史文化名城的形象特色。突出芙蓉街—曲水亭街传统历史文化街区、将军庙历史文化街区、宽厚所街特色街区、山东大学西校区（原齐鲁大学）历史文化街区的保护。依托大明湖、护城河、趵突泉、黑虎泉等水系和绿化构成"蓝脉绿网"生态格局。重点塑造大明湖风景名胜区、解放阁、泉城广场等标志性景观节点。组织城市公共空间和标志性景观。

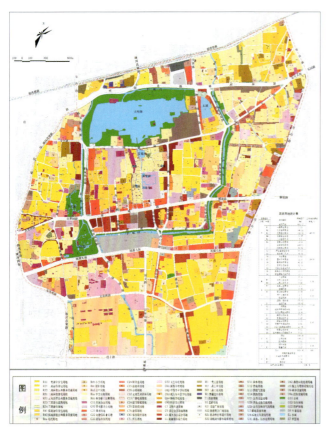

图 4-42 古城片区用地现状图

图 4-43 古城片区土地使用规划图

依据城市高度分区，确定天际线控制点（如主要制高点、千佛山等），划定天际线，塑造重点控制区（图4-44—图4-46）。

4.5.2 保护与改造并重的旧城更新计划

（1）解放阁地区及舜井街两侧详细规划

舜井街—解放阁片区位于济南中心商业区的核心。北接泉城路商业街，南临黑虎泉西路，西临天地坛街，东至黑虎泉北路，占地 20.2hm^2。该地区曾为济南古城的东南区，其中舜井街为城南门进入古城的重要街道。历史上舜井街西侧有舜祠，东侧有浙闽会馆等。解放后，城墙、城门拆除。20世纪80年代中期舜井街拓宽，逐渐发展成为济南重要的小家电市场。21世纪初，泉城路拓宽改造为济南最重要的步行商业街。

规划在泉城特色风貌带规划的总体框架下，借鉴上海豫园和新天地、南京夫子庙等文化商业区改造的成功经验，调整和丰富舜井街—解放阁片区的功能，改造、整治城市环境，挖掘历史与文化内涵，

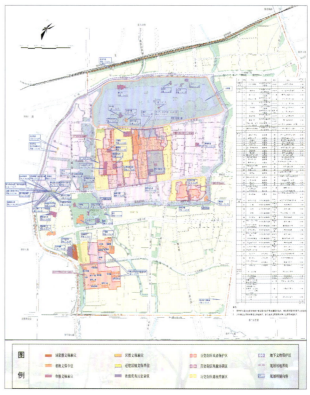

图 4-44 古城片区历史文化保护规划图

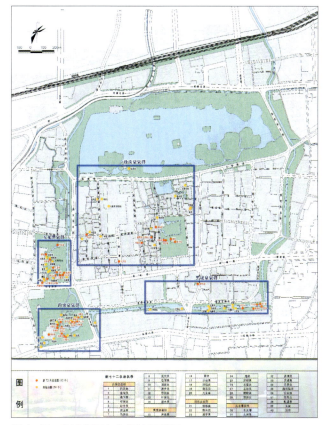

图 4-45 古城片区名泉保护规划图

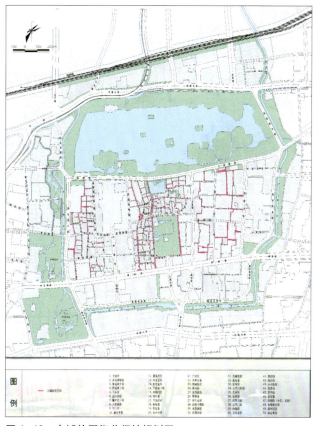

图 4-46 古城片区街巷保护规划图

使舜井街—解放阁片区与泉城路共同成为济南古城最具吸引力的特色商业、旅游、文化娱乐、办公综合功能区，与旧城的芙蓉街—珍珠泉历史文化保护区、现代化的泉城广场共同支撑旧城的提升。整治改造后的舜井街—解放阁片区将成为泉城路联系解放阁、黑虎泉—环城公园的重要地段，改造后的舜井街也将成为今后旧城从南门通向大明湖的重要景观走廊。规划改善区内道路交通环境，增加停车服务设施，营造连续舒适的步行环境。

规划在总体布局上，原址保留浙闽会馆、原历下区房管局两处重要文物、历史建筑以及其他需要保留的现代建筑。结合原有街巷格局，规划形成两横四纵的道路格局。整个区片由两条东西向的步行轴为中心，构成步行区域，其间主要布局反映济南地方特色的商业、文化、餐饮、旅游休闲等功能用地，结合文物古建民居的保护利用，城市园林、绿化、广场的设计，塑造富有活力、地方特色浓郁的城市场所。整个步行区域东西两端分别以解放阁广场和舜园文化广场结束（图4-47）。

规划在历史遗存保护与利用上，原址保留浙闽会馆文物建筑，结合两处迁建四合院的保护，形成以浙闽会馆文物建筑为核心的古建民居保护群，既妥善保护了单体建筑，又使文物和民居有了整体环境。建议利用该组保护建筑作为济南古城民俗文化博览馆。在历下区房管局重要历史建筑原址，将其余两处格局较完整的民居四合院迁建至此，并配以新建传统风格四合院共同形成一组古建群，建议将其设为高档风味餐馆。舜井传说为舜帝耕于历山之下时所用之井，方案将其原地保留，并利用舜园的文化积淀，在原舜园旧址结合舜井开辟舜园文化广场，广场周边布置旅游、文化、餐饮设施，使舜园文化广场成为泉城路、舜井街地区最重要的公共空间节点。延续现有街巷名称，使改造、整治后的整个街区在空间、地名上都具有很强的归属感和识别性。

规划注重环境设计，整个地区的广场、绿化环境应充分体现地方传统与现代文化相结合的原则。开放空间的尺度不宜过大，以便与规模宏大的泉城广场形成鲜明的对比。区内的绿化以适于本地土壤气候的乔木为主，一般不采用草坪。园林、泉池的设计应积极吸取济南传统城市园林特色。灯饰、小品等应与整个

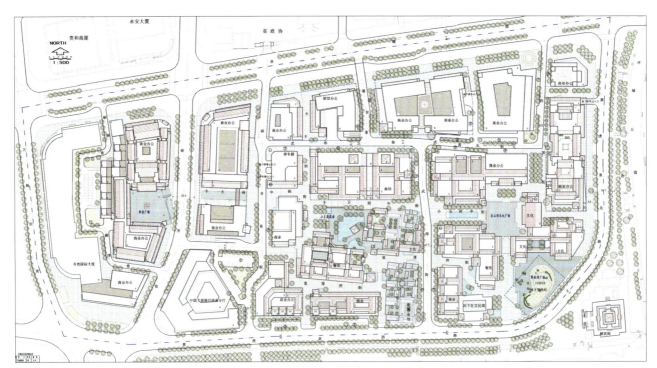

图 4-47　解放阁片区及舜井街两侧详细规划总平面图

环境相协调，选型、设计要朴素大方。区内的广场、步行街铺地主要采用渗透性较好的传统灰砖为主，配以石材或混凝土砌块。

(2) 大观园街坊规划研究与策划

大观园街坊位于济南旧城片区的商埠区内，城市南北向交通干道纬二路和东西向交通干道经四路交会处，为传统商业街区，与泉城路商业街、人民商场、华联商厦商业群东西串联，共同构成经四路—泉城路商业主轴。规划范围东至纬二路，西至纬三路，南至经五路，北至经四路，总用地 7.2hm²。

街坊周边现状道路经四路和纬二路为城市主干路，纬三路为城市次干道，经五路为城市支路，中间有支路小纬二路南北穿越，将项目区分为东西两部分。

东街坊主要为商业建筑，以大观园商场为主体，另有汇宝大厦、大观电影院以及一些小型的商业建筑，以商业零售、餐饮、娱乐为主要功能。布局为内步行街区模式，东南部为高层现代建筑，西部和北部为多、低层建筑，西北角有一处老建筑，为日耳曼风格的 1 层住宅，北部中段和东段为改造和新建的仿古建筑，北门和东门新建仿古牌坊，其余尚未改造，建筑陈旧、面貌混乱；中部形成聚合小广场；街坊周边大多为面向城市道路的商业店铺，门类繁多而混杂。

西街坊为商业建筑、办公建筑和住宅混合区，沿小纬二路中段为同福商城，沿经四路西段为恒昌大厦写字楼，其余为多层住宅和插建的办公商业建筑，沿街底层大多为商业建筑。

规划针对本地区济南传统商业普遍衰退，经营状况不佳；建筑产权关系复杂，资源没有整合；建筑功能混杂，面貌混乱，整体形象差；交通矛盾突出，停车设施缺乏等突出矛盾，结合城市总体规划及历史文化名城保护规划的有关要求，对大观园地区进行了重新定位，确定大观园与人民商场形成商业群联合体，承担片区级商业中心功能。通过整治改造，将大观园街坊建设成为以商业零售、餐饮娱乐、旅游休闲、民俗文化为主导功能的特色街区。

东街坊为主题功能区。南部以大观园商场为主体，经营业态为大型综合商场、酒店；北部以鳞次栉比的沿街商铺和中小型餐饮娱乐场所为主体，经营业态为特色餐饮名吃、民俗文化娱乐、老字号零售商业等；中部围

图 4-48 大观园地区近期实施方案

合形成小广场,可进行民俗演艺、商业宣传、商品展示等活动。

西街坊为商住混合功能区。沿小纬二路和经四路为商业和商务功能,作为与东街坊的连续衔接并强化经四路商业主轴功能,沿小纬二路形成具有宜人尺度、人车混行的商业街;其余保留原有居住功能。

规划规定新建多层建筑和高层建筑的裙房,应体现商埠区建筑传统风貌,为中西合璧的近代建筑风格,并融入现代建筑元素以适应功能需求,色彩与已改造建筑群协调呼应,裙房以上高层建筑为现代建筑风格;同福商城、大观电影院等改造建筑,立面宜改造为近代中西合璧建筑风格;东街坊北部已装修改造建筑群应简化挑檐等装饰构件。

东街坊逐步形成南高北低,以近代中西合璧建筑风格为主体的特色风貌街区;小纬二路亦逐步形成具有传统商埠区风貌,以近代中西合璧建筑风格为特色的商业街。

大观园地区改造规划综合考虑了历史风貌保护、传统文化复兴、功能特色定位、城市景观塑造、实施可行性等综合因素,提出大观园作为传统商业街区,应充分挖掘自身丰厚的文化底蕴,展现混合、多元、中西合璧的"洋洋大观"传统风貌,体现亲民经商的传统商业文化特色,以丰富多样的空间形式创造丰富多样的经营业态,走"以文兴商、以文活商、以文促商"的发展之路,重塑"传统大观、特色大观、人文大观",增加"人文旅游"内涵,打造济南市"登千佛山、赏趵突泉、游大明湖、逛大观园"的旅游新格局,通过整治改造,将大观园街坊建设成为以零售商业、旅游休闲、民俗文化为主导功能的特色街区。

突出的传统文化民俗气息,将为大观园街区带来新的商业活力。继承并融会传统的地域文化特色才是城市的生存之道(图4-48、图4-49)。

(3) 商埠片区保护规划研究与控制性详细规划

① 商埠片区保护规划研究

一个世纪以来,在救亡自强思潮下开辟的济南商埠,经历了百年风雨,积累了丰厚的历史文化底蕴。商埠区的建设采用了类似西方近代城市的网格规划模式,经纬分明的街道划分出大小相近的众多街区,容纳着多元杂陈的建筑类型及风貌,形成了鲜明的城市特色(图4-50—图4-52)。

图 4-49　大观园地区远期实施方案

图 4-50　商埠区区位图

图 4-51　商埠区现状格局

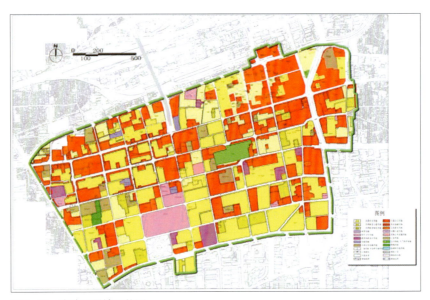

图 4-52　商埠区用地现状图

图 4-53 商埠区整体规划结构

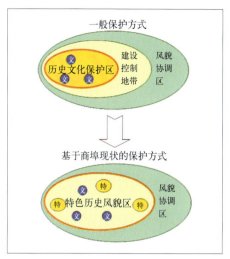

图 4-54 商埠区保护方式图

由于历史的原因，商埠区传统商贸功能日渐衰弱，缺乏活力。一些历史街区和街道已经或濒临消失，许多历史建筑被随意占用，破旧不堪，若不及时加以保护和整治，城市特色将丧失殆尽。为促进商埠区的复兴，激发商埠区的活力，有效保护商埠区的历史文化和城市特色，济南市确定对商埠区一带进行综合整治改造，规划建设集历史文化、旅游休闲、商贸服务于一体的新商埠区。

• 研究范围

商埠区为纬一路、胶济铁路、纬十二路、经七路围合的地区。考虑到拓宽的经一路实际已取代胶济铁路成为商埠区的新认知边界，而经五纬一、经六纬一与经七纬一三个街区已无任何历史遗存，故将保护规划研究的范围确定为：纬一路、经一路、纬十二路、经七路、纬二路、经四路围合的地区，包括上述道路两侧的沿街建筑（图 4-53）。

• 研究思路

基于对商埠区特征的调查分析，总结商埠区历史建筑分布特点为：宏观集中，微观分散。由于商埠区长期是城市商业办公中心，改革开放以后，单位普遍对用地内的历史建筑进行改造，使得历史建筑难以成片保存。但另一方面，由于小网格街区用地规模受限的特点，也使历史建筑得以幸免于大规模改造，使其特色在大规模范围内得以基本维持。这使得商埠区虽有大量历史建筑遗存亟待保护，但却达不到现行历史文化保护区的划定要求。

因此，研究提出对商埠区内特色历史风貌相对集中的区域，划定一个范围较完整而要求有所放宽的保护区，对文物进行重点保护、对特色历史建筑强调整治利用，而对区内其他建筑物的要求参照历史文化保护区的建筑控制地带，定名为特色历史风貌保护区。同时，将商埠区整体范围内的其他用地划为风貌协调区，与前者共同组成保护整治体系的两个层次（图 4-54—图 4-56）。

• 规划定位

根据对商埠区历史文化、街坊格局、建筑特点的分析，确定商埠区的总体定位为：以小网格城区格局为骨架，以商住混合为主体，行政办公、文化娱乐、旅游休闲等多种功能并存，具有浓厚近代济南建筑和文化特色的历史街区。

• 规划结构

形成两区、两市、三经二纬、六片区的整体结构。

两区：两个特色历史风貌区，包括北部的商埠中心风貌区和南部的商埠高级住宅风貌区，对商埠区整体风貌的保留与提升具有重要意义。

两市：两个大型综合性商场，包括大观园和西市场，将使商埠区的整体活力得到提升。

三经二纬：主要道路体系，包括东西向的经二路、经三路、经四路以及南北向的纬一路、纬二路。三经二纬"织补"两区两市，形成观光加商业的良好空间互动。

六片区：具有保护意义的六个重要街片，包括中山公园街片、自立会教堂街片、济南饭店街片、经四纬四特色里弄街片、万紫巷街片和文化宫街片。规划将六街片划分为南北两片。其中万紫巷街片、文化宫街片为北片区，规划作为旅游服务的桥头堡，其作用以"外引"为主，充分利用两街区自身较好的历史风貌和文化基础，结合毗邻火车站的巨大优势，按照旅游服务业功能进行整治改造。中山公园街片、自立会教堂街片、济南饭店街片、经四纬四特色里弄街片为南片区，规划作为开放景观的中心区，其作用以"内优"为主，其中中山公园街片位于商埠的心脏地带，应加大绿地恢复力度，配合周边教堂、济南饭店等街区的整治，不但将改善商埠区的绿化环境，也将大幅提升绿地周边的区位价值，带动商业、办公、住宅的再开发，为老商埠注入新活力（图4-57）。

• 规划构思

完善商住混合，提升游憩商业功能。对原有商住混合建筑进行修缮整治，继续发挥作用；新建住宅则采用多层高密度方式，充分考虑底商，积极融入原有城市肌理。同时，充分利用商埠区毗邻火车站的区位优势和原有的历史文化特色风貌资源，对文化娱乐、旅馆业等相关产业进行优化升级。在整个地段内形成商业活力网络，提高品质，集聚人气，提升整个地段的游憩商业功能。

调整交通功能，提升交通质量。商埠区的道路系统在小网格基础上进行进一步的等级划分。提升经四路和纬六路城市次干道，在不改变道路红线宽度的前提下，通过对单行系统的合理设置，增强两

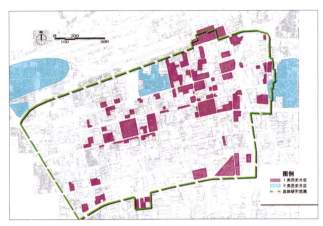

图4-55 商埠区历史肌理分布图

图4-56 商埠区风貌保护区与协调区划分图

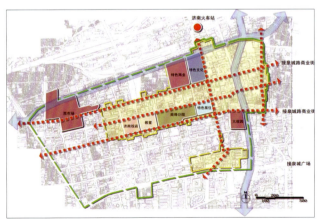

图4-57 商埠区整体结构图

次干道的畅通性，确保道路细分。同时，将在区内两市场之间设置公交系统，完善整个地段的交通联系，成为步行商业街区的主要交通工具。在区内停车问题解决上，不考虑过多设置公共停车场，管理上减少公共停车位并提高停车收费，以控制商埠区内的停车数量。大型公共设施周边设立单独停车场，并以立体停车为主，尽量设置停车楼和地下停车库。

提升现状绿地品质，构建绿化开放空间体系。对现有公共绿地理想品质提升，将商埠公园所在街区全部辟为绿地，增强绿地的开敞性。同时，积极拓展街头绿地和广场，建议在道路两侧有条件的地方拓宽人行道，增加座椅等城市家具，并利用行道树强化干道绿化系统，完善商埠区内部的绿化体系。

②商埠片区控制性详细规划

在规划研究的基础上，2007年11月，作为全市50个控规编制片区之一的商埠片区控制性详细规划编制完成初步成果。商埠片区控制性详细规划范围扩大为：东至顺河高架路，西至纬十二路，南至经十路，北至胶济铁路，总用地面积约838.56hm^2。

控规延续了商埠片区保护规划研究中"保护"的理念，将"保护"作为一种观念贯穿始终，保护与更新围绕"小网格的城市格局、整体风貌及环境保护、历史文化遗存"等特色展开，遵循"多样性、混合性功能和持续发展"的规划原则，形成具有历史文化特色的商业店铺集中区、具有良好商业氛围和宜人步行尺度的特色街区和具有代表性的商埠区历史格局。商埠区是近代济南历史建筑、商业、文化和宗教的主要承载地，其保护与更新应立足于济南的城市特色，从城市的形成、发展，城市自然、人工、人文环境特色等研究入手，将历史文化名城保护与城市风貌特色规划有机结合，在保护的前提下做好城市更新，并将保护的概念扩大到与保护的直接对象相关的所有环境，使保护与更新更具有可操作性和可实施性，着重进行"保护与控制"和"发展与提升"四个方面的工作。

商埠片区控制性详细规划将本地区功能定位为以小网格城区格局为骨架，以商住混合为主体，文化娱乐、旅游休闲、小型办公等多种功能并存，具有浓厚近代济南建筑和文化特色的历史城区。规划总体布局概括为"两市复兴、三区保护、经纬格局、环链渗透。""两市复兴"指复兴大观园、西市场两大综合性商场；"三区保护"指按照分级保护的原则，分别划定特色历史风貌保护区、风貌协调区和城市风貌控制区。"经纬格局"指7经12纬小网格的城市格局；"环链渗透"指扩大中山公园、槐荫广场核心绿地面积，增强开敞性，增加小网格道路的绿地层次（图4-58）。

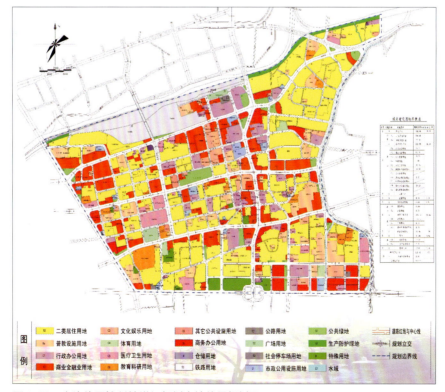

图4-58　商埠片区控制性详细规划土地使用规划图

4.5.3 以再开发为主的旧城更新计划

(1) 泉城广场周边地区规划设计

泉城广场是省会济南的中心广场，它南屏千佛山，北依大明湖，西邻趵突泉，东眺解放阁，似一颗璀璨的明珠，装点着美丽的泉城。泉城广场及周边地区位于山、泉、湖、河、城历史传统风貌轴线和泉城特色标志区的核心地带，地处千佛山至大明湖景观视廊的中心部位，它与护城河及环城公园有机地融为一体，是"山、泉、湖、河、城"城市特色的集中体现，成为泉城济南的重要标志和象征，是城市最重要的休闲、游览和人流集聚地，也是广大市民及游客休憩之胜地。

由于历史原因，广场周边地区建筑景观较差，建筑空间杂乱无序，建筑风格及建筑空间尺度差异较大，严重影响了广场及周边地区的建筑景观效果及视觉环境，与城市中心广场的地位和泉城风貌特色极不相称。另外广场北侧地区位于城市中心商业区，北临泉城路商业街，是济南传统的商业中心，由于对这一地区缺乏整体改造，其商业氛围仍不浓郁，缺乏活力，亟待进一步增强。因此，对广场周边地区进行城市设计，重塑广场周边地区空间景观及建筑形象，激发商业活力，意义颇为重大（图4-59）。

图4-59 美丽的泉城广场

①泉城广场北侧地区城市设计——恒隆广场规划

• 区位概况

为提升泉城广场周边地区的城市功能和形象，规划在泉城广场北侧设置集商业、娱乐、餐饮、交通等功能于一体的大型综合性建筑——恒隆广场。

恒隆广场规划项目位于济南大明湖—千佛山景观视廊控制范围，是"泉城特色标志区"的重要组成部分，有着重要商业及历史价值。基地南临作为城市主要公共活动空间的泉城广场，北临集历史建筑与现代风貌于一体的济南最大的步行商业街——泉城路，具有连接泉城广场与泉城路的重要景观节点作用和商业文娱设施功能。规划范围东至天地置业，西至榜棚街，南至黑虎泉西路，北至泉城路。

• 规划构思

作为新世纪的建筑，不仅是空间的围合体，而且是城市生活的容器，应向城市开放，吐纳各种人流，成为具有城市精神的建筑。恒隆广场作为一个公共性很强的建筑，应当充分体现其公共性和社会性，从城市生活的角度架构城市设计，使之成为社会生活的物质场所，创造出一个供人们活动、使用和交往的积极的建筑空间，成为激发当地城市生活的动力源。因此，设计充分突出以人为本，人性化设计原则，做到高效、先进、适用、安全、环保、节能，反映"人、建筑、自然"之间的和谐关系。建筑的布局、造型、空间构成均应符合该区域的整体风格，体现一种商业与现代的气息，使建筑与环境建立一种和谐的对话关系。

• 设计理念

恒隆广场位于济南市的主要商业地区，规划设计为一座7层高的地标性建筑物，以一条集文娱餐饮和商业设施的"中间通道"连接泉城广场与泉城路。为充分体现泉水特色，规划将恒隆广场建筑造型设计为波浪流线外形，以展现泉水形态。整个建筑由一条大型的玻璃幕墙由西向北至东南联系，各层亦有中空将不同层数的空间贯通。设计注重穿透及流通，面向中央步行通道的各层设置了不规则的外露平台，便于各层游客的互相接触。同时，设计注重尺度的调节，配合古城建筑的尺度，与之融合呼应。

• 设计原则

建筑城市化，通过建筑体量的分解和整合，实现对周边建筑提纲挈领的控制，融入城市脉络，激活城市空间；建筑标志性，通过对造型、墙面、外部灯光、商业广告的设计，使恒隆广场形成自身的色彩，给人们以极高的认知程度；建筑功能性，平面功能分区明确，合理布置垂直交通，流线立体、高效，充分利用地下空间（图4-60）。

②泉城广场南侧地区城市设计

广场南侧地处泉城广场与千佛山景观通廊的重要地段，规划建筑布局采用退台方式，追求流畅、舒展、大方、明快的风格，控制建筑高度，加大横向体量，既满足在广场特定视点对千佛山山体的可视要求，又能在空间上发挥对广场的围合作用，并与广场空间尺度相协调（图4-61）。

（2）魏家庄片区棚改策划

魏家庄片区是济南市棚户区改造重点片区之一，也是济南市最大的棚改项目。片区位于济南市旧城区核心地段，东承古城区，西接商埠区，是以商业、商务金融为主，兼容适量住宅的综合商务区。区内地势平坦，现状建筑多为低层居住建筑，整体质量较差。地段内及周边商业气氛浓厚，主要商业设施有大观园商场、经四路人防商城、济南人民商场、鲁能烧鹅仔美食广场等。总用地面积约37.4hm^2，现状建筑面积约40万m^2，户数约3911户，15644人。

策划方案以高层建筑为主，沿街设置商业、商务金融建筑，以吸引人气；内部设置住宅建筑，以满足居住要求。方案整体感强、现代气息浓厚，空间有较强的开放性。同时非常注重对历史文化的保护，原址保留民康里4号、6号山东红十字会诊所旧址，并将同生里部分老建筑迁移至山东红十字会旧址附近，形成特色老建筑群，结合古建筑保护设置面积不小于1.5hm^{2}的开敞空间，设置贯通南北宽度不小于30m的绿化景观视廊，形成良好的城市景观（图4-62）。

图 4-60　恒隆广场规划方案夜景效果图

图 4-61　广场南侧城市设计方案总平面图

图 4-62 魏家庄片区棚改策划方案

　　济南，一座历史悠久的文明古城。北辛文化、大汶口文化、龙山文化、岳石文化、先秦文化使得济南成为全国古文化发展脉络最清晰的几个地区之一。从秦始皇统一以来的北方重镇到明清以来的山东政治、经济、文化中心，悠久的历史赋予了泉城深厚的文化底蕴。

　　每一区域，每一城市都存在着深层次的文化差异，发挥地区文化特色是近现代规划学者关注的重要课题之一。芒福德说"将来城市的任务是充分发展各个地区，各种文化，各个人的多样性和他们各自的特性"。保护地方历史文化资源，发扬传统文化精髓，创造具有地方特色的微观人文环境，丰富齐鲁文化底蕴，应保护的对象不仅包括有形的文物古迹、传统建筑与历史名城，还包括无形的文化资源如民间艺术、民俗活动等等。通过对城市历史文化资源的解读，分析城市文化特质，提炼城市特色精髓，弘扬城市文化底蕴，打造城市特色品牌，是规划工作者需要精心研究和解答的命题。

　　"齐鲁雄都，泉水四溢，兼包并蓄"，济南丰厚的历史文化与景观资源构成了地区鲜明的特色，历史的传承与生态环境的保护是我们的责任。以空间和设施的重塑再现和谐的城市生活，以传统文化的传承塑造新的城市精神，以多层次文化组织的建构引导市民的文化交流，以区域的视角构筑和谐生态环境格局，增强地域的凝聚力和归属感，开创地域文化建设的新模式。

第5章 生长空间
——济南城市空间扩展与新区建设

5.1 城市空间扩展与新区建设

5.1.1 城市新区建设

城市新区是一个相对于城市旧区的概念，从城市建设的角度看，新区开发与旧城更新是城市发展的两个方面。改革开放以前，向城市边缘蔓延和"填充"城市边缘区是我国城市扩展的主要方式。20世纪80年代，我国城市新区的建设以建立各种经济技术开发区和园区为主要特点。进入20世纪90年代以来，随着经济社会的发展和城市化进程的加快，城市大规模地跨越发展（城市中心区或重要功能区外迁）成为一些城市空间扩展的主要方式。

新城建设是城市化发展到一定历史阶段的产物。就一个国家或地区而言，城市化进程一般可以分为三个阶段，即初期阶段，城市化率低于30%；中期阶段，城市化率进入加速提高阶段，由30%在较短的时间上升到60%—70%左右；后期阶段，城市化率已超过70%，增长趋缓甚至停滞。值得注意的是，由于所处时代和经济社会发展情况不同，城市化加速的中期阶段持续的时间有很大差异，但跨越这一阶段的时间有逐渐缩短的趋势，如英国约45年，日本约35年，而韩国仅用了25年。

西方发达国家城市发展都经历了城市化、郊区化、逆城市化的倾向，特别是美国东北部和中西部地区的城市，发生了人口源源不断地外迁和城郊的居住区、商业区和工业园区日益蔓延的现象，即产生了"内城渗漏过程"，造成城市中心区的"空洞化"现象。

在中国，目前还没有哪个城市出现了因为新区的发展，大量人口外迁，导致中心区的衰落现象。以北京为例，近年来北京虽然进行了大量的新区开发、城郊住区建设，但是中心区的发展，例如王府井地区、西单地区、CBD地区等中心区域，反而比以往更加繁荣。主要原因在于中国持续的经济增长和城市化速度的加快，吸引了众多的农村劳动力；同时，大部分工薪阶层在公交不发达的情况下更乐于选择城中定居。城市发展战略是新区发展与旧城更新并重，旧城成为国际商务交流的核心所在。可以预计，在中国，新区的发展与老城的繁荣将在相当长的时间内持续。

事实上，在中国特大城市搞卫星城建设，并不是现在的产物，在计划经济时代，许多大城市都进行过卫星城规划。但卫星城并没有起到控制大城市增长的作用，中心城市边缘区域反而迅猛发展起来。世界上许多国际性的大城市，如伦敦、巴黎、首尔等都建有数座独立的卫星城，发展过程均是从边缘组团的"卧城"、半独立的城镇建设到建立相对独立的"新城"。

以北京为例，在2004年"北京城市空间发展战略"研究中（图5-1），提出了构建"两轴—两带—多中心"的城市空间新格局，形成中心城—新城—镇的市域城镇结构，引导城区教育、文化、卫生和商业向卫星城发展，增强吸纳社会投资的能力，并选择几个区位、产业基础和居住环境较好的卫星城，将其规划建设成适合居住就业的现代化新型城市，成为分流城区产业、人口和吸引农民进城的重要载体。到2020年，北京市的城镇人口规划控制在1600万人左右，其中，中心城由现状870万人疏解到850万人，新城由现状220万人增加到570万人，镇由现状88万人增加到180万人。新城是在原有卫星城基础上，承担疏解中心城人口的功能、聚集新的产业，成为带动区域发展的规模化城市地区，具有相对独立性。规划新城11个，分别为通州、顺义、亦庄、大兴、房山、昌平、怀柔、密云、平谷、延庆、门头沟（图5-2）。新城在整体发展的基础上突出重点，并根据发展环境的变化，适时适度调整新城的建设规模和时序。

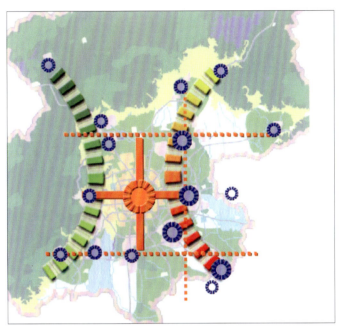

图5-1　北京城市空间发展战略（2004）

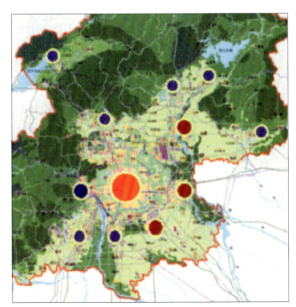

图5-2　北京新城建设（北京总体规划2005）

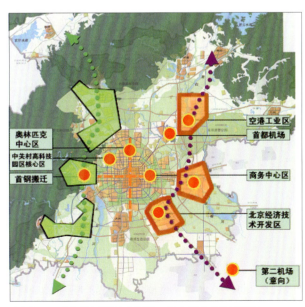

图5-3　重点发展的三个新城（北京总体规划2005）

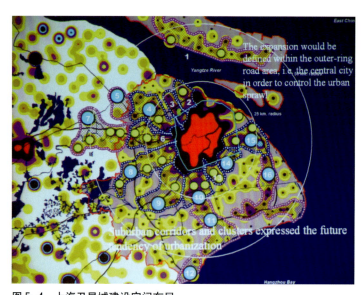

图 5-4 上海卫星城建设空间布局
（资料来源：郑时龄．上海博士后论坛专题报告，2005）

根据城市经济发展的趋势和区域联系的主导方向，综合分析各新城的区位条件、发展基础、资源环境承载力，重点发展位于东部发展带上的通州、顺义和亦庄 3 个新城。重点发展的 3 个新城应成为中心城人口和功能疏解及新的产业聚集的主要地区，形成规模效益和聚集效益，共同构筑中心城的反磁力系统。

通州新城是北京重点发展的新城之一，也是北京未来发展的新城区和城市综合服务中心。引导发展行政办公、商务金融、文化、会展等功能，是中心城行政办公、金融贸易等职能的补充配套区。规划人口规模 90 万人，城镇建设用地约 85km^2。

顺义新城是北京重点发展的新城之一。引导发展现代制造、空港物流、会展、国际交往、体育休闲等功能。在空间布局上由潮白河以西地区、潮白河以东地区、天竺空港区组成。规划人口规模 90 万人，城镇建设用地约 100km^2。

亦庄新城是北京重点发展的新城之一。引导发展电子、汽车、医药、装备等高新技术与现代制造、研发、商务、物流等功能，积极推动开发区向综合产业新城转变。在空间布局上由亦庄和永乐地区两部分组成。规划人口规模 70 万人，城镇建设用地约 100km^2（图 5-3）。

再如上海，上海是一个高度密集的城市，旧城中心人口高度密集，旧城区基本上是旧上海的繁华地区，静安区的人口密度高达 6.5 万人 /km^2，比日本东京、美国纽约的中心密度都高，人口高度密集影响城市各种功能的正常发挥。城市发展的主导思想就是疏解旧城人口，发展新城。上海新一轮总体规划表明，在宝山、嘉定、闵行、松江、金山、奉贤、南汇、青浦、崇明等沪郊大地，将涌现出一批新城，形成郊区新城—中心镇——般镇的城镇体系（图 5-4）。

总之，从边缘新区到卫星城建设，是特大城市为控制中心区人口过度集聚而设立的"反磁力"新城，是控制城市蔓延的手段之一。

5.1.2 新城建设的主要模式

20 世纪 50 年代，由于经济发展、技术进步和战后重建家园的渴望，西欧各国城市化步伐加快，促进了大城市的建设和改造。这一时期，大城市周围的新城建设以及具有新的职能的城市，如科学城的建设得到迅猛发展。新城建设的目的是为了缓解大城市过于拥挤、交通阻塞、环境污染以及负担过重的大城市病。如英国的坎柏诺尔德、瑞典的魏林比、日本的千里新城、前苏联的泽列诺格勒等。

(1) 英国新城建设模式

以英国为例，1902年及1920年期间建设了莱奇华斯和韦林两个卫星城。1946年，国会批准了新城法，有了新城法，有可能以政府的名义征购土地所有者的土地，划出一部分土地来建设这个城市；有可能成立开发公司来规划和建设新城。英国建立新城的目标是要建设一个"既能生活又能工作的、平衡的和独立自足的新城"。英国新城建设分为三个阶段。

自工业革命以来，伦敦市区不断向外蔓延，1939年，伦敦人口已达到860万人。1940年，以巴罗爵士为首的"巴罗委员会"提出的《巴罗报告》，建议疏散伦敦中心地区工业和人口。1944年由艾伯克隆比主持完成了大伦敦规划，这个规划吸收了霍华德和盖迪斯等先驱规划思想家们关于以周围的城市地域作为城市发展考虑范围的思想，在距伦敦中心半径约为48km的范围内，由内向外划分了四层地域圈，即内圈、近郊圈、绿带圈和外圈。绿带圈为一宽约8km的绿化地带，严格控制建设，构成了一个制止城市向外蔓延的屏障。外圈则用于疏散伦敦郡过剩人口和工业企业。根据1946年的"新城法"，于1946—1950年规划设置了14个具有使居民就地工作的卫星城。伦敦的哈罗新城被誉为第一代新城的代表。这一代新城较多地体现了霍华德田园城市的规划思想，但人口规模较小、密度较低，不足以提供文娱或者其他服务设施，同时新城中心不够繁荣、缺乏生气与活力，并且很少考虑经济因素。

1955—1966年，英国建设了第二代新城。第二代新城的特点是城市规模比第一代新城大，功能分区不如第一代严格，密度比第一代新城高。以朗科恩新城为代表的第二代新城，交通规划比第一代新城先进，规划布局与城市交通组织精明结合，采用限制小汽车，鼓励公共汽车的做法。第二代新城也考虑区域平衡，把新城作为经济发展点，以此来组织区域经济。

1944年的大伦敦规划经过20年的实践，发现不少问题，中心人口非但未减，反而有所增加，环形和放射的路网结构并没有使中心城区交通负荷减少。20世纪60年代中期编制的《东南部研究》报告，试图改变1944年大伦敦规划中的同心圆封闭式布局模式，建设一些规模较大的反磁力城市，以吸引人口与就业。密尔顿·凯恩斯就是这一代新城的代表。

(2) 巴黎新城建设模式

20世纪60年代，在城市化加速发展的历史背景下，法国政府颁布新城政策，1965年，SDAURP规划基于20世纪以来巴黎地区对区域整体发展的规划探索，提出了通过新城建设为城市化开辟发展空间的建议，新城政策由此正式成为巴黎地区的城市发展战略之一。但20世纪60年代以前，巴黎的规划以限制发展为基本思想，这给新城建设奠定了基础；20世纪60年代以后，以发展为主题的区域规划直接促进了新城建设。

20世纪上半叶，巴黎规划指导思想以限制城市发展为主要特征，从20世纪30年代的PROST规划，到50年代的PARP规划，再到60年代的PADOG规划，对人口增长的速度和规模持谨慎态度，在区域空间规划上都采取了限制城市空间扩展、控制城市建设布局，抑制城市向郊区蔓延的措施，在这个过程中，逐渐形成并发展了区域整体发展的观念，将大面积的非建设区域视为未来城市发展的用地储备控制起来。为日后的新城建设奠定了基础。但与前两个规划相比，PADOG规划把"建设新的城市发展极核"作为调整城市空间结构、促进区域均衡发展的重要手段，在巴黎周围规划了四个就业、居住和服务等功能于一体的郊区城市发展极核，包括巴黎以南的韦利兹、以北的勒布尔歇、以西的德方斯和以东的伦日，促进了城市多中心发展的格局。德方斯新区的建设被誉为"20世纪城市建设史上最令人振奋的城市中心开发"(Peter Hall, 1984)。

第二次世界大战后20年，巴黎地区人口、经济增长促使了新一轮规划抛弃了过去以限制为主的规划思想，转而以促进发展的积极态度对待潜在的城市增长。

1965年的SDAURP规划借巴黎地区正式成立、辖区面积扩大之机，把区域观念从传统的城市建设区扩大到整个巴黎地区，并且着眼于区域整体发展，在巴黎城市集聚区的南北两侧形成两条城市优先发展轴，联系8座新城。作为新的地区中心城市，新城集居住、就业、服务等功能于一身，人口规模在30万—100万之间不等，以维持

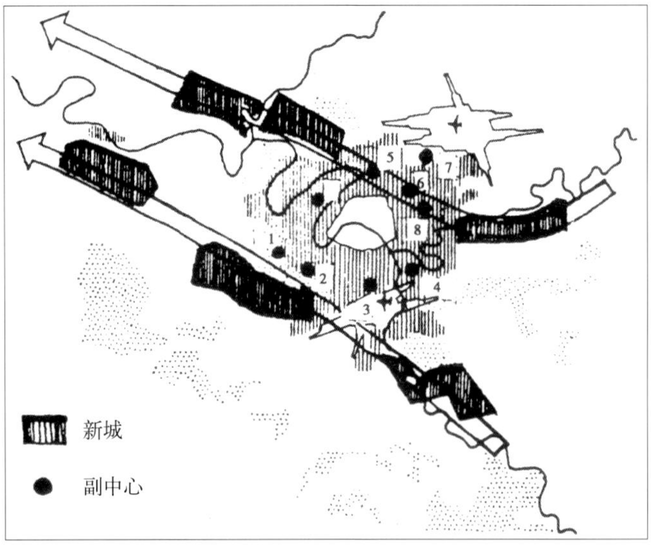

图 5-5　巴黎 1965 年 SDAURP 规划
（资料来源：沈玉麟．外国城市建设史．北京：中国建筑工业出版社，1989）

经济生活和社会构成的平衡。虽然规划始终强调新城的相对独立性，但新城始终是区域城市发展的组成部分，而不是游离于现状城市建设区之外的孤立城市个体，通过建设新的城市中心，吸引城市建设在半城市化地区集聚，以加强城市化空间的连续性，促进区域整体发展（图5-5）。

（3）东京新城建设模式

东京是世界上最为密集的城市之一，由于城市过度膨胀，中心区功能越来越密集、"聚焦"作用越来越强，造成首都圈建设用地的不足，同时出现了严重的交通拥堵，政府不得不投巨资加以解决。政府提出城市结构由一点式集中型城市发展模式改变为开放型城市结构，其主要内容是建设新城。与英国伦敦第三代新城独立的工业、居住实体不同，东京新城大多是只提供居住的卧城，例如多摩新城和港北新城。东京的新城建设具有以下几个基本特征：

①城市新城建设选址大多靠近铁路和高速公路干线

东京的新区开发一般在距中心城区20—50km的郊区。在新区居住开发的同时，大力发展交通网络的建设，使城市中心区与郊外新区之间有便捷的联系，并且新的交通线路也在不断地规划与建设中，对新区发展提供了强有力的支撑。

②新城建设充分利用原有村镇的基础设施

新城建设充分考虑新建居民区公共服务设施配套问题，利用原有村镇基础进行投资建设，这样既加快了建设速度又节约了建设投资，同时也使新区建设能较好地体现历史积淀与文化内涵，展示地域文化的发展历程。

③新城建设采用"居住中央廊道"模式

东京周围的7座新城中，有6座是卧城。这些卧城的建设并没有强有力地控制人口流向中心城区，主要原因在于这些新城与主城还存在着物质文化条件的差别，以至于不具备足够的吸引力，反而增加了往返新城与旧城之间的交通量，东京政府希望在多摩地区提供足够的就业职位，特别是教育和文化机构，以吸引更多的人在此居住，使多摩地区形成东西向居住带的西端，与东端的主城居住区共同形成"居住中央廊道"的双磁极结构，打破了东京单中心密集发展的空间格局（图5-6）。

（4）美国的边缘城市模式

美国是世界上郊区化最明显的国家，John A.Dutton在《新美国城市主义》中认为，美国郊区化大致可分为五个阶段：

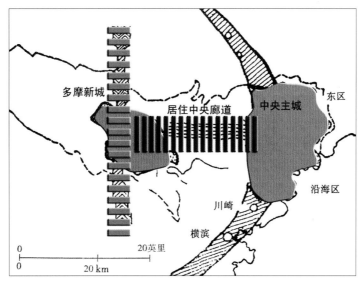

图 5-6 东京新城建设的"居住中央廊道"模式

萌芽阶段：19世纪后期富人沿铁路外迁时期。沿电车线路外迁，中产阶级开始迁出城市中心，城市空间形态由团状向星状转变。

形成阶段：1920—1950年，是汽车郊区化时代。大量中产阶级和上层阶级居住在郊区，工作、居住地普遍分离，大量购物和娱乐活动仍在城市中心。

发展阶段：1950—1980年，是普遍郊区化时期。由大规模建设的郊区住宅引起产业郊区化热潮，商业服务设施和文化娱乐设施大量迁入郊区。

成熟阶段：20世纪80年代，郊区的城市设施不断增加和完善，郊区的自立程度越来越大，城市功能逐步完善。

新发展阶段：20世纪90年代，郊区化过程仍在继续，郊区化新的特点是边缘城市形成。

边缘城市（Edge City）指在原有中心市周边郊区基础上形成的具备就业场所、购物、娱乐等城市功能的郊区新城镇。目前，美国大约有200多个边缘城市。如弗吉尼亚州的费尔法克斯县（Fairfax）的泰森斯科纳（Tyson's Corner），包含有老中心城市商业区的大部分成分，但是物质形式完全不同。与传统商业区一样，边缘城市是劳动力的一个基本吸纳者，具有上百万平方英尺的地面空间提供办公、零售和服务活动所需。尽管位于中心城市外围，边缘城市全部或几乎全都是以汽车服务为主设计的。不仅公共交通无法进入大多数居住区，而且一旦有人来访，没有汽车基本上是不可能到达的。与传统商业区不同，它既没有一个延续的街道格网，也没有很多人行道，因为距离太远不适合步行。

边缘城市与传统城市相比，具有一种非常不同的感觉和特征，主要表现在：建筑低层、低密度，散布在广阔的地域范围内；边缘城市以一个强烈的经济增长点为依托，表现出产业专业化特征，如零售业边缘城市、制造业边缘城市、医疗保健业边缘城市以及旅游边缘城市；没有一般意义上的行政区划、行政边界以及政府管理机构。

5.1.3 世界各国新城建设的启示

从伦敦、巴黎、东京以及美国的城市扩张、新城建设的实践，不难发现，城市新区的发展与增长调控是一种对立统一的辩证关系。

第一，城市的发展是必然的，城市边缘区不断地成为城市新的开发地区。城市发展到一定阶段，可能导致阶段性的城市问题，需要对城市的盲目发展施加控制。一旦影响城市发展的外部条件发生变化，矛盾的主体发生转移，经济的发展要求城市向更高层次的空间拓展。

第二，和谐是新城社会发展的主题。在社会发展理念上，新城应该充分容纳不同背景和阶层的社会群体，并通过群体间的团结协作，共同创造新城和谐的社会秩序。这也是不同时期、不同地区新城发展的共同目标之一。

第三，对城市发展的研究必须基于区域视野，统筹考虑，促进地区平衡和协调发展。新城是区域发展战略的一部分，新城在强调自我完备性的同时，也要通过便捷的交通等联系方式，实现与中心城及其他周边地区的资源共享、协作分工，共同推进区域的全面、协调、可持续发展。

第四，世界各国都非常重视政府在新区建设中的作用，注重加强政府、企业、个人在城镇开发中的分工与合作。以英国为首的中央集权制国家专门成立新城开发公司，并直属中央领导，其建设费由中央财政支付。法国的做法也比较重视政府的作用，同时也注重新城开发中的分工与合作。一方面地区有权力、有强有力的管理体制，保证新城建设得以持续下去，另一方面规划人员能够发表意见，规划思想比较活跃。日本的新城建设也十分注重加强政府的制度建设和行政区划的及时调整，而美国则更注重在政府的指导下主要由私人投资开发公司去完成。

总之，新城未来将要承担起优化中心城部分城市功能、产业和人口，培育全市新的经济增长点，带动周边地区协调发展等多重角色。在新城发展与城市多项重大发展主题相交织的背景下，有必要借助高水平的外来资源和国际经验对济南新城开发建设进行前期系统研究和综合规划，梳理发展思路，优化资源配置，统筹开发时序，凝集必要力量，试点建设新城。

5.2 济南城市空间发展战略研究

5.2.1 城市空间演化趋势

济南有着悠久的历史，其城市空间结构也历经了多次调整与扩张。按照时间顺序来说，可以分为建国前和建国后两大时期。

（1）历史上济南城市空间的演变

济南是我国黄河流域的古老城市之一，早在春秋时期，济南就成为齐国西部的边陲重镇。济南古城发源于今护城河内西南角，城垣的形成经历了历下古城、齐州州城和济南府城三个阶段的发展过程。最初历下古城的空间形态是面积约30hm^{2}的正方形的"田"字形；齐州州城围绕历下古城东、西、北三面，并自古城向东扩大了城垣，用地规模约1km^2；济南府的建立在宋徽宗（1101—1125年）以后，几经修整与扩建，城市已具有一定规模，但城市空间结构仍为传统的小中心集聚，济南市的城市发展建设，基本上是一个自然形成、自然发展的历史过程。

随着中国近代工业的发展，济南开始新建工业区、商埠区和仓储区，城市建设开始跳出旧城范围，初步显现出城市经济发展方向引导城市空间结构的趋势。至1948年济南解放时，城市规模已发展到23.2km^2，形成以省府东、西街为古城中心，大观园为商埠中心的双核、双中心，外围散布棚户区的城市格局。城市空间形态呈东西长、南北窄的带状布局（图5-7）。

（2）建国后济南城市空间的发展历程

随着济南的解放和新中国的建立，城市发展极其迅速，开始了以工业建设为主导的大规模城市开发，济南建成区不断向外围扩展。济南城市建设用地的增长直接受国家经济发展和社会变革的影响，城市建设用地经历了平稳增长期、大起大落期、稳定压缩期和迅速增长期。但总的来说，解放后的济南城市建设基本上是一个有计划的城市建设历程。城区的空间布局形态是建国以后经过历次规划建设逐步形成的。由于受北面黄河、南面山体等自然条件的制约，城市的发展经历了从主城区四周扩散蔓延式的发展，到向东西带状延展，到后来的跳出去建立独立组团三个发展过程。

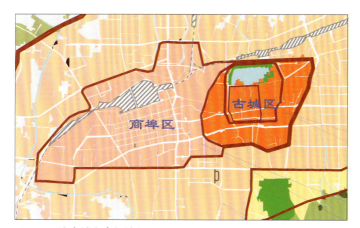

图 5-7 济南城市空间演化图

图 5-8 20 世纪 90 年代中期济南城市空间形态

城市总的发展态势是以"双核"旧城为中心向四周蔓延扩展，由于受黄河和南部山体的限制，逐渐转为东西两翼轴向发展。至上一版《济南市城市总体规划（1996—2010）》修订时期，城市布局形态初步形成由集中的主城区和王舍人、贤文、党家、大金四个相对独立的城市组团组成的"一城四团"带状布局轮廓。多年来城市布局形态发展一直延续带状发展，东西延伸的态势，没有突破性进展。城市内向型经济的主导发展模式，导致城市建设基本处于平稳推进式的递进发展。近几年，随着济南经济建设的快速发展，城市规模急剧扩大，城市用地基于原有的布局结构迅速外延，城市功能高度聚集，城市发展呈现组团间逐渐靠拢、连片的趋势，如西部的大金与主城区，东部的贤文与王舍人基本合并为一（图 5-8）。

5.2.2 城市空间发展的影响因素

（1）自然地理环境是城市空间扩展的基础

任何一个城市都是坐落在具有一定自然地理特征的地表上，其形成、发展和演变都与自然地理因素有着密切的关系。自然地理环境特征直接影响城市空间扩展的潜力、方向、速度、模式以及空间结构。在有些城市，甚至成为城市空间扩展的"门槛"。济南市自然地理条件对城市空间形态发展的影响集中表现在：城市南部有山体阻隔，北部有黄河天然屏障，城市发展受到较大限制，主要向东西两翼扩展。

（2）经济发展是决定性因素

经济发展的周期性决定了城市空间扩展速度的周期性。城市空间的扩展并非逐步均衡地向外推进，而是存在着加速期、减速期和稳定期三种变化状态，城市空间扩展的速度、特征、方向和形式表现出很明显的周期性特征。这种周期性的特征与一个城市在特定时期的功能、产业、区域定位乃至自身的房地产市场环境有着密切的关系。经济发展的周期性变化也决定了城市空间扩展形式的周期性更替。当经济高速增长之时，城市空间扩展形式主要表现为建成区范围的外延式水平空间扩展，其特征是城市处于迅速扩展的发展阶段，城市空间松散地向外拓展，城市用地呈松散状态。当经济稳定增长或缓慢发展时期，城市空间扩展转为内涵式垂直空间扩展，其特征表现为城市发展转向以内部填充、改造为主，建筑密度加大，紧凑度明显上升。特别是随着社会经济的发展以及科学技术的进步，一些纯自然的门槛或障碍将得以克服，城市可能迎来崭新的发展时期。

（3）交通建设具有指向性作用

交通发展是城市空间扩展的牵动力，对城市空间扩展具有指向性作用。在中国，当铁路运输方式出现以前，城市对外联系主要依赖水运，城市多位于水运要道并沿河流带状发展，城市空间扩展方向几乎都随河道走向，尤以南方水网地区的城市为甚。而在 19 世纪后期，铁路的出现改变了城市沿河单一扩展的方式，火车站枢纽作用的充分发挥，形成城市人流、物流集散的次中心，并在车站周围形成新的建成区，引导城市空间定向扩展，济南商埠区的兴起很大程度得益于济南车站的兴建。进入20世纪50年代，汽车运输成为重要的交通方式，沿公路伸展成为城市空间扩展的主要方式。伴随公路的发展与铁路、水运相结合，使中国进入综合运输阶段，城市空间扩展也由沿河或沿铁路单一扩展转为沿河、沿铁路或公路多方向扩展。

（4）政策与规划控制是城市扩展的控制阀

改革开放以前，我国的财政体制、人口迁移和户籍管理政策、住房政策、城市发展政策对城市空间扩展影响很大。改革开放以来，作为政府行为的城市规划，成为国家干预城市建设的主要手段，对于城市经济社会和城市建设发展具有重要的先导引领作用。《济南市城市总体规划（1996—2010）》中规定济南中心城区为"东西带状组团式"布局，由主城区和王舍人、贤文、大金和党家四个外围组团构成，这对济南市城市空间扩展有重要的控制引导作用，近年来济南的城市建设发展基本在总体规划的引导下有序进行。济南市新一轮城市总体规划（2006—2020）确定未来济南城市总体布局将形成"一城两区"布局结构，"一城"为主城区，"两区"为西部城区和东部城区。这将进一步正确引导城市空间的有序拓展，到2020年把济南建成具有独特自然风貌、深厚历史文化底蕴、浓郁现代化气息、代表山东形象的区域中心城市和繁荣、和谐、宜居、魅力的泉城。

（5）居民的生活需求对扩展具有特殊影响

随着城市经济发展，居民收入增加以及社会生活条件的改善，广大市民对游乐、健身、环境的要求大大增加，城市周围自然山水、文物古迹，乃至民俗民居、小桥流水均成为休闲活动的对象，城市空间随之扩大。此外，城市旧城区改造、开发区建设对城市空间扩展也有一定影响。总之，城市的空间扩展是多种因素综合作用的结果，只不过不同的城市在不同时期，各种因素的作用强度不同，从而产生了不同的城市外部形态与城市空间扩展模式。

5.2.3 城市发展用地评价

济南市地处鲁中山地北缘和山前倾斜平原的交接带，地形南高北低。南部为山地，中部为低山丘陵，北部为山前倾斜平原及黄河冲积平原。地质构造总体上是一个以古生代碳酸盐类岩层为主的北倾单斜构造，发育有多条规模较大的断裂，将单斜构造分割为若干断块，对岩溶水系统起到重要的控制作用。

济南泉域范围是东至东梧断裂（王舍人、刘志远、港沟西），西至马山断裂（长清区以西），南起长城岭地表分水岭，北至小清河一带辉长岩、闪长岩侵入体出露区及隐伏区，面积约1500 km^2。济南泉水成因是由于地处泰山北部单斜构造水文地质区，南部低山丘陵区为古生界寒武系、奥陶系碳酸盐岩层分布，易被水溶解侵蚀，形成溶洞和裂隙，因而能够吸收地表上的降水和径流，并由南向北潜流，流经市区北部时受燕山期火成岩体这一不透水层的阻挡，形成压力水头，在市区低洼处承压上露，形成泉群。济南泉域的补给，以降水入渗补给为主，补给在泉水形成发育中十分重要，按岩性的补给条件方式不同，可分为间接补给区（卧虎山水库以上汇流区）和直接补给区（泉域南部的低山丘陵及山前地带）。此外，泉域西北部（玉符河冲积扇一带）属地下水汇集排泄区，呈东西带状分布，是市区南部地下水向城区输送的主要通道。

济南市泉城特色和地下水的入渗、补给、径流关系十分密切，城市发展用地评价应将保护地下水作为首选因素考虑，将地下水的直接补给区、间接补给区以及水源地保护区作为需要严格保护的重点生态地区，不作为城市的发展用地。其次应把黄河、小清河等滞洪区、黄河滩区、行洪区，矿产资源的开采用地，地质灾害区，市区的自然山体等不宜建设的用地排除在城市发展用地之外。

（1）城区南部

南部山区是济南城市向南发展的"屏障"。现状城区的南部山区为全市重点生态保护区，区内地下水比较丰富，其直接补给区和间接补给区是承受大气降水的入渗补给、河床渗漏集中补给和孔隙水补给的主要区域，是济南市地下水命脉所在。尤其是玉符河冲积扇地区，是地下水的主要汇集区，一旦遭到破坏，将产生不可

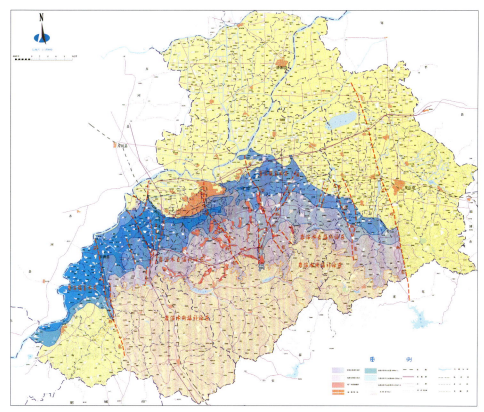

图 5-9 济南市水文地质分析图

逆转的后果。区内锦绣川水库和卧虎山水库为济南市饮用水水源地,生态环境十分脆弱,属重点生态保护地区(图 5-9)。

南部山区属泰山山脉,地势较高,是济南市的绿色屏障,具有丰富的自然景观,为风景旅游区和城市森林公园建设保护的重点区域,不允许城市建设占用。另外,山地地形复杂,城市建设需要较大规模的工程技术措施处理,代价很大。

(2) 城区北部

跨越黄河门槛发展北部地区,融入环渤海经济圈。济南位于山东省中西部、黄河下游南岸,北接京津,南通宁沪,东连胶莱,西达内陆,是山东省省会,济南都市圈的核心城市。北部地区的发展将使济南积极融入环渤海经济圈进而带动全省社会经济全面发展,加强济南及鲁中南地区与京、津等地的密切联系,进而消除其间长期存在的"经济凹陷带"。

北跨行动将引导济南城市发展战略调整,向区域性中心城市迈进。北部新城区建设将强调城市南北轴向的延伸,引导北向的腹地拓展,并强化对中间塌陷带的辐射。同时,根据国家高速公路网规划,东西向大动脉青银高速将从黄河以北地区穿过,则北部地区将成为京福南北大通道和青银东西走廊的交汇处,山东半岛西向的腹地拓展也将以济南北部地区为门户。

因此,北跨行动将搭建济南北向联动、西向拓展的前沿阵地,促进济南从省域中心城市向区域中心城市的迈进。促进城市空间北向拓展,搭建与京津的互动走廊,是济南融入环渤海的战略核心。北部新城区建设和北部地区整体实力的提升将大大拉近与京津核心区的时空距离及心理距离,尤其是大型企业的落户与选址等产业活动将大大加强北部地区的经济实力和承接能力,为更好地接受京津的有形生产要素和隐性要素外溢搭建平台。同时,充分利用优势区位、主动寻求区域分工协作,可充分发挥济北地区的综合优势,接受外向型产业梯度转移，融入环渤海产业链。北部地区地势平缓，大部分地区皆基本满足城市开发建设的要求，土地资源丰富，土地成本及建设成本均较低，且开发建设所受空间限制较小，具有明显的比较优势和相当的投资增值潜力。

（3）城区东部

城区东部用地开阔，地形从山前冲积平原一直过渡到黄河冲积平原，这种平原地形有利于开发建设，降低了东部地区开发建设的成本。从水文地质构造来看，自东梧断裂以东（王舍人、刘志远、港沟西）至文祖断裂（枣园镇东）属白泉—武家泉域，与济南泉域没有直接的水利关系，是相对独立的水文地质单元，对城市地下水影响很小，可适当考虑作为城市建设用地。城区东部的白泉—武家泉域虽属局部富水区域，并可保证东部地区部分供水，应严加保护。遥墙机场位于城区东北部，距核心区 28.5km，距遥墙镇约 5km，是国内干线机场，机场占地 $2km^2$，净空影响范围包括遥墙镇、董家和郭店镇西部的部分用地。

（4）城区西部

城区西部以京福高速公路为界，京福高速公路以东地区属山前冲积平原区，由于避开了泉水直接补给区，为适宜建设地段。其中又分为三部分：北部美里湖附近地势低洼，是小清河的滞洪区，不适于城市建设；中部地质条件良好，但过去一直受西郊军用机场净空的限制，开发强度被限定，只能小部分外延，随着张庄军用机场的搬迁，限制因素取消，这一区域的发展条件得到了巨大的改变，是未来西部建设的主要地段；南部（腊山以南）为岩溶水中等富水区，该地区的开发建设也应适当予以控制，开发强度不宜过大。

京福高速公路以西为玉符河冲积扇地区，其上部地层为粗砂类砾石含水层，下部裂隙较大，为岩溶水富集的奥陶系灰岩，这两部分地层之间无良好的隔水层，土层的孔隙水与岩溶水相互补充，形成分布广泛的西郊面状富水区。该地区是济南市地下水的重要补给区，为重点生态保护地段，是绝对不允许开发建设，不能造成任何污染的地段。城市再向西南跨越，到长清县城附近，用地自然条件良好，在保护城市地下水补给水源的前提下，可有限地作为城市发展用地。

5.2.4 都市圈规划对济南城市空间发展的指引

根据《济南都市圈规划》，济南都市圈空间结构与总体布局为"一极、一区、六轴"。济南中心城区增长极在济南都市圈中的空间功能定位为：山东省政治、文化、科技、教育中心和交通枢纽，济南都市圈的经济中心城市和辐射带动核心。济南都市圈服务业和先进制造业高度发达的极核，济南都市圈内各地区的经济联系中心，积极为济南都市圈内其他城市提供生产服务和发展机会、带动都市圈整合发展的"服务型"增长极，积极承担济南都市圈吸引外部经济要素、对外辐射经济功能的窗口和枢纽职能的"外向型"增长极。

《济南都市圈规划》要求引导济淄泰都市区尤其是济南的不同经济产业要素沿多个方向或扇面扩散、拓展，以及对周边地区的带动辐射过程中城镇、产业空间发展秩序的形成。济南都市圈层面上的济南空间发展研究是基于都市圈宏观层次的研究，从济南都市圈的规划范围出发，探讨区域条件下济南的空间发展策略。规划综合考虑了济南的地理区位条件、区域资源条件，特别是城市区域功能定位，依据济南市在都市圈中的城市职能与产业构成，提出了构建济南市城市功能空间的宏观理念，即济南城市空间结构由单中心集聚蔓延式发展向多中心组团式紧凑发展转变。以济南中心城区高度发达的服务业为核心，以东部、西部、北部等多个制造专业化城市组团为衔接点，通过济南中心城区服务、制造业竞争优势的快速提升，使之成为带动济南都市圈整体协调和快速发展的增长极。同时，济南的不同经济产业要素沿多个方向呈扇面扩散、拓展，对周边地区的带动辐射过程中城镇、产业空间发展秩序逐步形成。城市区域功能定位决定了城市功能空间的构建，这是最宏观层次上的城市空间塑造（表5-1）。

济南中心城区增长极发展指引表格　　　　表5-1

空间范围	空间功能定位	空间发展任务和要求
济南城区（历下、市中、天桥、槐荫、历城、长清，以及济南北部新城区）	济南都市圈服务业和先进制造业高度发达的极核，济南都市圈内各地区的经济联系中心，积极为济南都市圈内其他城市提供生产服务和发展机会、带动都市圈整合发展的"服务型"增长极，积极承担济南都市圈吸引外部经济要素、对外辐射经济功能的窗口和枢纽职能的"外向型"增长极	1. 大力发展高附加值的服务业和优势制造业，促进济南城市经济的快速持续发展。 2. 积极促使济南城市空间结构由单中心蔓延式发展向多中心组团式转变，落实"东拓、西进、南控、北跨、中疏"的城市空间发展战略，在济南老城区的东部、西部和黄河北部分别布置一个功能相对完善的城市组团，促使城区内的大型制造业和部分服务功能向这些地区集聚，通过更为开放的空间结构以改变济南对都市圈内周边区域辐射带动力不强的局面。 3. 加强济南在济南都市圈经济发展中的核心服务作用，努力降低服务交易成本，强化济南与周边六市在基础设施建设和重大产业项目上的统筹协调安排

5.2.5 城市空间发展战略

《济南市城市空间战略及新区发展研究》是济南市首次编制完成的空间战略规划，该项研究从分析宏观区域经济发展趋势、城市化进程入手，经过大量的调查研究和资料分析，对城市的发展现状、内部和外部发展条件的变化进行了深入分析研究，前瞻性地提出了济南"东拓、西进、南控、北跨、中疏"的城市空间发展战略，并确定城市布局结构为"一城、一区、一带"，由大型生态绿地隔离的"带状分片组团"式的城市格局，符合济南实际和城市建设发展的客观条件，对引导城市长远的健康发展具有重要战略意义（图5-10）。

2003年"6·26"省委常委扩大会议原则确认了济南市委、市政府提出的"东拓、西进、南控、北跨、中疏"的空间战略和"新区开发、老城提升、两翼展开、整体推进"的发展思路，标志着济南城市规划建设的理念和思路发生了深刻变革，城市发展战略和发展思路发生了历史性的重大突破。

图5-10 济南城市空间发展战略——东拓、西进、南控、北跨、中疏

(1) 东拓

城市东部地区指主城区东侧，以大辛河为界以东的范围，包括贤文、王舍人、董家、郭店、孙村等，沿着城市"胶济产业带"向东，形成未来城市的主要产业发展带。由于产业发展以市场导向为主要发展动力，各企业集团间封闭的管理，以及选址的相对独立，形成产业带相对分散的散珠状布局，以胶济铁路、济青高速公路、济青高速铁路（规划）、309国道、106省道为强大的交通支撑，沿东西向交通轴向分布。东部产业发展带将成为以发展高新技术、外向型出口加工为主的资金、技术密集型产业带。

(2) 西进

城市二环西路以西地区，在军用机场搬迁后，用地开阔、完整，拆迁量小，且靠近主城区，并有京沪高速公路和规划的京沪高速铁路在其西部南北向穿过，形成现代化的对外交通走廊，基础设施条件优越，便于近期形成。二环路以西、京福高速公路以东、小清河以南、经十路以北有可完整使用的土地约22km^{2}左右，另外，在经十路以南还有约18km^{2}的完整用地，可共同作为新区开发使用。其中，经十路以北地区地质条件优良，为新区建设的主要用地；经十路以南为岩溶水中等富水区，开发建设应适当控制，开发强度不宜过大。规划在大金庄一带建设城市新区，发展区域性的商务、金融、会展、信息服务、物流等产业，使其成为展示济南城市新区风貌的重要窗口，并对旧城功能起到疏解的作用。

京福高速公路以西为玉符河冲积扇富水区，该地区是济南市地下水的重要补给区，为重点生态保护地段，不能造成任何污染，不宜进行开发建设。城市跳过生态隔离区，将长清括入城区范围，可发展教育、大学园区、高档居住、旅游、休闲度假等低开发强度的产业。

(3) 南控

济南市南部山区属泰山山脉，是市区南部的绿色屏障，自然景观和历史文化景观丰富。由于其特殊的地质构造而形成丰富的地下水资源，是济南市地下水的直接补给区，城市地下水的命脉，也是城市地表水水源地，生态环境十分脆弱。因此，应严格控制城市向南发展，将南部山区作为城市重点生态保护区进行严格的控制和保护。

(4) 北跨

适应济南经济社会发展需要，城市跨越黄河发展势在必行。但城市北跨发展需选择适当的发展时机，并要超前建构便捷、安全、高效、生态、多元的一体化城市综合交通体系。整合北部地区空间资源，通过产业引导，不断壮大跨河发展实力，吸纳济南中心城的部分人口和重工业疏散转移，积极培育城市职能，逐步推动城市空间北向发展，优化城市功能布局，实现济南市"北跨"的空间发展战略。

(5) 中疏

通过城市新区的建设疏解主城区的中心职能，降低其人口、就业、交通压力。在老城区保留商业零售中心职能，调整、搬迁污染工业，增加开敞空间和公共绿地，改善居住环境质量，恢复泉城历史风貌。加强城市生活配套服务设施的建设，提高城市品质。

5.3 城市"东拓"及东部新区规划

济南市新一轮城市总体规划，坚持以科学发展观为统领，认真落实"五个统筹"的要求，全面贯彻省委省政府、市委市政府确定的"东拓、西进、南控、北跨、中疏"的空间战略和"新区开发，老城提升，两翼展开，整体推进"的发展思路，规划了济南到2020年的发展蓝图。

面对承办第十一届全运会的重大历史机遇，济南新一轮城市规划建设将紧紧围绕建设实力强大、人民富裕、社会和谐、生态良好的现代化省会城市的奋斗目标，按照"维护省城稳定、发展省会经济、建设美丽泉城"的总体思路，在城市总体规划的指导下，坚持新区开发建设和老城改造提升并重，全力推进新城区建设在城市东西两翼有序展开，全面拉开以主城为主体，东部、西部新城为两翼的城市发展框架，拓展省会发展的新空间，为成功举办第十一届全运会创造良好环境。

东部新城区指二环东路以东的重点建设发展区域，规划建设用地约 210km^2。落实"东拓"战略，以承办第十一届全运会为契机，围绕奥体文博中心、胶济客运专线新济南东站建设，沿经十东路、世纪大道、工业北路东西向交通走廊，规划建设以高新技术产业、现代制造业和商务会展、科教研发、体育休闲等新兴服务业为主导，生活居住设施完善、公共服务设施配套的现代化东部新城区。重点发展龙洞奥体中心区，燕山公共中心区，汉峪商务研发区，贤文高新技术产业区，王舍人、长岭山传统产业区，遥墙、唐王物流空港产业区，雪山和莲花山生活居住配套服务区，唐冶公共中心区，郭店、孙村、两河现代化工业产业园区，章锦济南出口加工区，彩石高教园区，庄科生活居住区。

5.3.1 奥体文博片区

济南城市规划建设将围绕建设活力之都、魅力之城、宜居家园，集中打造奥体文博、特色标志区和腊山新客站"三大亮点"片区。特别是要把作为第十一届全运会主会场的奥体文博中心建设成为集中展示济南现代韵律、富有时代气息的标志性建筑群和城市组团，突出泉水特色品牌，着力做足泉水文章，使之真正成为城市之魂、灵气所在、韵味之源，大幅度提升片区的整体形象和景观效果，达到点上景物宜人，片上气势恢弘，沿线观感优美，让泉城更美更靓的目标。

(1) "十一运"重点工程规划

① 奥体中心

2005 年 2 月 28 日，国务院正式批复由山东省承办第十一届全国运动会，主会场设在济南市。为了承办好这次盛会，济南市委、市政府认真贯彻落实省委、省政府的有关指示精神，紧紧抓住这一重大历史机遇，按照"东拓、西进、南控、北跨、中疏"的城市发展战略和"新区开发，老城提升，两翼展开，整体推进"的发展思路，经充分论证和规划选址，并报经省委、省政府批准，确定在济南东部建设济南奥林匹克体育中心，作为承办十一届全运会的主赛场。

济南奥体中心位于城市主轴线经十路东段，北起经十东路、南至体育南路、东起体育东路、西至体育西路，占地 85hm^2，总建筑面积 35 万 m^2，是 2009 年第十一届全国运动会的主会场。奥体中心规划方案设计具有以下六个特点：

"三足鼎立"：奥体中心两组场馆与综合服务楼形成"品"字形"三足鼎立"的总体格局；

"对轴对称"：奥体中心场地内形成南北主轴和东西两条轴线；

"地方特色"：充分利用柳树（市树）和荷花（市花）等地方特色元素，形成"东荷西柳"的建筑景观；

"交通组织"：结合场地布局，满足赛事和赛后要求，形成完整合理的交通组织体系；

"竖向设计"：建筑布局、建筑景观、交通组织与地形现状有机结合，形成整体；

"赛后运营"：场馆设计、交通组织充分考虑赛时利用和赛后运营要求，使其具备举办大型文艺演出、各类展览、商业服务等功能。

2007—2008 年，奥体中心场馆建设全面展开，体育馆、网球馆、游泳馆、体育场相继封顶，全面呈现"三足鼎立"、"东荷西柳"的规划布局形态。拥有一流的规划理念，一流的体育使用功能，一流的体育比赛设施，一流的体育竞技环境，毫无疑问，建成后的奥体中心必将成为未来济南市新的标志性地区，将形成以山水景观为特色、以高标准生态环境和便利交通为支撑、独具个性和魅力的城市公共中心和"新地标"，成为济南大都市空间中的新亮点（图 5-11）。

② 全运村规划选址

全运村选址于济南市旅游路南侧和龙洞路东侧区域，总用地约 87hm^2，建筑面积约 63 万 m^2，同步规划建设大辛河整治工程及区域内 6km 的道路工程，完善功能布局，提升环境质量，满足比赛需要。

图 5-11 奥体中心规划夜景鸟瞰图

图 5-12 省建比赛训练场馆规划效果图

③省建比赛训练场馆规划

第十一届全运会省建比赛训练场馆选址于世纪大道以南、泉港路以东、凤凰山西北，项目占地 87hm²，建筑面积约 30 万 m²。项目结合山东体育运动学院新校区建设，配套建设各类竞技体育训练设施以及为赛会配套的服务设施，规划形成具有国内一流水平的体育训练、教育、科研、医疗一体化的竞技体育基地，在十一届全运会期间承担自行车、飞碟、小轮车等 6 个项目比赛和训练任务（图 5-12）。

(2) 文博中心

文博中心是城市总体规划确定的三个市级公共中心之一，与奥体中心共同构成"三大亮点"之一——奥体文博中心。为进一步统筹奥体文博中心的规划建设，高水平高质量编制文博片区规划，2007年底，市规划局会同有关部门共同组织了济南市奥体文博中心文博片区城市设计方案征集，定向邀请了4家国外著名规划设计机构参加。按照规划，文博中心将以省博物馆新馆为核心，与档案馆及其他大型文化建筑共同构成济南新的文化地带，成为体现齐鲁文化特色，展示山东深厚历史文化底蕴，促进文化大省向文化强省跨越的标志性文化建筑群——文博中心，并将与富有运动激情的奥体中心遥相呼应，共同构成展示济南新区形象的标志性地区——奥体文博中心（图5-13）。

图5-13 文博中心城市设计规划范围

省博物馆新馆是文博中心的主体建筑，为高水平编制设计方案，组织了省博物馆新馆规划设计方案国际招标，国内外81家设计单位积极参与。经专家评审，最终"天圆地方"设计方案脱颖而出，它体现了中国传统文化中天圆地方的理念和齐鲁文化的大气与厚重。建成后的省博物馆新馆将按照"国际先进，国内一流"的目标，成为一座集历史、艺术、民俗、自然于一体，弘扬齐鲁文化传统，提升省会城市形象的标志性建筑（图5-14）。

图5-14 "天圆地方"的省博物馆新馆设计方案

(3) 片区内相关规划项目

①山东省立医院项目

山东省立医院选址于奥体中心以东的济南高新技术产业开发区，位于经十路北侧，马山坡、菠萝山南侧。项目占地面积17hm²，一期建筑面积为地上12.99万 m²，地下2.98万 m²。总床位数为1500床。

规划理念："主轴、单元、关联、形象"。主轴：与城市发展主轴垂直，服从城市主轴并延续城市主轴的精神；单元：结合医院的管理经验，结合规划现状，以临床学科为功能分区的单元；关联：以医院功能主轴串联各功能单元，形成强有力的功能结构与体系，实现医院功能规划和建筑规划的有机性和完整性；形象：为济南新的市政中心精心塑造具有时代特点的医疗卫生建筑。

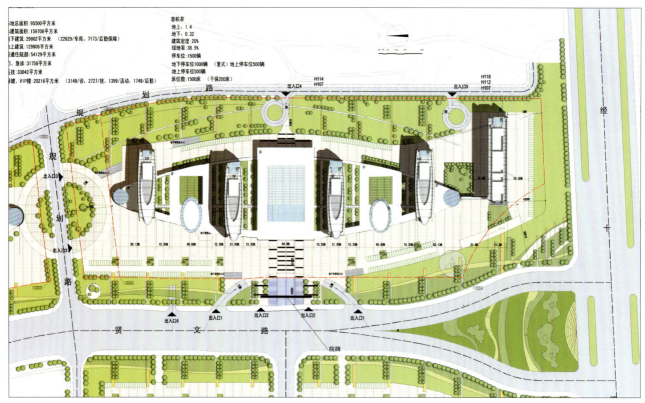

图5-15 山东省立医院规划方案平面图

图5-16 山东省立医院规划方案效果图

规划寓意多样与统一，沿经十路界面以与城市对话为主题，突出统一。沿贤文路界面，以与城市互动为主题，突出多样与统一的结合；规划建筑界面递进，病房楼沿贤文路的递进关系，形成了建筑与城市的契合，使空间开合有度，增添了空间的趣味性；建筑形象寓意"荷花满塘，医海绽放"，求功能而非形式，求神似而非形似，体现山东省立医院强大的发展动力，构筑医院美好的发展前景（图5-15、图5-16）。

②山东省高级人民法院项目

山东省高级人民法院新建综合楼地块位于经十东路北侧，地块呈南北向长方形，地势南高北低。新建综合楼包括审判、档案图书、法警训练、生活服务等多功能的大型综合性智能化建筑群，项目占地面积8.45hm^2。

方案总体布局寻求与规划所在地形的潜在轴线关系，同时考虑到基地所处区位及与周边

图 5-17　山东省高级法院规划方案效果图

图 5-18　浪潮科技园规划方案平面图

环境的关系，以城市文脉的角度考虑基地的规划布局，努力达到功能组织合理，用地配置恰当，结构清晰，与周边的自然及建筑环境相融合。整体布局遵循沿街退出绿化带及水系的规划要求，建筑外围形成绿化带围合，增大绿化率，营造良好的绿色环境。

法院建筑立面造型体现法律公证、威严，给人一种肃然起敬的公众形象。建筑主立面中轴对称，建筑特征稳重大方，几何关系稳定，象征法律像磐石一般不可动摇，执法如山（图 5-17）。

③浪潮科技园项目

浪潮科技园建设项目位于济南高新技术产业开发区的齐鲁软件园内，隔经十路与西南侧的奥体中心遥相对应，占地约 33.32 hm^2。结合国内先进高科技园区的设计理念，根据功能要求及区域特点，充分考虑分期开发的可能性，规划功能布局如下：

沿经十路布置两栋独立的高层建筑——研发试验中心，并在建筑和主要城市干道前形成礼仪广场，突出企业形象并丰富城市道路景观；集团总部与会议展示中心与日常的主要出入口相结合，分设于主入口两侧，把企业的产品服务与展示、研发与培训有机结合起来，软件研发区集中布置，并通过底层的会所、休闲设施自由联系，成组布局，便于各个软件部门的管理与发展。

在地段内规划两条清晰的绿带，形成两条绿轴，串起总部广场、会展广场、城市广场等各个绿化节点，并在绿轴内形成中心绿地"生态绿谷"景观，中心绿化保留原有的山谷地形，贯穿南北形成一条绿色生态谷（图 5-18、图 5-19）。

图5-19　浪潮科技园规划方案效果图

5.3.2　唐冶片区

唐冶片区是东部新区的公共服务中心。规划范围北至胶济铁路，南至经十东路，东至围子山山脊线，西至高速绕城东环线，规划总用地2139.99hm²。

（1）规划目标与构思

规划目标：山水之城、宜居之城、体育健康之城、现代服务业聚集之城。

规划构思：结合刘公河、土河等河道整治和两侧绿化，形成贯穿片区南北的特色生态景观带；通过片区内东西向次干路两侧绿化形成绿色走廊，将自然环境与城市空间有机相连，形成形似传统"九宫"图案的片区绿色空间格局。以此为主骨架，结合道路断面设计形成串联片区各组团的慢行交通系统，与快速交通合理衔接，构筑安全便捷、人性生态、充满活力的交通网络。

（2）功能分区

规划形成"一心、二轴、四区、多团"的功能分区。一心：沿世纪大道、港西路两侧和唐冶山周围布置公共服务设施，作为东部城区配套中心；二轴：沿世纪大道两侧形成的城市发展轴，沿港西路两侧形成的居住生活轴；四区：形成世纪大道南北两个生态居住社区，飞跃大道以北的产业研发区和围子山南侧的综合功能区；多团：构成四区的多个城市功能组团（图5-20、图5-21）。

（3）总体布局

规划形成"一山、一带、三水、四片"的空间结构。"一山"是围子山郊野公园；"一带"为东绕城绿色隔离带；"三水"为由刘公河支沟、刘公河、土河形成的贯穿片区南北的三条自然生态延伸带；"四片"为由三条河流分隔所形成的四片规划建设用地。

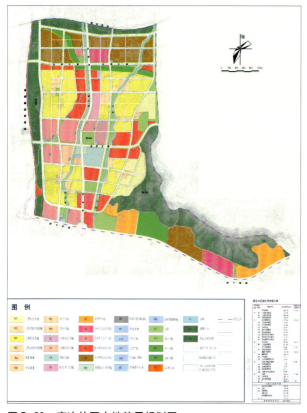

图 5-20　唐冶片区土地使用规划图

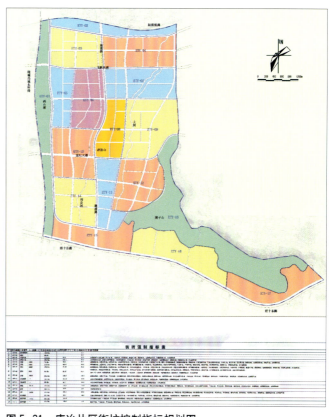

图 5-21　唐冶片区街坊控制指标规划图

5.3.3　孙村片区

孙村片区位于东部新城区东部、胶济铁路与经十路之间，总用地面积 4116.61hm²。规划国家信息通信国际创新园，建设全国一流的 IT 产业基地，数字装备制造业基地，形成产业协调发展、生态环境优美的绿色产业园区（图 5-22）。

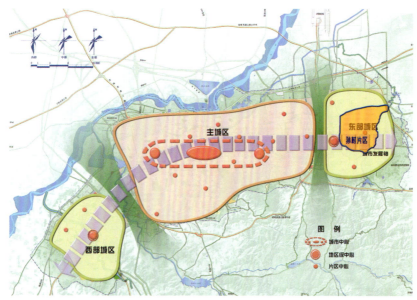

图 5-22　孙村片区区位图

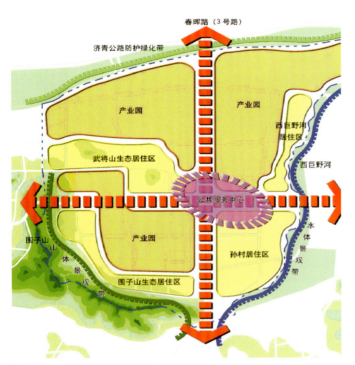

图5-23 孙村片区功能结构与空间分析图

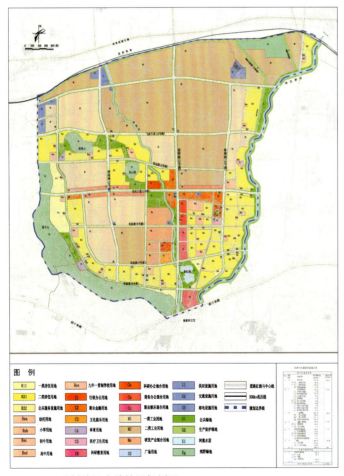

图5-24 孙村片区土地使用规划图

(1) 规划构思

以保护、利用、改善现有自然环境为基础，提升该地区生态、生活环境品质，形成依山傍水，产业、居住协调发展的空间格局，构建"生产＋生活＋生态＝绿色产业园"空间发展模式。

(2) 功能分区

规划构建生态复合型现代化产业园的整体形态，形成"一心、二轴、四区、多园"的功能分区。一心：沿世纪大道、春晖路两侧和孙村镇驻地周围布置公共服务设施，作为片区配套的公共中心；二轴：沿世纪大道、春晖路两侧形成城市发展轴；四区：形成四个生态居住区，以房地产开发、产业人员生活和旧村改造为主；多园：根据产业性质不同分别形成多个产业园区（图5-23、图5-24）。

5.3.4 汉峪片区

汉峪片区北至经十东路，南至车脚山村，东至莲花山、城墙岭，西至玉顶山、盖子山。规划总用地面积约1326.8hm^2。汉峪片区是东部新城的重要功能区，承担着商业金融的核心功能，是以商业金融和生活居住为主导的，含有成规模的产业研发用地，并兼具完备配套服务设施和市政基础设施用地的生态型综合性区域。

(1) 规划构思

充分结合本片区现状用地特点，因势利导进行规划，形成"生态为轴，绿化楔入，组团分布"的布局框架。

(2) 总体布局

规划形成"一轴、五带、七组团"的空间结构。一轴：沟通片区内各建设单元，由绿色开敞空间和公共服务设施集合而成的复合生态廊道；五带：结合公共绿地和城市道路构筑的东西向带状生态绿化景观通道；七组团：包括一个商业金融组团，两个产业研发组团和四个生活居住组团，各组团相应配置公共绿化空间和配套设施。

(3) 功能分区

本片区规划城市建设用地划分为三个功能区：金融商务区、产业研发区和生活居住区（图5-25、图5-26）。

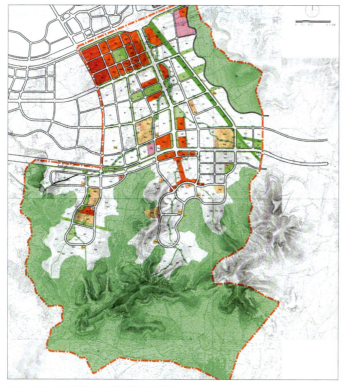

图 5-25 汉峪片区公共设施规划图

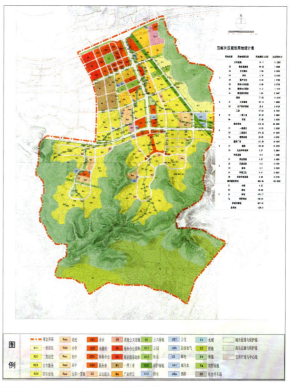

图 5-26 汉峪片区土地使用规划图

5.3.5 龙洞片区

龙洞片区位于东部新城区南部，大辛城市景观副轴的南端，距主城区约10km。北至经十路，南至龙洞郊野公园入口，西至转山，东至舜华路，总用地面积1574.06hm²。奥体中心坐落于龙洞片区，规划突出该片区作为市级公共服务设施中心的崭新形象与标志性城市景观，力求塑造一个新的城市亮点和富有独特魅力、宜居的生态型居住社区。

(1) 规划目标与构思

以市级体育及配套设施功能为主，兼有商务办公、居住等功能，形成具有市级公共服务、居住、旅游等功能的综合性片区。

突出奥体中心，完善周边配套服务设施，注重塑造沿经十路城市景观；塑造大辛河景观轴线，保护城市历史文脉和山水格局；充分发掘片区独特的地理和人文特征，构筑独具风貌的山地型生态居住社区。

(2) 总体布局

规划形成"一轴、一心、六区"的空间结构。"一轴"指片区内南北向景观轴线，是大辛河的水脉所在，同时还构成了片区内的主要道路交通骨架；"一心"指奥体中心，其三足鼎立的建筑形态成为片区的标志性建筑景观；"六区"指奥体东商务办公区和五个居住区。

(3) 功能分区

片区旅游路以北为奥体中心及配套设施区、商务办公功能区，沿龙洞路两侧，北部为居住区级配套服务功能区，南部为旅游服务功能区。奥体东侧南部、全运村、安置区、西蒋峪、龙洞庄用地为生活居住功能区（图5-27、图5-28）。

图 5-27 龙洞片区土地使用规划图　　　　　　　　　图 5-28 龙洞片区规划总平面图

5.3.6 济南国家信息通信国际创新园

为落实国家自主创新战略，同时随着国家发展战略重心转至环渤海地区，国家科技部决定在环渤海地区筹建国家信息通信国际创新园（CIIIC），基于山东省暨济南市具备筹建 CIIIC 的雄厚基础、产业优势和良好的投资环境条件，定位明确、思路清晰，科技部正式决定将这一园区落户济南市。

CIIIC 园区位于东部新城区，由产业区和研发区两部分组成。研发区位于大辛河东侧，新泺大街南部，经十路两侧，包含齐鲁软件园用地以及汉峪片区用地，规划控制面积 18.5km²，规划建设用地面积 11km²；产业区位于围子山以东，经十路以北，胶济铁路以南，包含孙村片区以及两河片区用地，规划控制面积 56.4km²，规划建设用地面积 50km²。

（1）规划理念与目标

以"生产、生活、生态"三位一体为基本规划理念，实现以生产为核心、生活配套为基础、生态保护为根本的 CIIIC 园区的可持续性建设发展，创造功能活力复合、布局多样弹性、环境生态自然，具有国际竞争力的可持续发展的 ICT 产业园区。

根据产业规划，CIIIC 的功能包括研发创新、孵化加速、产业发展、高端服务、辐射带动等五大功能。CIIIC 整体目标为：发展为国内 ICT 产业的"创新集群"，实现排名第一，吸引国内外领先的 IT 厂商与研发中心来设点，在中国的服务、法律、资本市场、基础设施的支持下，更好地利用全球资源。

（2）园区建设

① CIIIC 研发区

CIIIC 研发区规划建设为园区的核心功能区，优先发展 IT 服务、软件设计研发、科研孵化等产业，配套发展金融、商贸、总部经济等现代服务业，形成全国ICT产业的创新、辐射中心区，构筑"双核带动，两翼发展，三轴相连，Z字轴心"的空间结构，形成"六类产业基地，四大居住组团，四面绿山环绕"的功能分区（图5-29）。

② CIIIC产业区

CIIIC产业区规划建设为ICT相关产业的生产制造区，优先发展个别电子制造业集群、计算机集群、电子信息外延产业集群等，形成功能配套完善、生态环境优美的产业园区，构筑"一心、三轴、三带、两片发展"的空间结构，形成"六类产业集群，五个居住区"的功能分区（图5-30）。

5.4 城市"西进"及西部新区规划

西部新城区指二环西路以西的重点建设发展区域，规划建设用地约120km²。实施"西进"战略，以京沪高速铁路新济南站建设、张庄机场搬迁为契机，以大学科技园建设为带动，规划建设商务会展、高科技产业、高等教育、生活居住、旅游休闲为主导的现代化新城区。重点发展西客站商务区、担山屯物流园区、美里湖民营科技园区、腊山生活居住和工业研发区、文昌生活居住区、平安济南经济开发区、崮山大学科技园区。

5.4.1 西客站片区

济南西客站地区位于二环西路以西、绕城高速公路西环线以东的张庄片区，规划用地约25km²。西客站片区位于张庄片区核心区，是济南市委、市政府落实2007年"9·29"省委常委扩大会议精神，确定重点打造的"三大亮点"之一。该片区规划以京沪高速铁路新济南站建设和张庄机场搬迁为契机，充分利用高铁站的交通枢纽功能，承接京津、沪宁辐射，大力发展商业会展、商务办公等城市功能，打造"山东新门户、泉城新商埠、城市新中心"，成为彰显泉城特色和省会形象的重要窗口，带动西部地区跨越发展的增长点。

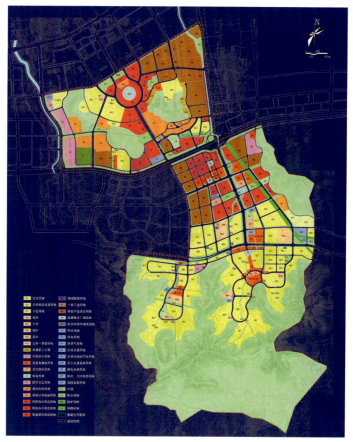

图5-29　CIIIC研发区用地规划图

图5-30　CIIIC产业区用地规划图

(1) 西客站片区控制性详细规划

①规划结构

规划形成 "一站、两轴、三心、多组团"的布局结构（图5-31、图5-32）。

一站：指济南西客站及其核心地区，是本片区重要的发展节点，对整个片区及济南的发展有着重要的带动作用。

两轴：东西发展轴——以高铁站为起点规划一条东西向100—150m的中心绿带，形成片区重要的发展轴线。根据两侧的用地类型，轴线分为高铁站前广场段、文化活动段、商业服务段、城市中心公园段。通过大尺度的绿色开敞空间，打造泉城特色凸显的腊山新区新中心，提升济南门户形象。南北景观轴——以腊山河水系为主要承载的绿色廊道。在水系东侧扩大滨水空间形成滨水公园，联系南北腊山湖和小清河。同时该廊道还是贯穿片区的重要景观视廊，南端为腊山，北端为美里湖。

三心：区域商务中心、城市公共中心、主题园区（包括中心公园、体育中心、文化创意产业园），是西客站片区实现腊山新区中心区的重要功能体现，也是西客站片区作为济南区域发展新的"门户"和"窗口"的具体表现。

多组团：在一站、一轴、三心的骨架结构统领下，规划设置大型居住区，形成多个居住组团。

②功能分区

规划片区形成5个功能区，分别为：

交通枢纽区：该功能区位于大金路以西、京福高速以东的区域，本区域内包含有京沪高铁、铁路编组站、京福高速、轨道站场等重要的交通设施，是西客站片区作为交通枢纽的主要承载区。

区域商务区：位于高铁站周边的直接辐射区，发挥区域服务功能，该区主要汇集商务办公、高档宾馆、商业娱乐等功能，是展示新济南形象的重要标志区，也是济南面向区域的最直接体现区域。

城市公共服务区：该功能区位于核心区的东部，融合了总体规划确定的腊山文化设施中心等重要城市功能。该区结合中心绿带布置了济南市图书馆新馆、济南市科技馆新馆等重要的公共服务设施，主要为济南及腊山新区服务。

图5-31　西客站片区土地使用规划图

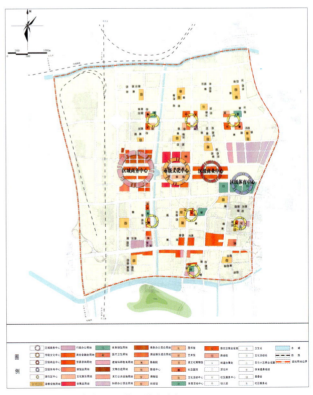

图5-32　西客站片区公共设施规划图

主题园区：利用张庄机场搬迁后的用地规划形成主题园区，设置中心公园、体育中心、文化创意产业园等，保留并利用机场原有设施，体现历史特色印记，成为片区东西轴线的东部节点。

居住区：本片区围绕核心区规划有7个居住区，每个居住区约容纳3万—5万人。

③城市设计导引

核心区设计构思："名泉长卷，展齐鲁人文风采；高铁通途，迎济南发展舞台。"济南自古有泉城美誉，这是济南最具特色的城市名片。高铁的开通，势必给济南带来跨越式发展的机遇，作为最有开发价值的站前核心区，其规划设计应把能够充分体现济南的城市特色作为首要任务。因此，在规划的东西轴线中结合泉的特色做足水的文章，结合山东和济南的丰厚历史人文底蕴，规划形成有地域特色的人文画卷，通过精心设计把核心区打造成济南新的发展极，成为展现城市形象的新舞台，一方面可以展示城市的现代化风貌，另一方面也集中体现了城市的特色与活力。

(2) 西客站核心区城市设计

为贯彻落实"9·29"省委常委扩大会议精神，把西客站建设成全国一流的标志性交通枢纽港，把西客站地区打造成富有商贸活力和财富创造力的新城区，按照高起点规划的原则，市规划局会同有关部门于2007年10月至2008年1月对西客站地区概念规划及站前核心区城市设计方案进行了国际征集，邀请了来自美国、英国、德国、法国、澳大利亚、日本、新加坡和国内的21家知名设计机构参与。经知名专家评审，最终选定东南大学城市规划设计研究院、阿特金斯顾问（深圳）有限公司、奥雅纳工程顾问（上海）有限公司、清华城市规划设计研究院、上海合乐工程咨询有限公司、英国工程设计院、香港国际工程设计研究院等7家设计机构承编设计方案。

①城市设计范围

西起京福高速公路，东至腊山河东侧次干道，南起张庄路西延长线以南200m，北至北园大街西延长线以北200m，总面积约6.5km^2（图5-33）。

图5-33　西客站核心区城市设计范围

②规划原则及目标

坚持社会效益、环境效益、经济效益兼顾的原则。注重和谐发展、可持续发展；坚持以人为本，充分关注民生；倡导生态、节能、环保理念；加强公众参与度；与国民经济和社会发展规划、土地利用总体规划协调一致。

此次规划以西客站合理的发展定位为前提，以交通枢纽与城市的互动发展为核心，广泛征集有创意、有特色又符合济南实际、切实可行的方案设计，从而寻求合理的开发建设模式，并对西客站片区未来发展的功能定位、布局结构、空间形态、交通组织、景观意向、开发容量、开发时序与运行组织等主要内容进行了深入研究。

③方案简介

方案一

- 规划理念：综合定位——提升能级，功能多元；交通优先——梳理交通，高效集约；和谐生长——TOD开发，有序推进；弹性用地——混合利用，激发活力；文脉延续——沟通山水，凸现特色。
- 功能定位：确定西客站片区核心区由交通枢纽、商务会展、商业商贸、文娱旅游、居住、预留用地六大功能板块构成。除了基础的交通枢纽板块之外，西客站片区核心区被京沪高铁划分为站东、站西两个片区。其中，站东片包括商务会展、商业商贸、文娱旅游、居住四大板块；站西片则定位为预留用地。
- 空间结构：以济南西客站为推进点、结合地铁系统的发展和地铁站点的选位，形成了"十字形空间发展轴"、"混合布局公建区"、"一环、两核心、三节点"的总体空间结构。

十字形空间发展轴：以西客站、BRT与轨道站站点为生长点，以张庄路、济西东路、腊山河西路为依托，结合腊山河的滨水优势，形成连接三个生长点的十字形空间生长轴。

混合布局公建区：以TOD开发模式为依据，以火车站、BRT与轨道站为支点，在火车站与龙山湖——腊山河之间形成混合开发的公建区，一方面加强它们之间的空间景观联系，另一方面加强聚集效应。

一环、两核心、三节点："一环"环绕混合布局公建区水环加强了城的意蕴。"两核心"充分利用城市轨道站点的交通优势，形成站前商服区和滨水的城市副中心。"三节点"规划结合高铁站和公交系统设置西站场（未来）、南北两个重要的社区中心（图5-34）。

图5-34 方案一平面图

方案二

- 发展定位：对接京沪的区域综合交通枢纽，山东省的区域门户，济南西部城市副中心，新济南城市文脉的窗口地区。

- 空间结构："双核三区、两轴两带"。双核：根据不同功能的空间需求，地段西侧以高铁枢纽为核心，发展高铁配套服务产业。地段东侧以城市副中心为核心，发展综合生活服务功能。三区：在双核的拉动下，沿城市水景长廊建设以商务为主导的功能混合区、文化会展区和产业研发区。两轴两带开放空间系统：通过网络化开放空间系统，沟通用地周边的城市绿化轴线，使规划片区完全融入西客站片区整体绿化体系。

- 空间形态

形态控制：高铁站点以其独特的建筑造型成为城市西部地标，周边高层建筑群围绕东广场，呈环抱之势，共同打造济南高铁站开阔疏朗的门户形象。垂直于高铁站规划一条城市历史长廊，向东延伸至腊山河。沿长廊两侧布置连续的点式高层，形成错落有致的城市界面。在长廊东端规划一座彩虹桥，跨越腊山河直达西侧城市副中心二层步行平台。城市副中心以中央塔楼为核心，沿腊山河向南北两翼展开。核心区整体空间形态呈现振翅高飞之势，寓意济南西客站片区的快速发展。

高度控制：制高点分别出现在东侧城市副中心和西侧高铁综合服务区，建筑高度以该两核为中心向南北两侧依次递减，形成重点突出，舒缓大气的城市天际线（图5-35）。

方案三

- 规划理念：全面落实公交导向城市发展战略，把西客站及周边地区发展成为高水平的商业、办公、休闲娱乐区域目的地，通过整合公共空间脉络，例如水系和绿地，延续济南的历史文化，建立可持续发展评估体系，以科学客观方法来量度和评估规划方案。

- 空间结构："三个商务核心，三条城市发展轴线"。

三个商务核心：中央商务核心。高铁站点是整个济南的交通枢纽，是未来建设全国性区域性的商业商务目的地的基础，它所具有的对城市功能的整合力也是最强的；在其周边500m范围内是高铁站点周边的核心发展地

图5-35 方案二平面图

区，是未来济南高水准的商业商务中心所在地，同时是展现城市风采的窗口。商务次核心。围绕核心区内两个TOD轨道交通站点所形成的城市商务次核心，分别是北园大街城市商业次核心和张庄路城市商业次核心。这两个商业次核心由于便捷的大运量交通的引入成为人们与西客站核心区交通联系的门户。一个副核心。在500m核心发展区与1500m之间，在腊山河西路与济西东路交叉口规划了一个城市副核心，以商业服务功能为主，用以覆盖高铁站点和BRT轨道交通未能覆盖的城市区域，形成主次核心互补，多核心梯次发展的城市格局，以利于整个西客站片区全面均衡地发展。

三条发展轴线：核心商业发展轴，是规划的联系西客站和张庄路商业副中心及北园大街商业副中心的步行主导的商业街。透过这一条商业街，将两个城市商业副核心和中央商务核心直接联系起来，形成协同互动的效应，打造一条贯穿整个核心片区的经济"金脊"，使得高铁对城市的辐射效能增强。城市发展轴，在控制性规划中一条由东至西的城市发展轴线穿越整个西客站片区的城市空间轴线，直抵西客站集散广场。这有利于展示高铁的城市形象，在此次设计中给予保留，但为了与泉城的地域特征衔接，同时为西客站使用人群或周边的居民提供具有亲和力的城市空间，在城市设计过程中将水体引入到城市中央轴线，形成水绿相缠，商业繁荣，天地人和的中央公园。城市文化发展轴，在核心区西面，沿河岸规划一条城市行政文化发展轴带，此处腊山河的河道经过景观处理扩大为宽阔的水面，成为西客站景观轴线向东延伸的一个节点，行政文化轴带成为西客站视线通廊的对景，使西客站核心区的中轴线空间有了完整的结构性收束（图5-36）。

方案四

- 规划目标：紧扣京沪铁路大动脉，重点打造高速铁路枢纽区；把握城市发展机遇，实现西客站地区的整体城市功能提升；依托周边生态环境资源，实现规划区可持续健康发展；理顺交通、市政基础设施配套，保障城市机能平稳运行；合理构建区域人居环境，建设以人为本的宜居城区。

图5-36　方案三平面图

- 规划理念：统筹考虑，多维比较，立足理性的功能定性与定量研究；适度分离，局部共享，建立互动的交通枢纽与城市中心；着力营造标志景观，打造城市空间结构的"玉十字"；协调枢纽东西两侧，精心编织功能复合的"金腰带"；高度灵活的模块式开发单元；科学合理的城市交通组织；平衡稳固的生态绿化体系；结构严谨的城市空间格局；便捷高效的枢纽交通组织；立体综合的地下空间开发；循序渐进的开发实施策略。
- 空间结构：规模适中的绿化开敞空间网络，有利于塑造疏密有致的城市肌理，这种特征鲜明的城市肌理，有利于增强居民的场所感，营造人性化的城市环境。将主要的公共服务设施集中在"玉十字"和沿大金路、经十路和北园大街两侧的城市用地内，这些地区实行中高强度的开发；而在其余的居住设施用地执行中等强度的开发。高层建筑主要集中于"玉十字"内，其余地区不宜过高。这种主次有序、高低明确的开发策略，形成了结构严谨的城市空间格局（图 5-37）。

方案五

- 空间形态：该方案主要构思为将交通枢纽中心与城市副中心适度分离，二者之间为城市文化主题公园，其核心为以济南市花"荷花"为母体设计的城市文化馆，集中展示济南城市文化。穿过主题公园，是城市副中心，它以滨水商业为中心，呈环状向南北两翼展开，并通过形体组织强化东西轴线。
- 用地规划：结合济南西客站集中安排公交枢纽和长途客运站，合理组织交通，构建高效的交通换乘枢纽。为减少对交通功能的影响，紧邻站前广场只安排服务进出站客流的商业和办公。考虑会展功能对交通的依赖性，以及会展与商务职能之间高度相关性，规划将会展用地调整至核心区北侧，邻近北园大街和大金路布局，形成专业性的会展中心。沿北侧商务区和会展区集中安排旅馆用地，以更好地服务交通、商务和会展职能。
- 开放系统：由郊野绿地及主题公园及滨水绿带组成的 H 形的绿地系统工程为规划区提供了两个大型的开敞空间。其间部分开敞空间又通过公共绿地（点／面）及小片水系（线）串联起来，共同组成完整、层次丰富以及多样化的开放空间系统。开敞的自然景观与周边的都市景观构成鲜明的对比，展现了区域内的景观特征（图 5-38）。

图 5-37 方案四平面图

图5-38 方案五平面图

方案六

• 设计理念：

"水岸泉城"："水岸"取自于其生态环境，从大范围来讲，中国的母亲河——黄河南岸；小区域范围来说，指小清河和腊山河岸；"泉城"来源于济南的水文化，济南以泉而闻名天下，承接传统的泉文化是设计的灵魂所在。

"圈层开发"：建设开发将围绕生长脊和生长单元以不同的强度展开，这一混合强度的开发模式让核心区的建设层次分明，在各区形成自己的特色。

"生态绿核"：规划将在中心位置依托自然的水体控制出一个生态绿核，成为区域原生态的母体，每个城市组群由围绕该组群核心功能并在其中扮演不同角色的组团组成，并由组群中的次一级的生态核分隔开来。

• 功能定位：以现代企业办公集聚中心，物流信息中心，商业购物中心为主体的副中心核心区，济南西郊居民公共生活的平台，居民日常购物、休闲、娱乐的集聚场所。

• 方案特色：

活力：以复合化多功能形成高品质城市服务中心，以便捷、可达性强的交通系统形成高效的城市运行体系；门户：以彰显特色又相互协调的风貌分区塑造可识别性强的城市街区，以立体空间形态的控制形成富有美感的城市轮廓，以丰富多彩的夜景体系增强城市景观标识性；展场：形成完善的城市开敞空间，提供舒适的生活环境，

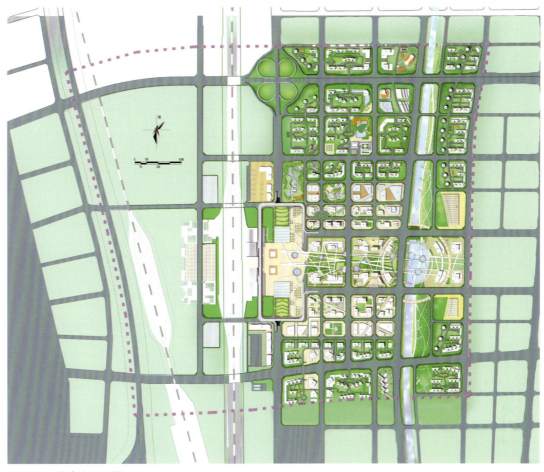

图 5-39 方案六平面图

梳理城市景观系统，全方位塑造城市新形象，保护城市生态水景线，营造腊山河优美滨水景观，保护利用兴福寺，形成极富特色的地方传统文化空间（图 5-39）。

方案七

- 功能定位：展现济南市城市风貌的窗口，西客站片区发展的先导区，集交通枢纽、商务办公、商业休闲、文化娱乐、居住等于一体的功能复合区。
- 空间形态：西客站片区核心区的整体高度形态呈波浪形，中间高四周低，在空间上形成"内高外低，聚焦圆心"的形态。位于圆心的两栋标志性建筑，建筑高度超过 200m，是整个区域的制高点，将成为西客站片区城市形象的代表。滨水区和高速站周围的建筑高度较低，加上宽阔的水面和公共绿地，形成低平的开敞空间，圆心区域为高层商务办公区，竖向的商务办公建筑群与舒展的高速站场、滨河文化建筑在空间上形成对比，大大强化了整体空间的凝聚感。
- 空间结构："一心、一环、三轴、三区、多组团"。主要集中交通、办公、商业、娱乐、休闲、居住、文化等，各部分相对应又融合。一心：以站前广场为核心，站前广场利用铺装材料限定一个圆形的空间。一环：整体生态景观廊道的外围框架，在基地内以最大限度形成一个圆环。三轴：东西向的城市发展轴、南北向的生态景观轴和南北向的滨水休闲轴。三区：沿中轴线自西向东依次展开交通枢纽区、商务办公区和文化博览区。多组团：在一心、一环、三轴、三区的结构框架下，南北两翼形成以居住区配套设施为核心的居住组团（图 5-40）。

图5-40 方案七平面图

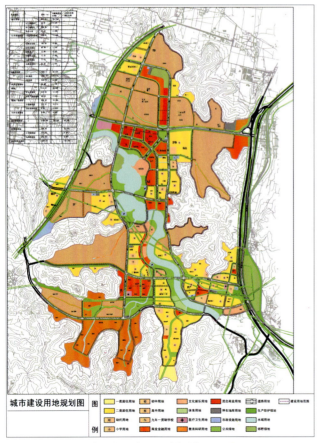

图5-41 大学科技园城市建设用地规划图

5.4.2 大学科技园区

(1) 规划范围

大学科技园区选址于西部新城区长清东部的崮山片区，是带动西部新城区发展的又一增长极，规划总用地约97km^2，其中城市建设用地约31.55km^2（图5-41）。

(2) 园区定位

规划形成集教学、科研、居住为一体，山东省高级人才培养、科学研究和信息交流中心，成为落实"西进"战略的承载地和知识产业发展的孵化器。贯彻生态优先的可持续发展战略，突出区域自然环境优势，构建具有合理空间布局、综合服务功能、高效便捷交通体系和高品质空间环境的城市新城区。

(3) 规划目标

①按照现代化城市的建设标准和概念进行规划控制，营造交通方便、运营高效、设施完备的公共服务设施体系以及高品质的生活居住和工作环境，适应现代生活需求的现代园区模式。

图 5-42 大学科技园核心区规划方案鸟瞰图

②合理进行交通组织并建立与景观相配合的道路系统，保障区域内的交通便捷和安全，特别是步行系统、公共交通的组织和静态交通的安排以及旅游休闲交通系统的组织，同时营造具有特征的园区景观。

③运用城市建设管理和城市设计等手段，发掘、利用与有机组织自然、人工和人文要素，塑造一个环境优美、功能齐全，具有"生态城"特色的新的长清大学园区的形象。

④以可持续发展思想为准则，现代化的生态城市理念为基础，有机组织城市空间景观和生活环境，完善现代园区的内涵。

⑤营造时代特征与传统文脉（中国儒家文化）相交融的建筑空间环境。创造生态型、有历史文脉和时代特征的现代园区景观。

⑥制定完善的控制指标体系。通过对用地、交通、景观三方面的规划控制，建立起一整套完善的指标体系。主要包括：各类用地指标控制、建筑退界控制、建筑高度控制、开发强度控制、地块适建性控制、城市景观控制、道路景观设计导引、河渠景观断面设计导引等。

（4）功能定位与空间结构

规划将大学科技园区功能定位为西部城区的核心组成片区，现代高效的开放型教育园区和创新研发基地，繁荣的西部城区商贸中心，生态环境优美的低密度居住区与休闲区。

规划形成"两心、两轴，八组团"的空间结构。两心指片区内一南一北两个核心组团；两轴指公共设施轴及生态水景轴；两片为东部、南部两片山体形成的山体绿化生态功能带；八组团包括四个高校组团，两个居住组团，一个居住综合组团和一个科研综合组团（图5-42）。

（5）城市设计

规划强化城市空间形态的整体性和独特性，并与自然山水环境保持协调，在景观重要区段进行城市设计导引，包括节点、轴线、界面三个方面。

节点：规划选择若干重点景观空间和主要地标物作为区域的节点，包括主要轴线的端点、交点以及重点公共开放空间等位置。这些景观节点分为地标建筑景观节点、开敞景观节点两类。

轴线：主要轴线分为核心区公共主轴线、公共景观发展轴线和滨河绿化景观轴线、绿化景观延伸轴线四类。

界面：沿不同的轴线两侧对建筑和环境景观的界面进行引导和控制，可以分为公共建筑景观界面和滨水景观界面。

5.4.3 济南经济开发区

济南经济开发区（原名为济南外向型工业加工区）位于西部新城区的长清区辖区内，北至长清区界，南至北大沙河，西至黄河，东至济菏高速公路及刘长山路延长线，总用地面积 8493.15hm²，规划定位为西部片区的产业组团（平安组团）。

（1）定位与目标

济南经济开发区将建设成为以电子信息、加工制造、物流产业为主导、生态环境优美的现代化产业园区。以高新技术孵化基地和高附加值加工制造业为主体，建立完善的现代产业支撑服务体系，促进各产业的协调发展和产业结构优化升级，建设成现代化新型工业基地。

（2）规划构思

图 5-43 平安片区（经济开发区）土地使用规划图

规划以发展西部城区经济、升级产业结构为主，形成与片区配套的服务网络，创造人与自然和谐的生活环境，构建"经济+网络+生态"空间发展模式（图 5-43）。

（3）布局结构及功能分区

①布局结构

规划生态复合型现代化产业园的整体形态，形成"一心、一轴、三区、多园"的功能结构：一心，沿经十西路两侧中心位置布置公共服务设施，作为

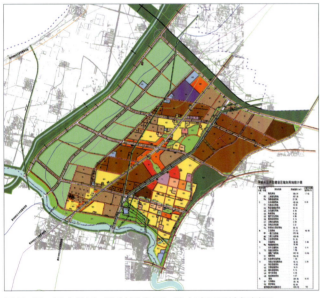

图 5-44 平安片区（经济开发区）城市建设用地规划图

片区配套的公共中心；一轴，沿经十西路形成城市发展轴；三区，形成三个生态居住区，以房地产开发、产业人员生活和旧村改造为主；多园，根据产业性质不同分别形成多个产业园区。

②功能分区

沿北大沙河北侧、凤凰山西侧和平安镇驻地周围规划生活居住功能区，凤凰山西路两侧、凤凰山路西侧及新纪元大道以北规划装备制造产业区，在产业区内增加设置电子信息等一类产业（图 5-44）。

5.5 城市"北跨"战略及北部新城构想

"北跨"是 2003 年 6 月 26 日省委常委扩大会议确定的济南城市空间发展战略之一,济南市新一轮城市总体规划提出了"实现跨黄河发展,在黄河北建设新城"的远景目标。为落实城市空间发展的"北跨"战略,加快黄河以北地区建设发展,市规划局组织编制了《济南市北跨及北部新城区发展战略研究》。

5.5.1 背景研究

(1) 北跨研究的意义

在环渤海经济圈崛起、济南都市圈形成、济南城市发展面临阶段性转型的宏观背景下,北跨战略作为济南市积极参与新一轮区域整合、提升城市综合竞争力、优化城市发展空间格局的重要战略举措被提上日程。北跨研究以济南北跨的战略意义及可行性分析为基础,以北跨战略下济南都市区空间重构为切入点,以北部地区及北部新城区空间布局为核心,充分考虑城市跨江发展的有利条件和制约因素,重点讨论北跨战略定位、产业发展、总体布局、空间支撑、生态安全、开发模式、实施调控等内容。力图为城市发展提供战略指引,为地方政府规划决策提供科学依据,为实施层面各层次规划的编制提供可选择、深化、优化的技术性平台。北跨研究的意义主要体现在以下几个方面:

首先,接轨京津、强化环渤海经济圈南翼中心地位。环渤海地区一体化进程已见端倪,济南宏观经济联系方向面临调整;引导济南城市发展战略调整,向区域性中心城市迈进;促进城市空间北向拓展,搭建与京津的互动走廊,是济南融入环渤海的战略核心。

其次,拉动鲁西北、整合都市圈。以都市圈为龙头拉动黄河中下游地区发展,积极拓展环渤海和半岛城市群腹地;鲁西北地区发展基础良好,圈域整合对济南综合竞争力提升意义重大;北跨战略将强化济南作为中心城市的区域服务功能,构建北部地区新增长极。

再次,引导城市跨越式发展、构建和谐大济南。从济水之南到黄河之北,省域中心城市到区域中心城市的跨越;整合北部资源,构建济南大都市区,提升城市整体竞争力;调整优化城市空间结构,促进南北和谐、人地和谐、生态和谐。

(2) 研究范围及框架

北跨研究以济南市黄河以北地区为研究范围,包括济阳县、商河县全域及天桥区的桑梓店镇和大桥镇,总面积 2250km^2。北跨的研究框架如图 5-45 所示。

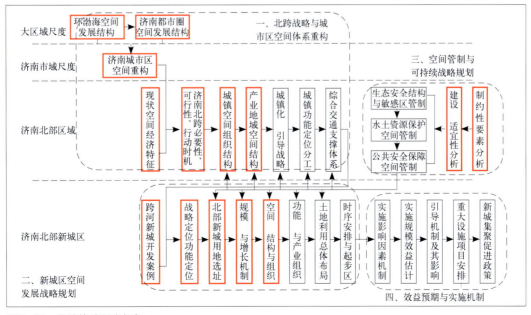

图 5-45 北跨战略研究框架

(3) 研究目标

北跨研究要达到以下目的：

明确北跨战略在不同空间尺度下对济南发展的重要意义，论证北跨的必要性和可行性；

以北跨为契机引导济南大都市区空间重构，提升整体效率、促进有序增长；

北跨背景下对北部地区进行再审视，优化北部城镇体系与空间发展格局；

明确北部新城区功能定位、空间布局与建设时序，推进北跨战略稳步实施；

完善北部基础设施体系，优化北部生态安全格局，确保北跨的安全与高效；

剖析城市跨江发展的动力机制，提出推动北跨实施的政策体系和引导措施。

5.5.2 城市跨河发展的案例比较

(1) 国内外城市跨河发展的现状特点

从世界范围来看，城市跨河发展是一个十分普遍的现象。跨河城市古已有之，但由于经济、治水能力、桥梁技术等的局限，城市往往只能够跨越较小的河流。而到了现代，随着政治、经济、技术的发展，城市化的加速，大部分滨河城市跨越河流到对岸发展，甚至出现了一些跨越大江、大河的城市，如伦敦、纽约等，跨河（江）发展成为国内外许多沿河城市的发展选择（表5-2）。

国内外跨河发展的主要大城市情况表 表5-2

城市	河流	江河宽度（m）	跨河方式	
			桥梁	隧道
伦敦	泰晤士河	250	15	2
巴黎	塞纳河	120	28	6
鹿特丹	马斯河	500	2	3
汉堡	易北河	400	2	3
纽约	哈得逊河	1300	18	3
布达佩斯	多瑙河	150	8	1
加尔各答	胡格利河	540	2	
天津	海河	100	15	
太原	汾河	200	5	
长春	伊通河	300—400	7	
上海	黄浦江	500	10	2
武汉	长江、汉水	400	6	
广州	珠江、沙贝海	800—2000	8	
南宁	邕江	350	2	
兰州	黄河	100	4	
西宁	湟水	200—350	8	
重庆	长江、嘉陵江	1000—3000	3	
包头	昆都伦河	200—350	6	
抚顺	浑河	200—500	6	
吉林市	松花江	300—500	6	
哈尔滨	松花江	5000	3	
南京	长江	1400	2	
杭州	钱塘江	1500	2	
沈阳	浑河	200	2	
宁波	甬江	400—500	2	

注：国内城市统计主要为河宽100m以上，市区人口100万以上特大城市。

图 5-46 全国省会城市跨河发展格局图

(2) 国内城市跨河新区开发

在我国 32 个省会级城市（包括直辖市）中，临江河型城市有 23 个，其中已跨河发展的城市有 12 个，规划跨河发展的城市 10 个，其余 10 个城市无跨河发展需求（图 5-46）。

在已跨河发展城市中，天津、长春、重庆、武汉由于两岸水文条件较好，历史上水运交通条件较为发达，在建国前已经跨河发展，限于经济实力原因，太原、上海、福州、广州、南宁、兰州、西宁、台北至建国后城市建设才逐步向江河对岸发展，形成跨河发展格局。在规划跨河发展的城市中，南京、杭州、南昌、长沙、哈尔滨、沈阳、海口、济南河流对岸已有一定的建设基础，随着城市人口的增长、经济发展、用地扩展的需求，大都选择了跨河新区开发的发展战略。

对全国省会城市和直辖市作统计可以发现，几乎所有的沿河城市都已经或即将跨河发展。以上海浦东新区等为代表的成功案例已为其他沿河城市的发展提供了良好的示范作用，对跨河开发成功案例的分析与借鉴将有助于济南跨河新区的开发。

虽然我国具备跨河发展条件的大城市几乎都采取或即将采取跨河的发展战略，但深入分析以下五个典型的跨河发展城市可以看出，跨河发展存在一定的条件与契机，需要认真研究跨河的时机与步伐（表 5-3）。

从城市经济实力分析，杭州、沈阳、南京、哈尔滨等城市在选择跨河新区开发的时机都在人均 GDP 值达到 2 万元／人左右时进行。这一阶段的城市经济发展进入了较高阶段，基本具备了跨河发展的经济基础，1990 年上海市开发建设浦东新区时，人均地区生产总值为 5894 元／人，折算成 2001 年当年价为 11097 元／人，城市经济实力并不高，但由于浦东新区开发当时为国家级发展战略，新区发展能得到中央政府的财政和政策支持，因此能在城市经济实力较弱的时期得以实施开展。济南的人均 GDP 在 2004 年就达到 27441 元／人，超过了上述五个城市跨河发展时的经济水平，基本具备跨河发展的经济基础（表 5-4）。

国内城市跨河新区开发情况表　　　　表5-3

城市	发展背景	规划内容及实施过程	发展评价
上海	上海市跨黄浦江，江宽约500m，主城区在20世纪90年代以前主要沿黄浦江西岸发展，浦东为郊区，以乡镇和农村景观为主。20世纪90年代在全球经济处于转折时期的背景下，1990年国务院决定开放、开发上海浦东	浦东新区规划建设350km^2，城市人口210万人。主要功能为世界级的高水平金融、贸易、高技术工业和保税区，吸收老市区的部分企业和人口，实现人口和就业的双重疏解。从1990年开始到2010年建成外向型、多功能、现代化的新城区，成为21世纪上海国际金融贸易和航运中心的载体。 浦东新区采取轴向发展与综合组团相结合的布局形态，即沿黄浦江南北发展轴，在现状基础上，向纵深组团发展，形成多核心、开敞式模式，形成5个综合分区。 为保证浦东开发的顺利实施，国务院还确定了开发浦东的10条政策措施	1990年浦东新区增加值为60.24亿元，2004年达到1789.79亿元。2001年浦东总人口达到168万人。四个重点开发小区：陆家嘴金融贸易区、金桥现代工业园区、外高桥保税区、张江高科技园区已经基本形成。浦东新区已成为上海新兴高科技产业和现代工业基地，成为上海新的经济增长点，成为中国20世纪90年代改革开放的重点和标志
杭州	杭州市跨钱塘江，江宽800—1500m。1996年，经国务院批准，钱塘江南岸萧山市、余杭市部分乡镇划入杭州，杭州城区得以向江南发展。杭州市政府在钱塘江南岸新设滨江区。滨江区的设立对于杭州城市发展的空间来说有了较大的扩展，但几年过后杭州市的发展需求已经超过了城市规模	2001年，萧山、余杭两市并入杭州市区，杭州开始实施"城市东扩、旅游西进、沿江开发、跨河发展"的发展战略。钱江南岸跨河发展江南新区，由滨江区、萧山城区和江南临江地区组成，是以高科技工业园区为骨干，产、学、研协调发展的现代化科技和城市远景商务中心。沿江地区为居住生活区和公建区并预留远景城市商务中心用地，南部为商贸、居住生活区，东、西部为工业区和文教科研区。规划城市人口105万人，城市建设用地102.24km^2。2001年后，在钱塘江原有的3座跨河大桥的基础上新建成3座跨河大桥，钱江过江隧道也正式开工，钱江两岸交通条件得到了较大改善	钱江新区的确立推动了城市向东向南、沿江、跨河拓展的战略的实施。江南新区的土地价格和房地产价格也持续升温，但是，杭州市由西湖时代转向钱江时代刚刚开始，对于跨河发展的经济成本和可能对杭州市的历史文脉带来的影响也需要深入考虑
南京	南京市跨长江，江宽1400m左右，长期以来由于长江阻隔，南京市建成区主要集中在长江以南发展。江北地区相对落后。由于南京市南部地区主要为山地丘陵地区，随着南京市城市规模的不断扩大，城市空间向南发展受限，城市发展需要新的空间	2002年江北地区区划调整正式启动了南京跨河发展战略。调整后的江北地区包括浦口区和六合区。其中浦口区将定位为现代化的科学城，人和自然和谐发展的生态型滨江新市区，南京市重要的旅游度假中心，是南京市一城三区的城市空间发展战略的重要组成部分。2020年，全区总人口112.3万左右，其中，城镇人口95.5万，城市化水平达到85.0%。中心城区规划人口约75万人，城市建设用地约89.95km^2。六合区将定位为化学工业为主导的制造业基地，南京市对外交通门户，现代化滨江新区。2020年，全区总人口100万人，建设用地102.4km^2。近几年南京市新建了南京长江三桥，南京长江隧道和南京长江四桥也陆续动工	江北新区发展战略带动了浦口和六合区的社会经济发展，但是近年来由于资金投入及城市发展动力不足，建设进展相对缓慢，并且虽然通过行政区划调整理顺了江北地区部分行政关系，但仍存在较为突出的问题，将影响江北地区未来发展
沈阳	沈阳市跨浑河，河宽约200m。在振兴东北战略实施的大背景下，沈阳市为缓解中心城区人口压力，2001年全面启动浑南新区开发建设的发展战略，充分利用城南现有科教基础，发展新的城市产业和居住空间	浑南新区位于城南二、三环路之间，内由7条放射路（快速路）穿过与老城区紧密衔接在一起。浑南新区将成为沈阳市中心城区的核心组成部分，总面积为120km^2，将建成集高新技术产业、科技、文教、商贸、居住、旅游为一体与国际接轨的现代化科技新城区。浑南新区将要安排30—50万人居住生活。浑南新区将结合东塔机场搬迁，形成南北联动的以科教商业居住为主的东塔湾分中心，成为沈阳市发展的"一廊两翼"空间发展格局中东翼的重要组成部分	近5年来，浑南新区主要经济指标以25%的速度递增。目前，沈阳全市招商引资的1/5、出口创汇的2/5、高新技术产品产值的1/4都来自这里。此外，浑南新区融资80亿元，带动社会投资360亿元，绿化覆盖率达到40%，40km^{2}的开发建设面积基本建成。初步形成了以浑南新区为城市中轴的新的城市格局
哈尔滨	哈尔滨市跨松花江，江宽约5000m。哈尔滨在20世纪90年代中期曾提出"开发松北，两岸繁荣"的发展战略。但由于跨河发展涉及面广，且当时哈尔滨市城市经济实力不足以支撑松北地区的大规模开发，开发时机并不成熟	松北新区规划用地面积为298.1km^2，城区包括松北镇、松浦镇及万宝镇部分用地。跨越松花江组织城市副中心，形成合理的城市中心区用地结构，同时减轻老城的环境压力和保持历史文化名城的特色，组成双联式城市结构，两岸中心区实际功能分化，并通过发达的过江交通使两岸都得到较大的发展。规划2010—2030年在松北筹建哈尔滨第二国际机场，由松北新机场和太平机场共同构成哈尔滨市重要的国际航空运输枢纽，2004年哈尔滨铁路枢纽王万线跨河铁路大桥开工，2005年绕城公路大桥开工，将于今年投入使用，将极大缓解新区与主城区的交通压力	松北新区目前是哈尔滨市的投资热点地区，已有国内外数家大型企业集团再次进行投资，但松北新区的用地自然条件不太理想，需不断采取有效防洪措施，提高防洪等级和能力，同时松北新区环境较好，新区建设要高度重视环境，必须坚持保护与开发并重的原则，防止过度开发

跨河城市新城区开发时的城市实力对比　　　　　　　　　　　　　　　　　　　　　　　　表5-4

城市	跨河时间（年）	城镇化水平（%）	地区生产总值（亿元）	人均地区生产总值（元/人）	新区规划用地规模（km²）	新区规划人口规模（万人）
上海	1990	66.2	756	5894	350	210
杭州	2001	58.6	1568	24923	102	105
南京	2002	60.6	1295	22908	192	175
沈阳	2001	70.3	1238	17960	120	30—50
哈尔滨	2004	57.1	1680.5	17321	170	100
济南		56.9	1619	27441		

注：1. 经济统计数据为当年价。
　　2. 济南的数据来源于2005年的统计年鉴，即为2004年的值。

从城市发展阶段分析，各城市在选择跨河新区开发时，城镇化水平基本在60%左右[1]，根据国际城市的发展经验判断，城市功能开始进入扩散发展阶段，人口、产业开始从城市中心由市中心扩散到郊区，寻找新的发展空间。新区开发顺应了城市功能升级和产业结构调整的需要，新的人口和产业的进入也为新区持续发展提供了动力支撑（表5-4）。

从各个城市新区发展的功能定位来看，新区的定位受城市功能结构调整影响较大。随着城市新的产业类型的形成和城市产业结构的转换，城市产业发展促使城市开辟新区集中发展，在城市一侧发展空间受限的条件下，跨河开发的城市新区应运而生。大多数新区的产业都以现代化的高科技产业为主，疏散老城区的人口和就业，保护老城区的传统历史文脉（表5-5）。

跨河城市新城区功能定位　　　　　　　　　　　　　　　　　　　　　　　　　　　　　表5-5

城市	跨河新城区	新区功能定位
上海	浦东新区	世界级的高水平金融、贸易、高技术工业和保税区
杭州	江南新区	以高科技工业园区为骨干，产、学、研协调发展的现代化科技城和城市远景商务中心
南京	浦口区	现代化的科学城，人和自然和谐发展的生态型滨江新市区，南京市重要的旅游度假中心
南京	六合区	以化学工业为主导的制造业基地，南京市对外交通门户，现代化滨江新区
沈阳	浑南新区	集高新技术产业、科技、文教、商贸、居住、旅游为一体与国际接轨的现代化科技新城区
哈尔滨	松北新区	城市副中心，减轻老城的环境压力和保持历史文化名城的特色，组成双联式城市结构

从河面宽度来看，河面宽度对新区开发成功与否存在较大关系。在我国现阶段，各个城市的经济实力有限，如果河面宽度较窄，跨河交通建设的建设成本较低，资金交易筹措较易，同时，跨河交通工程建设周期较短，新区开发容易取得效果。例如：上海市黄浦江和沈阳市浑河的江面宽度相对较窄，因此，桥隧的建设成本较低，开发新区后新建过河交通通道分别为8条和9条，新区建设进度较快，而南京、哈尔滨跨度较大，桥隧建设周期长，新区建设进展较慢（表5-6）。

从行政区划调整来看，各个城市在新区开发建设前普遍进行了行政区划调整，为新区开发消除了行政障碍，同时管理体制的理顺，也对提高新区建设的管理效率起到了积极作用（表5-7）。

---

[1] 上海市城镇化水平为1990年第四次全国人口普查城镇人口计算数据，其他城市为2000年第五次全国人口普查城镇人口计算数据。

跨河城市江河宽度和过河交通建设情况　　　　　　　　　　　　　　　　　　　　　　表5-6

城市	跨河时间（年）	江河宽度（m）	原有跨河桥隧数量	新建和在建跨河桥隧数量	
				桥梁	隧道
上海	1990	500	2	5	3
杭州	2001	800—1500	3	3	1
南京	2002	1400	2	2	1
沈阳	2001	200	2	6	3
哈尔滨	2004	5000	3	2	
济南		500—2000	3	2	

跨河城市新区开发前行政区划调整情况　　　　　　　　　　　　　　　　　　　　　　表5-7

城市	区划调整时间	主要调整内容
上海	1992	设立上海市浦东新区，撤销川沙县，浦东新区的行政区域包括原川沙县，上海县的三林乡，黄浦区、南市区、杨浦区的浦东部分
杭州	2001	撤销萧山市、余杭市，设立杭州市萧山区、余杭区
南京	2002	撤销南京市浦口区和江浦县，设立新的南京市浦口区；撤销南京市大厂区和六合县，设立南京市六合区
哈尔滨	2004	撤销太平区，将其行政区域划归道外区；设立松北区；撤销呼兰县，设立呼兰区

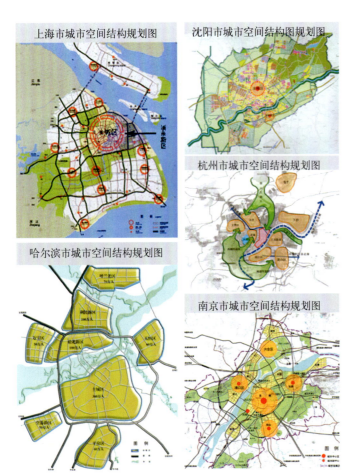

图5-47　各个案例城市的空间结构布局图

综合分析五个案例城市的主城区与新城区的关系，大体可分为两类：

一类是跨河新区与主城区共同组成新的城市中心，如上海和沈阳。上海浦东新区是上海城市的一个有机整体，虽然在空间结构上具有一定的相对独立性，但浦东新区靠近中心城区的陆家嘴地区，在实际功能上已与原城市中心紧密结合而共同成为新的城市中心。

另一类是原主城区不变，将跨河新区定位为城市副中心，如杭州、南京和哈尔滨。杭州2001—2020年的城市总体规划中提出了"一主三副"的规划布局结构，即中心城区由主城、江南城、临平城和下沙城组成。南京也提出了"一城三片"的城市布局结构，即一个主城区与三个新市区共同构成中心城区，而江北新城区就是三个新市区之一。哈尔滨2004—2006年的城市总体规划中构筑城市公共中心为"一主五副"，而松北新区就是"五副"之一（图5-47）。

（3）国内外城市跨河发展的经验启示

①成功的新区开发将是城市整体实力跨越式发展的强大动力

事实证明,成功的新区开发将推动整个城市实力的跨越式发展。跨河发展能在以下几个方面起到重要作用:一是缓解或消除旧城街道拥挤、环境恶化等问题,并便于保持旧城区的早期建筑和原有风貌。二是便于在沿江对岸规划建设新的城市功能区,合理调整并优化配置城市的产业布局和各类设施,迅速增大城市容量。三是可以改善城市景观,提高沿河土地价值,形成新的经济增长点。

为了更好地发挥自己在全省经济中的"龙头"和"窗口"作用,加强对北部广大经济腹地的吸引,济南市可以借鉴国内外其他城市跨河发展经验,并充分进行跨河发展前的论证工作,选择恰当的时机和模式实现新区开发,更好地带动周边地区乃至全省经济的整体发展。

②城市经济实力基础是跨河发展新区的先决条件

国内外沿河城市的实际情况各不相同,但绝大多数沿河城市具有沿河或跨河发展这一共同特征。同其他城市一样,沿河城市的存在、发展,最终取决于城市经济的增长与繁荣,而随着社会的发展和技术水平的提高,跨河发展成为更多城市的选择。

根据国内上海、沈阳等大城市的发展经验,济南在城市规模和经济发展速度初步具备了跨河发展的基本条件。济南1995年人均GDP首次超过1000美元,到2004年末,人均GDP已经超过了3000美元大关,达到3305美元。通过10年的时间,济南人均GDP增加了2000美元。参照国内上海市和国外发达城市的发展经验,济南城市化发展已经进入快速发展阶段,经济发展水平也将加速增长。加上目前济南的越河交通已具备一定的基础、防洪等问题随着城市经济实力的增强而逐渐得以缓解,跨河发展将会在优化城市产业结构,改善城市环境质量,增加城市核心竞争力,促进区域协调发展等方面为济南带来新的契机。

③跨河新区的功能定位应与城市发展的客观需求相一致

随着城市新的产业类型的形成和城市产业结构的转换,城市产业发展促使城市开辟新区集中发展,在城市一侧发展空间受限的条件下,促使城市跨河开发城市新区。因此,新区的功能定位应充分考虑城市原有功能的空间转移和新的城市功能的催化演进,根据城市的实际发展阶段和发展需求合理确定,保证与城市发展的客观需求一致。

④跨河新区空间结构上应与主城区保持有机联系

地理空间上,跨河新区因江河阻隔而与主城区相互分割,新区城市功能较为单一,与主城区联系较为薄弱,因此,在跨河发展前,有必要进一步梳理新区在城市中的总体定位,合理确定跨河新区与主城区的空间结构关系,优化城市空间结构,加强新旧组团有机联系,提高城市整体发展效率。

以济南的实际看,跨越黄河组织城市副中心,既可形成合理的城市中心区用地结构,也可减轻老城的环境压力和保持历史文化名城的特色,形成主副协调、两岸联动的新的城市发展格局。

⑤跨河新区开发交通先行

提前建设跨河大桥和隧道是国内外城市跨河发展战略实施重要举措,交通条件的改善将极大提高江河两岸人口和资源的交流便捷程度,降低河流对人口、产业扩散的阻隔作用,同时,过河交通位置的选择也导致城市空间结构发生改变,引导城市空间结构的优化调整方向。

目前,黄河济南段有普通铁路桥两座,黄河大桥1座,浮桥20座,正在建设的公路大桥两座。其中,黄河浮桥是在济南交通压力急剧增加而在黄河公路大桥无法满足需要的情况下迅速发展起来的,由于浮桥受洪峰、冰凌及恶劣天气等影响,无法全天候通行,虽然能在当前起到一定作用,但不能满足高速经济发展的需要。为加快黄河以北地区的发展,应提前规划新的过河交通通道,积极筹措资金,加快过河通道的建设,为济南未来城市空间发展提供交通支撑。

⑥跨河新区开发应充分重视城市防洪要求

北部地区设有黄河北展滞洪区和北展泄洪区,黄河滩区是不允许建设的城市防洪设施用地。近年来防洪工程及非工程建设使对于黄河洪水以及水资源的调控能力有了明显提高。尤其是小浪底水库的建成使用,大大减少了黄河发生特大洪水,尤其是形成大洪灾的几率。

鉴于黄河北展宽区工程运用条件和运用几率发生了很大变化，兼顾防汛的同时开发利用北展滞洪区的时机已经成熟，另外鹊山龙湖项目论证中有关专家提出泄洪区宽度可适当缩小至1—2km，并得到黄河务局的认可。当前，黄河洪水的威胁虽然尚未根本消除，但发生大洪水，尤其是形成大洪灾的概率将明显降低，结合新城区建设进一步加强黄河济南段的防洪工程，济南北跨的防洪安全问题将基本得以解决。

⑦在新区开发前应做好必要的行政区划调整

新区开发前，新区内地域往往分属多个行政管辖单元，行政管理较为混乱，区域基础设施协调困难，必要的行政区划调整将理顺行政管理体制，提高行政管理和城市建设的效率。

济南的新城开发涉及的行政单元有济阳县、天桥区和商河县等，理顺行政区划关系是跨河新城开发的重要环节。

5.5.3 济南北跨的机遇与限制

（1）北跨支撑条件

①城市发展阶段与空间需求

2005年末，济南市人均GDP超过了3000美元而达到3855美元，已进入中等发达经济水平阶段，经济发展将处于加速成长阶段的初期，城市化进程将进入发展高峰阶段。济南中心城区的经济要素已出现明显的向外围扩散的趋势，且主要是向济南市域范围扩散，但中心城区的人口仍然处于向心集聚的过程。城市问题纷纷出现，城市中心区需要将产业、人口等向外疏解，最终形成在都市区内圈功能逐渐分散化发展，但在市域范围内仍高度集中发展的空间结构。

济南城市建设已进入了迅速发展时期，1996—2005年城市用地规模由148km^{2}扩展到295km^2，济南市总体规划（2006年）确定2020年中心城用地规模控制在410km^{2}左右，考虑到土地生产指数的变化趋势，认为随着用地效率的提高，建设用地总量增长应该会放缓，410km^{2}的用地总量应该能满足到2020年的经济发展需求。

但若单纯对建设用地增长进行趋势外推，按照1996—2005年的增长趋势，基本上在2013—2014年左右中心城规模就将达到预期规模。研究认为以提高土地生产指数为依据来限定城市用地的增长有可能效果并不明显，总体规划预计的410km^{2}规模很可能提前实现。但目前中心城区土地开发强度过高，城市建设亟待拓展新区，而城市南部为"南控"范围，是重点生态保护区，不宜作为城市建设用地，城市向东西方向拓展用地有限，北部地区将成为城市空间拓展的合理选择。

同时，经分析发现，济南中心城工业用地占建设用地的比例过高（2004年为22.37%），将影响城市综合功能的正常发挥和城市的环境质量。"中疏"战略的重要一环就是疏解中心城区的二产职能，尤其是污染性和占地大的工业企业，为中心城产业升级提供空间。而目前东部新区在承接中心城传统产业转移方面空间较小，北部地区已成为中心城传统制造业转移的首选承接地。

综合上述分析，研究认为，在近期，黄河以北地区将为南部中心城传统产业转变提供必要的空间；而在中远期，北部地区将成为城市空间拓展和综合职能调整的主要承接地，成为济南城市发展的主要方向。城市发展空间的向北拓展是提高济南城市效率、扩大城市辐射能力、促进济南都市圈空间整合发展的关键所在。

②北部地区优势条件

区位：济南位于山东省中西部、黄河下游南岸，北接京津，南通宁沪，东连胶莱，是山东省省会，济南都市圈的核心城市。北部地区的发展将使济南积极融入环渤海经济圈，带动全省发展，加强济南及鲁中南地区与京、津等地的联系，引导都市圈整合进而消除北部"经济凹陷带"。

资源：丰富的矿产能源、优势的生态资源和良好的农业基础。

生产要素优势：北部地区地势平缓，大部分地区皆基本满足城市开发建设的要求，土地资源丰富。土地开发成本及建设成本均较低且开发建设所受空间限制较小，具有比较优势和投资增值潜力。此外，北部地区劳动力充足且成本较低，对于传统劳动密集型产业转移具有较好的承接能力和先天的比较优势。土地、劳动力等生产要素优势使得北跨发展更易取得市场和公众认同。

③行政区划调整带来整合机遇

酝酿中的济阳县撤县设区意味着空间结构、经济结构以及社会结构的调整和重组，对于北部地区与济南市区的资源整合、生产力布局调整，人口资源的流动以及基础设施布局调整都具有重大的影响。同时济南市整体的行政能力将得到增强，北部地区生产力将得以充分释放，借以产生更高的社会和经济价值。行政区划的调整所带来的整合机遇为济南北跨创造了条件，使济阳、商河能够成为北跨发展的战略腹地。

④跨江通道建设消除基础设施瓶颈

黄河天堑直接影响了济南向北辐射，济阳黄河大桥、建邦黄河大桥、洛口跨河设施、济南黄河三桥、刘志远路跨河大桥等跨河基础设施的规划实施将消除跨河基础设施的瓶颈，打破一直以来黄河天堑所带来的制约，增强济南市区与黄河以北地区的联系，为济南北跨提供了必要的条件。

(2) 北跨制约要素

①资源承载约束

水资源承载力 210 万—240 万人；

生态资源承载力 187 万人；

土地资源承载力 170 万—190 万人；

综合承载力 190 万人左右。

综合考虑北部地区水资源、生态资源和土地资源的承载力，因水资源和生态资源可采取一定措施在地域分布上协调或补充，则以土地承载力为主要标准，加以对水资源和生态资源的考虑，认为北部地区资源综合承载力大约在 190 万人左右，规划近中期内人口发展应控制在此规模内；远期的人口与经济增长，需要通过技术经济及区域资源环境的改善，提高容载能力。

②建设适宜性评价

各种制约性要素的空间叠合：水系与生态廊道，基本农田，矿产资源，地质条件，防洪区，市政设施。

丰富的石油、天然气资源，其开采会对生态环境造成一定影响；南部济阳与天桥境内分布大面积的煤矿，其开采计划将会对新城选址与布局产生直接的影响。

③建设适宜性约束

工程地质：地质条件普遍适合建设，但存在三条断裂带；防洪安全：黄河北展宽区及泄洪区，其中泄洪区

图 5-48 建设条件制约要素评价图（一）

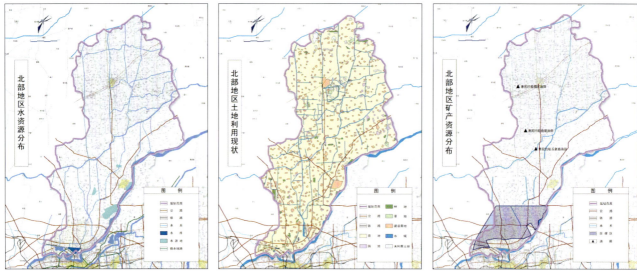

图 5-48　建设条件制约要素评价图（二）

以邢家渡干渠西堤和齐济河西堤为界，延伸至徒骇河；市政设施：天桥垃圾处理场、高压走廊、重要管线等（图 5-48）。

（3）研究结论

济南市经济持续高速增长，需要在更大的地域范围内组织优化城市空间。目前城市发展基本上延续了东西向展布的格局，向东已有和章丘市连为一体的趋势，而西部和南部用地拓展则受到自然山体的限制，城市空间的持续拓展和结构调整只能把目光投向黄河以北地区。北部资源丰富，且具有交通、区位和劳动力、土地成本等特殊优势，随着多项跨黄河基础设施规划建设和行政区划调整，济南跨越黄河寻求更大的发展空间、并对实施黄河北部地区的全面开发已经具备了基本条件。而北部地区在资源承载和生态安全方面的约束限制通过规划引导调控也将得到较好的解决，更有利于区域的可持续发展。

因此，近期在生态保育和环境整治的基础上大力推动基础设施建设，并选择若干重点示范项目作为北跨的桥头堡工程，中远期（2015 年左右）在城市空间结构增长的内部动力积蓄成熟时强力推进城市北跨，引导城市空间的结构性调整，将成为济南城市发展的必要与现实选择（图 5-49、图 5-50）。

图 5-49　制约性因素分布图

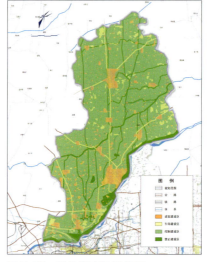

图 5-50　用地适宜性评价图

5.5.4 北跨战略与都市空间重构

(1) 北部地区总体发展定位

济南市对接京津、辐射鲁西北的经济走廊；济南市重化工业、物流产业和新型制造业基地；济南市未来城市发展的重点区域；济南市绿色生态产业示范区。

(2) 空间组织重构

济南北跨发展将带动城市空间结构的重构，形成"一核、三心、T形主轴、X形生长、组群联动、网状支撑"的格局（图5-51）。

"一核"即主城区，济南都市区城市、经济、产业功能高度集聚的核心，济南市信息、交通、金融、管理、服务中枢。

"三心"即三个次中心，分别为西部、东部、北部新城，是济南都市区人口、城市服务和产业功能向心集聚的副中心，带动各片区整合发展。

"T形主轴"即长清—章丘（郑州—济南—青岛）东西轴向，济南—商河（济南—京津）南北轴向，构成都市区发展主轴，也是都市区城镇空间的生长骨架。

"X形生长"即都市区内缘沿黄河南北两翼带状组团生长，形成"X"形城市空间形态，构建济南城市发展新的空间框架，改变固有的东西向延伸的形态。

"组群联动"即重点发展三个外围市镇组群，包括黄河北市镇组群、南部山区西部市镇组群、南部山区东部市镇组群，使之成为联系城镇功能区和乡村地域的支点与枢纽，统筹城乡区域发展，带动南部山区和黄河北地区协调发展。

"网状支撑"即培育若干具有较大发展潜力的组团、片区和城镇，使之发展成为中小型专业化城镇组群，促进市域城镇体系的网状发展，形成济南市城市化推进的面域支撑。

(3) 空间功能重构

济南城市在布局结构上可划分为地域功能单元：片区、组团、绿色开敞空间、市镇组群，各单元之间由综合交通廊道联络。北部新城片区建立之后，都市区空间功能分区将包括十个城市功能组团、三个市镇组群和四个绿色开敞空间（图5-52）。

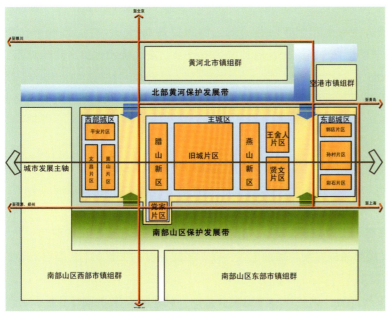

图5-51 都市区空间组织示意图

图5-52 都市区空间功能组织示意图

①中心城区组团

即总规中的主城区，通过城市北跨疏解主城区的中心职能，保留商业零售、现代服务等职能，调整、搬迁污染工业，加强城市生活配套服务设施的建设，增加开敞空间和公共绿地，改善居住环境质量，提高城市品质。

②东部产业重点发展组团

该组团临近济南遥墙机场，以胶济铁路、济青高速公路、济青高速铁路、309国道、106省道为强大的交通支撑，沿东西向交通轴线分布。可依托高新技术产业开发区、国家信息通信国际创新园，发展电子信息产业、汽车制造业、机械制造业。

③西部长清组团

以原长清县城为基础，向东南发展为城市的教育产业基地，以发展大学城、研发基地，旅游、度假设施、中高档居住设施为主，注意保护地下水资源和自然生态环境。

④济北新城组团

黄河北新城区的核心区域，承接大量济南中心城区的服务业、制造业和人口转移。应重点培育服务产业、新型制造业和居住功能，推进其公共服务设施和物流园区建设，建成具有相对完善城市功能的新城区。

⑤章丘组团

为济南城市"东拓"和制造业向外转移的主要承接地。该城市组团主要发展重型汽车、先进制造业及高新技术产业，同时利用资源优势，积极发展商务金融、文化教育、旅游休闲等功能。

⑥济阳组团

为济南城市"北跨"的重要承接地之一，引导发展纺织服装、食品医药等产业，形成以新型制造业为主导功能、设施齐全、配套完善的现代化新城区组团。

⑦临港开发区组团

依托济南机场，以遥墙镇临港开发区为基础，大力发展临港经济，形成以物流业、临港加工、旅游服务等为核心的航空港产业链，促进济南航空运输业及相关延伸产业的发展。

⑧化工产业园区组团

位于黄河北部天桥区桑梓店镇内，其功能以化工及其延伸产业为主，促进石化、化工及相关产业的集聚发展，并配套必要的服务设施。

⑨平阴组团

城市"西进"战略的承接地之一，为济南工业生产配套服务的加工制造业基地之一，并充分利用农副产品及旅游资源优势，积极发展绿色产品精深加工业、旅游业及商贸物流等产业，建设现代化山水生态城市。

⑩商河组团

城市"北跨"战略的又一承接地，地热和油气资源较为丰富。发展农副产品精深加工业和轻工工业。同时积极发展度假休闲、会议商务、物流服务等产业，建设特色城市。

⑪黄河北市镇组群

主要包括新城区以北太平、新市、垛石、曲堤、仁风、商河工业园等市镇，配合新城区建设，积极发展粮油等农副产品加工业以及都市农业；强化交通服务，引导主城区、新城区的生产要素及服务功能沿济商轴线向北辐射。

⑫南部山区西部市镇组群

主要包括归德、孝里、五峰山、马山、张夏、万德共6个市镇。承接部分无污染城市工业的协作配套生产，适度发展当地工矿产品开发和加工业，积极发展林果等农副产品加工业、旅游观光及相关服务业、生态农业等。

⑬南部山区东部市镇组群

包括仲宫、柳埠、西营3个市镇。积极发展商贸、旅游和相关配套服务业、林果等农副产品加工业和生态观光农业等；严格控制各镇工业发展，避免破坏南部山区脆弱的生态环境。

⑭ 南部水源保护地

城区正南向的仲宫镇，地处卧虎山水库水源保护区，旅游资源和山区林果资源丰富，其发展应严格控制规模，遵守水源保护区的保护要求，控制开发建设强度，保护水源水质。

⑮ 北部黄河生态湿地

百里黄河风景带，包括鹊山龙湖地区。其周边和内部水系众多，生态较为敏感，应该建设成为济南中心城区的绿肺和生态缓冲区，并且充分利用生态景观资源发展旅游业，但应注意严格控制建设规模与强度。

⑯ 西部生态保护地

京福高速公路以西为玉符河冲积扇富水区，该地区是济南市地下水的重要补给区，为重点生态保护地段，禁止开发建设和任何形式的污染。

⑰ 东部绿化隔离带

为避免城市建设连片蔓延，在中心城区组团和东部产业重点发展组团之间应该保留一定宽度的绿化隔离带，并通过严格的规定限制该地带的开发建设。

5.5.5 北部地区及新城区发展构想

（1）北部地区空间结构及其发展指引

以中心片区联动的轴向发展作为济南北部空间发展的核心策略，同时积极培育产业与城镇化重点引导区，有序推进、协调发展。本次研究确定济南市黄河以北地区区域发展空间结构为"一极、四心、四轴、三区、三带"。

一极：以济北新城区、济阳、化工园（接齐河）组团共同构筑北部地区增长极与都市区北翼核心发展区。

四心：北部地区四个核心城市组团（在都市区层面表现为次中心城市组团），包括商河、济阳、济北新城区、化工园区（接齐河）。

四轴：四条发展轴线，分别是济商发展主轴、济惠发展副轴、济滨发展副轴、德济发展次轴。

三区：三个产业与城镇化引导区，包括黄河北产业与城镇化核心引导区，北部两个重点引导区。

三带：为三个沿河生态保育带，包括沿黄河、徒骇河、沙河生态保育带。

（2）北部新城区发展构想

新城区主要包括现状鹊山龙湖地区、桑梓店工业园、济阳县城、崔寨、济阳镇用地及孙耿镇部分用地。北部边界到济阳县城规划区控制边界，向南向东到达黄河沿岸，西至市域行政边界，西北到孙耿—济阳公路，规划区总占地面积约为 $453km^2$。

拼接现有北部地区各城镇单元的规划，可看出规划均从自身现状出发考虑，依托现有交通设施展开；各城镇组团的功能均较为综合，产业与公共服务各自配套；总体上较为分散，用地集约度不强，也不利于形成一体化的生产与服务体系。

（3）新城区规划方案一：组团布局的济北新区

①方案构思

"五路过河"的策略，使得北部 G308—G220 国道沿线区域成为承接中心城人口与产业转移的最前沿区域，在市场认可度上具有先天的优势；而 G220 沿河西南——东北向延伸也为新城区呼应老城空间格局奠定了基础，在跨江交通的组织和疏导方面也具有先天的优势；G220 以北地区现状地势平坦，除黄河北煤田外没有与新城区建设冲突较大的用地项目，城市发展空间充足。

具体分析 G308—G220 沿线用地情况，西侧 G308 以北为济南化工产业园，现状已有很多传统化工产业迁移至此，南侧为鹊山龙湖片区。齐济河和大寺河之间为黄河泄洪区，前面已有分析预留面积过宽，可适当向西压缩；现状济阳县城南侧为沟杨水源地，则泄洪区以东、沟阳水源地西南基本为新城可利用地范围。具体则为 G104 以东，G220 西北的带形区域，主体则是北绕城高速与两条国道围合的区域，其中有大寺河、邢家渡总干渠两条

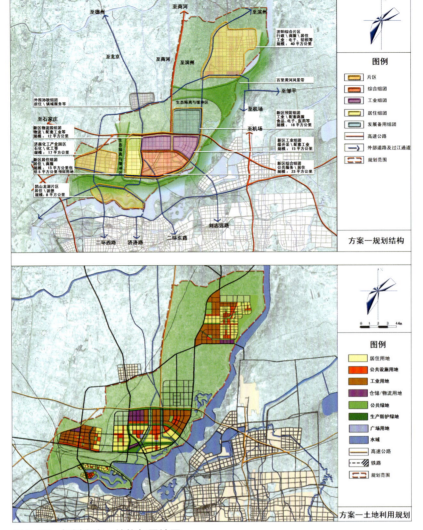

图 5-53 规划方案一结构与用地图

水系穿过。整个区域基本与南部中心城区隔河相望,泉城特色风貌轴和燕山新区现代城市景观轴北向延伸则对应两条水系,以之为骨架组织新城区空间能与南部城区有较好的呼应。同时,通过刘志远路黄河大桥,新城区能与王舍人—贤文地区获得较好的联系。此外,通过北绕城高速,新城区与机场之间车程仅在20min以内,且能方便地与京福高速、青银高速对接,区位优势明显。

以高速环路、主干交通线限定城市拓展范围;以泄洪区、水源地、水系为生态缓冲区域,引导城市带状组团布局;充分利用现有及规划高等级公路,使其成为各组团快速联系通道,同时连接对外交通线。规划区范围内形成一带四片的总体格局。

②总体布局

规划方案一北部新城区沿黄河带状展开,形成四个主要城市功能片区:济南化工产业园区、鹊山龙湖片区、济北新区片区、济阳片区。片区之间以生态保育带、都市农业区、水源保育区分隔。主要生态功能区块包括:黄河风景带、济阳南水源保育区以及片区之间的都市生态农业区(图5-53)。

(4)新城区规划方案二:集中布局的济阳新城

①方案构思

济阳县城离济南市中心城区车程只有30min,其受济南经济发展的辐射大,并且与东部产业带有密切的联系,

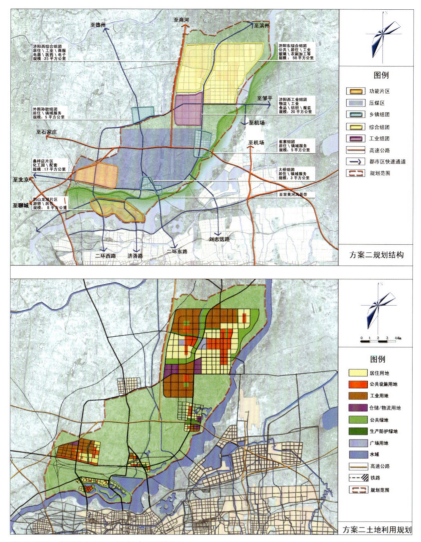

图 5-54 规划方案二结构与用地图

交通区位优势明显。

济阳县域范围是 1076km²，空间广阔。新城区依托济阳发展可以利用已有的基础设施和产业优势，同时也能避开黄河北煤田和黄河行洪区、泄洪道的影响，用地也没有太大限制。

考虑与主城的联系及用地拓展的可能性，新城选址在济商高速以西，现状济阳老城区以南，崔寨镇区以北的区域，同时避开 G220 东侧沟阳水源地。新城区依托济阳县城向西、向南发展，以 G220 自然分割为东西两大片区，西向延伸现状济阳的城市发展轴线形成 G220 西侧的公共服务中心，从而构筑新城东西、南北向的发展轴线。

② 总体布局

黄河以北地区形成以济阳新城为主体，以济南化工产业园、鹊山龙湖、大桥、崔寨、孙耿为外围片区和组团的总体格局（图 5-54）。

(5) 方案评价

由表 5-8 可见，排除煤田影响和行政协调等因素影响，方案一整体格局更为合理，与主城的关系也更加紧密，交通联系更便捷，在引导城市要素北跨上具有较大优势和可行性。方案一城镇组团布局与黄河风景带协同考虑，且组团布局方式弹性较大，有利于空间结构的调整优化和城市功能的分区组织，并为北部地区远期发展留出空间。综合考虑各项因素，推荐方案一作为新城区规划优选方案。

各方案比较分析　　　　　　　　　　　　　　　　　　　　　　　　　　　　　　表5-8

	方　案　一	方　案　二
规划构思	依托现有交通线，引导城市就近北跨，呼应老城格局	依托济阳，建北部独立新城
规划结构	沿黄河带状组团布局	以济阳为核心集中布局
用地规模	60+40+17+8=125km²（另：预留 23km² 备用地）	103+17+8+3+5=136km²
新城区中心	济北片区中心区	济阳东组团
产业布局	分组团式专业化布局	新城集中布局
交通联系	充分利用青银高速、济商高速、货运环线，较为便利	依托济商高速和G220，对外联通较差
与主城中心的距离	20km	35km
与煤田的关系	占用矿区用地，已采矿区需与新城区充分协调	避开矿区用地
与黄河风景带的关系	统一规划，建沿河湿地公园游憩区和保护区	以生态保育为主，局部开展游憩活动
环境影响	组团隔离，环境影响较小	集中布局，环境影响较大
可操作性	需政府大力推介，适时启动	依托济阳，可稳步启动
规划弹性	预留空间，弹性较强	较小
行政协调度	不同行政单元，需统筹协调	单一行政单元，协调度较好

5.6　城市空间增长与"四沿"带动战略

济南市委市政府贯彻落实 2003 年"6·26"省委常委扩大会议确定的济南"东拓、西进、南控、北跨、中疏"的城市空间发展战略，提出今后要加强城市经济社会和生态建设，重点做好经十路沿路发展带、铁路沿线发展带、小清河沿河发展带和鹊山龙湖沿湖发展带的建设。

围绕推进沿经十路、沿铁路线、沿小清河、沿黄河的"四沿"发展战略，市规划局充分发挥规划的先导作用，积极引入先进规划理念和高水平设计单位，系统研究，精心策划，高起点编制完成了经十路规划与城市设计、城区铁路沿线综合整治规划、小清河沿线综合开发整治规划、鹊山龙湖综合开发利用项目等一大批规划编研成果，努力构建连接东西，辐射南北，体现区域性中心城市功能和都市景观特色的城市发展带、经济隆起带、社会发展带和生态景观带。

5.6.1　大经十路沿线城市空间发展

大经十路是贯穿济南市东西的重要交通主干道，如同巴黎的香榭丽舍大道、北京的长安街、上海的世纪大道，是城市活力和城市特色的集中体现。大经十路东接章丘，西至长清，全长约90km，由经十东路、经十路、经十西路三个路段组成。沿线城市发展建设呈"整体布局，组团发展，生态隔离，东西串联"的总体格局，是实施"新区开发，老城提升，两翼展开，整体推进"城市发展战略的重点地区。

绕城高速公路东环线邢村立交至京福高速公路担山屯立交，全长30km，横贯主城区，为经十路段。近年来，随着经十路综合改造的成功实施，沿路城市景观塑造初具成效，其周边建设开发正式拉开序幕。但经十路作为城市发展轴和景观轴，地域特色不鲜明、标志和节点不突出、人文景观与自然山水欠融合、部分区段功能定位不明确、建筑形态缺乏有机衔接、沿路整体景观面貌尚未形成。

按照"维护省城稳定，发展省会经济，建设美丽泉城"的总体思路，规划以推进济南科学发展、和谐发展、率先发展为目标，整合前期相关规划研究成果，完善编制经十路规划与城市设计，进一步引领指导沿路开发建设，使经十路尽快形成地域特色突出、时代气息浓郁的现代都市整体面貌，展现"大而强，富而美"新山东的省会城市形象。

规划结合"山、泉、湖、河、城"有机融合的城市风貌特色，体现山水济南的自然风光，展示文化济南的历史底蕴，突出活力济南的现代气息，构建和谐济南的崭新形象，实现整合城市功能，推进新区开发，更新城市环境，提升老城品质，建设美丽泉城的目标。

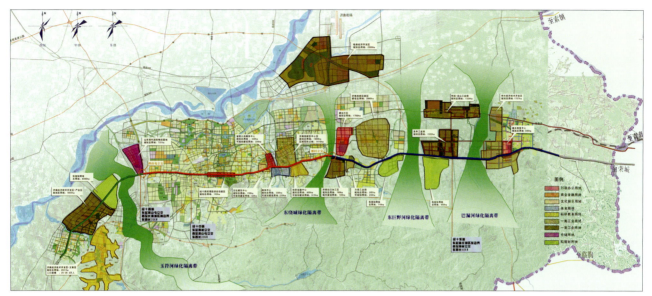

图 5-55 大经十路城市发展带规划总图

根据城市总体布局，结合经十路不同区段功能特征，规划确定经十路功能定位为——商务办公、产业科研、体育休闲、文化教育、生活居住的复合功能发展带和城市综合交通走廊，是省会济南的城市发展带、社会发展带、经济发展带和生态发展带（图5-55）。

经十路总体空间结构规划可概括为："一轴三区、六心多点"。

"一轴三区"：即以经十路城市、社会、经济、生态发展带为主轴，串联二环路和绕城高速公路，划分为三个主要功能区段，分别为邢村—燕山区段、燕山—段店区段、段店—担山区段。规划以旧城区燕山—段店区段为核心，突出改造提升；东西两翼展开，突出新区开发；三区和谐发展，共同繁荣。

"六心多点"：即沿经十路规划布局六个公共中心和多个景观节点，分别为汉峪商务信息、龙洞奥运体育、燕山文化博览、玉函文体休闲、振兴街商业服务、西客站商务贸易等六个各具功能特色的公共中心和邢村立交、燕山立交、历山路口、八一立交、段店立交、担山屯立交等多个以公共开敞空间和标志性建筑为主体的标志性景观节点。

（1）邢村—燕山区段

东起绕城高速公路东环线邢村立交，西至二环东路燕山立交，长约13.6km。

规划以自然山水为骨架，遵循"青山汇水，玉带连珠"的设计理念，注重保护和整治邻路山体，控制南北向生态河道，引导城市空间的有机集中和合理分散。两侧用地布局以经十路为纽带组团式发展，自东向西形成韩仓河商业服务区，林家庄—凤凰城居住区，长岭山工业园产业研发区，汉峪商务信息中心，龙洞奥体中心，贤文科研办公混合区，燕山文化博览中心，燕山居住区等功能区，构建"现代化生态山水新城"。

规划针对建设意向集中的各功能中心和重要节点以大体量的现代化高层建筑为主，近山区等生态敏感地段以低层低密度的小体量建筑为主，合理控制山体景观视廊和沿河绿色生态走廊，形成现代城市景观和自然山水景观有机融合的沿街界面和起伏流畅、丰富有序的天际线。

①邢村立交节点

是经十路的东大门，是连接城市对外交通的重要节点。韩仓河以东规划商业购物、文化娱乐建筑群，并在韩仓河畔布置一座超高层酒店，作为该节点的标志性建筑；韩仓河以西规划以商务办公、商业金融设施为主的点式高层建筑群，注重控制莲花山与凤凰山之间的开敞视廊。

②汉峪商务信息中心

位于玉顶山与莲花山之间，经十路两侧，用地面积约160hm²，以信息技术研发、商务办公功能为主。路

图 5-56　经十路邢村立交至燕山立交段规划及城市设计

北规划信息创新产业园，沿路布置四组高层科研建筑；路南规划以总部办公为主的商务办公区，布置规整密集的商务写字楼和商业金融服务设施。该中心建筑风貌控制以高层为主，体现现代建筑的高效简约和高科技风格，传达着信息时代的气息。

③龙洞奥体中心

位于经十路南侧转山与玉顶山之间，用地面积约140hm^2。西部为比赛场馆区，由体育场、体育馆、网球馆、游泳馆等组成，东西对称布局，通过步行平台连接为有机统一的整体。东部为商业金融服务区，规划金融保险、商业商贸、商务办公等设施，形成整街坊的高层建筑群，与西侧大体量的体育场馆形成鲜明对比，整体气势壮观宏大，展示大气的省会形象。经十路北侧集中体现新城风貌，规划为省立医院、省商业集团、省高级法院等高层建筑群，以贤文路为轴线对称布置，并通过底部裙房连为一体，突出秩序感和韵律，与路南的大体量建筑相呼应，使贤文路口总体空间效果和谐壮观。

④燕山文化博览中心

位于窑头支沟以东，转山以西，经十路两侧，用地面积约115hm^2。路北主要规划文博中心建筑群，包括组群式山东省博物馆和山东科技馆，总建筑面积约16万 m^2。设计凸显博览建筑富有雕塑感的造型和地域特色，作为省会的标志性文化建筑群。路南规划商业文化广场和商业金融、商务办公、文化娱乐设施，形成规整密集的高层建筑群，建筑形态竖向展开，与北侧水平展开的文博建筑群遥相呼应，相得益彰。

⑤燕山立交节点

是城市重要的交通景观节点，是南望群山的窗口和进入东部新区的标志，节点西北中建八局地块规划高层住宅，东北中润世纪城二期以及节点南部均规划布置高层商务公寓，建筑形态以点式为主，控制与燕翅山、鳌角山等山体景观的视线通廊（图 5-56）。

图 5-57　经十路担山立交至燕山立交段规划及城市设计

(2) 燕山—段店区段

东起二环东路燕山立交，西至二环西路段店立交，长约 12.4km。结合沿路两侧现状建设，规划以用地功能整合提升为主。

燕山立交至八一立交北侧，在玉函立交以东依托山大、山师大、省医科院等大专院校、科研院所，规划为文教科研区；玉函立交以西规划为商务办公区。燕山立交至八一立交南侧，结合千佛山、省博物馆、泉城公园、省体育中心等重要的旅游文体资源，规划为旅游体育休闲文化区；并在泉城公园西北角规划建设全民健身活动中心，与省体育中心共同形成玉函文体休闲中心。八一立交至段店立交，结合现状大量居住用地，规划形成中高档城市综合居住区，并在振兴街地区规划区域性商业服务中心，带动旧城区段西部的发展。

规划充分尊重城市"南山北水"的生态格局和"梳状"水系肌理，沿路两侧建筑界面和空间形态总体呈现"北高南低，东西高中间低"的特征，并利用现状多条贯穿南北的河道，形成通畅的生态绿化走廊，使南部连绵的山脉、蜿蜒的河道融入城中，与城市浑然一体，塑造鲜明的城市特色。

设计突出强调位于泉城特色风貌带南端的山师东路至八一立交段，集中体现"山水济南、文化济南、活力济南"。规划遵循泉城特色风貌带构想，按照"见山、透绿、观城、知文"的设计理念，两侧建筑格局以"南侧开敞疏朗，北侧恢弘规整"为原则，南侧通过对建筑体量高度和街头绿地的规划控制，形成南北贯穿的视觉通廊，使经十路与平行的千佛山、马鞍山、英雄山等山体景观遥相呼应、渗透融合。北侧通过整街坊改造、广电中心的规划建设以及高等院校的院落整治，形成界面整齐有序的现代都市街景风貌，平缓舒展中，强调节奏和高潮。规划结合沿路各功能中心和重要节点的设计，充分展示经十路深厚的文化底蕴和丰富的人文资源。

①历山路口节点

设计强调该区域的文化氛围，重点在东南部规划建设大型文化交易展示设施，包括古玩字画交易市场、艺术品展厅、文化用品商城等，并以开敞步行系统相连接，形成历山文化广场；控制建筑高度，建筑风格古朴典雅，以协调与南端省博物馆及千佛山的关系；充分利用地下空间，开发大型书画城，形成复合型的艺术展示交流中心。

②玉函文体休闲中心

位于玉函立交南侧，舜耕路与马鞍山路之间，用地面积约 94hm^2，规划重点改造泉城公园西北市体校地块，设计为集休闲、运动、娱乐于一体，自然、文化、产业有机结合的全民健身活动中心，总建筑面积约 10 万 m^2。规划控制建筑群的高度和灵活通透性；保留跳伞塔特色地标，作为空间制高点和轴线的对景，沿路布置集中开敞空间，引入绿化水体景观，使其与泉城公园融为一体，并与西侧的省体育中心共同组成体现健康与活力的体育文化休闲中心。

③八一立交节点

是经十路与纬二路两条城市主要交通动脉相交的重要节点，规划在西北角布置高层商务写字楼；保留东北角八一礼堂，并在其西侧新增文化建筑，形成综合表演艺术广场。规划在东南角布置一组大型公建，主体为超高层建筑，与西侧电信综合楼共同围合八一立交的南部界面，形成该区域的制高点和标志。节点向东扩展，沿

纬一路西侧规划开敞绿带，保持和延续马鞍山路与英雄山的绿化通廊和景观视廊，并控制与革命烈士纪念碑的对景关系。

④振兴街商业中心

位于经十路与纬十二路口周边地区，用地面积约40hm²，是旧城区段西部的制高点和标志性建筑群。西北部振兴街地区通过整体改造，形成底部为大型购物中心和商业街，中部为商务办公，上部为公寓的立体式开发，建设总量达40万m²；西南部规划为高层酒店和大型购物广场；纬十二路以东布置底层商城和高层商务写字楼的综合设施。规划通过开发地下商业空间和步行系统，将路口街头广场和商业设施相串联，使整个振兴街地区形成商业氛围浓郁，彰显繁荣与活力的西部区域性商业中心和不夜城（图5-57）。

(3) 段店—担山区段

东起二环西路段店立交，西至京福高速公路担山屯立交，长约4.5km。新济南西客站的规划和张庄机场的搬迁为该区段的开发建设带来了机遇和动力。

规划整合完善沿路两侧用地功能，路南结合现状实力荣祥花园、明星小区，规划大杨庄旧村改造、外海现代中央花园等大型居住社区，形成配套设施完善的综合居住功能区；路北主要布置大型特色商品市场、商贸中心及配套商务写字楼和公寓，并结合新建槐荫区政府，集中布置商务办公和行政管理设施，形成综合商务商贸功能区。规划在经十路北部，以济南西客站为依托，形成以现代商务和会展服务产业为主导的西客站商务中心，与经十路紧密联系、相辅相成，共同带动和促进新区发展。

规划沿腊山河两侧布置开敞通畅的滨河绿化景观带，形成区内贯穿南北的生态廊道和主要自然景观轴线，将经十路城市功能区与北部西客站商务中心区自然有机地连为一体，使城市空间与南部腊山山体景观渗透融合。沿路布置商业服务设施，适当控制南侧建筑高度，避免遮挡南部山体景观，控制腊山视线通廊。设计重点突出两个入口节点的标志性特征和西客站商务中心的城市新区形象。

①段店立交节点

是城市重要的交通景观节点和进入西部新区的标志。规划节点周边均由大体量高层建筑组成，东侧路北规划为段店旧村改造高层住宅区和商贸设施，路南结合地域特色规划大型商品批发市场建筑群，沿桥布置一组高层建筑，形成该区域的制高点和标志。西北部规划一组商务写字楼，西南部规划为商业服务设施和高层公寓，共同烘托段店立交的整体气势。

②担山屯立交节点

是经十路的西大门，是连接城市对外交通的重要节点，西侧规划为山东现代国际物流园低层高密度的仓储区；东北部依托西客站的入口通道大金路，布置大型工商展览及会务、商务酒店、商业金融等设施；东南部规划居住区大型综合商业服务设施，均为大体量的高层建筑，突出门户节点的标志性特征和气势宏大的形象。

图5-58 城区铁路沿线综合整治规划图

③西客站商务中心

位于西客站以东腊山河两侧，用地面积约272hm²，是经十路北部重要的城市标志性地段，是西客站片区的核心区域。规划以西客站作为该区域标志建筑和主体景观，形成东西向延伸的城市景观轴线，并和南北向腊山河生态景观轴交叉融合。

腊山河以西临近西客站区域，规划为以现代高效办公为特色的商务商贸功能区，汇集高中端商务写字楼、智能化办公区、贸易信息中心、高档宾馆、星级酒店以及商业娱乐、金融服务等相关配套功能设施的高层建筑群，形成高强度、高密度开发的城市街区，并充分利用车站的商业价值，开发地下大型购物广场。

腊山河以东规划为文化会展及城市公共服务功能区，聚集了腊山新区的主要文化设施，包括博物馆、艺术馆、科技馆、图书馆等，规划沿河主要布置腊山国际会展中心、歌舞剧院等，建筑空间形态舒展平缓，与开敞灵动的绿化水体景观渗透融合，并与西侧高耸的商贸大厦交相辉映，共同形成腊山新区以西客站为依托，功能复合，设施完善，经济活跃的商务商贸交流中心，为济南城市建设的跨越式发展和经济腾飞注入新的活力。

5.6.2 城区铁路沿线综合整治规划

济南铁路枢纽是全国铁路16个路网性铁路枢纽之一，京沪、胶济和邯济三大铁路干线在此交会，是联结京津沪、西部内陆地区和东部沿海地区的重要节点。由于铁路沿线两侧特别是市区铁路周边地区长久以来存在危旧房屋多，乱搭乱建情况严重，基础设施不完善，卫生环境较差等问题，严重影响了城市风貌和窗口形象。针对以上情况，济南市委、市政府立足改善民生、构建和谐济南、树立现代化省会城市的良好形象，作出搞好城区铁路沿线综合整治的决定。

为贯彻落实省市领导指示精神，市规划局组织编制了《城区铁路沿线综合整治规划》，以指引铁路两侧的整治改造，提升铁路沿线的环境面貌，加快两侧的开发建设，加强铁路沿线作为"四沿"带动战略之一的作用，加快在"十一五"期间将城区铁路沿线开发建设成为新的城市景观带和产业聚集带的步伐。

（1）规划内容

规划范围东起历城车站，西南至白马山车站，西北至东沙王庄车站，全长约35km。规划内容分为三个部分：

①建设控制线规划：标定铁路沿线建筑红线、道路红线和绿化绿线；

②片区开发规划：选定铁路沿线可开发片区，按开发模式进行分类，并确定近期开发片区；

③标准段整治规划：选择整治标准段，提出整治要求，指导近期整治工作。铁路沿线整治工作按照"拆、绿、挡、洁、净"的要求，各区共拆除违法建筑6.4万m²，近期整治建筑155万m²，绿化面积153hm²，设置广告牌4200m，砌置围墙7200m，使铁路两侧环境有了较大改善。在前期整治基础上，按照各区相对均衡、集中，以形成连续完整整治效果的原则，选择兴济河至经六路跨线桥、历黄路至二环东路作为先期起动的标准段，距离共计4.9km（图5-58）。

(2) 规划原则

①交通优先原则

完善铁路两侧道路网系统，保证道路畅通，密切铁路两侧交通联系。

②可操作性原则

减少拆迁量，按实际情况具体把握整治改造尺度，确定适宜的整治标准。

③环境提升原则

以积极的手段改善背向城市的消极空间，解决铁路两侧环境恶劣的问题。

(3) 整治要求

①道路整治要求

完善道路网系统，整治现状路面，保证一定宽度车行道及两侧人行道铺装，完善道路设施；整治铁路涵洞，解决涵洞排水问题。

②围网与围墙整治要求

铁路隔离采用围网与绿篱结合的形式；除遮挡围墙外，其他实体围墙改造为透空形式；各区区段统一围墙色彩与形式。

③建筑整治要求

修整建筑破损屋顶、门窗等，各区区段统一粉刷色彩。

④绿化整治要求

种植行道树、隔离绿带；按照设计进行节点绿化。

⑤环境整治要求

清理垃圾死角，建立环境管理长效机制。

5.6.3 小清河地区综合改造规划

小清河地区是市委市政府确定的四条重要的城市发展带之一，是"新区开发、老城提升、两翼展开、整体推进"城市发展战略的桥梁和纽带，是济南城区重要的排水河道和休闲游览景观带。

长期以来，由于铁路的分隔，小清河及两岸地区缺少城市中心功能区，建设无序，造成了现状用地布局混乱、工业密布、新旧生活区并存和基础设施建设滞后的局面，土地利用效益不高，环境景观较差。小清河除承接济南市区和南部山区降水所形成的洪水外，主要来水是城市生活和工业污水。由于城市污水收集和处理严重滞后，小清河水质污染十分严重。

基于此情况，市政府首先启动了小清河两岸地区综合改造总体控制规划编制，对小清河两岸地区的综合整治进行了概念性规划。进而就小清河沿线景观与城市设计方案进行了公开招标，并最终确定四套方案进行社会公示。目前，小清河综合治理工程已正式启动，小清河的综合治理进入全面提速阶段。

(1) 小清河两岸地区综合改造规划

①规划目标

建设环境优美的生态城市的窗口，体现城市新形象，将城市开发与环境保护及可持续发展有机融合，达到治水、治污、治乱和提升功能、整体推进的目标，提高城市综合实力，做到经济、社会、环境三大效益的统一。

鲜明的城市风貌。通过对现有山水资源的利用和保留，营造宜人的自然山水风貌，将自然引入城市中心，优美的城市风光和城市中心的繁荣共生共荣。

高效集约的土地利用。整合现有的土地资源，化零为整，提高土地利用率。

自然生态的景观环境。绿水回环、翠带绕城的小清河滋润和养育了这片土地，与南北向水体疏导贯通，成为景观性大水体，塑造自然生态的景观环境。

图 5-59　小清河两岸地区综合改造规划功能结构图

高效安全的交通系统。建立合理的道路系统与交通组织，保障城区内交通便捷、安全，注重建立完善的步行系统，强化公共交通，高效安排静态交通。

高品质的开放空间。创造不同特色的街区，设计赋予开放空间亲切宜人的尺度，舒适清新的绿化和滨水廊道；强化城市的文化氛围，配置良好的服务设施，追求高品质的城市空间环境，真正体现以人为本。

②功能定位

整合资源，改造环境，优化功能，提升形象，规划形成以"山、水、绿、城"为一体的多功能、复合型的新的城市功能区，将小清河及两岸地区塑造成为以休闲旅游、商业服务、生活居住为主导功能的滨河景观带和城市、经济、社会发展带。

③功能结构

黄河、小清河横亘在城区北部，"齐烟九点"散落其间，城市与自然环境天造地设、相亲相融。规划功能结构形成"一带、两轴、三心、四园、九片"的布局形态（图5-59）。

一带——小清河滨河景观及城市、经济、社会发展带；

两轴——泉城特色风貌带向北的延续轴和济泺路城市发展轴；

三心——行政办公中心、泺口商贸中心、大金居住中心；

四园——鹊华国家公园、药山产业园、济西产业园、槐荫物流园；

九片——黄台居住片区、北湖居住片区、金牛居住片区、泺口居住片区、药山居住片区、大金居住片区、历山北路商贸区、二环北路商贸区、美里商贸区。

（2）小清河沿线景观与城市设计

小清河沿线景观与城市设计进行了方案招标，最终选定四套方案面向社会公布并接受公众评议。四套方案以将小清河建设成集防洪除涝、旅游观光、娱乐休闲、商贸服务及现代居住于一体的绿色景观长廊为目标，向市民展现济南21世纪小清河城市新形象。本次综合治理范围西起二环西路，东至二环东路，长约13.6km。四套方案均融入了先进的设计理念，各具特色。

①方案一

目标：打造济南城北的活力地带；转变小清河在济南市民心目中臭水沟的形象，使其成为济南城北一处充满活力的生活休闲地带；引导市场向商场和商业街过渡；通过小区组团化、绿地集中化的设计来激发邻里活动；开辟小清河休闲旅游。

为济南增添若干个注目点：打造济南的义乌小商品市场，使其成为华北最大的小商品市场；规划全国第一个开放式动植物园；将国棉一厂改造为全省最大的艺术展览馆；设计一座华北最漂亮的人行天桥。

北部商业区块及南部休闲区块：创造城市新的视觉通廊；着重塑造亲切友好的环境氛围；为周边居民提供一个休闲、购物、娱乐于一体的公共场所；通过设计，达到静态与动态活动的完美统一。

铺地：通过自然的材料，形状上的规整，完成面通过粗糙的原始的表面，共同表现自然的纹理，铺地体现现代简洁的风格，全部采用防滑处理。

绿化：绿化设计整体空间意向上反映城市公共空间；控制绿化天际线形式，达到两岸的完美统一；种植设计以当地树种为主。

灯光：包含四种照明系统：河道、道路、节点及绿化，整体照明方案体现商业街繁华的都市面貌，灯具设计选样简洁明快。

公共设施：坐凳、灯柱、垃圾桶等，采用简洁、现代的风格。

交通组织：车行系统环绕商业区各大区块，并提供集中的停车场地，尽量做到人车分流，单独设置大型车专用停车场。步行线路贯穿整个商业区，并设置足够的户外人流集散空间。

②方案二

根据四个分区主题，即生态居住区、商务旅游区、娱乐休闲区和商务居住区，分别设定不同的景观特征区域，即：宁静生态景观、商务环境及旅游现代景观、娱乐休闲温馨浪漫景观、商务居住后现代景观四个景观区域，并在每个区域中通过景观节点充分体现其景观立意。

功能分区有以下几处。绿地公园：黄台码头公园、五柳闸公园（柳云岛）；滨水休闲广场：动物园广场；桥梁与水系绿地交叉地带：根据交通的实际需求，桥梁与滨河绿地交叉地带景观，下沉式景观广场；商业开放空间或广场：商业建筑布局空间景观设计；步行游览空间：五柳闸桥南岸，小清河南岸自动物园广场到黄台码头公园，为游船观光线。其中，小清河南岸自动物园广场到历黄路为步行游览空间，整体旅游空间由游船观光线和步行游览空间相结合。

结合每个区域的节点，在主要区域设立码头：生态居住区的黄岗高尔夫码头；商务旅游区的动物园及广场码头；娱乐休闲区的不夜岛、五柳闸岛两个码头；商务居住区的黄台码头。

③方案三

在洪水高风险区域，保留自然湿地面貌，满足滞水、生物栖息等过程的需要；在洪水中等风险区域，用作休闲旅游用地，合理布置休憩设施；在洪水低风险区域，禁止有污染的企业，允许的建设项目应达到相应防洪标准；在处于已经被人工化改造的洪水安全格局战略点位置，恢复自然湿地，或采取生态化工程措施，将人工河道恢复为自然河道，恢复自然弯曲形态，从而恢复其滞洪功能。

区域生态基础设施总体构成网络状的空间构架。区域格局为以匡山公园、动物园、北湖公园为重要的生态源地，以其他公园和湿地为斑块，通过道路、水渠、绿地等线性要素建立生态廊道、乡土游憩廊道，构成区域网络状生态基础设施和开放空间网络，整体呈"梳状"结构。

④方案四

设计主题为"绿色泉城畅想"，将小清河分为绿、黄、橙、蓝、红五大主题段落，以绿色为脉络将五色段落串联，设计重点为"五片四点"。

第一片：二环西路至无影山北路。规划保留原生态的景观和人文环境，为居民创造开放、和谐的滨河休闲空间。景观设施及植物配置以绿色系为主。

第二片：无影山北路至济泺路。金牛公园在小清河南岸形成一道优美的风景线，规划强调保留现状，调整规划道路，避免人为的生态破坏。以金牛闸为景观点，加强两岸开放空间的设计。景观设施及植物配置以呼应金牛的黄色系为主。

第三片：济泺路至联四路。依托泺口服装市场，将该区域策划形成服装产业聚集区，加快产业升级。这里还集中了滨水艺术街、创意产业园以及老厂房内的时装秀场和近代工业展览馆等空间。景观设施及植物配置以体现活力的橙色系为主。

第四片：联四路至东泺路。五柳闸和北湖公园是主要景观，设计强调生态主题。五柳闸规划为珍贵植物展示园，

图 5-60　小清河沿线景观与城市设计方案四
——济泺路服装文化中心节点

图 5-61　小清河沿线景观与城市设计方案四
——黄台码头节点

与西部的体育公园和动物园共同形成主题公园体系，风力发电、太阳能集热、中水处理系统、生态暖棚以及小清河综合治理成果展示馆分布其间，担负着向市民展示生态技术、进行环境教育的社会责任。景观设施及植物配置以蓝色系为主。

第五片：东泺路至二环东路。黄台码头兼具旅游、商业、生态及场所记忆功能于一体，两侧滨水空间以生态园林种植为主，逐步向东过渡，与华山郊野绿地衔接。景观设施及植物配置以象征码头文化的暗红色系为主。

第一点：黄岗路节点。拆除黄岗路旧村改造的无序建筑，规划体育主题公园。

第二点：济泺路节点。泺口服装市场已形成浓郁的商业氛围，以齐鲁鞋城为代表的一批新建筑面貌较好。依托现状，对其余部分拆旧立新，构筑标志性城市节点。强化两岸滨水空间的景观营造（图 5-60）。

第三点：北湖节点。通过整合北湖公园、五柳闸及小清河北岸，使之连成一个整体。突出融山泉湖河城一体的独特风貌。使之成为集商业、娱乐、金融、办公、文化休闲于一体的综合性场所。引入中央城市走廊的概念，在文化脉络上串联千佛山、大明湖、黄河等名胜，空间形态上形成南北轴线。

第四点：黄台码头节点。黄台码头是原小清河水上航运的重要站点，改造力求重现历史记忆和码头文化场景（图 5-61）。

（3）小清河综合治理工程

为彻底治理小清河的水体污染，恢复其防洪排涝功能，再现"清河长廊"，市委、市政府决心彻底根治小清河，形成新的经济发展带和生态景观带，真正让两岸群众受益。市领导在不同场合反复强调，"治理小清河，不是形象工程，而是民生工程，而且是济南历史上规模最大、投资最多、收益最长远的公益民生项目。"

2007 年 11 月 6 日，小清河综合治理工程正式启动，这标志着济南市对小清河的综合治理进入全面提速阶段。小清河综合治理工程的开工，是济南市以十七大精神为指导，贯彻落实 2007 年"9·29"省委常委扩大会议精神的重要行动，是功在当代、利在千秋的社会公益项目，是广大群众的所思所盼，对于提升济南城市规划、市政建设、市容市貌和城市载体功能，迎接第十一届全运会胜利召开具有重大意义，也将对小清河流域及环渤海湾地区环境、生态、经济与社会可持续发展产生重大而深远的影响。

小清河综合治理工程西起槐荫区睦里庄闸，东至济青高速公路桥下，长约 31km，工程包括防洪除涝、城市排水、截污治污、道路桥梁、管线复建、河道补水、景观营造及两岸开发等方面，是集防洪、排涝、治污和改善民生为一体的重大综合性工程。小清河综合治理将突出以人为本、人水和谐的基本理念，立足于实现整合资源、改造环境、完善功能、提升形象、发展经济的总体目标，形成以"山、水、绿、城"为一体的多功能、复合型城市功能区和新的经济社会发展带、亮丽的景观旅游带和宜人的生活休闲带。整个综合治理工程计划分两期实施，2012 年全部完成。

图 5-62　鹊山龙湖区位图　　　　　　　　　图 5-63　场地现状图

5.6.4 鹊山龙湖沿湖发展带

鹊山龙湖位于黄河沿岸，包括黄河北展宽区济南段（43km²）和黄河两岸范围以内地区。规划范围东起 104 国道，西至李家岸干渠，南起黄河南大坝，北至黄河二道坝，总用地 68.8km²。

鹊山龙湖西靠京福高速公路，北有正在建设的青银高速公路，与既有高速公路构成济南的三环线；北临 308 国道、220 国道，东依 104 国道。区内道路有 309 国道、101 省道和防汛路，邯济铁路由区内穿过，主要跨黄河桥梁自东向西依次有黄河一桥、黄河铁路大桥、泺口浮桥、西二环浮桥、黄河二桥。

区内现状用地主要有耕地 21867 亩，鹊山水库及沉沙池 14030 亩，坑塘水面 7591 亩，村庄、道路等建设用地 7963 亩，林地 2207 亩，未利用土地 7254 亩。现状耕地布局零散破碎，土质差、产量低、生产条件落后，未利用土地面积较大，旧村布局分散，具有很大的开发整理潜力。现状村庄共有 31 个，居住人口 1.9 万（图 5-62、图 5-63）。

（1）功能定位

鹊山龙湖位于泉城特色风貌带的北部，是城市南北轴线的重要节点，该工程的策划实施将进一步拓展城市发展空间，完善城市功能，引导城市向北部发展。同时，鹊山龙湖还将成为中心城区的绿肺和生态缓冲带，是演绎黄河文化与齐鲁文化的重要舞台。

开发建设鹊山龙湖，将有助于协调区域发展，带动北部开发；有助于完善生态体系，发展旅游经济；有助于开发都市农业，带动群众致富。力求通过不懈努力，把鹊山龙湖建成集娱乐休闲、旅游观光、生态保护、都市农业、防洪防汛等功能于一体的综合示范工程。

（2）规划理念

黄河北展宽区将按照"原生态、纯自然"的原则进行综合整治，合理开发，永续利用，科学保护，实现"人天和谐，人地和谐，人水和谐，人文和谐，人城和谐，人居和谐"。

人天和谐：人与自然和谐共处，因势利导，顺乎自然，充分保护和利用区内自然山水，实现可持续发展。

人地和谐：科学、集约、节约利用土地资源，因地就势，发展新型都市农业、有机农业和生态农业。

人水和谐：充分利用北展宽区丰富的水资源，兴利除弊，建设生态水系，有序组织景观用水，体现亲水文化。

人文和谐：传承黄河文化、齐鲁文化，整合黄河沿岸历史遗存，体现辉煌历史文明，弘扬现代济南精神。

人城和谐：建设和谐城市、和谐社会，鹊山龙湖作为新型社区，将体现社会公平，崇尚正义，诚信友爱，充满活力，安定有序。

人居和谐：建设生态社区，健康社区，使其成为人居典范。

（3）空间构思

鹊山龙湖规划形成"河湖辉映，山岛龙形，旷野阡陌，城水交融"的总体格局（图 5-64）。

图 5-64　总平面图

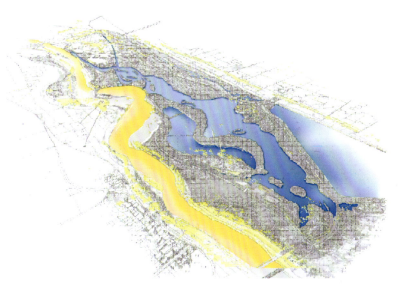

图 5-65　河湖辉映

① 河湖辉映

河——指黄河，结合黄河文化遗存，发掘黄河溯源、泺口险工、黄河摆渡、黄河旭日、大河游弋、百里长堤等胜景，塑造一条黄河观光景观带，体验黄河文化；

湖——指龙湖，利用北展宽区丰富水资源，依托既有的鹊山水库和沉沙池，加以人工整合，在鹊山水库与沉沙池之间，开辟新湖面，三者浑然一体，形成浩渺水面，重现历史上的鹊山湖美景，展现赵孟頫《鹊华秋色》烟波浩渺、湖光山色的美丽画卷，体验鹊华烟雨梦境（图 5-65）。

② 山岛龙形

山——指鹊山，是齐烟九点惟一孤立于黄河以北的山峰。相传先秦名医扁鹊曾在此炼丹，死后葬于此地，现今古墓犹存。利用扁鹊炼丹的历史典故和现存扁鹊墓遗址，形成鹊山景区。在鹊山顶上依山就势建设黄河楼，

图 5-66 山岛龙形

图 5-67 城水交融

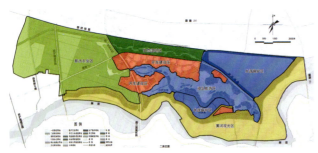

图 5-68 分区控制图

图 5-69 开发建设区总平面图

图 5-70 湖岛旅游区总平面图

形成区内观光览胜制高点。

岛——指龙脊岛，在区内通过挖湖成岛，在湖中形成群岛序列，呈龙脊状，以鹊山为龙头，构筑龙形，体现龙湖主题，龙脊岛屿序列按照其不同旅游需求划分功能区（图5-66）。

③旷野阡陌

指生态湿地、林地和都市高效农业区。结合现状优质农田和既有湿地、林地，在区内北部、西部构筑新区的旷野基调背景，为游客认识自然、体验自然，创造原生态佳境。

④城水交融

指倚河傍湖发展新城区，建设新型生态社区。新型生态社区主要位于龙湖北岸和龙湖西部半岛，是本项目中惟一城市开发地区，开发重点之一是，在西部半岛建设服务于整个龙湖生态区的公共服务中心；开发重点之二是，在龙湖北岸建设以居住为主体，融合休闲、度假等旅游内容的生活社区。体现传统文化、民俗风情，结合场地的濒水特点，创造济南少有的亲水型生态社区（图5-67）。

（4）功能与景观格局

鹊山龙湖划分为五个独立功能区：黄河观光区、湖岛旅游区、开发建设区、生态湿地区和都市农业区。

以黄河滨水景观带为依托，以龙湖的湖岛旅游区为主体，以开发建设区为辅助，以生态湿地和农业观光区为背景基调，构筑鹊山龙湖的总体景观格局（图5-68—图5-71）。

图 5-71 鸟瞰图

①黄河滨水景观带

以黄河为主线，通过景点建设，游线组织等，让游客在此得到黄河的真实体验。沿黄河大坝北岸，建设黄河文化长廊，体现与黄河密切相关的自然地理、历史文化、经济社会、开发治理和名人轶事等特色。

②湖岛旅游区

以浩渺龙湖体现水体景观，以鹊山为龙头、岛屿系列为龙身构筑龙形，形成龙湖主题。在鹊山侧峰建设黄河楼，形成区内观光点，登黄河楼，一眺黄河奔腾不息、二观泉城灯火阑珊、三瞰龙湖风光秀丽、四览游龙若隐若现。

③开发建设区

以生态社区为建设目标，社区建筑融于湖光绿色之中，在龙湖北岸建设各具风格和特色的风情社区，展现不同地域文化和风貌；龙湖西部半岛的公共服务中心区，展现现代化新区景象，体现现代建筑风貌。在半岛濒水区域，建设绿化休闲广场，以三河塔为标志性建筑，形成湖岛区域的景观制高点，记载过去三河汇聚的历史。

④生态湿地区

按照"原生态，纯自然"的原则保护现有湿地，结合地形整理，塑造河谷湿地景观。

⑤农业观光区

是整个龙湖景区的背景基调，整合农田水系，体现田园风光。

济南古城发源于今护城河内西南角，城垣的形成经历了历下古城、齐州州城和济南府城三个阶段的发展过程。历史上济南城市空间结构仍为传统的小中心集聚，济南市的城市发展演变，基本上是一个自然形成、自然发展的历史过程。

随着中国近代工业的发展，济南开始新建工业区、商埠区和仓储区，城市建设开始跳出旧城范围，初步显现出城市经济发展方向引导城市空间结构的趋势，形成以省府东、西街为古城中心，大观园为商埠中心的双核、双中心，外围散布棚户区的城市格局。城市空间形态呈东西长、南北窄的带状布局。

建国以后城市的发展经历了由老城区向四周扩散蔓延式的发展，到向东西方向带状延展，再到跳出去建立独立组团三个发展过程。城市总的发展态势是以"双核"旧城为中心向四周拓展扩散，由于受黄河和南部山体的限制，后期逐渐转为向东西两翼轴向发展。至20世纪末期，城市布局形态初步形成由集中的主城区和王舍人、贤文、党家、大金四个相对独立的城市组团组成的"一城四团"带状布局轮廓。

济南城市空间发展战略提出"东拓、西进、南控、北跨、中疏"的城市空间拓展原则，城市新一轮总体规划提出了"一城两区"的空间结构。2006年北跨战略研究提出，北跨战略一旦实施，济南城市空间结构将变成"T形主轴、一核、三心、网状支撑"的格局。

总之，济南的城市空间从自然形成的过程，到在区域整体思维指引下的空间发展过程，经历了多个发展阶段，每一个阶段都留下了深刻的历史印迹，体现了当时社会经济的发展程度和科学技术的发展水平。

第 6 章 城乡统筹
——城乡协调发展与新农村规划

6.1 城乡统筹发展的现实性和必要性

6.1.1 统筹城乡发展的重要意义

统筹城乡发展是党中央在正确把握我国新阶段经济社会发展的新趋势、新矛盾、新挑战、新机遇和遵循经济社会发展规律的基础上提出的，具有极强的时代性、创新性和针对性。统筹城乡发展对于统筹解决城市和农村经济社会发展中出现的各种问题，突破城乡二元结构，加快工业化、城镇化，缩小工农差距、城乡差距、地区差距，实现国民经济持续健康发展，促进社会和谐都具有极为重要的意义。

（1）统筹城乡发展是全面建设小康社会的内在要求

改革开放以来，我国城乡发展取得了长足进步，并于 20 世纪末总体上实现了小康社会。但我国目前的小康还是低水平、不全面、发展很不平衡的小康，全国农村尚未解决温饱的贫困人口有 3000 万左右，初步解决温饱问题的低收入人口有 6000 万左右。可见，全面建设小康社会重点和难点在农村。只有统筹城乡发展，加大城市带动农村、工业反哺农业的力度，加快推进城乡一体化，促进城乡物质文明、政治文明、精神文明协调发展，全面建设小康社会的宏伟目标才能如期实现。

（2）统筹城乡发展是全面推进农村小康建设的客观要求

进入新世纪，我国市场化、国际化、工业化、城市化和信息化进程明显加快，但农业增效难、农民增收难、农村社会进步慢的问题未能得到有效解决，城乡差距、工农差距、地区差距扩大趋势尚未扭转，其深层次原因在于城乡二元结构没有完全突破，城镇化严重滞后，城乡分割的政策、制度还没有得到根本性纠正，城乡经济社会发展缺乏内在的有机联系，致使工业发展与城市建设对农村经济社会发展带动力不强，过多的劳动力滞留在农业，过多的人口滞留在农村。这种城乡分割的体制性障碍和发展失衡状态，造成了解决"三农"问题的现实困难，农村小康成为全面建设小康社会最大的难点。因此，在全面建设小康社会的新阶段，把"三农"问题作为全党工作的重中之重，就必须突破就农业论农业、就农村论农村、就农民论农民的思想束缚，打破城乡分割的传统体制，以城带乡，以工促农，以工业化和城市化带动农业农村现代化，形成城乡互补共促、共同发展的格局，推动农村全面小康建设。

（3）统筹城乡发展是保持国民经济持续快速健康发展的必然要求

全面建设小康社会，最根本的是坚持以经济建设为中心，不断解放和发展社会生产力，保持国民经济持续快速健康发展，不断提高人民生活水平。当前，我国经济社会生活中存在的许多问题和困难都与城乡经济社会结构不合理有关，农村经济社会发展滞后已经成为制约国民经济持续快速健康发展的最大障碍。占我国人口绝大多数的农村居民收入增长幅度下降，收入水平和消费水平远远低于城镇居民，直接影响到扩大内需，刺激经济增长政策的实施效果,扩大内需已经成为新阶段我国经济能否持续增长的关键。这就要求我们,一方面,要积极推进具有二、三产业劳动技能的农民进城务工经商,具有经济实力的农村人口到城镇安居乐业,促进农村型消费向城市型消费转变;另一方面,要千方百计增加农民收入,不断繁荣农村经济,提高农村购买力,启动农村市场。因此,只有统筹城乡经济社会发展,加快城市建设和城市经济的繁荣,加快农村劳动力向二、三产业和城镇转移,不断发展农村经济,增加农民收入,提高农村消费水平,才能保持国民经济持续快速健康发展。

6.1.2 统筹城乡发展的科学内涵

统筹区域城乡发展是科学发展观分别在区域层面和城乡关系层面的战略要求。科学发展观是坚持以人为本,全面、协调、可持续的发展观,从区域经济学的角度说,全面发展就是发达和欠发达地区等各种地区都要得到发展;协调发展就是各种区域问题基本得到解决、区域关系融洽、区域处于良性互动的发展状态;可持续发展就是区域发展具有持续发展的能力,重点是加强资源和环境的保护,注重经济发展与人口、资源、环境的协调,建立资源节约型和环境友好型社会。通过统筹区域城乡发展,实现区域城乡经济全面、协调和可持续的发展目标,缩小区域城乡发展的差距,从区域城乡的层面为和谐社会的建设打好坚实的基础。

统筹城乡发展,是相对于城乡分割的"二元经济社会结构"而言的,它要求把农村经济与社会发展纳入整个国民经济与社会发展全局中进行通盘筹划、综合考虑,以城乡经济社会一体化发展为最终目标,统筹城乡物质文明、政治文明、精神文明和生态环境建设,统筹解决城市和农村经济社会发展中出现的各种问题,打破城乡界线,优化资源配置,实现共同繁荣。

统筹城乡经济社会发展的实质是给城乡居民平等的发展机会,通过城乡布局规划、政策调整、国民收入分配等手段,促进城乡各种资源要素的合理流动和优化配置,不断增强城市对农村的带动作用和农村对城市的促进作用,缩小城乡差距、工农差距和地区差距,使城乡经济社会实现均衡、持续、协调发展,促进城乡分割的传统"二元经济社会结构"向城乡一体化的现代"一元经济社会结构"转变。一句话,统筹城乡发展,就是让城里有的农村也有,让城里人过的好生活农民也一样享受,农村与城市齐步前进。

统筹城乡发展,包括以下几个方面的具体内容:一是统筹城乡发展思路;二是统筹城乡产业结构调整;三是统筹城乡规划建设;四是统筹城乡配套改革;五是统筹国民收入分配;六是统筹行政管理体制。

6.1.3 统筹城乡发展的相关理论概述

"统筹城乡发展"的思想可以从马克思主义经典作家和现代城市规划理论中找到理论依据。马克思在提出共产主义社会理论时,其中的一条重要内容就是消灭城乡差别,实现城乡一体化。恩格斯指出:"通过消除旧的分工,进行生产教育,变换工种,共同享受大家创造出来的福利,以及城乡融合,使全体成员的才能得到全面的发展。"在这里,恩格斯首次提出了"城乡融合"的概念。现代城市规划的启蒙思想家霍华德的"田园城市"理论包含有城乡统筹的内涵,霍华德曾指出:"用城乡一体化的新社会结构形态来取代城乡对立的旧社会形态。"美国著名城市理论家芒福德(Lewis Mumford)指出:"城与乡,不能截然分开;城与乡,同等重要;城与乡,应当有机结合在一起,如果问城市与乡村哪一个更重要的话,应当说自然环境比人工环境更重要。"带有鲜明的城乡一体、城乡统筹的意蕴。由此可见,现代城市规划理论家关于城乡统筹的思想与马克思主义经典论述是基本一致的。

"统筹城乡发展"这一概念是在2003年10月党的十六届三中全会上提出的。党的十六届三中全会提出了"统筹城乡发展,统筹区域发展,统筹经济社会发展,统筹人与自然和谐发展,统筹国内发展和对外开放"的新要求,即"五个统筹",这是新一届党中央领导集体对发展内涵、发展要义、发展本质的深化和创新,蕴含着全面发展、协调发展、均衡发展、可持续发展和人的全面发展的科学发展观。在"五个统筹"中,首先就是统筹城乡发展,体现了党中央对解决"三农"问题、协调城乡发展的高度重视，是指导我国城乡发展的崭新理念。

2004年7月8日至9日，全国村镇建设工作会议在北京召开，这次会议的主要任务是以科学发展观为指导，认真学习和贯彻中央提出的城乡统筹发展的方针和利用宏观调控政策统筹城乡发展，搞好村镇建设，使村镇建设健康有序发展。在这次会议上，建设部部长汪光焘指出统筹城乡发展，就是要把农村和城市作为一个有机统一的整体，建立城乡一体相互推进的体制和机制，开创村镇规划建设工作的新局面。建设部副部长仇保兴指出，当前村镇建设工作方针，将立足于贯彻中央的"五个统筹"要求，一是要从外延式的扩展转向内涵式的增长为主，要立足于节地、节能和可持续发展。二是要防止大规模的征地拆迁，要转向集中力量优化人居环境和投资环境。三是强化内部管理，提高经济运行效率，全面优化，统筹协调，为实现可持续发展奠定基础。

"统筹城乡发展"的概念一经提出，立即引起我国学术界的高度关注，并成为学术界的热点领域，学术成果层出不穷。2004年，孙津在《城乡统筹：城乡协调发展的政策机制》一文中，从社会学角度对城乡统筹的政策机制进行了研究，明确指出实施城乡统筹是先进生产力发展的必然要求，城乡统筹的实际含义是建立城乡协调发展的政策机制，并就统一领导和统一管理，增强服务性管理职能和缩减控制性行政权力，以及保障和落实农民生产资料所有权等问题，分析了政府在城乡统筹方面的改革路径。吴小渝认为，由来已久的城乡二元结构以及依然悬殊的城乡差距是统筹城乡发展必须再反思的问题，要以科学发展观指导城镇化与城乡发展，必须坚持可持续发展的城镇化战略、深化体制改革、加快小城镇发展。

2005年，陈秀山在《中国区域经济问题研究》一书中对统筹城乡发展进行了研究，认为统筹城乡发展是实现其他四大统筹的基础，指出要着重关注七大重点领域，包括统筹发展基础教育，统筹城乡居民迁徙权，统筹城乡就业，统筹社会保障，统筹工业现代化与农业现代化的发展，统筹发展城市与建制镇，统筹都市中的城乡矛盾等。

2006年，温铁军在"怎样建设社会主义新农村"一文中指出，建设社会主义新农村，既是我们党"立党为公，执政为民"的具体体现，也是贯彻科学发展观，构建和谐社会的必然选择。社会主义新农村建设的"新"主要体现在三个方面：城乡之间的良性互动；农村和谐社会的构建；农村自然人文的全面恢复。温铁军还从保障国家经济安全的角度阐述了统筹城乡发展、建设社会主义新农村的重大战略意义。

2007年10月，党的十七大进一步提出，要统筹城乡发展，推进社会主义新农村建设。解决好农业、农村、农民问题，事关全面建设小康社会大局，必须始终作为全党工作的重中之重。要加强农业基础地位，走中国特色农业现代化道路，建立以工促农、以城带乡长效机制，形成城乡经济社会发展一体化新格局。坚持把发展现代农业、繁荣农村经济作为首要任务，加强农村基础设施建设，健全农村市场和农业服务体系。加大支农惠农政策力度，严格保护耕地，增加农业投入，促进农业科技进步，增强农业综合生产能力，确保国家粮食安全。党的十七大将统筹城乡发展、解决三农问题提到了新的高度，反映了党和国家对统筹城乡发展的高度重视和深度关切。

2008年1月1日，《中华人民共和国城乡规划法》正式颁布实施，这部法律是在总结原有的《中华人民共和国城市规划法》和《村庄集镇规划建设管理条例》实施经验的基础上制定的。由《城市规划法》到《城乡规划法》，一字之差，标志着我国进入城乡总体规划新时代，统筹城乡发展正式成为指导我国城乡规划建设的根本原则。

可见，统筹城乡发展的思想由来已久，党的十六届三中全会正式提出"统筹城乡发展"的理念并在党的十七大上得到进一步深化。统筹城乡发展成为关系我国经济社会发展全局的重要战略之一。学术界关于统筹城乡发展的一系列理论探索又为时下正在蓬勃兴起的统筹城乡发展建设社会主义农村提供了重要的理论指导。

6.2 济南市各县（市）总体规划

为落实"五个统筹"的要求，促进城乡区域经济社会协调发展，加快实现城乡规划全覆盖，引领各县（市）经济社会可持续发展，济南市积极推进县（市）总体规划修编步伐，目前，章丘市、济阳县总体规划已分别上报省政府、市政府待批，平阴县、商河县的总体规划成果也已通过市规委专家委员会审议。各县（市）总体规划的编制完成为建立完善的城乡规划体系，引导城镇化有序推进，促进各县（市）经济社会又好又快发展提供了有力支撑。

6.2.1 章丘市城市总体规划

（1）城市性质与职能

城市性质：济南市的次中心城市，以先进制造业和高新技术产业为主导，具有历史文化传统和泉水特色的山水园林城市。

城市职能：以能源动力、汽车、机械制造、化工、建工建材和钢铁六大主导产业为核心的新型工业基地，市域的生活服务中心。

（2）城市规模

近期（2010年）市域总人口125万人，其中城镇人口70万人。远期（2020年）市域总人口150万人，其中城镇人口100万。

2020年中心城区总人口为75万人，其中主城区人口50万人，西部城区人口25万人。随着重汽集团、济钢等重大项目的落户，规划近期人口增长方式将以产业园区以及大学教育片区发展的机械人口增长为主。

根据国家标准，采用国标Ⅲ－Ⅳ等，取人均建设用地为120m^2，至规划期末，城市用地规模为90km^2。

（3）总体布局

城市总体布局以中部西巴漏河为分隔，形成"一城一区"的格局。东部为以明水、双山办事处为依托的主城区，西部为圣井、枣园、龙山办事处构成的西部城区（图6-1、图6-2）。

①主城区用地布局

以老城为依托，优化、完善、提升现有城市功能，形成"一轴、三心、四片"的空间结构。

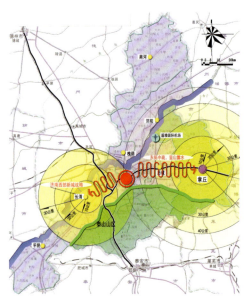

图6-1 章丘与济南的空间关系

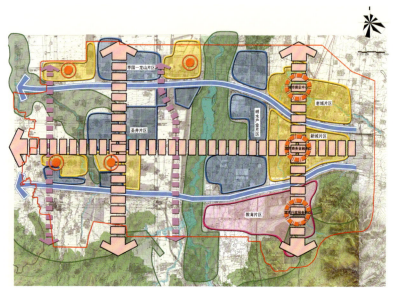

图6-2 章丘市中心城区空间结构图

"一轴"即一条城市发展轴：主城区的发展，以双山大街为依托，形成贯穿主城区南北商业、服务等功能复合的城市发展主轴线。

"三心"即三个城市功能中心：城市行政服务中心位于经十东路以北、西环路以东区域，建设成为城市行政服务中心；依托老城区现有商业服务设施，拓展发展空间，提升综合服务功能，形成城市商业中心；在新城中心区，形成集商务、金融、会展、文体于一体的新城市综合服务中心。

"四片"即四大城市片区：老城片区指唐王山路以北，西环路以东的城区，面积约15.5km²。进一步完善提升生活居住环境和商业服务功能；新城片区指唐王山路以南，经十东路以北的城区，面积约7.5km²。发展行政办公、商务金融、文体娱乐和居住等功能；教育片区指经十东路以南的城区，面积约16.6km²。重点发展教育及其配套设施；明水产业片区指经十东路以北，西环路以西的城区，面积约15km²。依托现状工业，发展主城区的现代产业区。

②西部城区用地布局

西部城区的空间结构为"两轴、两片、四心"。即依托两条交通联系主轴，形成两个相对独立的城市片区，同时集聚形成四个相对独立的产业区生活服务核心。

"两轴"即两条交通联系轴。以章丘大道和潘王路为依托，重点建设以汽车制造和高新技术产业为主导的产业园区。

"两片"即两大城市片区。圣井片区指西巴漏河以西，胶济铁路以南，经十东路以北，以现有圣井高新产业园区、圣井传统工业园区为基础，积极承接济南中心城产业转移，重点发展重型汽车、钢铁等产业，形成现代制造业基地；枣园—龙山片区指西巴漏河以西，胶济铁路以北区域，在现有枣园、龙山产业园区的基础上，发展以传统技术产业为载体，形成以能源动力、钢铁、机械制造为主体的现代产业园区。

"四心"即四个产业区生活服务中心。在圣井、枣园、龙山原有服务设施基础上，进一步扩大规模，改造完善商业、文教等公共配套设施，形成西部城区产业园区的四大配套服务中心（图6-3）。

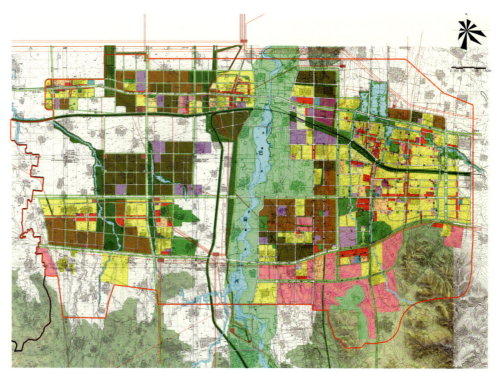

图6-3 章丘市中心城用地布局规划

6.2.2 济阳县城市总体规划

(1) 城市性质

城市性质：济南市的次中心城市，是实施城市"北跨"的重要承接地，以发展机械、煤电、化工和农副产品加工为重点的现代化城市。

(2) 城市规模

2010年县城人口规模发展为18万人；2020年发展为35万人。城市建设用地规模按照国家规定标准严格控制。2010年城市规划建设用地规模控制到21.26km^2，2020年控制到41.15km^2；2010年人均城市建设用地指标控制到118.11m^2，2020年控制到117.57m^2。

(3) 城市总体布局

城市总体布局以现有城区及济北开发区为基础，完善济北开发区，发展西部工业区，打造城市特色，在规划的220国道与黄河之间形成一轴、两带、两园、四区的城市布局结构（图6-4—图6-6）。

一轴：县政府向南形成一条由行政中心、文化娱乐中心、绿地广场、体育中心组成的城市中心发展轴。

两带：沿220国道、黄河两侧形成景观绿化带。

两园：形成南北两个工业园区。

四区：形成一个商贸中心区，及西部、东部和南部三个居住片区。

6.2.3 平阴县城市总体规划

(1) 城市性质与职能

城市性质：济南市域次中心，著名的"玫瑰之乡"，以发展加工制造业和绿色农副产品加工业为主、兼有旅游业的山水生态城市（图6-7）。

城市职能：省会济南的制造业加工配套基地、绿色农副产品供应基地、省城"后花园"和居民休闲度假旅游地及商品流通集散地。

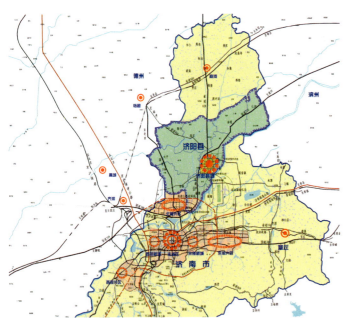

图6-4 济阳县区位分析图

图6-5 济阳县中心城区用地结构图

图6-6 济阳县中心城区用地布局规划

(2) 城市规模

2010年城市人口规模为13万人，2020年为20万人。城市建设用地规模按照国家规定标准严格控制，确定城市人均建设用地指标为115m²。城市建设用地规模2010年控制在15km²，2020年控制在23km²。

(3) 城市总体布局

城市总体布局规划形成"两轴两带三团"结构：

"两轴"：榆山路南北向城市公共中心轴，亦为城市景观轴和中轴线；翠屏街东西向城市发展轴。

"两带"：两条绿色空间渗透带，亦为组团间的隔离绿带；

"三团"：环绕山体亦为山体环绕的三个功能组团：中心组团、安城组团、济西组团（图6-8、图6-9）。

6.2.4 商河县城市总体规划

(1) 城市性质与职能

城市性质：济南市次中心城市，以发展加工制造、商贸物流和温泉旅游为主的生态宜居城市。

城市职能：商河县政治经济文化中心，济南市次中心城市，济南纵深辐射鲁北的前沿阵地，山东地热第一城，以纺织、玻璃、农副产品加工业和医药化工为主导产业。

(2) 城市规模

近期（2010年）商河县城市人口为14.0万人。其中中心城区11.0万人，玉皇庙组团3.0万人。远期（2020年）为25.0万人，其中中心城区18.0万人，玉皇庙组团7.0万人。

城市建设用地规模近期控制在16.71km²，人均建设用地119.36m²；远期控制在29.73km²，人均建设用地118.94m²（图6-10、图6-11）。

(3) 城市总体布局

规划形成"一城一组团"的布局结构。

一城：中心城区，规划人口18万人，总用地20.12km²；全县政治、经济、文化、商业中心，以发展生活、高科技研发及相关服务设施为主的综合性城区。

一组团：玉皇庙组团，含玉皇庙办事处及经济开发区，规划人口7万人，总用地约9.61km²，以发展生产、生活及现代物流为主的综合性城市组团。

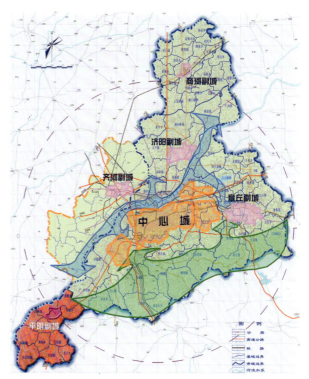

图6-7 平阴县区位分析图

图6-8 平阴县城市用地规划图

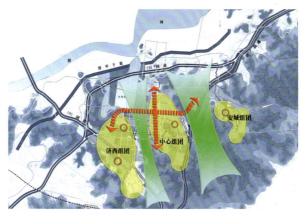

图6-9 平阴县城市用地布局结构规划图

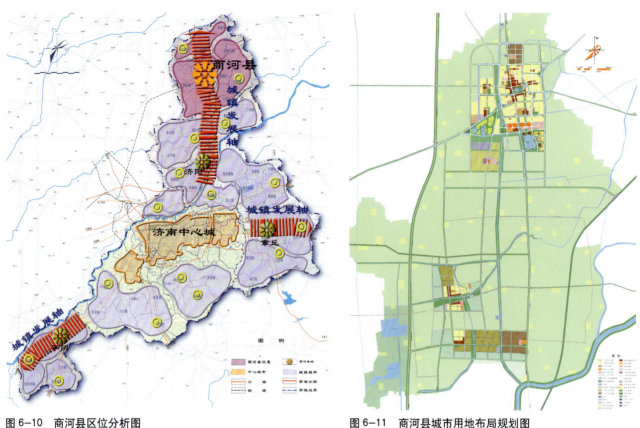

图6-10 商河县区位分析图　　　　　　　　　　图6-11 商河县城市用地布局规划图

6.3 南部山区保护与发展规划

"南控"是2003年6月26日省委常委扩大会议确定的济南城市空间发展战略之一。为深入落实"南控"战略，有效保护南部山区的脆弱资源和生态环境，实现南部山区的合理保护与发展，市规划局会同有关部门，按照"政府主导、市区联动、专家领衔、公众参与、部门协同"的原则，采取竞争性谈判方式，选定北京清华大学城市规划设计研究院、上海同济城市规划设计研究院分别承担南部山区东片区、西片区保护与发展规划编制。2007年6月，《济南市南部山区保护与发展规划》通过了专家评审论证，2007年底规划成果进行了社会公示。"南控"规划的编竣，标志着济南城乡规划编制研究工作取得了重大进展，规划体系更加完善，规划的科学性前瞻性进一步提升，引领作用进一步增强，对建设美丽泉城具有十分重要的意义。

6.3.1 南部山区现状存在的主要问题

南部山区目前存在的问题既有主观因素也有客观因素，客观因素主要是原生环境生态系统比较脆弱，植被发育不良，水土保持能力差，生态系统多数处于低水平维持状态，蓄留能力差，季节性河流多。石灰岩山地裸石荒坡多，土层薄。

主观因素可以分为四个层次：

其一，宏观调控力度不够，导致城市南侵，南部山区整体压缩与项目开发零星蚕食，泉水直接补给区面积减少15%，重点渗漏区成为城市建设用地，生态功能区面积减少，水土流失与水质问题突出，水土流失面积超过50%。

其二，缺乏统一协调的政策法规体系和有效的管理机制，行政区划直接制约了南部山区的统一保护与有序发展，对多方利益主体矛盾冲突缺少有效的协调机制。

其三，资源保护与利用的观念、水平和技术比较落后，粗放开发，粗放利用，资源消耗大，土地产出低，农民收益少，蓄水节水高效用水的技术水平较为落后。农业服务体系不健全，农业生产市场导向滞后，盲目性比较大。产业发展眼前利益、局部利益至上，缺乏适宜生态保护与恢复的产业支撑体系，产业发展急需规范与提升。

其四，村镇发展与基础设施缺少统一规划布局，特别是商业、工业、居民点发展占地随意性大，沿路开发，向沟谷深处延伸，直接进入核心景区及水源核心涵养区。建筑景观缺乏统一设计，散、乱、差的景观形象日趋突出。土地使用效率低，社会经济资源浪费严重。

6.3.2 规划重点解决问题

（1）自发发展走向和谐发展

南部山区人均收入远低于济南的平均水平，脱贫致富与发展经济是当地居民近期最为迫切的需要。加快南部山区发展是确保济南市全面建设小康社会、率先基本实现现代化的迫切要求，因此，对南部山区实行"控制"并不能控死，保护生态不能停止发展而进行消极保护，更不能以山区人民继续贫困为代价，而是要在有效保护的前提下，进行适度、科学、合理的开发，制定合理的产业准入机制，提升产业质量，实现环境保护与经济发展的和谐发展。休闲度假产业作为南部山区未来第一产业，需要很好的度假环境的保育与营造，旅游产业发展成熟度的时间滞后与现状社会经济发展需要成为其主要矛盾之一。

（2）蔓延发展走向集中发展

南部山区的地域范围内包括已经审批的风景名胜区3个，国家森林公园2个，自然保护区2个及10个镇级行政单位。这些分别隶属于建设部、国土资源部、国家林业局等管理单位，条块分割导致开发小而散，效益低下，对环境的影响由点向面扩散，理顺这些关系是规划能否顺利实施的关键。

（3）无序开发走向有序发展

长期以来，南部山区缺乏法定的规划引导，导致建设无序和混乱。已遭到相当程度破坏的自然环境与景观，使南部山区旅游资源的开发及整合提升的难度增大。历史遗留的开山采石区及房地产开发对南部山区的景观与环境产生了较为严重的破坏，修复难度大，统一规划、逐步实施是南部山区有序开发的重要前提。

6.3.3 南部山区（东片）规划

（1）功能定位

东部片区功能定位为：山东省兼具齐鲁文化特色的风景名胜旅游区；济南都市圈中部的生态经济区；济南市重要的水源保护区和绿色产业发展区；济南市南部主要的商贸物流基地和旅游服务基地。

东部片区三大城镇定位为：仲宫镇是南部山区的交通枢纽和经济中心，以发展商贸物流、科研开发、旅游休闲为主；柳埠镇作为南部山区的副中心，是南部山区南部的经济、政治中心，以发展生态旅游、休闲度假、生态农业为主；西营镇作为南部山区的另一个副中心，南部山区东部的经济和政治中心，以发展会展业、休闲旅游业、生态农业为主。

（2）产业发展

①区域产业分析

《济南市城市总体规划（2006—2020）》确定济南产业布局形成主城区产业聚集区和东部济青、西部济郑、黄河北济盐三条产业聚集带，农业布局形成南部山区生态农业区、沿黄特色农业区及黄河北高效农业区。

《济南都市圈规划》描述南部山区周边的莱芜地区主要发展产业有冶金、纺织、机械、建材、化学、能源、高新技术产业和农副产品加工业；泰安地区主要发展产业有能源、机电、化学、建材、纺织、生物医药、冶金、农产品加工业和旅游业（图6-12）。

图6-12 南部山区周边区域产业分析图

南部山区（东片）周围的产业大多是装备制造业和高新技术产业、现代服务业。同时，泰安的旅游业、农副产品加工业和莱芜的农产品加工业发展态势很好，竞争力很强。南部山区（东片）面对市域的产业规划格局和莱芜、泰安的产业竞争态势，应立足区情，选择错位发展。

②产业发展选择

鼓励类产业：以休闲旅游业为核心的产业体系——包括设施农业、观光农业、农业服务业、工艺美术制造业、旅游休闲业、商贸物流、零售餐饮业、会展业、信息产业、总部经济、教育培训产业、文化创意产业等。

限制类产业：家具、服装、包装等都市工业、农产品加工业、绿色地产。

禁止类产业：采矿业、矿产资源加工业、装备制造业、电力工业等（表6-1）。

由于用地紧张，南部山区应改变以往粗放的投资模式，转入集约型发展模式，这也是积极实践可持续发展观的需要。根据以往产业经验，制定了近期产业用地产出下限，低于此下限投资的产业一律不能进驻南部山区（表6-2）。

南部山区产业发展门类选择　　　　　　　　　　　　　　　表6-1

产业	是否破坏生态	区位黏性	财政收入	创造就业	技术需求	资金需求
传统农业	林果种植利于绿化	较大	没有	较多	较小	较小
设施农业	无污染	一般	没有	较少	较小	一般
观光农业	无污染	较大	一般	一般	较小	一般
农业服务业	无污染	一般	没有	较少	一般	较小
采矿业	破坏严重	较大	较多	较多	较小	一般
农副产品加工	污染一般	较大	一般	一般	一般	一般
家具、纺织等都市工业	污染一般	较小	一般	较多	较小	一般
矿产资源加工业	污染严重	较小	较多	一般	较大	较大
装备制造业	有污染	较小	很多	较多	较大	较大
工艺美术制造业	无污染	一般	一般	很多	一般	一般
电力工业	有污染	一般	很多	一般	较大	较大
旅游业	无污染	较大	一般	很多	一般	较大
休闲业	无污染	较大	一般	很多	一般	一般
商贸物流业	有污染	一般	一般	很多	一般	一般
零售餐饮业	无污染	一般	一般	很多	一般	一般
会展业	无污染	一般	一般	一般	一般	较大
总部经济	无污染	较小	很多	较小	较大	较大
信息产业	无污染	较小	很多	较小	较大	较大
文化创意产业	无污染	一般	一般	较小	较大	一般
教育培训产业	无污染	一般	较多	一般	较大	较大
绿色地产	有破坏	较大	较多	较多	一般	较大

南部山区产业产出密度选择　　　　　　　　　　　　　　　　　　　表6-2

产　　业	地均年产出下限 万元／(年·hm²)
设施农业	1.5
观光农业	2
农业服务业	2500
旅游业	30
商贸物流业	40
零售餐饮业	20
会展业	50
总部经济	5000
文化创意产业	3000
教育培训产业	70
绿色地产	60
农副产品加工业	100
家具、服装等都市工业	150
工艺美术制造业	200

(3) 规划布局引导

依据产业发展规律和地理特征，结合与济南中心城的空间关系，将南部山区从西北到东南划分为三个产业片区，分别是都市农业区、商务旅游区和休闲度假区，以一级公路和重要村镇为载体的产业发展带将这三个片区有机联系在一起，形成"一带三片"的产业空间规划。

①发展带

以大涧沟村、仲宫镇区、柳埠镇区、西营镇区、寨而头村、冶河村、涝坡村为重要节点，以S103、跑马岭公路、港西公路、济莱高速公路、绕城高速公路围成弦月形状发展圈。该发展圈主要培育总部经济，发展商贸物流、文化创意产业、住宿餐饮产业和环境友好型农副产品加工业、都市工业。

中心区域产业布局：仲宫镇区组团是南部山区的交通枢纽和经济中心，发展商贸物流和总部经济、科研开发、文化创意等产业；柳埠镇区组团作为南部山区的副中心，以发展商贸餐饮服务业、会展、影视为主，在周边地区发展工艺品制造、农产品加工业；西营镇区组团作为南部山区的另一个副中心，以发展农产品加工业为主，同时发展商贸服务业。

次中心区域产业布局：大涧沟组团主要发展物流商贸业；突泉组团主要发展苗木花卉、商贸服务产业；西坡、东坡组团发展教育培训服务业；李家塘组团主要发展商贸服务业；寨而头村组团发展环境友好型都市工业；冶河村组团发展农产品商贸。

②商务旅游区

商务旅游区是南部山区经济布局的核心。以锦绣川水库为中心，东至仲宫镇，西至西营镇，南起S327，北含涌泉泉群，主要发展教育、培训、会展业。提升产业品质，延伸产业链条。在菠萝峪森林公园、齐鲁第一大佛、锦绣川水库、锦绣世博园和会仙山等风景区建设商务旅游风景区。

③都市农业区

都市农业区是商务旅游区向北、向西的区域，这一区域靠近市区，能比较便利地向市区居民提供农产品和加工类食品。因此该区域主要发展高效农业、设施农业和食品加工业。都市农业区东部主要发展高效农业和设施农业、风景旅游；都市农业区西部以西渴马组团为核心，主要发展食品加工为主的农副产品加工业；都市农业区中部主要发展高效农业，其中，郭家庄组团发展农产品加工业，涝坡村组团发展环境友好型都市工业和农产品商贸业。

④休闲度假区

休闲度假区主要是商务旅游区向南、向东的部分，主要发展休闲度假产业、观光农业和体验农业，二、三级公路沿线可适当发展农家乐项目。柳埠镇域发展高效农业、生态休闲、观光农业、设施农业；西营镇域发展度假旅游、体验农业；彩石镇域发展休闲旅游、绿色地产（图6-13、图6-14）。

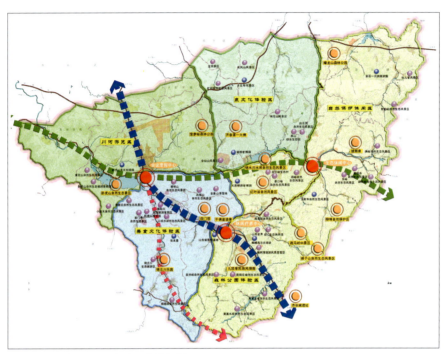

图6-13　南部山区（东片）旅游规划图

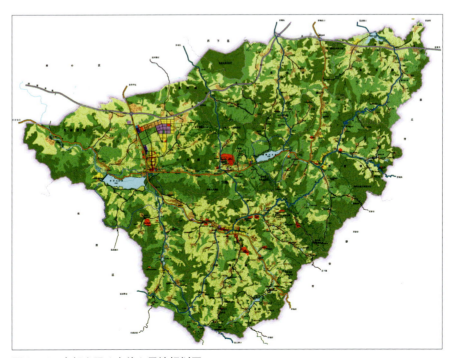

图6-14　南部山区（东片）用地规划图

6.3.4 南部山区（西片）规划

(1) 规划目标与基本理念

南部山区（西片）具有重要的生态地位：济南泉水的34%是由北沙河供给的，南部山区是济南城区天然生态屏障，是济南生态城市建设的基础与保障，对于济南实现城乡统筹发展和可持续发展以及提升济南在国内外的知名度具有重要意义。

文化地位：南部山区拥有悠久而又丰富的历史文化、鲁文化、宗教文化、乡土文化、古墓葬文化，是济南历史文化名城的重要组成部分，是提升济南城市文化竞争力的必要支撑。

经济地位：南部山区（西片）是济南市绿色食品生产基地，是都市农业发展区，是济南市民户外运动休闲的主要地域。

①规划目标

定性目标：以景观保护与水源涵养为目标，以生态集约农业与生态休闲旅游为特色，适度分区、集中发展无污染低能耗工业，形成"一心二翼、三心三区"的经济发展格局以及"四廊八区"的生态景观保护格局。把南部山区建设成为地方文化特色突出，环境高雅，生态稳定，具有较高知名度的生态经济区。

②基本理念

以保护促发展，以生态学原理为基础，以和谐发展为目标，把涵养水源作为根本，从保护自然生态环境及水环境的再生与创造出发，把发展与地区产业结构高度契合的休闲度假功能作为主导产业，为地区发展创造新的就业机会。所有举措都将围绕区域内居民生活水平的提高、当地居民对自己家乡自豪感的形成来开展。

(2) 发展战略

①产业生态化战略

重点发展农业与旅游业，严格控制工业和房地产业发展，加快农业科技化、规模化、集约化与市场化服务体系建设，通过土地规模经营制度改革推进传统农耕方式、经营制度的改革，提高土地产出率，增加农民收入。

以水资源的合理利用和高效配置为目标，优化经济发展方式；将任何经济社会活动的环境效应纳入成本，以实现生态经济复合效益为目标，优化城镇功能和发展方式；建立系统综合的社会化环境管理体系，有效减少污染和水资源浪费；以有效消除污染为目标，优化所有的工程方案。

②人居景观化战略

居民点规模与居民点体系建立在环境承载力基础上，集中与分散相结合，建筑与环境相结合，乡土文化与绿色节能相结合。大力推进生态村、生态镇建设，让南部山区更美；合理调配水资源的使用，污水资源化、污水达标排放与零污染排放，生态恢复与重建 创造绿色生态环境是人类跨世纪的追求，是可持续发展的重要方面，是"以人为本"原则最直接的体现。

建设生态城区、郊区、村镇是一个历史的要求、必然的结果。全球性的环境危机引发了环境和生态意识，进一步影响了世界各地城市的发展；我国城市发展进入关键增长期，生态城市和可持续发展开始渐入人心；济南市要在未来全面建设小康社会的进程中处于有利的位置，避免城市发展的"回头路"，就必然要向生态良好方向迈进。

要让自然与文化、设计的环境与生命的环境，美的形式与生态功能真正全面地融合，让公园不再是孤立的城市中的特定用地，而是让其消融，进入千家万户；要让自然参与设计；让自然过程伴依每一个人的日常生活；让人们重新感知、体验和关怀自然过程和自然的设计。

③管理流域化战略

要从根本上解决利益冲突与资源的集约化利用，必须调整行政区划，实行流域的统一整体管理，统一规划，统一产业布局。

建立强有力的行政运作机制，有效协调和引导建立统一的节水与污染治理的科技方案、工程方案、经济方案；构建流域公众参与的社会化环境保护行动方案，建立有效的行政机制，通过自下而上的社会系统工程，确保各类治理工程的绩效，在最基础的社会源头上治理和防治污染；建立行政任期的环境目标责任制，并对任期中的环境后果进行经济核算，从而对任期中发展经济的政绩进行修正，层层把关，级级落实。

④社区共管战略

南部山区的保护不仅仅是政府的责任，而是济南人尤其是当地居民的共同责任与义务，必须走社区共管之路，提高当地居民的认知水平，激发保护的积极性，并从保护中得到更多的实惠。

⑤一心二翼，四级体系

根据城市总体规划，从南部山区未来发展格局来看，将形成以长清新城区为中心，经济发展沿220和104国道延伸，形成一心两翼的经济空间格局。归德孝里黄河平原带是济南西进战略的重要组成部分，是长清新城区发展直接辐射地区，以220国道为依托形成220经济带；张夏万德北沙河河谷平原带是综合性交通走廊，是济南与泰安两城市之间重要的经济联系通道，以104省道为依托形成104经济带，马山双泉以现代化生态农业为特色。

220经济带以归德镇为重点，104省道以万德镇为重点，中部休闲农业区以五峰山旅游度假区为重点，以马山镇为依托，形成三心三区的空间发展格局。

规划南部山区城镇布局由重点镇、一般镇、中心村、基层村四级体系组成。在生态承载力与生活质量双重指标平衡下，对人口和居民点进行合理布局调控，有序发展（图6-15）。

（3）规划结构

南部山区总体布局结构为：三心三带 四廊八区。

①三心

两个重点镇、一个旅游中心。万德与归德分别是省级重点镇，归德近邻长清新城区，万德近邻泰安市区，五峰山旅游度假区是省级旅游度假区，地理位置居中，将成为南部山区旅游发展服务中心，以此为依托向各休闲地推进。

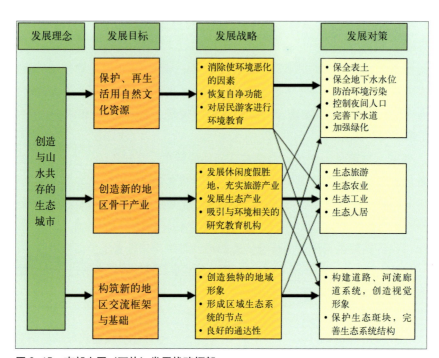

图6-15 南部山区（西片）发展战略框架

②三带

北沙河产业经济带、南沙河产业经济带、黄河平原产业经济带。北沙河经济带以生态农业、生态工业和商贸服务业为主导，以万德中心镇、张夏商业镇为依托，工业向万德国家示范工业园集中，以无污染无耗水高产值工业为主；南沙河经济带包括三个沟谷，现状为一镇一乡一个办事处，规划合并为一个镇两个办事处，镇中心设在马山，双泉乡以水源涵养、生态农业与生态旅游为主，五峰山办事处以旅游和生态农业为主，马山镇以生态工业、生态农业及商贸服务业为主；黄河平原经济带为黄河泄洪区，以归德中心镇、孝里旅游镇为依托，归德利用其交通区位优势，发展工业和物流仓储业（图6-16、图6-17）。

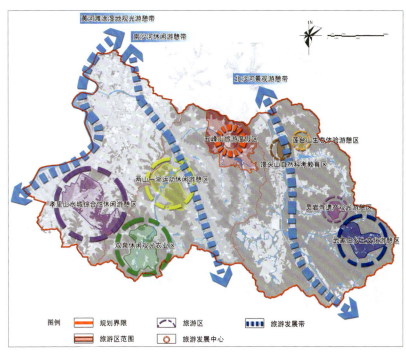

图6-16 南部山区（西片）旅游规划图

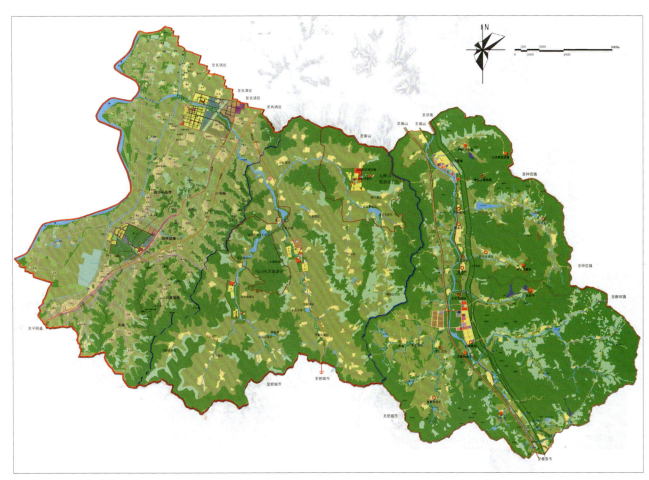

图6-17 南部山区（西片）用地规划图

③四廊

黄河景观生态廊道、南沙河景观生态廊道、北沙河景观生态廊道、齐长城遗产廊道。

④八区（园）

大峰山森林公园、双泉两山一湖风景区、五峰山森林公园、馒头山自然保护区、莲台山森林公园、灵岩寺风景名胜区、武家庄水源保护区、卧龙寺森林公园。

6.4 济南市社会主义新农村规划

6.4.1 社会主义新农村建设

(1) 战略意义

党的十六届五中全会提出了推进社会主义新农村建设的历史任务，这是党中央统揽全局、着眼长远、与时俱进作出的重大决策。农村人口众多、经济社会发展滞后是我国当前的一个基本国情。我国经济社会发展总体上已经进入以工促农、以城带乡的新阶段。在这个阶段，只有实行统筹城乡经济社会发展的方略，加快建设生产发展、生活富裕、乡风文明、村容整洁、管理民主的社会主义新农村，我们才能如期实现全面建设小康社会和现代化强国的宏伟目标，实现中华民族的伟大复兴。党的十七大进一步指出：统筹城乡发展，推进社会主义新农村建设，解决农业，农村和农民问题，事关国家工作的全局，必须作为全党工作的重中之重。

社会主义新农村建设具有重大意义：

一是贯彻落实科学发展观的重大举措。全面落实科学发展观，必须保证占人口大多数的农民参与发展进程、共享发展成果。如果我们忽视农民群众的愿望和切身利益，农村经济社会发展长期滞后，我们的发展就不可能是全面协调可持续的，科学发展观就无从落实。

二是确保我国现代化建设顺利推进的必然要求。国际经验表明，工农城乡之间的协调发展，是现代化建设成功的重要前提。一些国家较好地处理了工农城乡关系，经济社会得到了较快发展，迈进了现代化国家的行列。也有一些国家没有处理好工农城乡关系，导致农村长期落后，致使整个国家经济停滞甚至倒退，现代化进程受阻。

三是全面建设小康社会的重点任务。我们正在建设的小康社会，是惠及十几亿人口的更高水平的小康社会，其重点在农村，难点也在农村。改革开放以来，我国城乡面貌发生了巨大变化，但大部分农村面貌变化相对较小，一些地方的农村还不通公路、群众看不起病、喝不上干净水、农民子女上不起学。这种情况如果不能有效扭转，全面建设小康社会就会成为空话。

四是保持国民经济平稳较快发展的持久动力。农村集中了我国数量最多、潜力最大的消费群体，是我国经济增长最可靠、最持久的动力源泉。通过推进社会主义新农村建设，可以加快农村经济发展，增加农民收入，使亿万农民的潜在购买意愿转化为巨大的现实消费需求，拉动整个经济的持续增长。

五是构建社会主义和谐社会的重要基础。社会和谐离不开广阔农村的社会和谐。通过推进社会主义新农村建设，加快农村经济社会发展，有利于更好地维护农民群众的合法权益，缓解农村的社会矛盾，减少农村不稳定因素，为构建社会主义和谐社会打下坚实基础。

(2) 基本内涵

新的历史条件下，我国在物质条件、政策环境、社会氛围以及农村自身方面都取得了一定成就，这个时期建设社会主义新农村，是经济社会发展水到渠成的结果。新农村建设的内涵体现在以下几个方面：

一是产业发展要形成"新格局"。加快发展现代农业，繁荣农村经济，提高农村生产力水平，是建设新农村的首要任务。

二是农民生活水平要实现"新提高"。千方百计增加农民收入，改善消费结构，提高农民生活质量，是新农村建设的根本目标。

三是乡风民俗要倡导"新风尚"。加强农村精神文明建设，发展农村社会事业，培养造就新型农民，是新农村建设的重要内容。

四是乡村面貌要呈现"新变化"。搞好乡村建设规划，加强农村基础设施建设，改善农村人居环境，是新农村建设的关键环节。

五是乡村治理要健全"新机制"。深化农村各项改革，加强基层民主和基层组织建设，创建平安乡村、和谐乡村，是新农村建设的有力保障。

(3) 基本要求

《中华人民共和国国民经济和社会发展第十一个五年规划建议》指出：建设社会主义新农村，努力构建和谐社会。我们必须按照生产发展、生活富裕、乡风文明、村容整洁、管理民主的要求，扎实稳步地加以推进。

生产发展，就是要以农业产业结构调整为主线，促进生产发展。生活富裕，就是以建立农民增收长效机制为重点，促进农民生活富裕。乡风文明，就是要加强精神文明建设，开展文明、环保、卫生的生态村创建。村容整洁，就是要以利用洁净能源、环境整治，加强管理和保洁为重点，促进村容整洁。管理民主，就是要以提高干部和群众的民主意识为核心，加强农村基层民主建设。

6.4.2 济南市新农村建设的举措

社会主义新农村建设是贯彻落实科学发展观、构建社会主义和谐社会、统筹城乡和谐发展的必然要求，科学制定社会主义新农村建设规划，有序开展村庄规划编制工作对有效指导农村地区建设发展，改善农村生产生活条件，缩小城乡差距具有重要意义。济南市规划局全面贯彻落实中央和省市关于社会主义新农村建设的战略部署，把加强社会主义新农村建设规划作为全局的工作重点，坚持规划先行，以点带面，扎实推进新农村规划试点工作。

在对县（市）、区新农村规划的基本情况、村庄规划编制工作的做法及经验、村庄规划编制的组织及审批管理程序、村庄规划建设管理存在的问题、村庄规划编制的资金来源及资金投入等方面进行广泛调研的基础上，征求专家和有关部门意见，研究制定了《济南市社会主义新农村建设规划试点工作实施方案》，为试点工作提供指导意见和制度保障，并确定了100个试点村庄名单。为统一技术标准，规范规划编制成果，研究制定了《济南市新农村建设规划编制技术规定》和《济南市新农村建设规划测绘技术规定》，用以指导100个试点村的规划编制和基础测绘技术工作。

签订责任书后，各测绘单位和规划编制单位立即开展工作。各测绘单位抽调骨干力量，先后派出196个工作组，588名测绘技术人员，克服诸多不利因素，于2006年12月8日前基本完成测绘任务，总测图面积达189km^2。各规划编制单位累计投入22个创作组、107名规划技术人员，深入乡镇和村庄进行现状调研，与各县（市）区、镇政府领导座谈交流，采取入户调研、发放农民改造意愿调查表等多种方式充分了解和听取农民群众的愿望和需求，掌握了大量第一手资料，结合各试点镇、试点村实际，于2006年12月10日编制完成19个镇（乡、办事处）村庄布点规划方案，2007年1月15日编制完成97个试点村村庄建设规划方案，规划面积达2286.7km^2。

规划方案形成后，依据"公众参与、村民满意、镇区满意、符合政策"的工作原则，各试点镇村庄布点规划和试点村建设规划广泛征求了各县（市）区、镇政府和村民委员会的意见。在此基础上，市规划局组织召开了试点镇村庄布点规划专家咨询会，邀请省市村镇规划工作的有关专家进行咨询论证，并积极配合各县（市）区组织召开村庄建设规划专家咨询会，充分体现了"政府主导、市区县联动、发挥专家优势"的工作思路。同时，市规划局还组织有关技术人员，集中对市区55个试点村建设规划进行了技术审查。

各规划编制单位按照专家咨询论证意见、县（市）区、镇、村三级审查意见及市规划局技术审查意见，对规划方案进行了修改完善。2007年6月13日—20日，市规划局会同各区政府，对首批完成规划方案的市区55个试点村建设规划在各村庄内进行了当地公示，随后又通过市规划局网站进行了公示。6月23日—7月9日，又对各县（市）42个试点村庄建设规划方案先后进行了当地公示和网站公示。8月13日—19日，市规划局在《济南日报》开辟专版对97个试点村庄建设规划方案进行了公示。公示期间，广大农民群众纷纷赶往公示点观展，充分认可规划成果并提出了宝贵的意见建议。新农村规划公示，不仅普及了农民群众的规划知识，增强了规划意识，而且使新农村规划深入人心，进一步强化了依法实施规划的社会基础。

6.4.3 试点镇与试点村选择方案

济南市新农村规划试点镇、试点村的选择，根据各镇、村的区位、自然环境、历史发展过程、现状建设基础、社会经济发展水平、农民意愿等多种因素，结合考虑地区发展需求进行合理选择。在广泛征求各县（市）、区意见的基础上，首先选择确定了试点镇，并在试点镇内选择不同类型的村庄作为试点村，试点村人口规模宜在500人以上。选择确定的试点镇、试点村名单如下：

市中区：党家庄镇的邵西村、展东村、红卫村、殷家林村、丰齐村，十六里河镇的斗母泉村、铲村、侯家村、瓦峪村、石崮村。

槐荫区：段店镇的河王村、古城村、小李村、大李村、麻沟村。

天桥区：大桥镇的马店村、后吴村、范家村、杨家新村、东车村，桑梓店镇的高王村、三官庙村、怀庄村、老寨子村、小寨子村。

历城区：仲宫镇的杨而村、韩家村、刘家峪村、小佛村、邢家村，西营镇的西营村、藕池村、葫芦峪、黑峪村、汪家场，柳埠镇的红旗村、南山村、投石峪村、里石村、田褚村。

长清区：万德镇的界首、店台、皮家店、拔山、武庄，归德镇的薛庄、前刘官、后刘官、翟庄、万庄，孝里镇的广里、赵庄、岚峪、广里店、常庄。

章丘市：圣井办事处的杜家、蒋家、陈家、小冶、周家，枣园办事处：上河洽、下河洽、干桥、马芦、洛庄、张辛、朱各务。

平阴县：孔村镇的王庄村、太平村、南官庄村、王楼村、胡坡村，孝直镇的白庄村、付庄村、丁屯村、盛屯村、商庄村。

济阳县：崔寨镇的青宁村、崔寨村、太平村、解营村、南赵村，曲堤镇的直河村、柳家村、董家村、霍家村、刘京文村。

商河县：怀仁镇的古城村、杨家村、付庙村、杨武镇村、周集村，殷巷镇的王楼村、赵家村、王木匠村、马安村、吴新村。

6.4.4 试点镇村庄布点规划典型案例

(1) 试点镇村庄布点的原则

①根据乡（镇）域规划，本着大村并小村、强村并弱村、交通便捷的村并交通不便的村、合并临近村的原则，对现有人口在300人以下的规模过小、发展条件过差的村庄，原则上予以适当撤并，逐步引导人口向其他人口规模较大、发展条件较好的中心村或基层村转移，形成具有一定规模、配套相对完善的新农村居民点。

②根据《济南市城市总体规划》空间资源管制要求，对位于自然保护区、风景名胜区、水源保护区内的村庄，逐步向其他位于禁止建设区外的村庄转移；对位于限制建设区内的村庄，逐步缩减用地规模，其中对周围存在潜在地质灾害威胁影响的村庄，或位于山区、受地形条件限制难以发展的村庄，应逐步进行搬迁撤并，向其他

用地或交通条件较好的村庄转移。对城镇建设发展或有关项目建设所涉及到的村庄，各类建设项目或大型交通设施、基础设施管廊带内的村庄，应纳入城镇规划，和建设项目的安排密切衔接，相互协调，结合规划布局的要求对村庄建设用地进行统筹规划，统一安置或改造。

③规划撤并的村庄，除危房维修以外，所有集体和个人的建设活动（包括危房改造），都不得在原村址进行，应纳入所并入的村庄统一规划。

④按照镇区——中心村——基层村三级体系，统筹考虑中心村数量与布局，发挥中心村带动作用；结合原有村庄规模基础，科学预测规划期内村庄人口规模，形成合理等级结构；要结合村庄迁并整合，统筹考虑村庄空间布局，在镇域范围内形成统一、有序、均衡的村庄布局体系。

⑤公共设施的配套水平应与村庄人口及等级规模相适应。结合村庄等级规模结构和中心村、基层村布局，统筹安排村庄道路、电力、通信、给水排水、污水处理、环卫等重要基础设施以及教育、医疗、文化体育等公共服务设施，确定布点规模及其要求；宜于中心村集中设置公建设施，成为公共活动和景观中心；规模较小基层村集聚区可按服务半径多村共享配套公建；在经济发展较为落后的地区，规划可预留用地，为远期建设留有余地；小学、初中应按县（市、区）教育部门有关规划进行布点；在镇域范围内，形成布局合理、服务全区的设施体系和"村村通"道路交通网络，促进公建设施的共建共享，提高公共设施的使用效益，避免出现重复建设或者设施空白。

(2) 长清区万德镇村庄布点规划

①村庄整合原则与标准

中心村选择标准。中心村须符合如下条件：发展条件好，交通便利，能为其他村庄提供基本的公共服务产品；与镇区和其他中心村有合理的间距，服务半径适宜；具有发展潜力和优势；有适宜的人口规模和经济规模；

基层村确定标准。基层村确定须符合如下标准：

具有一定的人口规模（大于500人）和经济基础，交通条件尚可；

两个或以上小型村（小于500人）距离较近，按照就近集中原则有条件组建一个新村；

具有特定意义的村庄，如历史文化名村。

村庄撤销原则：小于500人的村庄；没有农业产业支撑，非农产业不发达的村庄；偏远山区、交通不便，缺乏基本的基础设施和社会服务设施的村庄；位于水源地一级保护区、文物古迹、生态和自然保护区、风景名胜区、滞洪区、交通和工程管线保护区、地质灾害或自然灾害易侵袭地区及其他法律法规规定的保护范围内，村庄发展受到制约的村庄。

村庄合并原则：现状处于镇区内和位于规划区内的村庄，按照城镇总体规划，按规划纳入镇区。其余合并村庄在集中发展，节约用地，村民自愿，不搞"拉郎配"原则下，还应遵循以下原则：就近合并；大村合小村，强村合弱村，区位好的村合并区位较差的村，促进村庄布局优化和人口集中；小村相互靠近，拆除旧村组建新村。

②布局模式

• 集中式布局

以现状村庄为基础或重新选址集中建设的布局形式。

布局特点：组织结构简单，内部用地和设施联系使用方便，节约土地，便于基础设施建设，节省投资。

适用范围：平原地区特别是人均耕地面积较少的村庄；现状建设比较集中的村庄；中等或中等以下规模村庄。

• 组团式布局

由两片或两片以上相对独立建设用地组成的村庄，多采用自由式布局形式。

布局特点：因地制宜，与现状地形或村庄形态结合，较好地保持原有社会组织结构，减少拆迁和搬迁村民数量，减少对自然环境的破坏；土地利用率较低，公共设施、基础设施配套费用较高，使用不方便。

适用范围：地形相对复杂的山地丘陵、滨水地区；现状建设比较分散或由多个自然村组成的村庄；规模村庄较大或多个行政村联成一体的区域。

• 分散式布局

由若干规模较小的居住组群组成的村庄。

布局特点：结构松散，无明显中心区，易于和现状地形结合，有利于环境景观保护；土地利用率低，基础设施配套难度大。

适用范围：土地面积大，地形复杂、适宜建设用地规模较小的山区；风景名胜区、历史文化保护区对村庄建设的特殊要求。

③村庄布点规划

• 总体情况

万德镇现状有75个居民点，其中规划保留村27个，规划合并村29个，规划撤销村19个。经规划整理后，村庄居民点为39个。其中中心村7个，基层村32个（表6-3）。

村庄布点规划情况表　　　　　　　　　　　　　　　　　　　　　　　　　　　　表6-3

规划类型	村名	个数（个）
规划保留村	石都庄、新村、官庄、史庄、上营、石胡同、界首、店台、坡里庄、皮家店、长城、金山铺、武庄、小刘、六律、灵岩、南山、小王、北马套、孙家峪、辛庄、刁庄、房庄、玉皇庙、拔山、马场、邵庄	27
规划合并村	小万德、义灵关、万南、万北、大侯集、小侯集、东夏、西夏、郭庄、孙圈村、胡家崖、田庄、朱泉、程庄、大马、小马、大王、孙东、孙西、孙家庙、徐庄、九曲、侯庄、南纸、北纸、陈庄、大韩、贾庄、大刘	29
规划撤销村	裴家园、石家屋、北山、杨岭、桃花、三合、代家河、杨庄、王先庄、下营、西侯、曹庄、西山、西房、西石、黄豆峪、杏园、卡庄、张庄	19
合计		75

• 村庄体系规划。

中心村：界首、长城、徐庄、大刘、史庄、马场、石胡同。

基层村：六律、灵岩、石都庄、新村、侯集、官庄、夏庄、田庄、南山、孙庄、武庄、小刘、北马套、马庄、刁庄、房庄、店台、坡里庄、胡家崖、玉皇庙、皮家店、拔山、小王、金山铺、孙家峪、纸庄、陈庄、程庄、邵庄、上营、辛庄、侯庄（图6-18、图6-19）。

• 村庄布局结构。

集中式布局的村庄有：界首、大刘、史庄、马场、石胡同、六律、石都庄、官庄、南山、孙庄、小刘、刁庄、房庄、店台、玉皇庙、皮家店、小王、金山铺、孙家峪、邵庄、上营、辛庄。

组团式布局的村庄有：长城、侯集、夏庄、田庄、武庄、北马套、马庄、坡里庄、胡家崖、拔山、纸庄。

分散式布局的村庄有：徐庄、灵岩、新村、陈庄、程庄、侯庄。

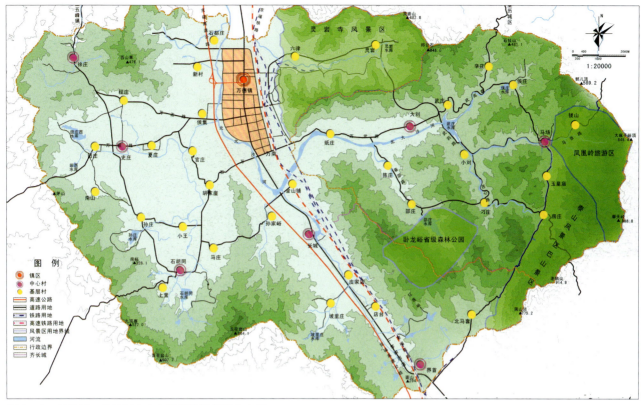

图6-18 长清区万德镇村庄布点规划等级规模分布图

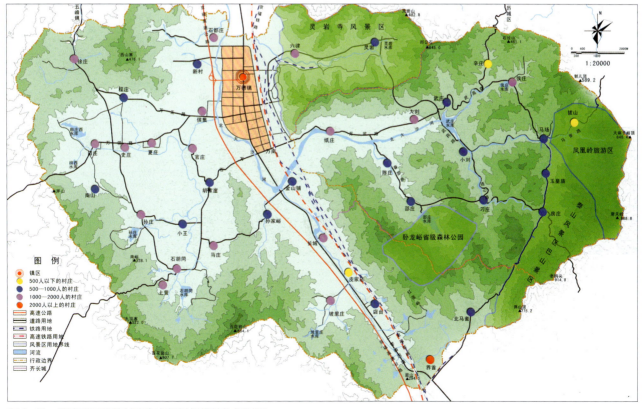

图6-19 长清区万德镇村庄布点规划规模结构规划图

6.4.5 试点村建设规划典型案例

(1) 试点村建设规划指导思想与原则

①指导思想

贯彻落实科学发展观,统筹城乡协调发展,以构建和谐社会、建设社会主义新农村为目标,按照"生产发展、生活宽裕、乡风文明、村容整洁、管理民主"的要求,坚持从实际出发,尊重农民意愿,立足当前、着眼长远、科学规划、分步实施、统筹兼顾、分类指导,有计划有步骤有重点地稳步推进新农村建设发展,努力把传统农村建设成为社会和谐、经济繁荣、生态协调的社会主义新农村。

②规划原则

坚持科学发展、尊重农民意愿的原则。贯彻落实科学发展观,坚持从实际出发,科学民主规划,充分尊重农民意愿,满足农民需要,维护农民利益,切实发挥农民在新农村规划与建设中的主体作用,维护和实现农民群众的参与权。

坚持因地制宜、分类指导的原则。根据农村居民点建设实际,因地制宜,对农村居民点建设发展进行分类指导,统筹兼顾,合理安排。

坚持量力而行、分步实施的原则。从农村经济社会发展水平和实际情况出发,按照规划要求,分步骤、分阶段地推进村庄建设与整治。

坚持有利生产、方便生活的原则。规划要有利于改善农村最基本的生产生活条件和人居环境,有利于农村经济发展和居民生活水平的提高。

坚持资源节约、可持续发展的原则。按照建设节约型社会的要求,大力推进节能、节地、节水、节材,集约用地,合理用地,严格控制农村居民点人均建设用地指标和用地规模,严格保护耕地,合理紧凑布局新农村居民点,加强环境保护,发展循环经济。

坚持合理布局、生态优先的原则。对村庄建设用地进行合理布局,统筹安排好生产、生活用地,切实保护生态环境,营造安全、整洁、舒适的农村人居环境。

坚持突出地域和民俗特色的原则。注重保护具有一定历史价值的文物古迹、历史遗迹、建构筑物、古树名木等,体现民俗风情,突出地方特色。

(2) 市中区十六里河镇斗母泉村

斗母泉村位于市中区十六里河镇东南部,地处远郊,交通十分不便。规划以整治为主,新建为辅;对村庄原有结构进行梳理,在保持村庄原有形态的基础上,力图节约利用土地;进行基础设施和公共服务设施的配套建设,提高村民的生活品质;创造一个环境优美、功能配套完善、生活便利的新农村。

村庄的整体格局可简要概括为:"一带一心两轴四片"(图6-20、图6-21)。

一带——村庄南侧的绿化景观带;

一心——位于村庄中心位置的规划公共服务中心,包含有村民活动游园、敬老院、学校、商业等设施;

两轴——一条是村委会北侧的步行景观轴,另一条是南北联系保留整治区和新建住宅区的绿化景观轴;

四片——规划后的保留整治区、新建低层住宅区、民俗观光区及文物古建区。

(3) 历城区仲宫镇邢家村

邢家村位于历城区仲宫镇南部,村界东至柳埠镇,西至仲宫镇马家村,南至济南市仲宫镇北高村,北至仲宫镇东沟村。发展目标为:生产发展、生活富裕、设施完善、环境优美、历史文化底蕴丰富的新型生态农业村。

综合分析村庄现有基础、发展潜力,充分考虑村委会意见与村民意愿,确定村庄建设类型为历史遗存保护型。

充分利用东西大街商业氛围,迁移村委会至东段,与周边商业服务设施、文化活动设施综合形成村庄公共中心。主要设施沿东西大街两侧布置。村民住宅沿道路、河流布局,延续原有肌理(图6-22)。

图6-20 斗母泉村庄建设规划总平面图

图6-21 斗母泉村庄建设规划效果图

图6-22 仲宫镇邢家村建设规划总平面图

(4) 长清区万德镇武庄村

武庄村位于长清区万德镇东部，毗邻长清区现有面积最大的水库——武庄水库。武庄村距济南市区25km左右，交通条件良好。

规划目标：经济繁荣、布局合理、设施配套、功能健全、环境优美、独具特色的生态型新农村。具体分目标如下：

环境：适宜人类居住的地方；

经济：充满活力的高科技农业，蒸蒸日上的旅游业；

社会：追求社会公平，缩小城乡差距，倡导健康文明的新风尚；

农村：创建卓越的生态型农村，培育造就新型农民；

设施：建设便捷高效的基础设施，功能完善的公共服务设施；

制度：充满活力的村民自治机制，新型的社会化服务组织。

图6-23 万德镇武庄村建设规划结构图

规划布局按照组团发展模式，以观光、采摘、旅游为主建设田园风情村。保留村庄原有形态，逐步形成"一心、一带、三组团"的用地布局模式，组团中间以绿带相隔（图6-23）。

一心——规划村庄中部形成公共服务设施中心；

一带——村庄沿过境路带状组团式发展；

三组团——规划建设东部生态旅游组团、西部综合组团和中部生态居住组团。

（5）章丘市圣井办事处蒋杜陈组团

蒋杜陈组团位于章丘市圣井办事处，由蒋家村、杜家村、陈家村三个村合并组成。

规划以人为本，立足于"生产发展，生活富裕，乡风文明，村容整洁，管理民主"的社会主义新农村的建设目标，探求新形势下村庄更新的内在规律，创建布局合理，设施完善，节能高效，环境优美，方便舒适的人居环境，为村庄建设作出示范。

规划结构为"一环、一廊、一横、一纵"。一环是指组团主路；一廊是指纵观组团的景观廊；一横是指组团北路；一纵是指组团西路。

建设用地由居住建筑用地、公共建筑用地、道路广场用地、公共绿地、生产建筑用地组成，其中居住建筑依据原有村庄划分为三个小居住组团，各村独立，互不干扰，公共建筑用地、广场、绿地及生产建筑用地则集中布置。与现状地形地貌、河流水系相适应，规划布局活泼自然，村庄布局要达到改善居住环境，提高生活质量的目的，改善日照、交通、卫生条件和配套设施水平需要（图6-24）。

图 6-24 蒋杜陈组团村庄建设规划总平面图

(6) 济阳县崔寨镇崔寨村

崔寨村位于济阳县崔寨镇驻地,国道 220 线以西,距济阳县城 16.5km,距济南市区 13.4km,与孙大村、前街村、程袁村为邻,交通便利。崔寨村定位为:以生态农业和服务产业为主的可持续发展型社会主义新农村。

崔寨村规划结构严谨、流畅,交通组织精炼,道路、建筑、绿化结合密切,其规划结构可简单概括为"一心、六片"的结构形式(图 6-25、图 6-26)。

一心:位于村庄的中部,结合两块水面设置了村委、阅览室、活动室、绿地、活动场地等,形成村庄的多功能中心。

六片:围绕多功能中心形成六片住宅片区,其中村庄东南两片居住片区以保留建筑为主,延续了村庄原有肌理;村庄中部及西南两片居住片区为二层独院住宅,作为保留建筑和新建四层居住小区之间的过渡;村庄北部和西部为两片四层居住小区。

(7) 平阴县孝直镇商庄村

商庄村位于平阴县孝直镇,三面与东平县交界,交通便利,村东有济菏高速公路通过,村南有肥梁路(S250 省道)经过,为本村经济的发展提供了优越的条件。

规划充分利用济菏高速公路和平阴县工业园南区建设发展的契机,加快本村经济的快速发展,尤其是第三产业的发展;建设村庄公共中心,配置完善的公共服务和基础设施;对脏乱差进行全面整治,实现村容整洁;"留田园风光,创和谐家园";用地布局要保护和合理利用商庄村良好的自然资源,形成极具田园风光和地域特色的生态乡村。

图 6-25 崔寨镇崔寨村村庄建设规划总图

图 6-26 崔寨镇崔寨村村庄建设规划效果图

图 6-27 孝直镇商庄村村庄建设规划总平面图

商庄村规划布局如图 6-27 所示。

公共设施用地：村委会、卫生室在原址整修，增加内部的配套服务设施。广场的北部是幼儿园和卫生室，四周加以绿化，在广场中央修建优美的喷泉，整个地面用各色的地板砖铺装，颜色搭配幽雅又不失美观。结合村内的水塘做了优美的水景，并布置了各种花草和休闲娱乐设施、健身器材、运动场地等。

居住建筑用地：本村为整治村，村庄建设主要在现在的基础上进行整修，除了保留的 88 户以外，其余的分期拆旧建新，消除空房和危房，合理利用土地，减少村庄的占地面积。

农业生产设施用地：村庄周围的农业生产地和现状工业所占用的土地。

绿化用地：加强道路两侧的绿化，在主要道用路两侧种植杨树、柳树等树种。其他道路两侧种植月季、冬青等花草。

（8）商河县殷巷镇王楼村

王楼村位于商河县殷巷镇南部，是王楼管区所在地。村庄南接张坊乡和商河镇，东连韩胡同村、安美村、崔家村、栾李村、潘家村，北邻李庙村和赵家村，西连胥家村、郭书房和王相吴村。北距殷巷镇驻地 2km，区域位置比较优越。

王楼村的村庄性质为以商河县为市场需求导向，以殷巷镇棉花加工业为平台，依据自身的资源和区位交通优势，集高效农业、畜牧养殖、农产品和橡胶加工于一体的，依托城镇带动的新农村；王楼村的发展目标是促进王楼村的生产发展、生活宽裕、乡风文明、村容整洁、管理民主，缩小城乡差别，逐步实现城乡一体化的目标。

根据王楼村的综合现状，定义王楼村为扩建型中心村。规划以节约土地、尊重现状、生活方便和环境整洁为设计理念，充分考虑村民的生活习惯。规划结构为"一心、一带、六轴、六区"的空间布局模式。

一心：即水上公园绿化景观中心；

一带：即村中纵向水系绿化景观带；

六轴：即村内两条主要道路和四条次要道路功能景观轴；

六区：即北部公建区、东部新建区、西部更新区、南部保留区、中部绿化区、村周防护区。

规划由绿化中心区和公建中心区共同组成村庄公共活动中心。打破了以往村庄服务设施分散布局的理念，集村委、小学、幼儿园、卫生室、商店等于一体。

规划结合现状苇塘设置了水上公园，既保护了湿地又塑造了独特的乡村景观，也丰富了村民文化生活（图6-28）。

图6-28 殷巷镇王楼村村庄建设规划总平面

第7章 都市脉络
——泉城跨越式发展的支撑体系

城市基础设施和交通体系是泉城实现跨越发展的重要支撑系统，是城市的生命线，是城市体系正常运行和安全运转的重要保障。完善城市基础设施和交通体系规划，对于提高城市承载力，提升城市功能具有重要意义。

7.1 现代化的对外交通基础设施

7.1.1 济南市对外交通运输的现状

（1）基本特点分析

①客运量稳步上升，公路客运比重逐步提高

1990年以来，旅客运输稳步增长，客运量由1990年的3243万人增长到2003年的5809.7万人，年均增长4.6%，其中公路客运量年均增长6.63%，铁路客运量年均增长0.71%；公路客运量在客运总量中所占的比重由1990年的55.53%增长到2003年的71.38%。

②运输结构逐步优化，服务形式日趋多样化

济南市的客运能力不断提高，且车型结构和技术状况不断改善，逐步向大中小齐全、高中普配套方向发展，特别是适应高速公路发展的高档客车比重不断增加，车辆的舒适程度有了较大提高，公路客运服务形式逐渐由过去的单一班车客运形式，向高速客运、旅游客运、多式联运、直达客运、结点客运等多种服务形式转化。

③货物运量持续增长，公路货运与铁路货运各具优势

1990年以来，货物运输一直呈现出持续上升的发展势头，货运量由1990年的7386万t增长到2003年的14019万t，年均增长速度为5.24%，超过了客运发展速度；公路货运量在全社会货运量中所占比重在51%—62%之间波动，低于全国平均水平。这也充分表明济南铁路枢纽的地位，公路和铁路各具优势，互为补充。

④航空运输具有较大优势，发展速度较快

航空运输具有快速高效的特点，随着配套设施的不断完善，近几年发展速度很快。旅客吞吐量由1993年的31.64万人增长到2004年的237万人；货邮吞吐量由1993年的0.4万t增长到2004年的3.2万t。

⑤物流业发展迅速，发展潜力较大

改革开放以来，济南市经济持续快速发展，产品的生产能力迅速提高，买方市场的形成使企业间竞争空前激烈。工业企业间的竞争正在从生产领域扩大到非生产领域。物流成为企业降低成本，提高服务质量，创

造竞争优势的新领域。据有关资料统计，济南市的商品流通得到了快速发展，流通领域实现的附加值占 GDP 的比重快速上升，从 1995 年的 15.04%，提高到 2003 年的 22.2%，平均每年增加 1%。

(2) 存在的主要问题

济南市对外交通运输设施，为国民经济的发展和客货运输提供了便利条件，也为充分发挥济南省会城市的经济辐射力、扩大地区之间经济腾飞和发展外向型经济创造了有利条件。但目前，济南市的对外交通运输系统无论是各运输方式的网络结构及设施规模，还是各运输方式之间的协同能力都存在着一系列亟待解决的问题。

①铁路运输

部分区间能力紧张，通过能力利用率超过 90%，处于饱和状态，京沪线、胶济线、邯济线都存在通过能力日趋紧张的现象。

货物运输专业化、集约化程度不高，铁路货运站场设施短缺、设备落后，货源流失严重，运量呈下降趋势，与经济增长形成反差。货场能力不足，没有办理整列集装箱作业的条件。既有货场大多位于城市中心，没有扩建条件，与地方交通干扰严重，装卸作业量大幅下降。

铁路线路和车站过分集中在城市中心地区，济南站和济南东站相距不到 3km，分别处于商埠区和古城周围。一方面，客运站场的能力扩大受到周围用地条件和交通条件的制约；另一方面，周围的土地利用受大面积站场和线路的影响。

既有铁路基本位于城市东西带的中心，大量的货物尤其是大宗煤炭车流通过市区对城市带来环境污染。济南站货场、黄台货场主要服务于社会，大量的货车进出市区给城市交通带来严重干扰。现状济南货场用地非常紧张，随着货运需求量增长，将难以满足市场需求。

②公路运输

根据《山东半岛城市群发展战略研究》报告，从城际经济联系情况看，济南与胶东地区的联系程度最强；从省际经济联系情况看，济南与京津地区的联系程度最强。结合目前路网交通量分布情况，济南的对外交通出口存在以下两方面的问题：一是数量不足，二是公路等级偏低。

空间分布上：截止到 2004 年底，济南市公路通车里程在山东省 17 个地级市中，排名第八，按面积计算排第四，均高于全省的平均水平。但与发达地区相比较，济南市的路网密度偏低。现状主要干线公路上的交通量分布不均匀，部分路段交通量大，车速较低，如京福、济青高速公路连接线和京沪（福）高速公路济南黄河大桥—池庄立交段，2002 年月平均日交通量达到了 42507 辆；G104 七贤—南北桥段的平均行驶速度为 47.5km/h，大大低于其设计车速。

济南市高速公路的比重由 1998 年的 1% 上升到 2003 年的 4%，四级公路由 1998 年的 67% 下降到 2003 年的 56%。但一、二级公路的比重增长幅度不大，2003 年比重分别为 5% 和 21%，比 1998 年分别增长了 2% 和 3%，高等级公路的比重有必要进一步提高。

③航空运输

济南机场的规模较小，设施不配套，运输能力低，客货吞吐量在全省排名第 2 位，在全国排名第 26 位，与省会城市的地位极不相称，不能适应未来城市的发展。

④物流

济南市现代物流业的发展尚处于起步阶段，在发展中还存在着一些突出矛盾和制约因素，主要有以下几个方面：

一是市场潜力巨大与第三方物流需求严重不足的矛盾。

二是条块管理、部门分割的现状与现代物流业需要进行系统整合的矛盾。系统整合是现代物流的核心和灵魂。

三是现代物流业对信息技术以及高水平人才的要求与现状之间的矛盾。

7.1.2 济南市对外交通发展目标与原则

(1) 对外交通发展目标

与济南市社会经济发展总体目标相适应，济南市的对外交通将从发展综合运输体系，进一步提高综合运输能力，提高经济总体效益的角度出发。以多方式联运和集约化运输为主体，以国家、区域交通干线为主骨架，完善交通网络和客货运交通设施，加强与周围城镇的交通联系。大力发展航空运输业，提高综合运输能力，扩大与增强济南与国内其他省市及其他国家和地区的交通联系。使济南与周围重要城市的交通达到高速直达，与周围重点城镇的交通实现便捷高效、安全低害。形成以公路、铁路为主导，以航空、管道运输为辅助，多方位立体配置，干支线相互联通，快捷高效、功能完善、结构合理、协调发展的现代化综合运输体系（图 7-1）。

(2) 对外交通发展原则

①遵循为实现济南市社会经济发展战略目标服务的原则，着眼于系统整体效能以及综合交通体系的发展和完善，充分发挥各种运输方式的优势，增强对外交通体系的协调效应，使各种运输方式相互衔接、相互匹配，达到综合运输结构的合理化。

②满足城市功能需要，与城市土地利用布局相协调，有助于增强济南市的辐射力和吸引力，体现省会城市的水平和标准。

③处理好对外交通与城市交通的衔接，其中包括公路与城市道路，长途汽车站、火车站与城市公共交通场站之间的协调配合等，使交通网络和场站、城市交通与对外交通及各组成部分之间有机结合。

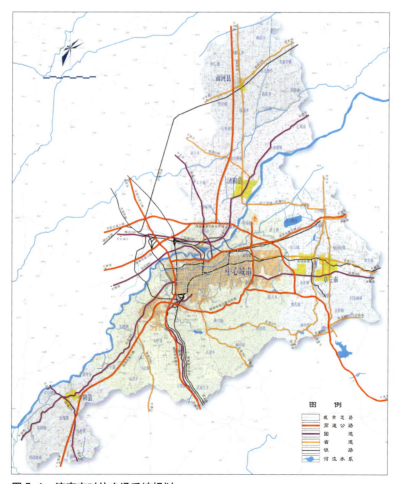

图 7-1 济南市对外交通系统规划

④从运输需求出发，与城市交通功能、物流仓储业和运输企业站场相协调，既要体现运输组织管理需要，又要着眼于为社会服务。

⑤从客货流生成、分布规律出发，确保站场布局的合理性，与城市总体规划、城市公用事业布局相协调。

⑥挖潜改造与新建相结合，充分利用已有设施，对其进行技术改造，纳入统一规划，综合平衡，积极采用先进实用的技术装备，挖掘运输潜力，提高运输效率。

⑦坚持统一规划、远近结合、分期实施、量力而行的原则，根据需要与可能，实事求是地选择建设序列，逐步完善各项功能。

7.1.3 济南市对外交通系统规划

(1) 对外交通发展策略

①综合集约

提倡多方式联运和集约化运输，使各运输方式协调发展，提高综合运力。

②交通网络建设

强化对外交通网络设施建设，增强对外交通的可达性，提高对外交通运输能力。通过完善高速公路网络、修建高速铁路，加强与周边城市的交通联系；通过完善区域交通设施，在济南周围100km范围内，实现1h城市交通圈；通过增加公路网密度、完善公路网结构，提高公路等级，加强与周围重点城镇的交通联系；充分发挥航空运输的优势，加强与国内外重要城市的交通联系。

③一体化枢纽

与城市土地利用相协调，与城市交通系统相衔接，规划设施先进、配套齐全、功能完善的一体化客货运枢纽。

④物流业导向

依托济南市区位、交通、信息等综合优势，以区域物流为发展定位，以国际物流为发展目标，以配送物流作为支撑平台，努力把济南建成服务于济南市及山东省、辐射环渤海经济圈的全国区域性重点物流中心城市，逐步成为国际、国内现代物流业发展的重要枢纽和节点。

(2) 铁路规划

济南铁路枢纽是路网主枢纽之一，北接京、津、山西、内蒙古和东北地区，南接华东地区，西接河北、山西地区，东接山东半岛，与青岛港、烟台港及石臼所港等港口间有便捷通路。对促进华东、华北地区的物资交流和山东省的经济发展，确保晋煤外运均具有举足轻重的作用。规划维持济南枢纽路网主枢纽的地位。

规划年度内将新建京沪客运专线，胶济线增建四线，邯济线增建二线，济惠线引入枢纽，远景新建太青客运专线、黄河北货运环线，实现高速和普速服务结合，客运、货运分离。枢纽将形成由京沪线、胶济线、邯济线、济惠线、京沪客运专线、青济客运专线、太青客运专线等7条铁路干线构成的"两环三客两编六货"格局的大型铁路枢纽。"两环"为京沪客运专线、太青客运专线、既有线组成的客运环线，黄河北货运环线与京沪线、胶济线等既有线组成的货运环线；"三客"为结合京沪客运专线设置的新济南站、既有济南站和结合太青客运专线设置的济南北站；"两编"为济南西站主要编组站和晏城北站辅助编组站；"六货"为东沙王庄站、洛口、黄台站、历城站、水屯站和桑梓店站；枢纽内的工业站为黄台、历城和平陵城站。

(3) 公路网规划

为减少过境交通对城区的交通压力，改善黄河以北地区的交通条件，规划建设济南绕城高速公路黄河北环线；为加强济南与济阳、商河、惠民地区的交通联系，规划济商高速公路；为加强济南与鲁西南地区的联系，缓解西南出口交通紧张状况，规划建设济菏高速公路；为缓解济青高速公路交通压力分流京福高速公路交通，加强济南与鲁中南地区的交通联系，规划建设济莱高速公路。以上几条规划高速公路与既有高速公路形成"一环八射"的高速公路网。同时，通过改建国道、省道，提高其技术等级，增加公路网密度，进一步改善公路网的等级结构，加强与周围重点城镇及南部山区的交通联系，适应城市发展。

规划采用明确的分级分方向划分公路主枢纽，充分考虑和铁路客运站的衔接。保留济洛路、火车站联运、甸柳庄、青龙山、段店等现状客运站，结合铁路客运站的设置和城市用地布局规划，在腊山片区、王舍人片区规划于家庄客运枢纽和王舍人客运枢纽。在十六里河、开山、东部城区、黄河北分别规划十六里河旅游客运站、开山客运站、经十东路客运站、大吴客运站。结合城市轨道线网的布设和城市公共交通场站的布置，将各客运站建设成为综合性的客运枢纽站。在章丘、济阳、商河、平阴结合铁路场站、公共交通场站的布设，规划适当规模的客运枢纽。

(4) 物流规划

结合铁路、公路、机场规划构建城市物流交通系统，加强物流市场化，促进"第三方"物流发展，实现货运交通一体化。以提高供应链管理水平为核心，以实现物流资源整合为出发点，建立现代物流体系。即以政府为主导，加强政府宏观调控和政策支持力度；以企业为主体，支持第三方物流企业发展壮大，全面提升工商企业核心竞争力；以市场为导向，推动现代物流业快速有序发展；以现代物流理论为指导，形成快速便捷的供应链服务体系，建立高效物流行政管理机制；以先进物流技术为支撑，建成信息互通的公用信息平台，大力提高企业生产效率。通过科学分工，明确相关职能部门职责任务；通过倾斜政策，引导物流产业健康发展；通过公用设施建设，降低物流产业成本；通过物流社会化，降低全社会物流成本；充分调动相关行业的积极性，形成责任明确、导向清晰、政策合理、措施明确的现代物流业发展规划。

建设公路主枢纽管理服务中心，采用物流园区、物流中心和货运站分层次总体布局方法，规划担山屯、大桥路、郭店三个物流园区，邢村、国际集装箱分流中心、桑梓店、遥墙空港四个物流中心，贤文、方家庄、农高区、开山、胡同店、东营子、崔寨七个货运站。

(5) 航空规划

济南遥墙机场是山东境内最大的民用机场，但在华东六省省会城市中，规模相对较小，随着其周边区域经济的发展和辐射范围的不断扩大，客货运需求量将大大增加。规划遥墙机场应保留进一步扩大规模的可能，同时机场应与高速公路、铁路、城市交通顺畅衔接，结合机场用地，周围发展与空港相关产业密切结合。

规划将济南遥墙机场发展成为国内民用航空运输干线机场和对外开放口岸机场之一，飞行区等级4E。新建航站楼等配套设施，提高运输能力，加强与国内外省市的交通联系；巩固既有航线，增加各航线密度，增辟国际航线，逐步形成以济南为中心，向全国沿海、沿江、沿边开放城市、旅游城市辐射的国内航线网络以及联结东南亚、韩国、日本、独联体等国家的国际航线网络。

根据济南遥墙机场发展需求预测，近期年客运能力达到800万人次，年货邮吞吐量达到11万t；航线数量增至125条，通航城市达到60个，每周航班量达到1000个。远期年客运能力达到1600万人次，年货邮吞吐量达到15.81万t；航线数量增至165条，通航城市达到78个，每周航班量达到1400个。为满足未来航空运输需求，近期建设8万m^2的航站楼；远期新建两条跑道及其相应的航站楼设施：在现有跑道西侧相距2100m处新建一条3600m的远距离跑道，并相应建设20万m^2的新航站楼，设置机位52个；在现有跑道东侧相距500m处新建一条2900m的近距离跑道，并相应建设12万m^2的新航站楼，设置机位73个。

7.2 完善的城市道路系统规划与建设

7.2.1 济南市城市道路系统现状

(1) 道路交通设施

目前，济南市居民日常出行的主要交通工具是汽车、摩托车和自行车。到2004年底，济南市机动车保有量上升为85.5万辆。

近年来,济南市城市道路交通基础设施建设取得显著成效。围绕"五年大变样"和"老城提升"目标,实施了"灯亮工程"、"退路进厅"、人行道铺装改造、火车站广场改造、道路综合整治等项目,城市的道路交通环境有较大改观。

从济南市整体道路网骨架分析,济南市道路面积逐年增加,但总体来说城市的道路建设速度缓慢。与全国19个副省级以上城市对比,道路网密度和人均道路面积率均处于中等水平。与本省17个地级城市相比,济南市的人均道路网面积较低,仅列全省的第六位,与省会城市的地位不相符合;道路网密度条件较好,仅次于青岛市,列第二位。

从济南市整体道路网布局分析的角度,结合现状调查情况,对2004年底中心城范围内的城市道路建设状况分区域进行了统计。从统计结果可以看出,济南市道路网络在不同的区域呈现明显的差别。内环线以内具有较完善的道路体系;而内环、二环之间,特别是铁路以北地区和经十路以南地区,道路设施对城市功能的服务水平明显不足;在外围地区,由于道路网络设施建设的不足,制约了用地的发展和布局的调整。

(2) 道路交通流量

主要交叉口交通流量特征。通过对主要交叉口高峰时段的流量分析,大部分交叉口早晚高峰流量差异不大,且晚高峰略大于早高峰。早高峰时间发生于7:30以后并且很大部分集中于8:30—9:30之间。7:30—8:30可以认为是居民的上班出行时段;8:30—9:30,可以认为是公务或商务出行时段。这一特征说明虽然机动车的高峰已逐步与居民上班的高峰接近,但大部分的机动车出行高峰时仍在居民上班高峰之后。随着机动化水平的提高,机动车高峰将进一步提前与居民上班高峰同步,但目前济南市仍很大程度上保留了机动化水平不高的特征。

晚高峰持续时间较短,所有交叉口的高峰时段均在19:00以前。这与晚高峰的交通量相对比较集中的特征相吻合。重要交叉口高峰小时交通流量都非常大。早高峰流量超过5000标准车的交叉口有6个,最大的达到了7500标准车;晚高峰超过5000标准车的交叉口有8个,最大的达到了8316标准车。

根据调查的实测数据,对交叉口饱和度进行分析。交叉口的通行能力计算中,主要针对左转和直行车流,流量和通行能力的计算均不包括右转车。交通压力最大的交叉口为经四纬二交叉口,饱和度达到了1.27,处于过饱和状态。此外仍有三个交叉口的饱和度超过了1.0,分别是堤口路与纬十二路、历山路与文化东路以及历山路与北园大街。

(3) 整体道路网络服务评价

现状道路总体服务水平尚可,但某些路段较为拥堵,道路流量已超过通行能力。晚高峰拥堵的路段比早高峰要多,流量特征仍然体现了晚高峰比早高峰集中的特点。

拥堵路段主要集中于解放路、纬十二路、纬二路、历山路和北园大街。这些服务水平差的路段将作为近期道路改善的重点道路,进行系统交通组织和局部道路路段和交叉口的改善。

规划还对济南市公共交通、停车场、非机动车交通以及交通管理进行了深入的分析和研究,提出了有效解决济南市交通实际问题的可行性方法。

7.2.2 济南市道路路网规划

(1) 道路等级划分

遵循《城市道路交通规划设计规范》,延续以往相关规划的基础,济南市道路系统按快速路、主干路、次干路及支路四个等级规划,其交通功能与城市土地利用的关系分别为(图7-2):

①快速路

快速路是城市路网主骨架,支持城市布局和功能结构组织,不直接服务于城市用地,主要提供快速的跨区域交通联系,不提供直接的点到点服务,是联系城市各中心功能片区的快速机动车通道,承担中心城区与东、西部城区之间的长距离交通联系,同时担负城市对外进出交通的快速集散。

由于快速路的修建对城市用地具有一定的分隔影响,所以尽量避免在城市快速路尤其是城市快速路大型立

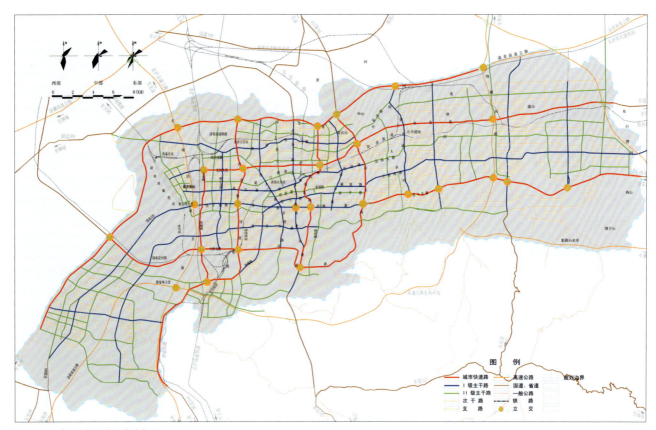

图 7-2 中心城道路网规划图

交附近布设高度吸引人流、物流的大型公建。快速路的进出交通通过干路系统进行集疏。

城市快速路红线宽度为60—84m，计算行车速度为60—80km/h。断面布置至少双向六车道。

②主干路

与快速路共同构成城市骨干道路系统，承担不同功能用地之间的交通集散。主干路是城市各片区用地功能布局的重要网络系统。为了保证济南市道路网功能的合理，同时也考虑道路设施对城市用地功能的影响，本次规划在《城市道路交通规划设计规范》的基础上对主干路进行细分，将主干路分为一级主干路和二级主干路。

一级主干路的功能主要体现在联系跨区之间的交通，是主要客流走廊的载体，以及与快速路系统配套集疏快速路系统进出的交通流。一级主干路不要求按快速路的标准全线封闭和立交，可采取灯控、局部隔离等方法设置，以快速、通畅为目标，既解决快速交通信道又避免对原有道路网系统的影响。规划将城市快速路和一级主干路作为城市结构性道路网骨架，一级主干路的红线宽度为50—70m，计算行车速度为60km/h，断面布置六至八车道。

二级主干路的功能为解决区间及区内的交通联系，以承担客运交通为主。作为一级主干路和次干路之间的衔接，既满足主干路通畅的要求，又与次干路有便捷的可达性，以服务区内交通联系为主。二级主干路红线宽度为40—50m，设计车速为40—50km/h。

③次干路

集散和分流主干路交通，服务于城市用地，是不同土地利用的交通集散道路。次干路把主干路与交通发生源之间有机地连接起来，形成完整的道路网。城市快速路的辅路为次干路。

④支路

城市一般街坊道路，是次干路与街坊内部道路的连接线，直接服务于城市土地利用，为生活服务性道路。

原则上，支路只能与次干路衔接，在与主干路交会时，则作为出入口对待。支路红线宽度为15m—30m，设计车速为30km/h。

(2) 路网系统规划

①快速路系统规划

根据建设部《关于反馈济南市城市总体规划纲要审查意见的函》，济南综合交通规划必须高度重视交通对城市功能布局的引导；加强市内交通与对外交通之间的协调和衔接，充分考虑不同运输方式之间的协调、衔接，以及运输枢纽的规划和建设；将"公交优先"作为城市综合交通规划的重要指导思想和原则。从加强东西方向的交通联系出发，在规划期内有必要考虑轨道交通的发展建设，对形式和可行性进行论证。

根据城市总体布局的调整情况[①]和交通设施的规划建设情况（新济青四线铁路的引入及北园大街高架工程的修建），确定道路网以已有规划成果为基础，在保持原规划结构不变的基础上，对规划方案进行优化。

城市快速路调整为"三横五纵"，增设北园大街快速路，对南二环路和济微路局部进行调整，取消贤文路快速路。

②主干路系统规划

在规划方案基础上，对一级主干路同样进行优化，原北园大街一级主干路升级为城市快速路，济微路由快速路和二级主干路调整为一级主干路，贤文路由城市快速路改为一级主干路。

③次干路系统

在总体规划路网的基础上，增加部分东西向铁路地道桥，按合理的密度、间距加密城市次干路，完善次干路网络。

④支路系统

支路在交通上起汇集作用，进行干道系统与居住区道路间的集散，在高峰时间可临时路边停车，其断面布置应满足公交线路行驶的要求。

(3) 规划路网评价

①整体路网交通运行效果

2020年早高峰基本上可以保障车辆的稳定行驶。早高峰期间道路行驶通畅的路段占80%，只有12%的路段处于不稳定状态，1%的路段会出现拥堵。这些拥堵路段全部位于东二环至朝山街之间，即城市中心城区和东部组团的衔接处。衔接处由于地形道路条件及铁路等设施的分割形成了城市主城区和东部地区的瓶颈。

②不同等级道路的交通流量及饱和度

经路网调整，各级道路承担交通流的比例合理，流量分布均衡。快速路及主干路系统的通行能力为全路网的15%，但承担了超过30%的交通量，骨架路网的效果十分明显，对于解决机动化交通起到了十分重要的作用。完善次、支路路网，次、支路网承担了适宜的交通流，整个道路网络的交通负荷情况得到了明显的改善。

③关键截面交通饱和度分析

在各交通大区之间主城区与主城区东部的截面交通压力最大，平均饱和度为0.716，个别路段出现拥堵严重的情况。主城区与主城区西部之间的截面压力也比较大，反映出规划期内主城区内仍然是交通压力最集中的地区。

④交通流量分布集中的路段及路口

交通流量主要集中在二环路、北园大街、经一路、经七路、经十路、济微路、纬十二路、纬二路、历山路等道路路段上。上述道路之间交叉的交叉口流量均较大。

---

① 城市土地利用功能的调整：取消空港组团，确定奥体中心。

7.3 轨道交通综合线网规划

7.3.1 济南市轨道交通建设的必要性

(1) 落实科学发展观的时代要求

虽然目前公益性的道路交通资源原则上是为全社会人共享的，但实际上却存在着严重不合理分配现象，一小部分使用低效率交通工具的出行者无偿占用了大部分道路资源，并导致交通拥堵、空气污染、居民工作、生活环境质量下降，还引起了一些社会问题。另外，由于济南市尚未建成多层次的公共交通体系，居民除了常规公交工具外，没有其他机动化公共交通工具可以选择，并且受常规公交系统服务水平的制约和小汽车对公交车辆运营速度的不利影响，居民出行绝大部分采用步行和自行车，使得居民的就业和就学范围受到很大限制，交通可达性水平低，这往往会降低城市活力，出现经济不景气甚至萧条。政府对基础设施的合理投入，是资源合理分布和提高交通服务水平的关键所在。建设资金适当地从道路建设向轨道交通建设倾斜，将有利于缩小现状道路交通资源分配上的差距，提高交通可达性水平，统筹城市经济与社会发展。

(2) 保障城市可持续发展的客观需要

轨道交通建设是缓解环境、资源与交通矛盾，节约能源，保护古城的风貌，保障城市可持续发展的客观需要。目前，城市交通与城市环境、资源的矛盾日益突出，交通需求快速增长，城市环境和大气污染呈恶化趋势，治理成本加大，古城风貌保护的压力越来越大，道路建设的规模和速度受到制约。轨道交通建设是缓解上述矛盾，节约能源，保护古城风貌，保障城市可持续发展的客观需要：

首先，轨道交通和小汽车交通相比，具有节约空间资源的优势。对于济南市东西长50km，南北14km的带状组团布局形式，宝贵的截面的空间资源成为选择发展轨道交通的重要因素。

其次，世界上能源短缺，我国也不例外。轨道交通具备非常高的能源效率。如果把使用轨道车辆将一名乘客运送1km所消耗的能源作为1，则使用公共汽车时为1.8，使用飞机时为4.1，使用小汽车时为5.9。建设轨道交通系统，对节约能源具有非常重要的意义，符合我国国情。

最后，由于私人机动化交通模式是污染最严重的模式之一（大气污染和噪声污染），保护古城环境的方式主要就是加强轨道交通的服务以限制私人机动化交通模式的使用。轨道交通的建设必须对历史文化保护地区提供具有吸引力的交通服务，同时必须考虑到保护环境和济南特殊城市景观的要求。

转变过于依赖道路交通的模式，加快发展空间占有率较少和能源使用效率较高的轨道交通，为居民提供舒适、快捷、安全的公共交通服务，有利于解决机动化发展所带来的环境污染、对城市风貌的破坏、能源的消耗等问题，促进城市可持续发展。

(3) 支持城市空间战略转移的有效手段

轨道交通建设是支持城市空间战略转移，实施"一城两区"城市布局结构，调整产业结构，扩大城市规模，促进土地利用的有效手段。轨道交通的建设可以支持济南空间战略的转移，引导新区开发建设，拓展经济重要增长点的发展空间，为经济的可持续快速增长增添新的引擎。一般来讲，轨道交通对城市发展具有先导作用，它可产生密集的土地使用，沿线土地开发强度较高，可成为城市土地的发展轴，使城市规划布局得以实现。

轨道交通会促进城市社会经济布局的调整，有利于实施"一城两区"城市布局结构。城市演变实质上是产业结构的转换过程，产业结构的调整往往依靠交通的发展来实现。轨道交通为劳动力在中心城区的聚集和疏散提供了条件，对产业分布产生影响。轨道交通建成后，各种产业不需要紧紧围绕在城市周围发展，一些不适合在城市中心区发展的产业可以很方便地迁往郊区，甚至在最初考虑发展这些产业时，就会利用交通的便利条件，将产业放在城市外围发展。济南正酝酿着大发展，东部和西部城区都在距离原有市中心20—30km的半径范围，如果没有一个快速交通系统作为客运交通骨干保证，那么，对旧城改造过程中的调整中心城市功能，以至于产业结构的转换，是不会起到真正作用的。

随着人口规模和用地规模的扩大，城市形态和土地使用格局会相应调整，两方面的变化就会同时存在和进行。一方面，市区土地使用强度提高，另外一方面，人口分布在更宽广的地域。当城市人口超过一定的规模，面临进一步的扩张时，城市公共汽车和小汽车交通往往难以满足需要，就必须依靠轨道交通作为形态演化的基础和主要的交通工具，否则城市形态的发展就会受到空间和效率的限制，各种城市问题也会由此产生。一般来说，轨道交通和密集的中高密度的开发相协调，汽车交通和松散的低密度的私人居住方式相协调。世界各个大城市的不同土地利用交通的关系都证明了这一点。济南市的空间布局南部多山，适宜发展低密度的居住和旅游休闲功能用地，中部为城市发展中高密度区，适宜发展大容量的轨道交通系统。

(4) 缓解城市交通压力的迫切要求

轨道交通建设是缓解城市交通压力，改善交通安全状况，构建城市综合交通系统的迫切要求。随着济南经济实力明显增强，居民对于出行的服务水平的要求也逐渐提高，但随着小汽车的迅速发展，道路交通的问题逐渐凸现，早高峰时段老城区重要路段出现交通堵塞现象。而且，随着近几年交通总量的增加，交通事故呈逐年上升趋势，每年造成的直接经济损失巨大。

另外一方面，由于济南市正处于城市化进程快速推进、机动车迅猛发展、城市空间布局调整几个方面同时进行的阶段，未来交通需求将发生显著的变化，交通压力还将逐渐增大，表现在两个方面：一方面，交通需求的规模变大。到2020年，预测城市交通需求总量将从目前的685万人次/d左右增加到1200万人次/d左右。另一方面，出行的地理分布进一步扩散。出行距离将从目前的3.8km左右增加到7.25km左右，主城区内部的出行距离平均为4.5km/人次，跨区出行的平均出行距离将达到17km。

国内外经验证明，在缓解城市交通压力和提高交通安全状况中，行之有效的方法是发展高层次、立体化、大运量的轨道交通系统。轨道交通具有运量大、速度快的优势，往往可以将大量中、长距离出行的客流从低效率交通方式上吸引来，使城市客运交通结构向期望方向发展，满足日益增长的交通需求。而且，由于城市轨道交通具有固定的轨道导向和封闭的交通走廊，并且车辆的运行由安全装置和运行控制系统控制，所以轨道交通系统的运行安全性很高，这就符合我国越来越强调安全生产的要求。

最后，实现合理的城市交通发展战略，需要轨道交通系统的支撑。面对日益增长的交通需求和不断提高的服务要求，以及为实现城市客运交通发展战略目标，势必要大力发展城市公共交通系统，加强公共交通的投入，采用公交超前的发展模式，建立以轨道交通为骨干的多层次、多种类的完善的公交系统。

7.3.2 济南市轨道交通建设的可行性研究

轨道交通项目具有一次性投资大，运行费用高，社会效益好而自身经济效益差的特点。因此国家要求"坚持量力而行、有序发展的方针，确保城市轨道交通建设与城市经济发展水平相适应"。具体来说，2003年全市国内生产总值达到1367.8亿，济南市的经济发展水平符合轨道交通建设要求。

国家有关规定要求，申报发展地铁的城市应达到下述基本条件：城区人口在300万人以上，规划线路的客流规模达到单向高峰小时3万人以上；申报建设轻轨的城市应达到下述基本条件：城区人口在150万人以上，规划线路客流规模达到单向高峰小时1万人以上；在《国务院办公厅关于加强城市快速轨道交通建设管理的通知》中特别明确指出："对经济条件较好，交通拥堵问题比较严重的特大城市，其城轨交通项目予以优先支持。"因此，从经济条件和客源条件来看，济南已经符合国家建设轨道交通的基本要求；再考虑到现状交通状况，济南属于国家优先支持发展城市轨道交通的行列。

针对济南泉水之城的特质，研究轨道交通与保泉的关系尤为重要，研究对保泉敏感区进行了分析。目前，可以根据对地下水系的成因、四大泉群、东西两个断层的大体位置以及地下水动态宏观的变化情况，初步可以划分城市不同区域内，地铁建设对水文地质的影响程度。具体来说，根据保泉要求和城市水文地质情况，考虑地铁建设的难易程度，将济南划分为五个区域：极度敏感区，地铁建设需要非常慎重；强敏感区，地铁建设要较为慎重；中等敏感区，地铁建设需要深入研究；一般敏感区，地铁建设可行性较大；不敏感区，建设地铁对泉水没有影响。

在轨道交通选择高架形式时，应该考虑到高架布设对城市景观产生的影响，如何处理轨道交通与高架快速路衔接；需要尽量避免高架轨道交通建设在靠近居住区的位置，减少避免噪声污染。同样，对于高架建设的难易程度，可划分三个区域：极度敏感区，高架轨道形式将严重影响济南的风貌；中等敏感区，高架对城市景观和居民生活有一定的影响；一般敏感区，高架对城市景观和居民生活的影响较小。

城市中地铁和高架建设的敏感程度和决策的难度息息相关。城市轨道交通系统建设工程复杂，费用昂贵，城市轨道交通规划很大程度上属"政策性规划"，必然涉及到决策。关于轨道交通的建设与否问题，以及在城市不同区域建设何种轨道交通的问题，应在满足科学性前提下，决策者根据规划提供的方案，结合城市发展的总体思路，作出各种约束条件下的最优判断。

7.3.3 济南市轨道交通线网规划

（1）方案一

采用原总体规划轨道线网方案。轨道交通线路共9根，总长约为233km，其中市区线146km，线网密度为0.34km/km^2。市区线网形态为契合城市形态的东西"带状"线网，在保泉和景观的非敏感区域，布设于用地条件得到控制的信道，包括河流信道、既有铁路的通道和原规划红线较宽道路；在保泉的敏感区域内，采取近期建设BRT逐步过渡到轨道交通的策略，相对而言，该方案实施的可行性较好，不涉及到拆迁和水文地质问题，但是由于过分强调保泉条件的限制，使近期客流条件不成熟。其中一号线从张庄经市民文化中心到奥体中心，线路的起讫点虽经过了城市近期的建设重点——新济南站和奥体中心，但由于受保泉的影响，线路中段选取小清河北路为通道，偏离了城市的客流中心，使一号线的建设没有客流的保障，导致轨道交通无法成为缓解城市交通压力的重要工具。

（2）方案二

轨道交通线网调整方案。轨道交通线路共9根，总长约为292.8km，其中市区线204.8km，线网密度为0.48km/km^2。与方案一相比，本方案以强化轨道交通的供给为主要指导思想，线路规模增加了58.8km，依然保持了与城市形态相契合的东西"带状"线网。方案二的网络规划和近期一号线的选取，依然将保泉作为十分重要的限制条件，与方案一相比更注重考虑轨道线路能够吸引更多的客流，尤其是针对一号线，近期的实施线路一定要保证满足客流的要求。方案二主要采取近远期建设和轨道不同敷设方式相结合的方法解决保泉问题与轨道交通建设的矛盾。对于近期实施的一号线，在避开地下水敏感区域的同时，尽量选择经过市中心的线路，保证轨道交通充分发挥对中心区交通压力的缓解作用；对于远期实施的线路主要以控制线路用地为主，适当考虑保泉的限制条件，可在今后针对具体线路进行详细的地质勘探，以确定轨道修建的可行性，如果地下条件不可行，可以采取地面或高架的敷设方式，避免由于修建轨道交通造成对城市地下水的破坏。

（3）近期建设策略

济南应发展以轨道交通和快速公交系统组成有机整体的快速公共交通系统，按城市公共交通运输发展的规律，结合城市开发建设的时机，采取公共交通发展逐步升级的策略，优先考虑结合道路交通设施供应的低费用常规公共交通发展，从设施优先、服务水平提高和运输走廊培育等方面入手，为运输方式的升级奠定基础。具体来说，轨道交通的建设需要分三步走：

首先结合济南市近、远期实施的现实性，近期建设快速公交（BRT），培育客流走廊。中期在不妨碍"保泉"的前提下，从引导城市的发展的角度出发，适度发展轨道交通，形成快速公交（BRT）和轨道交通有效结合的服务模式。在此基础上，逐步探明地下水文地质条件，对轨道线网进行深化编制。随着城市规模的扩大和城市规划布局结构的形成，远期采用地铁或轻轨为主的快速轨道交通服务模式（图7-3）。

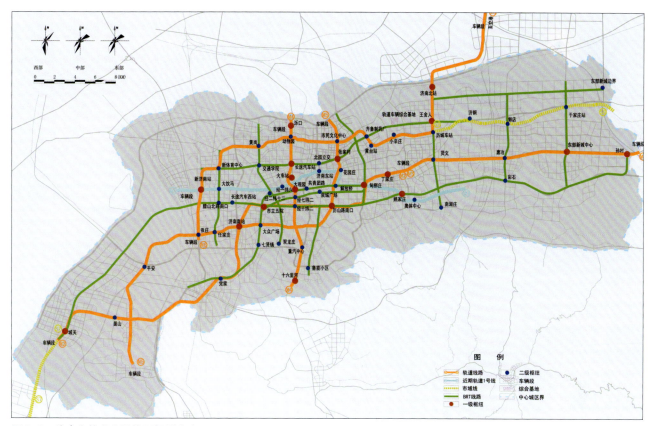

图 7-3 济南市轨道交通线网规划方案

7.4 京沪高铁西客站城市设计

7.4.1 规划背景

（1）基本情况

济南铁路枢纽是全国重要铁路枢纽之一，胶济铁路、邯济铁路和津浦铁路在此呈十字形交叉，枢纽内有南、北环线、桥党线等支线及多条铁路专用线。济南铁路枢纽除承担济南地区的客货运输任务，还承担西部内陆地区与沿海地区、东北、华北和华东之间的客货运输任务。

现状济南枢纽范围内办理客运业务的主要有济南站和济南东站两个站，2005年两站的旅客发送量分别为802万人和47万人。位于胶济线上的黄台和历城站，发送的旅客以市郊、通勤旅客为主，年旅客发送量不到1万人。

根据国家铁路网总体布局规划，将建设京沪高速铁路，该铁路途经济南，需要新建济南高铁西客站。新济南站是京沪高速铁路全线5个高速始发终到站之一，也将成为济南的主要客站之一（图7-4）。

（2）高铁西客站在济南铁路枢纽中的定位

济南西客站位于主城区西部、腊山新区中心区张庄片区的核心区。腊山新区正在建设中，与济南高速站相协调、配套，将成为一个最具活力、最现代靓丽的新城区。其中心区张庄片区以济南西客站为依托，将建设成为以商贸、金融、物流产业为支撑，以行政、文化、体育为核心的城市新中心。

新济南站作为区域性交通枢纽，是济南市新的"门户"和"窗口"，是济南代表山东对外联系的口岸。济南西部乃至济南市的旅游、商务、会展、现代物流、房地产等产业都将得到大幅提升。

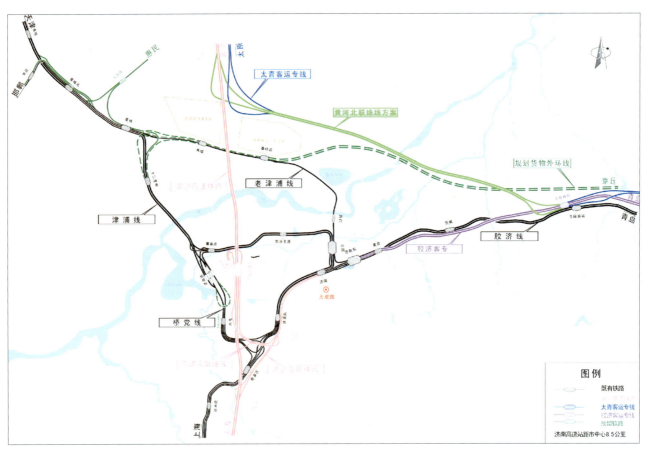

图 7-4 济南铁路枢纽规划平面

(3) 车站选址与交通状况

济南西客站选址于济南市城市总体规划确定的主城区西部的腊山新区，范围为北到小清河、南到经十西路、东到拥军路、西到高速公路所围成的区域。规划建设用地约 35km^2，距市中心 8.5km。由济南高速站、长途汽车站、远期轻轨站、公交、出租及社会车辆形成一个大型的综合交通枢纽。

铁路车场位于规划南北一路（大金路）和京福高速之间，东西向布置。远期经十西路和北园大街快速路分别在西侧和东侧跨越车场。

规划路网布置：根据城市总体规划对腊山新区交通路网规划情况，地区道路系统分为快速路（高速公路）、主干路、次干路、支路。在高速铁路东侧通过东部广场直接服务客流走廊，在高速铁路西侧为机动车交通以及和高速、快速路衔接的专用道路分配空间。济南西客站以东中心区机动车组织将主要依靠站前南北向主干道和几条东西向的干道组织，各东西走廊的功能为：张庄路—堤口路通道以客流组织为主，经六路延长线以机动车组织为主，经十西路两者功能兼得。济南西客站的轨道交通有两条轨道线路的衔接，连接方向为东西走廊和南北走廊，并考虑向西延伸的可能性条件的预留。轨道交通站在站场设计中设置济南高速站和轨道站点的零换乘衔接。

西客站规划研究范围的扩大具有很强的前瞻性，对周边路网乃至整个城市路网的研究和改造，使枢纽内道路系统成为整个城市道路系统的一部分，为改善城市道路情况、带动区域发展埋下了很好的伏笔。集约化、多元化城市交通枢纽的形成，不仅完善了城市功能，也为拓展城市空间、服务区域经济带来了前所未有的契机。

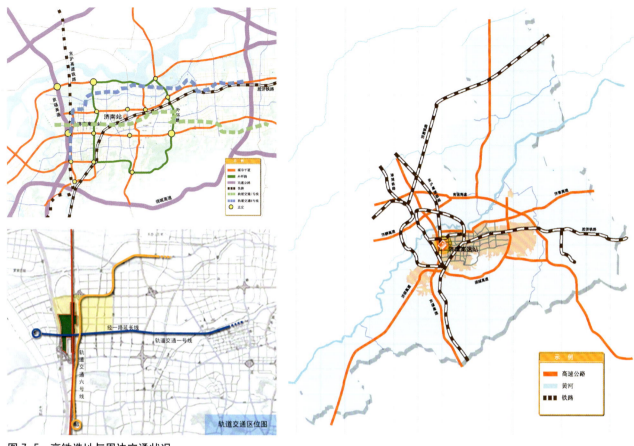

图 7-5 高铁选址与周边交通状况

根据对整个枢纽的车流模拟与分析，外围将会形成以南北一路为主，车站南侧两条东西向进场道路为辅的交通模式。根据这一特点，枢纽采用了进场高架循环道路的交通组织形式，利用圆形道路可通往各个方向，并将南北一路采取局部下穿的方式，有效分离了过境交通（图7-5）。

7.4.2 交通量预测及内外交通组织

（1）客流及交通量预测

济南西客站2020年发送旅客1924万人／年，2030年发送旅客2507万人／年。新建站房最高聚集人数4000人。车站各项设施和能力应按满足远期发送量的要求设计。济南高速站远期(2030年)客流量分析预测如下（表7-1—表7-4）：

济南枢纽各车站旅客发送量及最高聚集人数表（万人／年） 表7-1

	2020年	2030年	最高聚集人数
济南站	1750	1400	3000
济南高速站	1924	2507	4000
新济南东站	175	916	1200

高峰小时预测交通量 表7-2

类别	客流量（人次/h）	交通量（pcu/h）	所占比例（%）
高速铁路	8866	—	—
轨道交通	7389	—	—
公交车	2333	150	5.2
出租车	2340	1560	54.6
社会车辆	1749	874	30.6
长途汽车	6650	273	9.6
合计	29327	2858	100

济南西客站交通枢纽客流预测表 表7-3

		铁路汇总	2020年（人次）	2030年（人次）	2020年	2030年
总计		全日	119920	156258	比例（%）	
		高峰	12592	15626		
城市交通	公共汽车	全日	17988	23439	15.0	15.0
		高峰	1889	2344		
	出租车	全日	17988	23439	15.0	15.0
		高峰	1889	2344		
	社会车辆	全日	14390	17188	12.0	11.0
		高峰	1511	1719		
	轨道交通	全日	53964	75004	45.0	48.0
		高峰	5666	7500		
对外交通	长途车站	全日	5996	6250	5.0	4.0
		高峰	630	625		
	高速公路	全日	9594	10938	8.0	7.0
		高峰	1007	1094		
	小计	全日	15590	17188		
		高峰	1637	1719		

济南西客站交通枢纽交通流量预测表 表7-4

	车流（pcu/双向）	2020年	2030年
总计	全日	24559	30495
	高峰	2579	3049

续表

公共汽车	全日	1153	1502
	高峰	121	150
出租车	全日	11992	15626
	高峰	1259	1563
社会车辆	全日	7195	8594
	高峰	755	859
小计	全日	20340	25723
	高峰	2136	2572
高速公路	全日	3837	4375
	高峰	403	438
长途车站	全日	381	397
	高峰	40	40
小计	全日	4218	4772
	高峰	443	477

注：按公交车每车搭乘60人，始发车在始发站满载率为52%，每条公交线路发车频率为12辆次/h，即1辆次/5min计算，需要配备20条左右常规公交线路；出租车平均每车搭乘1.5人；小汽车平均每车搭乘2人；计算中以小汽车为标准车计算单位，即小汽车折算率为1.0，公交车折算率为2.0。

(2) 内外交通组织

① 城市轨道交通的引入

根据轨道交通规划，有两条轨道交通将引入枢纽，分别为1号线和6号线。考虑轨道采取地面或高架形式时会断裂城市空间，又与站房结构发生冲突，因此将轻轨埋在地下，将地铁付费区置于车站下方，方便与高速站进出站厅的联系。城市轨道交通线路的引入体现了城市公共交通优先的先进理念。

② 外围集散路网

在现有济南城市快速路及高速公路网络的基础上，对现有道路进行改造及规划新的城市干道，使枢纽内大量的集散交通能够通过与高速（快速）路网进行连通疏散，提供准时、快速、便捷、高保障度的服务。具体道路规划涉及八条城市主干路，包括三条南北向主干路和五条东西向主干路（图7-6）。

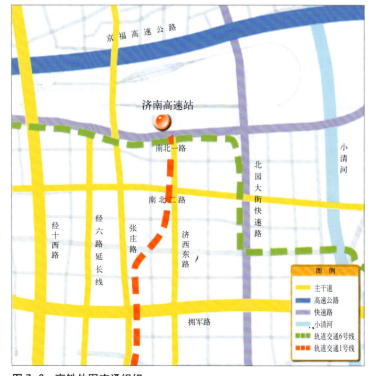

图7-6 高铁外围交通组织

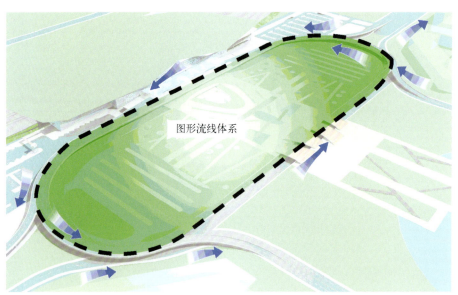

图7-7 枢纽内部交通与外围交通的衔接

③内外衔接

据预测,济南高速站交通枢纽规划开发区的交通流量与核心区内交通流量相当,需要建设枢纽专用的高架快速集散系统,将枢纽内的交通与周边地区交通分离。同时也需要建立枢纽内交通系统与外围快速路网的联系,使枢纽内的大量到发交通能够快速疏散,并做到流量、方向分配均匀合理。经反复论证研究,利用站前高架环路与南北一路、济西东路连接,使枢纽内部交通与城市道路系统相连,实现城市交通与枢纽内部交通的方便快捷转换。为了达到这一目的,将城市路网进行适当调整:将南北一路根据站前广场进行适当调整;南北一路过境车辆采用地下车道(双向四车道)下穿枢纽东广场;北园大街快速路(BRT已建成)与南北一路立交;站场西侧规划一条南北向道路与京福高速公路、北园大街快速路连接(图7-7)。

④对外交通组织方式

枢纽内部通过规划新增或扩容,使枢纽内道路形成完整的系统,并与枢纽外部地面路网相衔接,承担枢纽开发区地面交通流量以及少部分枢纽核心区车辆集散流量。枢纽核心区产生的大量交通由枢纽专用快速集散系统承担并与外围快速路网相连,将流量迅速分散到外围快速路网中,形成多通道的集散系统。枢纽内交通中对外(外市长途车辆)和西部片区的交通主要通过站场西侧的新规划道路和南北一路与枢纽高架环路相连来解决。对市区方向的交通主要依靠高架环路进行集散,同时考虑了北园大街立交及城市路网的改造和建设。远期则期望依靠轨道交通,减轻道路交通的压力。

⑤核心区内交通组织规划

高架道路系统与枢纽衔接,系统内的高架及匝道主要分为:循环高架道路、高架衔接段、地下道路、高架落地匝道、地下道路连接段、地面道路过渡段等,以及与相关交通设施关系的控制(图7-8)。

7.4.3 铁路车场布置

(1)车场平面布置

车场线路呈南北向布置。车站中心里程为D1K419+450,设8台15线(不含两条高速正线),到发线有效长度满足700m,车站北端设动车走行线,与济南动车运用所连接,并预留太青客运专线引入车站的条件,车站南端设连接高速铁路与济南高速站的京济南联络线,预留站后折返线条件。动车组走行线和京济南联络线与到发线接轨设安全线。

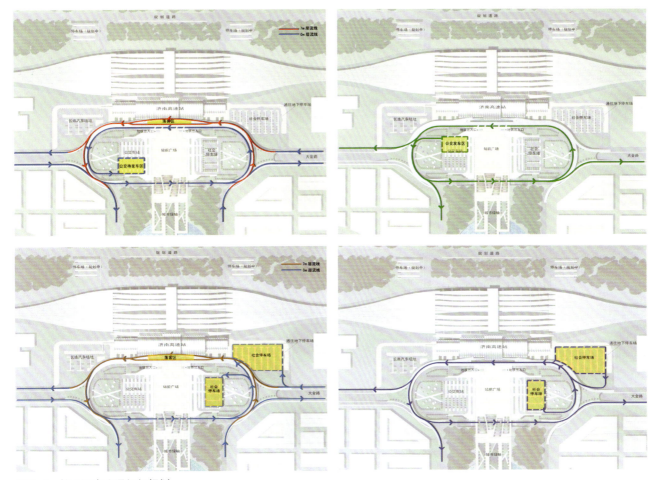

图7-8 核心区内交通组织规划

站内设450m×25m×1.25m基本站台1座，450m×12m×1.25m岛式站台7座，站中心设18m宽旅客地道连通各站台。为节省用地，保持站区美观，车站两侧站台范围设挡墙。

（2）车站及广场的布置

济南高速站作为交通枢纽的重要组成部分，负担了枢纽将近60%的城市对外客流。因此考虑高速站与各种交通方式的方便换乘便成为交通规划需要解决的首要问题。

车站采用东西两个广场布局。由于高速站位于城市的西端，各种交通方式从车站的东侧汇集。因此将车站东广场作为交通枢纽的中心。将公交始发站、长途汽车站、出租车停车场、社会车辆停车场布置在站前广场的周围，保证了各交通方式间的方便换乘。同时把高速站作为城市景观轴的端点，由高速站东广场向东延伸成城市绿轴。高铁采用高架方式，站下设置商业设施，形成东西向通廊，连接两侧广场，并与城市东西景观轴线贯通。

高架候车厅位于铁路车场的正上方，在高架候车厅的东侧是高架匝道，所有的公交车、长途车、社会车、出租车均在这里落客。由于枢纽采用了高架单向循环的交通模式，利用圆形道路可以方便地到达各个方向的原理，可以迅速、无交叉地将各种车流疏解到城市道路或停车场中。

车站周边环绕布置商业、商务办公、旅游服务用地，形成完整街区，环境力求舒适化和人性化，以积聚人气，有效构筑游憩和商业氛围。外围用地可安排居住用地（图7-9）。

（3）总体布局设计构思

规划总体布局采取体现泉韵和现代化气息的"泉之韵"方案。方案的整个屋面天际线呈现出升腾的姿态，波纹状的起伏让人联想到趵突泉的喷涌，立面材质主要采用济南当地产的花岗石，与自由、随机的带形窗相结合，

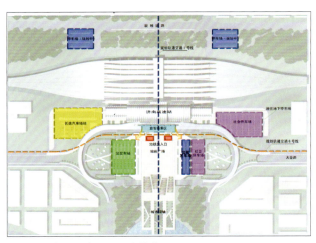
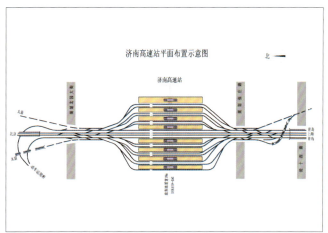

图 7-9　车场及广场平面功能布置图

图 7-10　早期投标的入选方案

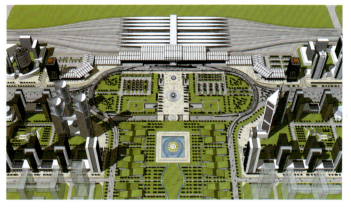

图 7-11　经过修改完善的方案

仿佛是眼眼泉水从石缝中挤出，表达了一种"清泉石上流"的意境。同时为表现泉城特色，将广场地下商业以及站前下穿大金路部分的采光顶的设计融入到"泉之韵"的设计理念之中，给人以处在泉群之中的感觉，充分体现了泉城特色和韵律（图 7-10、图 7-11）。

7.5 市政基础设施的规划与建设

7.5.1 城市给水排水规划

(1) 城市供水规划

合理开发利用当地水资源,积极引用客水资源,加大再生水利用。按照优水优用的供水原则,逐步实施分质供水。2020年中心城综合生活用水定额取250L/(人·d),单位人口综合用水量指标取500L/(人·d)。中心城最高日需水量为215万m^3/d,其中生活用水107.5万m^3/d。

在保泉的前提下,合理开采地下水,地下水供水总规模控制在80万m^3/d左右,主要用于生活用水。在保证大明湖和护城河等生态环境用水的前提下,积极利用泉水资源,规划建设泉水先观后用工程,泉水供水规模为5—10万m^3/d,主要用于生活用水。

充分利用当地地表水资源,卧虎山及锦绣川两水库联合向城市供水10万m^3/d,主要用于生活用水和景观用水。以黄河水和南水北调东线工程水为水源,利用鹊山、玉清湖和东湖等三大调蓄水库向城市供水120万m^3/d,主要用于工业用水。

加快污水回用工程建设,积极利用再生水资源。2020年中心城中水回用供水规模达到50万m^3/d以上,主要用于工业和城市生活杂用。加快中心城的供水管网建设,在城市自来水管网供水范围内,逐步取消自备井供水。

(2) 城市污水规划

按照雨污分流的原则,完善污水管网系统,提高污水收集率。采用集中处理与分散处理相结合方式,提高污水处理率和回用率,实现污水资源化。预测2020年中心城污水量为124万m^3/d(平均日),污水排放系数取0.75,污水处理率达到90%以上。加强污水回用设施建设和管理,污水处理回用率达到40%以上。

污水处理厂的出水水质达到《城镇污水处理厂污染物排放标准》中的一级B类标准。中心城划分为文昌、平安、大金、济齐路、济泺路、大明湖、柳行头、黄台七里河、王舍人、董家、孙村11个排污系统。按照集中与分散相结合的原则布置污水处理厂,扩建水质净化一厂,新建文昌、平安、大金、滩头、孙村和董家6座污水处理厂。城市边缘地区、居住区、小区、工业企业、学校、大型公共建筑等建设污水处理及回用系统。

工业污水和医疗污水等必须经处理达标后,方可排入污水管网。工业废水排放达标率达到100%。按照雨污分流原则,完善城市污水管网系统,旧城区将原合流制管道逐步改造为雨污分流制管道。

(3) 雨水规划

按照雨污分流、雨水就地利用和就近排放的原则,完善城市雨水排除系统。2020年,中心城的雨水管道覆盖率达到90%以上。建成高标准的城市雨水系统,确保排水顺畅。中心城一般地段排雨标准为1—2年一遇,城市重点地区、地势低洼区、重要道路交叉口和立交桥雨水排除设施的排雨标准为3—5年一遇。

完善城市建成区的雨水排除系统,按照排雨标准逐步改造原有断面过小的雨水管道。按照雨污分流制建设新城区雨水排除系统。加强雨水口、收水篦箕等收水设施的建设,确保雨水迅速收入雨水管道或排入河道。加强雨水泵站、雨水出口等雨水设施的建设及维护管理,确保其发挥应有的排水能力。

城市快速发展过程中,注重制定临时性排水方案和建设临时性排水设施,以避免对周边地区、尤其是对周围重要地段排水造成影响。

7.5.2 城市电力电信规划

(1) 城市电力规划

贯彻"分层分区"原则,电源、电网建设适度超前。供电网达到"N-1"供电安全准则要求,供电可靠性达到99.99%。预测2020年全市用电量约为480亿kW·h,最大负荷为9000MW,全市人均综合用电指标5700kW·h/(人·年)。

建设济北电厂、西部热电厂，对黄台电厂、章丘电厂进行热电改造，改造现状热电厂及地方小机组，发电能力达到5100MW；建设500kV黄河、彩石变电所，扩建500kV济南变电所、长清变电所，增加石横电厂向济南供电能力，受电能力达到5200MW。

根据分层分区供电原则，济南电网采用六级电压。建设500kV环网、220kV双回路电网，保留、扩建许寺、南郊、韩仓、历城、水屯、东门、美里湖、十六里河、党家、平阴、章丘和中索（济阳）12座220kV变电所，新建港沟、高新、饮马、孙村、张马、济西（铁路专用）、埠村、华山、大桥、归德、商河、临港、官庄、孟家、仲宫、庄科、桑梓店、安城、郭店、王官庄、洛口、长清、济阳和玉皇庙24座220kV变电所。110kV高压线原则上以电缆敷设方式伸入城区，相应设置双电源变电所降压至10kV后向周围供电；220kV及以上高压线原则上沿城市外围及绿化带敷设，并按照规范要求保护走廊宽度。城区110kV及以下高压线原则上入地敷设。

（2）城市通信规划

加快信息社会建设，建成完善的信息基础设施，社会信息化各项指标达到现代化水平。采用统一标准的有线、无线技术，建成覆盖城镇的宽带接入网络。建设综合通信管道，改造架空线路，形成较为完善的通信管线系统。综合考虑各种业务的发展，合理布局，建设业务局、所和服务网点。按照方便用户的要求，打破企业自成体系的局面，在适当位置建设经营综合业务的公共局房。健全各类基站、无线电发射和接收设施。

加强无线电空域管理，统筹配置无线电频谱资源，保障无线电空间秩序，保护微波干线通道。加强无线电设施建设的管理，全面提升无线电监测水平。因地制宜地利用城市制高点，建立完善的无线电覆盖网络，提高管理能力和快速应变能力；建成政府和全社会数据中心、数字认证中心，统一城市呼救中心和城市应急需要的信息通信平台；扩大广播电视的覆盖面，有线电视入户率达到99%。电视节目逐步过渡到数字化和高清晰化，积极开展无线移动交互电视业务，建设卫星直播系统。高标准改造、建设有线电视广播网络，由架空转入地下。

加强邮政局所的配套建设，进一步提高邮政生产科技含量和技术水平，适应现代化生产和服务要求。

7.5.3 城市燃气与供热规划

（1）城市燃气规划

优先发展天然气，合理利用焦炉煤气和液化石油气，努力提高燃气气化率。2020年城镇居民燃气气化率达到100%，乡镇驻地燃气气化率达到90%。2020年居民生活用气指标为60万kcal/（人·年）。预测2020年燃气用气量折合天然气9亿m³（其中焦炉煤气0.6亿m³，液化石油气12万t，天然气7.2亿m³）。

建立高效、安全、经济的供气系统。根据规划气源的分布情况，在现有路家庄、谢家屯天然气门站的基础上，新增孙村、长清归德天然气门站，在玉清水厂南侧和苏家北部建设天然气储配站。现状南部、北部液化气混气站作为备用气源。

城市天然气为次高压、中压和低压三级管网系统，并将现状A、B两级中压天然气管网统一为中压A级。焦炉煤气为中压和低压二级管网系统；随着管道燃气的发展，焦炉煤气主要供应济钢自身及周围工业用气，瓶装液化气将主要供应城市边缘地区及村镇。

（2）城市供热规划

坚持以煤为主，其他能源为辅的供热用能结构。努力提高城市集中供热普及率，2020年中心城集中供热普及率达到70%以上，热负荷达到6900MW。

建设西部热电厂，对黄台电厂、章丘电厂进行热电改造，北郊热电厂保持现有规模。以四个热源构筑中心城大集中供热系统，建设热水管网及南郊热电厂、章锦、孙村等调峰锅炉房；建设长清热电厂，以燃气锅炉房为二次网调峰，建设西部城区热水管网系统；以现状南郊热电厂、金鸡岭热电厂及热水锅炉为热源，建设南部热水管网系统。

边缘地区及供热管网难以到达区域，采取区域燃煤锅炉房或分散清洁能源等其他供热方式；积极鼓励利用工业余热和可再生能源供热；对现状蒸汽管网进行"汽改水"，采暖全部采用热水管网。蒸汽、热水管道均宜采用直埋敷设。

7.5.4 城市环卫设施规划

重点改善垃圾收运处置设施，对城市生活垃圾的产生、收集、清运、中转、处理及处置各环节实行全过程的分类控制管理，实现生活垃圾定时、定点、分类袋装收集，集装箱式压缩运输，资源化方式处理，建成符合生态城市要求的环境卫生管理体系。

逐步推广生活垃圾分类收集方式，2020年垃圾分类收集率达到90%以上，垃圾密封压缩运输率达到90%以上。

垃圾处理系统从卫生填埋为主转向以焚烧等资源化处理方式为主。2020年垃圾综合利用率达到95%以上，无害化处理率达到100%。扩建现状济南生活垃圾无害化处理厂，规划新建以焚烧方式为主的无害化处理厂，2020年中心城生活垃圾处理设施总能力达到4000t/d。

7.5.5 城市综合防灾规划

针对涉及城市公共安全的重大危险源、城市基础设施、重大工程、公众聚集场所、自然灾害、交通、突发公共事件、公共卫生事件等方面的公共安全问题，科学进行公共风险分析，统一整合全市的各项防灾减灾资源，全面履行政府的综合协调、社会管理和公共服务职能，在完善各项灾种防抗救的基础之上，建立现代化的城市综合防灾减灾体系，提高城市整体防灾抗毁和救援能力，确保城市安全。

(1) 防洪减灾规划

济南市黄河防洪任务以防花园口站22000m^3/s为目标，控制艾山站下泄流量10000m^3/s，防洪工程按泺口站11000m^3/s设防。

中心城内小清河防洪标准为100年一遇，除涝标准为10年一遇。北大沙河、兴济河、全福河、大辛河、韩仓河、刘公河、巨野河等山洪沟，防洪标准为100年一遇。考虑玉符河防护目标的重要与否，确定丰齐下游玉符河右岸的防洪标准同黄河设防标准，丰齐下游左岸及上游的防洪标准为50年一遇。

次中心城根据规划人口规模及重要性、洪水危害程度、分区设防条件等，按50—100年一遇洪水标准设防；建制镇按20年一遇洪水标准设防。位于次中心城及建制镇附近河段按次中心城和建制镇的防洪要求建设。

卧虎山水库按100年一遇设计、2000年一遇校核洪水标准，锦绣川水库按50年一遇、1000年一遇校核洪水标准（图7–12）。

2007年7月18日，济南遭受了特大暴雨洪灾，这次洪灾是济南市历史上破坏性最大的自然灾害之一，给人民群众的生命财产造成了严重损失。为应对城市洪涝灾害，市规划局从分析洪灾产生原因入手，对济南市城市防洪工作进行深刻反思，借鉴国内外城市防洪经验，研究提出了济南城市防洪规划对策。一是完善城市防洪体系，继续贯彻黄河防洪与流域规划相结合，利用分滞洪区以及临黄大堤确保城市安全，山洪防治上游以缓蓄、截流为主，中游以分流、疏导为主，下游以疏泄、滞蓄为主的治理原则；二是完善防洪非工程措施，其中包括防洪指挥系统、气象预报预警系统、水情信息采集及洪水预报系统、超标准洪水防洪预案、洪水保险机制建设、防洪知识宣传教育等；三是建议启动小清河、腊山分洪道、小李家滞洪工程等规划建设项目，尽快提升城市防洪排水能力。

当前，市规划局已委托北京市水利规划设计研究院着手编制《济南城市防洪规划》，争取早日编制完成。

(2) 防震减灾规划

建立和不断完善防震减灾体系，努力减少地震灾害损失。防震减灾以地震监测预报、强震动观测系统建设、

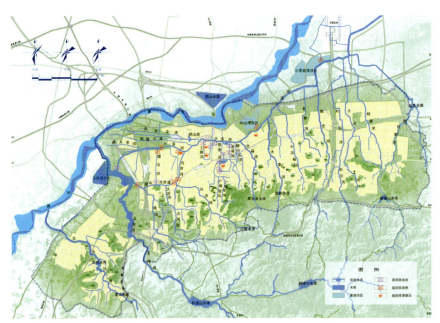

图 7-12　中心城防洪规划图

应急避震场所建设为重点，使综合抗御地震灾害的能力达到中等发达国家的防震减灾水平。

一般工业与民用建设工程执行《中国地震动参数区划图》（GB18306-2001）制定的标准，济南地区设防烈度除平阴县为 7 度外，其余为 6 度。重要建设工程、易产生次生灾害工程、生命线工程必须进行地震安全性评价，并依据评价结果确定抗震设防要求。

(3) 地质灾害防治规划

规划坚持全面规划，突出重点，预防为主，避让与治理相结合的原则。自然因素造成的地质灾害，由各级人民政府负责治理；人为因素引发的地质灾害，谁引发谁治理的原则。

建立与全面建设小康社会相适应的地质灾害防治法律法规体系和地质灾害防治、监督和管理体系，严格控制人为特别是采矿、工程建设诱发地质灾害的发生；加强基础调查工作，完成市区地质灾害调查与区划工作；建立完善的地质灾害监测网络、群测群防体系和预警信息系统；提高地质灾害治理工作能力和水平，使危害严重的灾害点基本得到整治；建成地质灾害重点防治区工程措施与非工程措施相结合和非重点防治区以非工程措施为主的地质灾害综合防灾减灾体系，最大限度减少人员伤亡和财产损失。

(4) 中心城消防规划

在城市总体规划指导下，认真贯彻"预防为主，防消结合"的方针，采取有效的防火措施，防止和减少火灾危害，确保国家和人民生命财产的安全。

城市消防规划坚持从实际出发，正确处理城市与乡村、生产与生活、局部与整体、近期与远期、经济建设与国家需要和可行条件的关系、统筹兼顾、综合部署。充分结合济南市中心城东西狭长的建设发展趋势，构建起东西两个战区，形成科学高效的城市灭火框架。完善中心城消防站点布局，加快郊区消防站的建设。

城市消防规划要体现经济合理、技术先进和切实可行的原则。对重要的保护单位、高层建筑密集区、工业集中区、外商独资、旧城建筑等级低的地区、道路条件差且人口密集的地区、化工区、仓储区及危险品仓库区要进行重点设防、重点保护（图 7-13）。

(5) 人防建设与地下空间开发利用规划

优先发展"一城、两区"的人防工程建设，主城区以发展人防工程网络化为目标，提升已建工程的平战结

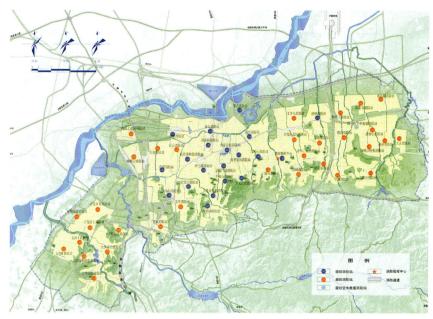

图 7-13　中心城消防规划图

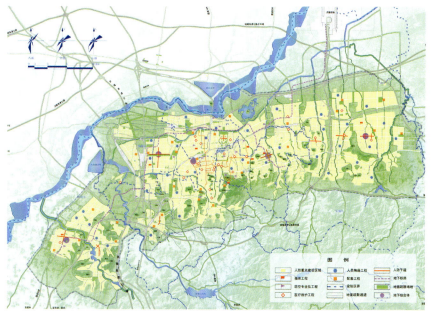

图 7-14　中心城人防与地下空间规划图

合水平，推动东西部城区人防工程建设的合理有序开发。合理开发地下空间，顺应泉脉纵向延展。协调地上与地下、地下与地面建设的活动，从而全面提高城市的综合防护能力，实现省会济南的可持续发展。

坚持各防护片区工程自成体系原则。防护片区与城市的各行政区设置相一致，各行政区成立相应的指挥部，建设相应的指挥工程。各类工程配套建设，提高各防护片区战时的防护效率；坚持人口防护与重要目标防护并重原则。在人防工程规划时，应优先安排指挥工程和人员掩蔽工程；避开高危区和考虑重要目标影响的原则，抓好重要经济目标的防护，贯彻长期准备、重点建设、平战结合的方针和与城市建设相结合的原则；长期坚持、平战结合、综合发展原则。在保护古城、保护泉脉的前提下，兼顾人民防空要求，多元化开发地下空间。合理规划地下交通系统、市政设施地下管廊、地下公共空间（图7-14）。

第8章 宜居城市
——资源环境与泉城人居环境建设

8.1 宜居城市的内涵

8.1.1 宜居城市的提出

中国是世界上城市化进程发展最快的国家之一，正面临从粗放型城市向节约型城市过渡，亟须探索适合中国特色的城市增长之道，以节约资源、提高城市环境质量。在这场浪潮中，大量城市在把城市做大做强的同时，也在探索如何把城市"做好"。随着城市发展水平的迅速提高，我国普遍开始重视宜居城市建设，近两年已经有十余个城市提出建设"宜居城市"的目标。"宜居"从字面的解释就是"宜于居住"，起初主要是对一个社区、一定的居民生活范围内生存环境的一种认识，涉及的是比较"微观"的范畴。

宜居城市建设实践较早出现于经济发达的西方国家，"它不是一种运动或城市发展新阶段的标志，而是城市发展水平进入高质量阶段的一种必然，是随同城市建设过程"生长出来"，被逐步认识并因此开始频繁使用的概念，因此它出现的具体年代很难界定，也没有明确的定义。如果回溯城市发展历史，有相当共通含义和比较完整认识体系的概念是霍华德的"田园城市"。在2003年城市绿化国际论坛上，有学者提出"创建城市可居住环境"的概念，这是比较明确的接近宜居的提法。联合国人居署提出的口号："让我们携起手来，共建一个充满和平、和谐、希望、尊严、健康和幸福的家园"，联合国相关机构正在开展这方面的研究。

国内目前对宜居城市的概念、标准和认识不一，实践的内容也有不同侧重。深圳市总体规划（1996—2010）曾经提出建设最适宜居住的城市，突出"以人为核心"的设计思想，指城市居民能够"安居乐业"，创造较为宽松、良好、与社会经济发展水平相适应的居住环境。

2004年国务院原则通过的新一轮《北京城市总体规划》提出用15年将北京建设成宜居城市，这是北京第一次将"宜居城市"建设作为发展目标写入正式文本，标志着"宜居城市"建设已经成为我国城市发展的重要方向，在今后相当时期内也是许多城市发展的重要目标。

叶文虎认为"宜居城市"要有充分的就业机会，舒适的居住环境，要以人为本、并可持续发展，它应该满足三个条件：①好的物质环境；②好的人际环境；③好的精神文明氛围。董黎明认为，"宜居城市"是一个庞大的系统工程，除了要考虑居住、生活因素外，还要考虑生产、社会、文化等因素，只有各方面达到和谐，"宜居城市"才名副其实。俞孔坚认为，"宜居城市"并没有具体的标准，也没有量化的指标。所谓"宜居城市"，就是适合人们居住的城市。它必须具备两大条件：①自然条件，这个城市要有新鲜的空气、洁净的水、安全的步行空间、人们生活所需的充足的设施；②人文条件，"宜居城市"应是人性化的城市、平民化的城市、充满人情味和文化的城市，让人有一种归属感，觉得自己就是这个城市的主人，这个城市就是自己的家。

M.Douglass认为"宜居城市"至少有四个方面的基本内涵：第一，通过对自己和才能的投资，所有城市居民应该享有广泛的生活机遇；第二，所有家庭和劳动力必须拥有有意义的工作和谋生机会；第三，安全而清洁的环境；第四，要有良好的管制。

"宜居城市"是指从单体建筑到邻里以及到整个城市环境，在每个尺度上都运转良好，并且能够满足不同群体（老人、妇女、儿童、残疾人等）居住、生活、工作、娱乐等各种需求的城市，它涉及到自然环境属性、经济社会属性、邻里属性等各个方面。

8.1.2 宜居城市与其他城市理念辨析

对城市发展建设的方向，不同社会团体、组织和学者从不同的角度提出了设想，如国际上的"生态城市"、"健康城市"、"普世城"，国内的"园林城市"、"生态园林城市"、"环境模范城市"、"山水城市"等，它们与宜居城市既有相通之处，又有本质差别。

（1）绿色城市

绿色城市（Green City）是在为保护全球环境而掀起的"绿色运动"过程中提起的。印度 R. 麦由尔博士认为绿色城市应具备以下条件：

绿色城市是生物材料和文化资源以最和谐的关系相联系的凝聚体，生机勃勃，自养自立，生态平衡；绿色城市在自然界里具有完全的生存能力，能量的输出与输入能达到平衡，甚至更好些——输出剩余的能量产生价值；绿色城市保护自然资源，它依据最小需求原则来消除和减少废物，对于不可避免产生的废弃物，则将其循环再生利用；绿色城市拥有广阔的自然空间，如花园、公园、农场、河流和小溪、海岸线、郊野等，以及和人类同居共存的其他物种，如鸟类、鱼等其他动物；绿色城市强调最重要的是维护人类健康，鼓励人类在自然环境中生活、工作、运动、娱乐以及摄取有机的、新鲜的非化学性的和不过分烹制的食物；绿色城市中的各组成要素（人、自然、物质产品、技术等）要按美学关系加以规划安排，要给人类提供优美的、有韵律感的聚居地；绿色城市要提供全面的文化发展、剧院、水上运动场、海滩、公共音乐厅、友谊花园、科学和历史博物馆、公共广场等将为人类的相互影响提供机会；绿色城市是城市与人类社会科学规划的最终成果，它提供面向未来文明进程的人类生存地和新空间。

（2）健康城市

健康城市是世界卫生组织面向 21 世纪城市化问题给人类健康带来挑战而倡导的一项全球计划，于 1986 年首次提出，加拿大多伦多市首先响应。随后，健康城市规划活动从加拿大传入美国、欧洲，而后在日本、新加坡、新西兰和澳大利亚等国家掀起了热潮，逐渐形成全球各大城市的国际活动。我国于 1994 年参与该活动，参与该项目试点的城市和地区有北京市东城区、上海市嘉定区、海口市、大连市等。1996 年，世界卫生组织公布了健康城市的 9 条标准：

为市民提供清洁和安全的环境。

为市民提供可靠和持久的食品、饮水、能源供应，具有有效的消除垃圾系统。

通过富有活力和创造性的各种经济手段，保证市民在营养、饮水、住房、收入、安全和工作方面的基本需求。

拥有一个强有力的相互帮助的市民群体，其中各种不同的组织能够为了改善城市健康而协调工作。

能使市民一道参与制定涉及他们日常生活，特别是健康和福利的各种政策决定。

提供各种娱乐和休闲活动场所，以方便市民之间的沟通和联系。

保护文化遗产并尊重所有居民的各种文化和生活特性。

把保护健康视为公众决策的组成部分，赋予市民选择有利于健康行为的权利。

做出不懈努力争取改善健康服务质量，并能使更多市民享受健康服务。

（3）普世城

希腊学者道萨迪亚斯通过对人类聚居进化和发展的研究，看到地球上的所有城市都朝着规模日益扩大、联系越来越密切的趋势发展，认为在21世纪末，地球上所有城市都将连成一片，成为一个统一的"普世城"，整个地球将成为一个"日常生活系统"，"普世城"呈条形的网状结构，大部分都集中在沿海一带。由于全世界的人们相互之间的理解加强了，人们之间在社会地位和经济收入上的差别缩小了，人民相互之间和睦相处，经济上、文化上的互相联系非常密切，甚至融为一体，从而全球将形成一种统一的世界文化，国家之间的分界和防卫将失去意义。"普世城"在一定程度上就像一个联邦制国家一样，由一个统一的政府来进行管理，人类以一种较为明智的方式利用地球，使人类和地球表面以阿波罗式地和谐发展着。"普世城"主要是从技术的观点出发的，实际上是超级大城市、城市地球，忽视了世界文化的差异性，化零为整，带有技术乌托邦色彩。

（4）生态园林城市

生态园林城市理念的出发点是建立在保护、建设和完善城市的大环境的共识之上，其归宿是追求与自然和谐的共存环境。生态园林城市强调人与城市、自然与社会、现在与未来的相互依存和共生。生态园林城市的要求是：经济繁荣，市民物质生活和精神生活富足，衣食住行方便；城市建筑及构筑物与自然环境有机结合，合理分布，相得益彰；人与动植物相亲相近。特征是到处绿荫掩映，风清水净，楼台与山水相依，人类与花鸟为伴，充满诗情画意和生机活力。

（5）山水城市

"山水城市"的概念最早是钱学森教授在1990年7月给清华大学教授吴良镛教授的信中首先提出来的。钱先生认为："山水城市"是将中国山水诗词、古典园林建筑和中国山水画融合在一起应用到城市建设，运用现代科学技术把现代城市建成一座超大型园林。其内涵可以从下面四个方面来理解：①"山水城市"是未来城市发展的方向；②"山水城市"具有深刻的中国文化风格，是中国传统文化的继承延续和发扬光大；③"山水城市"是具有深刻人民性的概念；④"山水城市"符合城市生态学原理。钱学森教授主张山水城市不仅继承了中国传统的自然生态审美观，而且符合了中国优秀文化中的诗词、园林和绘画，重视民族历史传统和文化脉络，相对于园林城市更具有深邃的文化内涵，体现了一种具有中国传统特色的城市环境观。

（6）生态城市

生态城市（Ecocity）概念是在1971年联合国教科文组织发起的"人与生物圈"计划研究过程中首先提出来的。前苏联生态学家亚尼科斯基、美国生态学家雷吉思特、澳大利亚学者唐顿和中国学者黄光宇、沈清基、任倩岚、黄肇义等以及2002年第五届生态城市国际会议《深圳宣言》先后提出了生态城市的内涵。其中《深圳宣言》对生态城市内涵的界定最为全面。

2002年第五届生态城市国际会议在深圳召开，会议通过了生态城市建设的《深圳宣言》，宣言指出：生态城市是指生态健康的城市，建设适宜人类生活的生态城市首先必须运用生态学原理，全面系统地理解城市环境、经济、政治、社会和文化间复杂的相互作用关系，运用生态工程技术设计城市、乡镇和村庄，以促进居民身心健康、提高生活质量、保护其赖以生存的生态系统。生态城市旨在采用整体论的系统方法，促进综合性的行政管理，建设一类高效的生态产业、人们的需求和愿望得到满足、和谐的生态文化和功能整合的生态景观，实现自然、农业和人居环境的有机结合。生态城市的内涵包括五个层次：生态安全、生态产业代谢、生态景观整合、生态卫生和生态意识培养。其中，生态安全是指向所有居民提供洁净的空气、安全可靠的水、食物、住房和就业机会，以及市政服务设施和减灾防灾措施的保障；生态卫生是指通过高效率低成本的生态工程手段，对粪便、污水和垃圾进行处理和再生利用；生态产业代谢是指促进产业的生态转型、强化资源的再利用、产品的生命周期设计、可更新能源的开发、生态高效的运输，在保护资源和环境的同时，满足居民的生活需求；生态景观的整合是指通过对人工环境、开放空间（如公园、广场）、街道桥梁等连接点和自然要素（水路和城市轮廓线）的整合，在节约能源、资源，减少交通事故和空气污染的前提下，为所有居民提供便利的城市交通。同时，防止水环境恶化，减少热岛效应和对全球环境恶化的影响；生态意识培养是指帮助人们认识其在与自然关系中所处的位置和应负的环境责任，尊重地方文化，诱导人们的消费行为，改变传统的消费方式，增强自我调节的能力，以维持城市生态系统的高质量运行。

8.1.3 宜居城市的建设原则和指标体系

(1) 国内外宜居城市的建设实践

作为一种先进的城市发展模式，宜居城市在国内外有着广泛的实践。2004年10月，"国际宜居城市与社区"组织了"国际宜居城市与社区竞赛"，世界各国的初赛城市和社区近300个，进入决赛的城市包括来自16个国家的51个城市。该赛事将参赛城市根据城市常住人口规模分成5个组，分别是：A组2万人以下，B组2万—7.5万人，C组7.5万—20万人，D组20万—100万人，E组100万人以上，参赛城市根据规模分组进行。评选内容包括5项：①景观、园林环境改善。重点在硬件设施和软件设施两方面。包括城市景观环境改善的目标、途径，是否有效地使城市环境或生活质量得到提高，以及规划组织、管理、维护、资金保障等方面的成就。②文化遗产保护管理。包括物质形态和非物质形态遗产的保护成效。评比标准着重在两部分：如何保护，如保护途径、技术手段、资金保障、保护效果、改进方向等，以及如何有效合理利用。③环境改善实践。包括环境改善的具体项目、步骤、结果。是否提高了水体、大气、土地环境质量，特别是在环境与资源的可持续发展和降低能源消耗、降低垃圾产生、积极开展资源的循环利用等方面的成就。④公众参与。强调公众参与的具体方式，参与程度、作用效果等。⑤城市规划。通过城市制定的长远规划，鉴定城市能否为环境改造、景观风貌保护、城市的可持续发展、资源的可持续利用等提供可靠的基础和保障。下面介绍2004年度的两个获奖案例。中国的千岛湖镇和美国西雅图市。

千岛湖镇在本届比赛中获B组金奖，是我国城市自2000年开始参与本赛事以来的第一个获B组金奖的城镇。该镇的突出成就在于对自然生态环境的保护，以及城市规划对环境保护提供的保障。该市通过城市结构与布局，协调城市与环境的关系，并采取了卓有成效的环境保护措施。

西雅图市属纽约州，距美加边界182km，是美国太平洋西北海岸一个商业、文化和技术中心。2003年该市人口57.19万人，占地217km^2。西雅图宜居城市的实践主要包括如下方面：①系统而程序化的公众参与。在环境建设、基础设施建设和城市开发等多方面，都能保证切实有效的公众参与，参与行动随具体项目进程分阶段地分解到整个过程中。②对资源环境维护进行控制。包括减少家庭及办公环境的资源消耗，降低城市对水源、能源和其他资源的使用，增加资源的循环利用，减少温室气体的扩散等。

从宜居城市的内涵以及通过对宜居城市案例的了解，我们可以看出，由于宜居城市的建设，主要是从城市发展的微观层面，从具体的社区、建筑、植被等具体的要素出发，对城市人居环境进行改造，因此不同地区的不同发展类型的城市其在建设宜居城市的具体措施上也有巨大差异。尽管如此，我们仍然可以透过这些案例，归纳总结出宜居城市建设的几个基本准则：

在城市经济方面，要有一定的经济基础，但同时注意到GDP或其他单纯的经济增长，已不是衡量人居环境的关键指标，而是要更加注重从粗放转向节约型增长、降低能耗、保护环境与可持续发展，包括节约能源、资源综合利用和发展循环经济。

在城市建设方面，要有便捷通畅的交通环境和健康舒适的居住环境，污染降低，充分的就业机会，稳定的居民收入。

在社会环境质量上，要保持城市安全、城市秩序、获得文化上的愉悦、精神文明的氛围，人力的素质和储备，良好的公共健康与社会福利保障。

城市的建设方面要较好地融合自然，保护自然生态环境，使人与自然和谐相处。

在城市规划和管理中，充分利用各种先进技术手段，体现宜居城市建设的科学性。

在城市规划管理中提倡公众参与，并制定切实有效的实施公众参与的计划，贯彻以人为本的理念。

(2) 济南宜居城市建设的基本原则

根据国内外宜居城市的实践，结合济南城市发展的实际，我们认为济南宜居城市的建设应该遵循如下原则：

①树立科学发展观

济南城市的规划建设应该坚定不移地采用可持续发展模式，探索和研究宜居城市建设之路，不能再走高能耗、高污染、低产出的发展道路，应该寓自然环境保护、社会和谐于经济发展之中。只有牢固树立科学发展观，才能从传统城市发展思维中解脱出来，才能实现济南宜居城市建设的目标。

②制定明确的目标和具体措施

在济南现阶段，宜居城市的发展建设应该以宣传教育为主，逐步提高公众的思想意识，使公众认识到建设宜居城市的必要性和迫切性，并能开始关心宜居城市建设；其次，遵照自然、社会和经济相协调的原则，抓住主要矛盾，制定行动计划，确定优先发展建设的领域和项目，优先解决急需解决的问题，建设有一定社会、工程技术基础，在短时间内能够实施的示范工程，同时完善宜居城市建设的保障机制、法律体系等。只有制定适合济南城市发展实际的阶段性目标、指导原则和具体措施，才能将济南宜居城市发展逐步引向深入。

③树立区域协调发展的观点

济南宜居城市的规划必须着眼于更大的区域背景，必须结合城乡区域进行整体规划。在制定规划的过程中，必须综合考虑区域的发展条件、优势和潜力，确定城乡发展方向、规模容量和结构，统筹安排城乡各项建设用地，建立合理的生产和生活体系，使城乡建设符合生态规律，既能促进经济发展、社会进步，又能保持生态的良性循环。

④健全宜居城市发展的有效机制

在济南宜居城市的规划和管理过程中，政府要加强政策的引导，鼓励在城市规划建设中采用可持续技术、宜居适用技术，重大的生产建设项目要尽量按照宜居城市的要求高标准高起点建设，为全社会的宜居城市建设提供示范。在人居环境的营造方面，既要重视自然环境的优美宜人，又要注重社会环境的文明和谐，既要借鉴国外的成功经验，又要形成自身独有的城市特色和城市景观。

⑤完善宜居城市建设的保障体系

济南的宜居城市建设应该在引进人才、资金、技术的基础上，通过多形式、多渠道、多层次地发展宜居适用技术培训，大力培养科技人才，健全宜居城市建设方面的科技队伍，依靠科技进步来保证宜居城市发展和建设其资金来源建议政府设立宜居城市研究专项基金，建立有效的宜居城市适用技术研究开发机制。

⑥引导公民广泛参与

宜居城市的建设需要广大公民的生态环境意识、教育水平的提高。培养对待环境和国家利用资源方面积极的行为模式，通过正规和非正规的教育途径向所有年龄所有层次的人提供宜居城市教育，普及生态文化，以提高全民族的生态文明意识，拓宽公众参与的渠道，使越来越多的公民自觉自愿地加入到宜居城市运动中来。

总之，宜居城市是现代城市规划发展的高级形式，是一种全新的城市发展理念，是济南城市可持续发展的道路和方向。借鉴国内外宜居城市发展的经验、发展具有"山泉湖河城"融为一体的宜居城市，不仅是一种优势选择，而且是一种必然选择。应该通过技术、资金、机制、教育等体系的健全和完善，逐步形成自然环境优美、经济系统高效、社会系统和谐的城市人居环境，推动济南社会经济又好又快发展。

8.2 济南大都市区域生态安全格局

8.2.1 区域生态环境评价

区域自然资源类型比较丰富，产业配置相对齐全，交通和通信设施发达，优势突出，特色明显，具有巨大的发展潜力。但是圈域内总体生态环境状况不容乐观，存在着不容忽视的生态环境问题：水土流失、土壤沙化、盐渍化问题突出；水资源严重短缺，水环境容量低；畜禽及水产养殖的污染物无组织排放导致农业污染加剧；农用地膜的"白色污染"严重；城市大气污染等一系列生态环境问题亟须得到足够的重视和关注，并予以解决。在区域总体发展规划的过程中，梳理区域主要生态环境问题，研究寻求有效的解决方案，无疑将对区域城市的和谐发展起着至关重要的保障和促进作用，并将有效地带动整个济南大都市区域的进一步发展。

(1) 主要生态环境问题

济南大都市区域地处鲁中山地与三大平原（鲁北、华北和黄河冲积平原）的过渡地带，主要过境客流为黄河，总体地势较为平坦。由于区域内相当部分处于黄河泛滥的冲积平原，农业灌溉主要以引黄水为主，由此带来的大量泥沙加剧了当地土地沙化的程度和进程；另外，区域内大部分地势较低，地下水受盐水补给，矿化度高，含盐量大，水质污染严重，生态用水难以保证，导致水生态平衡失调的同时进一步加剧了土壤沙化、地下水位下降等自然生态问题。受水土条件的限制，区域内植物种类虽然比较丰富，但是生态植被恢复较慢，林木覆盖率偏低，水土保持能力差，城市绿化覆盖率不高。另外，超量或不合理使用化肥、农药、畜禽、水产养殖产生的污染物无组织排放等，以及塑料包装物和农用地膜所导致的"白色污染"问题加重了土地污染负荷。目前区域内面临的生态问题主要有以下几个方面：

①水资源短缺，水质污染问题严重

区域内水资源短缺和水质污染问题严重，人均水资源占有量仅为全国人均占有量的1/6，只有世界人均占有量的1/24，属于典型的资源性、发展型缺水。除此之外，水资源开发利用程度较高，但利用率却较低，农业灌溉定额偏大，造成水资源的大量浪费。同时饮用水源的数量和质量也存在相当大的问题，部分区域地下水水质较差，不宜饮用；长期开采更新能力弱的深层地下水会引起水位区域性大幅度下降，形成了大面积地下水降落漏斗，并产生了地面沉降等不良地质环境问题，这些明显的负效应都将对生态环境造成长期的不良影响。

②快速城市化过程对生态环境产生压力

城市化是人类对自然环境最彻底的改造活动，在这个过程中，原有的自然属性被取代，原有的生态平衡被打破，新的平衡未能建立，呈现出一系列的城市化环境问题。如城市发展过程中大兴建设，从而导致生境受道路和其他障碍物隔离而愈发变得支离破碎，种内、种间或生态系统之间很难自然地发生交流；城市生活垃圾、生活污水及工业三废的不合理排放造成严重的水土污染和大气污染；不合理的城市结构和功能布局使城市生态环境面临压力，城市各项用地混杂、功能分区不明确等问题也会相应加重城区环境污染。

③森林覆盖率低，结构不合理

都市圈内的森林系统由区域内水土保持、风景林营造、道路和水系防护林带和农田防护林网构成，森林对于区域的生态系统稳定和健康具有关键性作用，综合评估都市圈内林地建设情况，总结存在以下问题：林地覆盖率低，总量不够，特别是生态防护林建设严重滞后；林种结构不合理，树种结构单一，生态作用较弱。

④农业生态环境问题

区域内的农业生态问题主要表现为：区域内的土壤退化主要表现在水土流失、土壤沙化及盐渍化等方面；地表水环境不良，境内主要河流水质大多已不能满足农业灌溉的基本要求，由于引黄灌溉面积呈逐年减少趋势，造成污灌面积逐年扩大；农业面源污染呈上升趋势，主要原因是化肥、农药的过量施用、畜禽养殖业以及污染乡镇企业生产过程中产生的废水、废气、废渣基本上未经处理直接排放到农田环境中，极大地破坏了农田生态环境。

⑤城市生态景观问题

区域内各城市近年来在山东建设生态省的目标引导下，纷纷制定了各自的生态市建设规划，并尽可能高质量高效率地达到各自的生态市建设目标。各地在实施过程中注重当地生态环境建设，特别是中心城市的生态环境改善，不断加大中心城市的城市绿化力度和速度，取得了一些可喜的成绩，但是要实现真正意义上的可持续发展和"以人为本"，中心城市的生态景观依然存在一些问题，如城市绿地系统不均衡，绿地呈现零散分布状况且分布不均；中心城市道路、河流水系绿化水平低，未能起到有效地防护作用或改善生态环境的作用；公共绿地类型单调，造成种群垂直结构单一，季相单调，绿地生态补偿率低，不能有效发挥其生态功能；结构不合理，

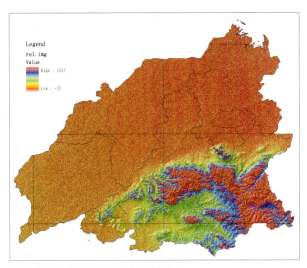
图 8-1 济南大都市区域地形地势图

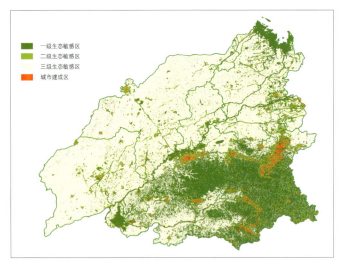
图 8-2 济南大都市区域生态敏感区分级评价

乔、灌、草组合欠佳，草地多、乔木少，分布不均衡、常绿树种少；植被的生态调节功能较弱，生态效益不明显；居住区与工业区之间缺乏绿化隔离带，由此而导致的空气污染、噪声污染等环境污染将极大地危害当地居民的健康。

（2）生态敏感度评价

分析济南大都市区域生态状况的空间格局，进而对区域生态环境状况进行区域尺度的评估，是认识区域环境现状和进行区域生态格局规划的基础。根据各生态因子叠加分析，得出大都市区域的生态敏感度评价。将区域生态敏感度分为三级，评价标准为：自然保护区、滨海湿地、河湖水系及其一级阶地、山体植被、陡坡地和建成区周边城乡过渡地带为一级敏感区，河湖水系二级阶地、建成区内部和近郊区、交通水系绿化带等为二级敏感区，农田及其他类型的用地为三级生态敏感区。从图可以看出，济南中心城区周边的地区属于生态一级敏感区，南部山区生态比较脆弱，北部地区为平原农地，生态敏感度相对较低（图 8-1、图 8-2）。

（3）环境容载力评估

环境容载力是制约地区社会经济发展的客观指标，它在一定区域和时期内的量的大小基本保持稳定，从而制约社会经济的高速发展，使之不至于永无止境地保持高速发展的态势。同时生态环境容载力要求区域必须实行可持续发展，加强生态环境保护，采用先进技术，提高资源的利用率。潜力度作为研究对象在当地环境容载力承载范围内社会经济发展能力的表征反映了当地达到发展目标值的能力。研究表明，济南作为大都市区域的核心城市，其环境容载力和生态建设的潜力度均处于首要位置，发展能力强势。在大都市地区东部区域，则发展潜力度较低，相关问题的产生主要是由于当地产业结构及其分布所致。如果要从根本上转变地区发展劣势，提升区域发展潜力，就要追本究源，找到症结所在，改变不合理的产业布局和生产方式，发展地区经济，改善当地生态环境。

8.2.2 区域生态功能分区

生态功能分区是进行生态规划的基础，实施区域生态环境分区管理，是实现区域可持续发展战略的前提。通过生态功能分区可以明确区域内不同生态区域的生态服务功能，并对其重要性作出评价，明确生态敏感区，并结合区域社会经济特点、发展水平和发展方向，揭示各生态区域的综合发展潜力，资源利用的优劣势和科学合理的开发利用方向，以及生态环境管理的要求和途径，把经济发展和环境保护统一起来，因地制宜地进行产业布局和产业结构调整，实现社会、经济、生态和环境的统筹兼顾、协调发展。

(1) 生态功能分区原则

根据区域生态服务功能与生态环境问题形成机制与区域分异规律，生态功能分区遵循以下原则：

①可持续发展原则

生态功能分区应避免盲目的资源开发和生态环境破坏，增强区域社会经济发展的生态环境支撑能力，促进区域的可持续发展。

②相似性与相异性原则

在特定区域内生态环境状况趋于一致，但同时由于自然因素的差别和人类活动的影响，使得区域内生态系统结构、过程和服务功能存在某些相似性和差异性，在生态功能分区时须注意这种特征的一致性。

③区域共轭性原则

任何一个生态功能区必须是完整的个体，不存在彼此分离的部分。

④区域相关原则

综合分析与生态多要素相关性，尽量保持下级行政区划完整性。

(2) 生态功能分区

按照区域生态特点和主导生态功能将济南都市圈划分为不同的生态功能区，采取保护、恢复和治理等措施，维持和恢复各生态功能区的生态服务功能。将都市圈划分为6个生态功能区。这6个生态功能区分别是渤海海滨湿地生态区、鲁中南山地丘陵生态区、鲁中平原生态经济区、鲁西南河湖湿地生态区、鲁西北平原农田生态区和黄河沿线生态控制区。济南市所辖范围内主要有以下几个分区（图8-3）：

①鲁中南山地丘陵生态区

该区分布在黄河及胶济铁路以南，运河与黄河交汇处以东，胶莱河以西。包括济南市、淄博市、莱芜市以及泰安市的全部或部分地区。本区是全省地势最高的地区，水系较发达，气候为暖温带季风气候，植被类型以

图8-3 济南大都市区域生态功能分区

暖温带落叶阔叶林为主，生物多样性也比较丰富。该区的主导生态功能是水源涵养、水土保持和生物多样性维持以及区域东南生态屏障。

保护和发展方向：加强次生天然林保护，积极推进封山育林，实行退耕还林，加速水土保持林和水源涵养林建设，恢复天然林，提高森林覆盖率，提高水源涵养能力；加强以小流域为单元的综合治理与开发，加大退化土地的生态恢复和综合整治开发力度，合理利用，走以开发促恢复、以恢复保发展的生态化道路；发展农业、工业和旅游业复合经济发展模式，调整优化农业结构，控制农业面源污染（氮、磷为主），控制农业生产废弃物对环境的污染，提高农业综合效益；促进工业产业的技术革新，减少工矿企业的环境污染和生态破坏；坚决制止矿产资源的非法开采，加大对城市周围自然景观的管理和治理力度；严格控制城镇建成区面积，以生态环境保护为首要建设目标，引导和规范驻区居民的生活、生产活动，杜绝城市建设空间过侵。

②鲁中平原生态经济区

该平原区域位于黄河以南，山地丘陵地区以北，跨济南南部、淄博北部、滨州南部部分地区以及泰安、莱芜的北部小部分地区。区域地貌为山前平原和河谷平原，地势平坦，大部分地区自然条件好，经济发达，城市化水平高，是济南都市圈的经济中心，具有人口众多、交通密集、生态用地面积少的特点。

面临的主要生态问题是：城镇聚集，工业多、居民点多；同时该地区也是老的工业区，发展比较快，在发展过程中已经对生态环境造成了比较严重的破坏，生态环境历史欠账太多；旱、涝、碱、沙、风等自然灾害频繁，严重影响农业生产，使得作物难以生长，粮食产量低而不稳；农业大力发展的同时，化肥施用强度也较高，对土壤、水质等均造成不同程度的影响；植被以农作物为主，间有四旁绿化和经济林，森林覆盖率较低；受上游河流污染的影响，地表水水质较差，地下水也受到一定污染，用水安全受到威胁；工农业污染物进入农产品，对产品品质和商品安全产生不良影响；环境人工化强烈，生物多样性水平低；城镇及工矿等建设用地比例大、增长快、用地矛盾较为突出，同时由于人口密集、工业企业和城镇分布密集，城镇连片缺乏生态走廊，环境污染问题突出，空气质量恶化、固体废弃物堆积、水体严重污染、土壤污染导致生产力下降等问题不容忽视。

保护和发展的方向：加大基本农田保护力度，继续稳定和提高粮食生产，促进绿色农产品的规模生产，发展家庭畜牧业和规模养殖业；完善农田林网建设，促进农业的生态化建设和技术进步，发展生态大农业，提高农业生产效率；加强现有林地保护，加速水土保持林和水源涵养林建设，提高森林覆盖率，提高水源涵养能力；控制建设用地外延型增长和城镇的无序扩张，加强生活污染、工业污染治理，严格执行水、气、声、渣污染排放标准，加强乡镇企业管理，实现达标排放；积极进行生态退化土地的恢复与综合利用，发挥土地资源的综合效益。

③鲁西北平原农田生态区

该区包括滨州、聊城、德州、济南的全部或部分区域，地貌类型为华北大平原的一部分，降水少，蒸发强，是全省大陆性最强的地区。区内主要河流包括马颊河、徒骇河、黄河、京杭大运河，虽然流域面积广阔，但是年径流量仅为30—60mm，只有鲁中南山区的1/10。土壤为潮土和盐化潮土，自然植被以盐生灌丛和草甸为主。土地资源丰富，是全省重要的粮棉基地，是保持山东省耕地总量动态平衡和增加农业用地面积的重要后备资源区。以油气资源、天然卤水资源为主的矿产资源丰富，已形成了以石油和天然气开采、纺织、造纸、食品、化工为特色的工业生产体系。区内含阳谷景阳冈自然保护区和冠县马颊河林场自然保护区共675hm^2，在保持水土、调节气候、涵养水源、旅游开发、维持生态良性循环等方面具有重要价值。

本区的主导生态功能是支持黄河三角洲天然湿地，防治土壤盐渍化、沙化和干旱。主要生态问题有：气候干旱和水资源短缺，旱涝盐碱等自然灾害多；土壤盐渍化与沙化严重；超采深层地下水导致地下水急剧下降，引起部分区域的地面沉降，某些地区已经形成大型地下水降落漏斗；农药、化肥用量大，农村面源污染情况严峻，地表水污染严重；城市"三废"污染和城市规模扩大严重危害本区的生态环境及生存环境；农田林网不健全。

保护和发展的方向：高质量建立农田防护林网，改善生态环境，提高系统抗干扰能力；土地资源种养结合，大力推广生物防治、抗虫新品种等技术，化学防治使用低毒、低残留农药，发展高产高质型农业；推广平衡施肥、配方施肥、秸秆还田等作物施肥技术，提高化肥当年利用率；积极发展节水农业，推广滴灌、喷灌等节水新技术，减少水资源消耗，进一步提高节水力度；积极开展集度假、采摘、野营于一体的现代农业田园风光生态旅游；加强对该区地下水的管理，减少地下水开采量，逐步调整高耗水产业，停止新上高耗水项目，对已发生严重地面沉降的地区划定地下水禁采区，清理不合理的抽水设施，停上新的加重水平衡失调的蓄水、引水和灌溉工程。

④黄河沿线生态控制区

该区为沿黄河沿线分布的带状区域，途经济南、滨州、淄博、聊城、泰安、德州6市，区域内各县级行政区基本以黄河为划区边界，由此也导致了区域内的生态环境问题面临着多方协调共同解决和多方推卸无法解决的两难境地。区域内涉及地段主要位于各市行政边界，部分地段位于济南市和滨州市腹地。其中济南段为黄河两岸1—10km宽度范围，面积约580km^2。区内地势平缓，土壤盐渍化程度高，生态环境脆弱。

本区的主要环境问题是：水土流失严重，为引黄灌溉区，造成大量泥沙淤积，加之防护林建设不配套，林木植被少，防风固沙能力弱，水土流失面积逐年增加，造成大量土壤养分流失；土地沙化和盐碱化现象严重，本区土地成陆年幼，海拔低，极易受风沙化和次生盐碱化危害；水资源短缺，自产地表水资源贫乏，地下水开采过量且利用不足，地下水位逐年下降，供水基本依赖于引黄河水；化肥、农药施用强度大，对土壤、地下水及地表水均造成一定程度的面源污染。该区是保证都市圈区域生态安全的重点区域，也是济南都市圈北部的生态屏障。

保护和发展方向：加大黄河河道泥沙清淤力度，采取有效措施保障生态安全；巩固、建设沿黄生态防护林带，形成沿河绿色通道，大面积营造水土保持林，恢复天然林，提高森林覆盖率；提倡建设生态林，适度发展名特优经济林，建设生态功能高的复合型农业林网；进行森林公园封育建设，治碱改土，综合治理开发中低产田和荒碱地，逐步改善生产条件，扩大耕地面积，建设多种模式的生态农业；进行农业综合开发和高标准农田开发工程，大力发展林果、畜牧等主导产业，促使产业结构由单一的种植业结构向有特色的高效益农业转变；提升农业生产水平，减少大田农作物种植比例，大力发展淡水养殖，搞好植桑养殖，积极发展畜牧业，大力发展绿色食品和有机食品基地建设；提高和增加污水处理能力，使污水达到农田灌溉用水水质标准，最终实现污水资源化利用；限量开采地下水，保持地下水的正常水位；进行湿地自然生态恢复、标准化堤防建设和黄河绿色风景带建设，完善引黄枢纽配套工程，建成集引黄灌溉和水利观光于一体的生态观光区。

8.2.3 区域生态安全格局构建

利用区域内山体植被、水系湖泊湿地、人工绿地等生态友好要素，结合区域生态敏感区的识别，构建都市圈整体生态安全格局。都市圈生态安全格局以四大斑块、六条廊道和遍布全区的水系道路林网组成。

四大斑块分别为：渤海滨海湿地斑块、鲁中南山地丘陵斑块、东昌湖斑块和东平湖斑块。

六条廊道包括在流经区域的三条主要河道黄河、徒骇河、马颊河两侧各形成500—1000m的生态控制区，区内以水系保护、防洪管理、水土流失控制和防护林网的建设为主；京杭大运河流经聊城段两侧也形成生态廊道，该廊道是我国东部南北向的一条重要生态流和文化流，其保护措施包括生态价值的保护和历史文化价值的保护；在鲁中平原区济南主城与章丘城之间，章丘与淄博之间，在黄河和鲁中南山地丘陵斑块之间形成两条南北向的生态廊道，其作用一是形成城市密集带中的生态控制区，缓解城市环境污染，二是形成黄河生态廊道与鲁中南生态斑块之间的沟通廊道，改善生态保护效用。

高等级公路及水系两侧种植防护林网，形成遍布全区的生态网络。防护林网的宽度根据道路的等级、交通流量和区位确定，一般为20—100m（图8-4）。

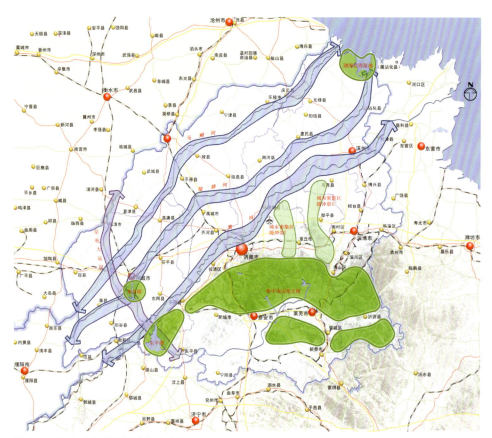

图 8-4 济南大都市区域生态安全格局

8.3 济南市生态环境保护规划

8.3.1 生态环境现状及发展趋势分析

(1) 主要生态环境问题及原因分析

济南市城市社会经济发展与生态环境保护尚未走上相互协调发展之路,环境污染较为严重,生态环境恶化的趋势未得到有效控制,具体表现在以下几个方面:

①环境污染形势依然严峻

扬尘、燃煤和机动车尾气造成的环境空气污染比较严重,空气中可吸入颗粒物和二氧化硫浓度超过国家二级标准;地表饮用水水源地普遍受到污染,饮水安全受到威胁;地表水大部分水体距功能区达标还有较大差距,小清河、大明湖水质超标严重;工业固体废物、城市垃圾及危险固体废物产生量逐年增加,固体废物的排放和堆存引起的大气、水、土壤污染和生态破坏未得到完全控制。

②自然生态环境较为脆弱,生态环境问题突出

自然保护区覆盖率低,市区绿地的生态补偿能力较低;地下水补采失衡,导致市区泉群间歇性干涸;水资源短缺,水生态环境恶化;南部山区水源地植被覆盖率低,水土流失严重;矿区生态破坏严重,矿山生态环境恢复治理率仅为30%;化肥农药的不合理使用,残留地膜、畜禽粪便和污水灌溉使农村生态环境污染加重。

(2) 生态环境发展趋势分析

新一轮城市总体规划通过调整城市总体布局,将使城市发展空间进一步优化,有效促进城市环境质量的好转。

城市总体布局调整通过"东拓、西进、北跨",有效拓宽城市发展空间,为城市"中疏"创造了条件。同时在"东拓、西进、北跨"区域提出高起点、高标准的建设要求,保障了这些区域环境质量具有良好的发展趋势。通过"中疏"降低了城市工业污染和交通污染压力,为老城片区的环境质量改善创造了条件。通过"南控"保障了中心城新鲜空气和地下水的补充,有利于中心城的空气和水环境质量的根本改善。

生态城市发展战略的确定及稳步实施使城市生态环境保护和建设进一步规范化,城市生态环境将得到全面的改善。济南市提出2020年建成生态城市,并已经开始组织实施。生态城市建设以实现城市的可持续发展为指导,以发展循环经济、完善生态环境建设、加强环境污染治理为手段,最终建成生态良好、和谐宜居的生态城市。

产业结构的调整和循环经济全面发展,将有效改变目前济南市的能源消费结构,提高能源利用效率,降低工业污染和全市的污染程度。济南市提出在巩固提高传统优势产业的基础上,逐步形成以电子信息、交通设备、家用电器、机械制造、生物工程为主的五大主导产业。同时,在企业、行业和产业全面推开循环经济的发展理念,形成循环经济工业园和产业链,将有效促进全过程污染控制。

环境管理能力的加强和环境科学决策机制的完善使济南市对环境污染进行更为有效的控制。政府领导、环保部门统一监督管理、各部门齐抓共管、公众积极参与的环境保护工作正在逐步完善;环境监控预警网络的建成运行和污染物总量控制制度的实施,为环境科学决策提供了强有力的技术保障。

8.3.2 生态环境保护规划

(1) 规划目标

以建设环境友好型社会为目标,切实加强生态环境保护和环境整治,使环境质量得到根本改善,自然和历史文化环境得到妥善保护,建成生态良好、环境优美、繁荣宜居、特色鲜明的生态城市,实现人与自然和谐发展。

2010年:提高城市环境质量,建成国家环境保护模范城市。2020年:全市生态环境质量得到全面改善,实现人与自然协调与和谐,形成以生态文化为动力、循环经济为主体、"山泉湖河城"有机融合为特色的生态城市。

(2) 功能分区

从改善和提高区域生态环境质量,促进经济社会和生态环境全面协调可持续发展出发,根据区域生态环境要素、生态环境敏感性与生态功能空间分异规律,及地域、人类活动强度等,将济南市域划分为5个生态功能区,分别是南部山区水源涵养生态功能区、中心城城市建设生态功能区、山前平原农业生态功能区、黄河沿岸湿地保育生态功能区、北部平原农林生态功能区。

8.3.3 南部山区生态环境的保护与发展

(1) 南部山区生态环境保护的意义

①有利于济南城市的生态安全

按照济南都市圈生态安全格局规划,南部山区属于鲁中南山地丘陵生态区,生态环境敏感性较高,而且城市开发已造成对自然生境的威胁,因此亟须进行保护。现状城区的南部山区为全市重点生态保护区,区内地下水比较丰富,其直接补给区和间接补给区是承受大气降水的入渗补给、河床渗漏集中补给和孔隙水补给的主要区域,是济南市地下水命脉所在。尤其是玉符河冲积扇地区,是地下水的主要汇集区,区内锦绣川水库和卧虎山水库为济南市饮用水水源地,生态环境十分脆弱,必须加以保护(图8-5)。

②有利于济南宜居城市的建设

南部山区山川秀美,资源众多,独特的自然环境为济南宜居城市的营造提供了良好的自然条件。该地区属泰山山脉,地势较高,是济南市的绿色屏障,拥有丰富的土地资源、森林资源、旅游资源和历史人文资源,是宜人的城市"后花园"。

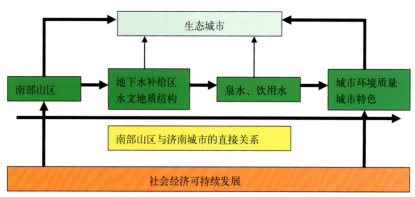

图8-5 南部山区生态功能关系图

③有利于济南城市特色的延续和发展

济南是著名的泉城,"山泉湖河城"融为一体,相映成趣,是城市的特色和魅力。城市要发展,特色不可缺失。南部山区拥有良好的山水资源和历史文化资源,而且是城市的水源地,对于城市的形成和发展意义重大,因此必须从济南城市特色延续和城市文脉继承的角度,切实加强对南部山区生态环境的保护。

(2) 保护与发展目标

本区域的发展目标是通过自然生态环境的保护和恢复建设,使南部山区水源涵养生态功能区成为"山、水、绿、人"和谐统一的可持续发展区域。

南部山区水源涵养生态功能区总面积约3600km^2,该区域既是济南市主要的种群源、水源涵养地和生态环境调节区,也是济南市水土流失和矿山开采破坏最严重的区域,是济南市生态环境保护与建设的重中之重。该区域要贯彻落实"南控"方针,严格控制区域内城镇建设区范围,以水源涵养和水质保护为首要保护目标,引导和规范住区居民的生产、生活活动,杜绝城市建设空间南侵。

(3) 南部山区生态环境保护与发展措施

南部山区生态建设的重点是建成"南部山区水源涵养特殊生态功能保护区",积极开展南部山区东部的生态重建与西部的生态恢复。

①南部山区水源涵养特殊生态功能保护区

"南部山区水源涵养特殊生态功能保护区"包含了2处自然保护区、8处森林公园和5处风景名胜区,总面积1513km^2。该保护区不仅是济南市最重要的种群源、水源涵养地和生态环境调节区,同时也是南部山区水土流失最严重的区域,生态安全地位非常重要。将其建成整个市域的"绿心",不但对于调节整个市域的生态环境起着至关重要的作用,而且该"亮点"能够增强社会各界对济南市生态环境改善的信心和决心,具有较高的生态显示度和生态文化价值。

该区域要采取严格措施控制建成区扩张,疏散区域常住人口,采取封山育林、退耕还林和水利设施建设等措施,切实保护生态环境。该区域北部是城市水源涵养的重点区域,目前还保留有龙洞、蟠龙山等林木发育较好的小片区域,但生态环境总体质量较差,林地斑块化严重,受城市开发建设的威胁较大。该区域要加快植被恢复,切实加强生态环境保护与建设。要严格按照"南控红线"控制城市建设用地范围,防止对南部山区的进一步蚕食。

②东部的生态重建

东部地区的南部低山区生态条件相对较好,处于中高度敏感区;而北部丘陵地带的植被已经非常退化,已达到极度敏感的水平,面临着生态重建的艰巨任务。东部丘陵区域的原生条件本来较好,但是经过多年破坏,现在山上乔灌木已经非常稀少,多为梯田和草坡,由于周围经济发展较快,耕作投入受到影响,加之山坡地水土条件和生产力较差，致使撂荒地越来越多。因此，在该区域片面强调农田保护和农业投入已经不现实，应该使其生态服务功能尽快由生产型转化为生态建设型，通过 15—20 年的生态重建，使该区域的生态环境恢复到中度敏感水平，这将对该区域的长远发展具有非常重要的意义。

③西部的生态恢复

西部的低山丘陵区，生态条件相对较好，林木覆盖率高于全市平均水平，区域内包括了大寨山森林公园、大峰山森林公园和翠屏山风景名胜区等多处植被较好的区域，人口密度不大，生态恢复比较容易。该区域应以生态恢复为主，突出生态服务功能，与南部山区的整体功能相吻合。

8.4 保泉运动与水资源规划

8.4.1 济南水资源现状分析

(1) 济南地区水资源概况

济南是我国北方水资源比较匮乏的城市之一。全市水资源总量多年平均 19.59 亿 m^3，人均占有量 351m^3，仅为全国人均占有量的 1/6。按联合国统计划分，人均占有量小于 1000m^3 为缺水区，小于 500m^3 为水危机区，济南市为水危机区。济南市水资源不仅匮乏，而且年内、年际及地区间分布上极不平衡。济南市属暖温带半湿润季风气候，春季干旱多西南风，夏季炎热多雨，秋季气爽宜人，冬季寒冷多东北风。降雨有明显的季节性，6—9 月为汛期，7、8 月份占全年降雨量的 50%；降雨在空间分布不均，济南市多年平均降雨量 665mm，自东南向西北递减，各县区有一定的差异。

济南市境内降水形成的地表径流量多年平均为 74732 万 m^3，平均地下水资源量为 121209 万 m^3。济南市域分属黄河流域、小清河流域和海河流域（徒骇河水系、德惠新河水系），其中平阴县和长清区为黄河流域，济南市区和章丘市为小清河流域，济阳县和商河县为海河流域。黄河多年平均径流量 425 亿 m^3，水量充沛，水质好，是济南市的主要农业水源。小清河是济南市重要的防洪排水河道，徒骇河和德惠新河是济阳县和商河县的排水河道。

(2) 水资源开发利用现状及存在问题

对水资源的开发利用，虽在建国前已经开始，但规模很小，真正对水资源进行大规模开发利用是在建国以后。建国近 50 年来，为战胜旱涝灾害，发展国民经济，济南市兴建了一大批水利工程设施。全市人均水资源量 351m^3，其中市区人均水资源量 272m^3，全市亩均水资源量 391m^3。水资源的组成中以地下水为主，地表水占全市水资源总量的 38.1%，地下水占全市水资源总量的 61.9%。

济南市是我国北方水资源比较匮乏的城市之一。进入 20 世纪 80 年代以来，城市与人口规模不断扩大，工农业经济迅猛发展，供用水量急剧增长，使全市有限的水资源更趋紧张。水资源开发利用中，存在的主要问题有以下几个方面：市区供需水量矛盾突出；水资源地域性和资源性的不平衡；科学用水程度低，浪费现象严重，水的有效利用率低；水环境污染严重；黄河客水断流问题；部分水利工程老化失修，已达不到设计标准，无法正常发挥效益；部分地区淡水资源缺乏；水资源的科学规划与管理力度不够。

8.4.2 济南水资源的解决方案

(1) 水资源规划的原则

为保证实现供水保泉的总目标，从济南的实际情况出发，贯彻"节流、开源、保护并重"的方针，坚持"总量控制，统筹配置"的原则，向"以供定需，供管并重"的方向转变，以求达到水资源的可持续利用和支持济南社会经济可持续发展的目标。必须遵循以下原则：加强流域的综合治理，科学管理水资源；节水优先，提高水资源的利用效率；治污为本，尽快实施污水资源化战略；多渠道开源、建立多水源供水体系；加强南部山区的拦蓄补源工程和生态环境建设。

(2) 水资源供需平衡

根据城市总体规划,2020年全市水资源供需平衡结果是:保证率50%、75%时不缺水,保证率95%时,全市缺水为8886万m^3,缺水率为3.2%。济南市不同水平年水资源供需平衡分析结果见表8-1。

济南市2020年水资源供需平衡分析结果表(单位:万m^3)　　　　表8-1

保证率		全　市
50%	需水量	242466
	供水量	285667
	结果	43201
	缺水率	
75%	需水量	275476
	供水量	276759
	结果	1283
	缺水率	
95%	需水量	275476
	供水量	266590
	结果	-8886
	缺水率	3.2%

由上述分析可见,在现有工程设施、不考虑节水和新水源开发的前提下,21世纪初期济南市将继续面临严重的缺水危机。

(3) 解决方案

根据济南水资源现状和供需平衡的结论,济南水资源规划应结合全市水资源特点、水利工程和地下水库的调蓄能力,进行地表水、地下水和客水等多水源之间的联合调度,统筹资源调配,保证水资源供需动态平衡,以提高供用水水平,实现水资源的高效利用。

水资源调度的总原则是:充分、优先利用地表水,控制开采地下水,科学引用客水(黄河水、长江水等)资源,实现多水源、多水库、多水厂之间的联合调度。充分、优先利用地表水,就是优先利用地表水库、河流等水资源,丰水年及汛期优先安排利用调蓄能力小的水库,后利用调蓄能力大的水库。地下水的开发利用,必须考虑采补平衡及供水保泉目标的双重要求,合理控制地下水的开采,严禁超采,在汛期过后10—12月份地下水位较高季节,可以及时、较大量地开发,地下水资源要作为重要的应急后备水源。客水资源的开发必须有计划有步骤地科学引用,根据其来水特点和工程情况,做到早引多蓄,充分利用。

城市总用水原则是:优先安排城乡居民生活用水,后安排工业、农业用水,最后安排生态环境用水。在高效利用方面,通过一水多用、中水回用措施,努力提高水的有效利用率,充分发挥其最佳经济效益;在保障人民生活质量方面,贯彻优水优用原则,优质水优先保障生活用水,水质差的水及中水尽量安排在工业、农业和环境用水上。

8.4.3 保泉方案的具体措施

济南是著名泉城,泉水是济南独具特色的自然景观,是济南深厚历史文化底蕴的重要载体,是历史文化名城的重要组成部分。泉水的保护要坚持保护泉源、泉脉和保护泉眼、泉系并重的原则,妥善处理好泉水保护与旅游发展、城市供水的关系。

(1) 泉水出露区以及地下泉脉流径保护

划定以72名泉为重点的泉水出露区的保护范围和控制范围。禁止填埋、占压、损毁泉池、泉眼、泉渠及其周围的建筑、碑刻、亭、堂、馆、榭、树木等人文景观；禁止在保护范围内进行与泉水保护无关的建设；禁止在控制范围内建设深基础工程；在趵突泉、珍珠泉、黑虎泉、五龙潭、百脉泉、洪范池等泉群的泉水出露区保护范围内，建设工程基础限制采用箱形基础；禁止建设有碍名泉风貌的建（构）筑物；禁止建设可能对泉脉流径造成破坏的深基础工程。

(2) 泉源保护

泉源保护主要指泉水补给区、重点渗漏带的保护。保护济南泉域、章丘百脉泉泉域、平阴洪范池泉域补给区，加强绿化，涵养水源，合理拦洪蓄水，保持地形地貌，严格控制对泉水补给有影响或污染水质的建设活动以及工业生产活动。保护重点渗漏带，封山育林，涵养水土，禁止新建、扩建、改建影响地表水渗漏的工程项目；禁止开山、采石、挖砂、取土等破坏地形地貌的活动；禁止其他影响地表水渗漏和污染水质的各项活动。

8.5 土地资源的集约利用

8.5.1 济南大都市区域土地资源利用现状

济南都市圈土地面积5.2万km^2。其中，耕地265万hm^2，占都市圈土地总面积的50.9%，林地27.2万hm^2，园地27.5万hm^2，另外还有牧草地0.7万hm^2，其他农用地64.5万hm^2，农用地总计占都市圈土地面积的73.9%，占有重要地位。城镇村及工矿用地、交通运输用地、水利设施用地80.7万hm^2，建设用地总计占都市圈土地面积的15.5%，其余为未利用土地。人均耕地面积0.085hm^2，大大低于全国平均数。

济南都市圈大部分地区生态环境敏感而脆弱。南部低山丘陵地区水土流失严重，西北部地区有沙化和盐碱化趋势，成为影响农业生产的重要障碍。部分地区耕地质量下降，过度的化肥和农药投入，造成农业用地用养失调，土壤有机质含量下降，土壤理化性状变坏，土壤肥力降低，土地利用上重用轻养、用养失调，使其生态环境十分脆弱，难以抵御洪涝、干旱等自然灾害，对农业生产具有严重的限制作用，土地自然生产潜力不易有效发挥。区域土地利用特点表现为：土地垦殖率高，农用地和耕地比例较大，土地承载较重（图8-6、表8-2）。

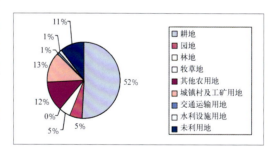

图 8-6 济南都市圈土地利用现状

2003年济南都市圈土地利用情况统计（hm^2）　　　　表8-2

土地类型	耕地	园地	林地	牧草地	城镇村及工矿用地	交通用地	未利用土地	总面积
济南	372753	35631	32631	4	104555	8490	102850	799851
淄博	217374	53454	53454	0	82046	7774	57803	596517
泰安	352513	58860	58860	0	92849	8452	100974	776183
莱芜	70827	17153	17153	0	22448	2161	36633	224621
德州	618139	45630	45630	295	140830	7473	72323	1035632
聊城	569132	35804	35804	0	130255	8227	34664	871457
滨州	449586	28029	28029	6242	120071	6100	145699	903260
济南都市圈	2650323	274560	271560	6542	693054	48677	550945	5207521

资料来源：山东省国土资源厅2003年土地统计调查

济南都市圈当前城镇建设用地的快速增长满足了经济增长和城市化的需要，但其在增长速度、增长结构、空间分异特征等方面却存在一些问题。城镇建设用地增长区域分异特征如下：①主要集中在交通走廊地带。胶济铁路沿线地区是济南都市圈经济最发达的地区之一，人口密集、建设用地增长迅速，已经形成连片开发的城镇密集地区。其他外围地区城镇建设用地增长相对缓慢，但也存在局部的增长迅速区，如一些城市的经济开发区；②具有较强的空间指向性。城市建设用地增长表现出较强的经济中心指向、道路指向性等空间特征。经济中心指向性是指等级低的经济中心向等级高的经济中心拓展建设用地的现象。道路指向性是指济南都市圈城镇建设沿主要公路、河道等运输干道系统呈带状分布，道路沿线安排有大量密集的工业、商业和居住用地。其他各类用地也呈现出向交通干线聚集的形态和趋势；③建制镇建设用地比城市建设用地具有更高的增长速度，两者都采用了外延式拓展用地的方式。

8.5.2 土地资源保护与节约利用策略

继续贯彻落实"十分珍惜、合理利用土地和切实保护耕地"的基本国策，坚持"开发和节约并举，把节约放在首位，在保护中开发，在开发中保护，最大限度地发挥资源的经济效益、社会效益和环境效益"的总原则，妥善处理当前与长远、局部与全局的关系，按照建设节约型社会的要求，以建设良好的人居环境和现代化城镇为目标，促进土地的优化配置和集约利用。

建立严格的耕地保护制度，严格控制占用耕地，严格控制基本农田保护区，确保基本农业生产用地，坚持以供应决定需求的原则，保证耕地总量动态平衡；合理开发利用土地资源，保障必要的建设用地供应，重点保证交通、能源、水利建设等重点工程建设用地；促进各项事业协调发展。

以节地挖潜为重点，改变传统粗放型开发经营管理模式，加快城镇建设用地存量的开发利用，努力提高土地使用效率，走集约利用土地道路。土地资源保护与利用的具体策略有：

（1）提高土地利用集约化水平

充分利用空间环境资源，提高用地集约化程度。城镇建设用地应坚持节约用地和提高土地利用率的原则，城镇建设用地增长方式应由粗放型转向集约型，优化土地利用结构，协调建设布局，按功能分区，集中布置产业与生活用地，提高区域服务型资源的共享程度。

（2）合理配置土地资源，保证城镇建设有序发展

城镇建设要以城镇群规划、城市总体规划、土地利用总体规划及相关法规为依据，控制城镇用地无序蔓延，严格执行用地计划，控制城镇建设用地总量。健全国有土地使用权出让、集体土地征收与集体建设用地流转制度，增强土地管理和增量需求的公开性和透明度。

（3）合理调控土地供应分配

按照总体空间发展战略和目标、城市等级规模调控土地供应分配，防止建设用地供给空间配置的结构性失衡。建设用地指标的分配要有利于城镇发展战略的实现，向基础条件好、发展潜力大的城镇倾斜，促进土地集约利用。

（4）控制农村居民点规模，充分保护耕地

要促进农村居民点布局向城镇型转化，推动农村居民点适当集中，提高土地利用效率和规模化。鼓励集中建设新乡村，推进农房公寓化进程，鼓励对废旧村落的利用，减少耕地占用。被占用的耕地主要通过土地复垦、整理进行补充，从而保证区域耕地总量的动态平衡。

8.5.3 土地资源协调利用的政策措施

（1）推行合理的空间开发策略

①规模化发展城市组团

推动城市组团的规模化、集约化发展，以城镇生活区与产业园区的规模化发展，来引导集中式的城市化和

工业化，实现城乡一体化发展，并将主要城镇发展为现代化的城市组团。

②控制开敞生态空间

通过生态环境建设与基本农田保护，确保区域生态环境质量以及田园风光的景观形象。在农田相对集中、产业化经营的同时，预留并控制生态绿地、生态走廊、经济林带等开敞性空间。

③确定城市增长边界

限制都市区向高产农地、重要环境保护区域、矿业资源地等地区扩张。规划在充分考虑了现状的资源条件与约束的基础上，力图通过设定增长边界来控制蔓延趋势。

④保护农村地区的各种农业用地功能

在农村地区优先考虑农业、保护区、交通设施及旅游业等的发展，对于居住等开发建设活动实行更严格的控制措施，以实现紧凑式的发展，减少开发对于环境的影响。对水源地、汇水区、重要的自然保护区、湿地影响区、矿产资源开采区、高附加值农地等实行极其严格的控制，不允许进行城市开发。

⑤土地利用与交通战略整体考虑

将新的开发设置在公共交通服务水平较高的区域，提高就业和社区服务的可达性。

（2）土地制度创新与规划管理改革

改革农村土地产权制度与土地流转制度，提高农业生产比较效益，提高农民耕作积极性；改革农地征用制度，改变征地政策性价格机制，提高征地补偿费，实行多种形式的农地股份合作制，保证农地转用过程中农民利益不受损害；改革城市土地制度，倡导全面彻底的市场化改革，完善土地产权制度，充分发挥土地效益，提高土地配置效率；改革规划管理制度，理顺"三大空间规划"关系，变水平分块管理为垂直管理；成立区域规划委员会，建立新型的广泛参与的区域土地利用规划机制，加大区域协调力度；推行城市增长管理策略，实现城市集约、精明增长。建立起耕地保护与城市增长的协调机制、遏制城市无序蔓延、土地寻租的经济政策干预机制以及统一集中的土地开发规划管理机制。

（3）城市存量土地内部挖潜与集约利用

①旧城区改造与市内闲置地利用

土地资源稀缺与土地粗放经营同时并存，已经成为制约济南都市圈区域竞争力的刚性因素。济南都市圈城市土地约3%—5%处于闲置状态，有40%的土地属于低效利用；据最新资料表明，济南都市圈现有城镇土地面积为1390km^2，按15%空闲率计算，有空闲地208.5km^2，相当于每年新增建设用地的2.5倍左右。因此，济南都市圈城市存在盘活城市存量土地、利用闲置地的空间，提高城市土地的人口和建筑容纳能力以及经济产出率，减少城市发展占用耕地。另外，我国小城镇产出效益不高和土地资源浪费一直饱受争议，济南都市圈农村居民点的无序发展和滥占滥用耕地现象也很严重，因此积极推行"三集中"模式（实现农村人口向城镇集中，城市人口向社区集中，工业向园区集中）十分必要。

②大中小城市建设

大中城市内部土地利用集约化程度差异很大，要根据其具体情况选择科学的城市发展道路。城市土地利用高度集约类城市，如济南，现有建成区的容积率已经很高，今后城市发展的思路应该是：对建成区进行合理功能分区，优化城市土地利用结构。我们可以将这个过程称为"再城市化"或"二次城市化"。在充分挖掘建成区潜力的基础上，配合产业结构调整和升级，顺应"城市郊区化"的趋势，积极建设新城区。但是开发新城区要充分论证城市经济发展活力，既要考虑到新城区对旧城区再发展的负面效应，又要考虑新城区自身的发展前景。

城市土地利用集约型的城市，城市建设用地一般较易获得，城市多处于快速发展期，因此城市发展多采用短期建设成本较低的外延式发展。考虑到此类城市的具体情况，建议在努力实现建成区内涵式发展的同时，采取"团块状"集约式发展，各团块之间可以发展"城市农业"。这样既可以满足城市化快速发展的内在要求，又不至于过多地占用耕地。

城市土地利用粗放型的城市，包括绝大多数的中小城市。此类城市城市化速度较快，地价低廉，但是土地浪费严重。今后要严格城市用地的审批制度，确保农业用地的数量。

③小城镇建设

有重点地选择有条件的小城镇，通过乡镇工业的适当集聚和居民点的整合，使其尽快发展成为中小城市或者是大城市。这样不仅不会过多地占用农用地，而且可以充分实现规模效益，提高土地的利用集约度，从而减少对农业用地的占用。

④村庄合并、城中村改造及空心村整理

村庄合并是指一个经济强村兼并一个或几个弱穷村，人口少、位置偏僻的村庄向集镇迁移；坐落于平整、肥沃土地上的村庄向坡地迁移；填充"空心村"，以达到控制村镇用地规模、增加耕地面积、充分利用土地和空间资源的目的。

（4）规范农地转用过程，推行多种占补平衡手段

按照《中华人民共和国土地管理法》第31条规定："国家实行占用耕地补偿制度"，即非农业建设经批准占用耕地，占用者应按照"占多少，垦多少"的原则，负责开垦与所占用耕地的数量与质量相当的耕地。在实施耕地占补平衡中积极推行建设用地项目补充耕地与土地开发整理项目挂钩制度和补充耕地储备制度。补充耕地可以采取两种方式：自行补充耕地和委托补充耕地。可以采用"先补后占"或"边补边占"两种方式进行。

建设占用耕地原则上应在耕地所在地的市县行政区域范围内进行补充耕地，立足于就地实现耕地占补平衡。但是济南都市圈中某些地市由于耕地后备资源匮乏，就地补充耕地来实现耕地占补平衡有困难，就需要进行易地补充耕地。可以省域内进行易地补充耕地。易地补充耕地应纳入计划。其计划在年度土地开发整理复垦计划分解时下达，或者实施易地补充耕地的过程中及时调整有关市、县的年度计划，使易地补充耕地与土地开发整理复垦计划衔接。

（5）加快建立保护耕地的市场机制

耕地的利用不仅具有经济效益，而且具有生态效益和社会效益。目前的市场机制仅关注经济效益，而忽视生态效益和社会效益。由于只注重经济效益，而以耕地为载体的农业因比较经济效益低下导致耕地被不断占用。解决问题的关键在于：一方面按照可持续发展的思路，全面认识耕地资源的经济、社会、生态价值，重新建立耕地资源价值评价指标体系，把耕地的社会、生态价值纳入农业效益，使耕地利用者和保持者有利可图；另一方面，将耕地损失的外部成本"内化"，把耕地损失造成的社会、生态代价纳入市场成本，重新建立耕地用途转变的成本换算体系，提高耕地的综合价值。当然，这种将"外部成本"进行"内化"的过程，只能通过政府的强制性干预才能实现，市场经济不可能自发形成。

8.6 宜居城市的社会性基础设施规划

公共设施作为宜居城市的社会性基础设施，对宜居城市的规划建设具有非常重要的意义。近年来，济南市规划部门高度重视社会性基础设施的规划建设，以迎接和谐全运、建设美丽泉城为契机，充分发挥规划的公共政策和服务保障职能，自觉树立省会标准和一流意识，坚持高起点规划、高标准设计，在商业服务、教育科研、文化娱乐、体育运动等社会性基础设施的规划方面取得了显著成绩，为济南宜居城市的建设提供了有力支撑。

8.6.1 商业服务设施布局规划

商业服务设施发达程度是衡量一个城市综合竞争力和现代化水平的重要标志。加快济南市商业服务设施规

划建设是全面贯彻落实科学发展观、构建和谐济南的必然要求，也是促进济南经济社会发展、提高人民群众生活品质、建设宜居城市的迫切需要，对于提高城市综合服务功能和承载能力、提升城市形象、建设美丽泉城具有重要意义。

为有效指导济南市商业服务设施的合理布局与发展，适应不断提高和变化的消费需求，济南市规划局会同有关部门组织编制了《济南市商业网点发展规划》，并经市政府正式批复实施。

济南市商业网点发展规划对城市未来空间商业服务设施功能、组织结构、总体布局和建设规模进行了统筹设计，规划的主要内容是对商业网点，包括市级商业中心、市级商业副中心、区域商业中心、社区商业中心、大型商业网点、商业街、大型综合及专业批发市场、物流基地及会展中心等的发展布局作出规划安排，以引导和规范商业设施布局，构筑布局合理、结构完善、分布有序的现代商业服务设施体系。

(1) 商业网点空间分布特征

①商业网点分布呈现由内向外圈层递减的态势

济南商业网点布局与城市空间格局的形成和人口分布密度相吻合，呈现出市中心区由内向外圈层递减的态势，城市内环路以内是城市传统的商业中心区和商埠区，人口密集，商业网点分布数量多、密度大，大中型网点高度集中，而由城市内环路至二环路，再至绕城高速公路的区域，人口密度逐渐降低，网点分布亦逐渐变疏，大中型商业网点分布则更少。同时，由于城市空间布局受南山北水自然地理条件的限制而形成东西带状布局形态，商业网点空间分布亦呈现由市中心区向东西两翼逐渐递减的态势。

②商业中心布局基本形成"一核多点"等级体系

随着泉城路商业街的拓宽改造和一系列商贸流通建设项目的实施，城市现状商业网点空间布局基本呈现以泉城路商业区为核心，以大观—人民、西市场、英雄山、北园、洪楼等区域性商业中心为支撑的"一核多点"多层次、多心化的空间格局。目前，泉城路两侧及周围地区聚集了贵和购物中心、贵和商厦、银座购物广场、三联商厦、银座商城等9家大型商业企业，具备了集购物、餐饮、旅游、休闲、娱乐等多功能为一体的现代中心商业区功能。

③存在问题分析

济南市商业网点建设虽然取得长足发展，但总体来讲，与建设省际的现代化区域性商贸中心的要求还有较大差距，存在问题主要有以下几个方面：商业总量水平不高，人均指标偏低；网点布局不合理，各级商业中心级配失衡；社区商业中心建设明显滞后，给居民生活带来不便；业态发展不平衡，新兴商业业态仍处起步阶段；特色商业街较缺乏，档次水平有待提升；批发市场集群化发展不突出，重复建设，层次规模较低；星级宾馆等商业服务设施不配套，制约了商业发展的整体水平。

(2) 总体战略与目标

①商业网点发展的总体战略

以现代商贸中心理念、现代商业网点理念和现代服务业理念为支持，以城市空间布局调整为契机，采取"大力发展新区网点，改造提升老城设施，东西两翼展开布局，整体推进网点建设"的总体思路，合理布局商业网点，建立起与城市定位、发展目标和总体布局相适应的现代化都市型商业网点体系，有效地引导老城疏解和新区建设，实现城市发展的新跨越，全面提升城市的功能、形象和品位，增强济南作为省际区域性中心城市的综合服务功能和吸引辐射能力，促进城市发展新格局的形成，建设大商贸、大流通、大市场的省际的现代化区域性商贸中心城市。

②商业网点发展的目标

围绕济南作为省际区域性中心城市的区域定位，着力塑造济南作为环渤海地区南翼和黄河中下游地区中心城市的功能形象，大力发展现代商业网点体系，加快形成业态清晰、功能完善、特色突出、辐射力强的现代商业发展新格局，基本建成布局合理、层次分明的零售体系；功能齐全、规范有序的市场体系；辐射全国、沟通

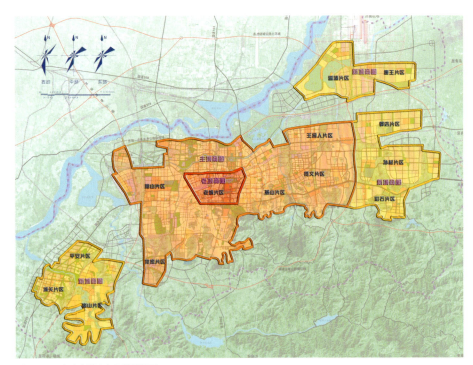

图8-7 中心城区商圈规划图

内外的批发体系；结构优化、制度创新的组织体系；"软硬"结合、协调发展的商业支撑体系。把济南建设成为立足济南，带动山东，辐射华东、华北、黄河中下游及环渤海地区，服务全国，接轨世界的区域性商贸流通中心，承接京津与沪宁、东部沿海与西部内陆地区的商贸枢纽城市，现代化区域性大商都。

(3) 中心城商业网点布局规划

规划形成老城商圈、主城商圈和新城商圈三大不同等级、不同层次的商圈，构筑与城市总体布局相适应的多中心、多层次、多功能的现代商业服务设施布局体系。结合城市总体规划确定的城市"一城两区"总体布局和功能分区，适应济南作为省际现代化区域性大商都的目标定位，确定商业网点总体布局形成"一核两区四片四心"结构，其中"一核"指构筑一个都市级商业中心，成为商业发展核心区；"两区"为打造两个特色商业街区；"四片"指形成四个商业片区；"四心"为构建四个市级商业副中心，构筑与城市总体布局相适应的多中心、多层次、多功能的现代商业设施布局体系（图8-7）。

①一核——都市级商业核心区

将位于古城区的济南传统中心商业区进一步改造提升为都市级商业发展核心区，适应济南建设成为省际的现代化区域性大商都的目标定位，着力打造现代化大都市商业中心新形象，形成立足济南，带动山东，辐射黄河中下游及环渤海地区，服务全国的大都市级商业中心。

核心区以老城区为主体，以泉城路为核心呈放射状。这一地区地处古城，是以泉城路、泉城广场、趵突泉、大明湖为标志，具有悠久历史文化的传统商业区。规划核心区充分发挥历史与区位优势，按照在历史中改造建设，在整治中配套完善的原则，建设古城、泉水、老字号商业等代表济南特色的中心商业核心区。区域内现有银座商城、贵和购物中心、贵和商厦、三联家电、沃尔玛、苏宁电器、伊势丹百货、家乐福、大润发、银座购物广场等众多大型零售商业企业和银座泉城饭店、索菲特大酒店、珍珠泉大酒店、中豪大酒店、玉泉森信大酒店、贵和皇冠假日、胜利大厦等多家高档酒店、商务大厦，聚集性、品牌性、专业性、拉动性强。在这一区域以泉城路商业金街为中心，规划建设大型摩尔（Shopping Mall）业态综合商贸项目，以及县西巷特色商业街、明湖路南侧的湖滨特色商业街、解放阁片区、芙蓉街特色街区等，精心规划发展一批不同业态、不同特色、既保持传统风貌又引领现代消费潮流、满足不同层次消费者需求的特色商业街、专业店、品牌店、主题商厦、高档客房等贸易服务业设施，重点打造国际商务区，培育形成世界500强企业的聚集地，形成规模庞大、网点密集、功能齐全、商品丰富、高中档结合的全市商业最繁华的地区，成为反映城市经济发达程度的重要窗口。

②两区——两个特色商业街区

- 山大路科技文化特色商业街区

位于历山路以东、二环东路以西、经一路（延长线）以南、经十路以北的区域。以洪楼广场、山大路科技一条街为中心，发挥区域内大润发、济南科技市场、赛博数码港、百脑汇等知名企业和市场群的优势，进一步改造提升和整合洪楼商业街、山大路科技一条街，建设济南海蔚广场、沃尔玛旗舰店、沃尔玛社区店等贸易服务业设施，加快提升洪楼地区集大型商场、高档专卖店、休闲娱乐中心、中西餐饮、金融、通信为一体的、多功能、高品位的区域性商业中心地位，打造以山大路科技市场为主体，以IT产业为龙头，具有全国影响、省内最大的现代化科技文化商贸区。

- 商埠区历史文化特色街区

商埠区位于顺河街以西、纬十二路以东、经一路以南、经七路以北的区域。这一地区是济南传统的商埠区，有着历史上沿袭下来的浓厚商贸底蕴与文脉。这一区域既有人民商场、大观园商场、济南华联、嘉华超市、人防商城、汇宝大酒店、珍珠大酒店、明珠国际商务港等一批大型商贸设施，也有瑞蚨祥、万紫巷、狗不理、便宜坊、精益眼镜、亨得利钟表等一批传统商业和济南老字号，还有绿洋商城、西市小商品市场、段店小商品市场等新兴商品批发市场。由于历史的原因，加之长期缺乏对商埠区传统业态的改造提升，造成目前商埠区商业发展日渐衰弱，缺乏活力。因此，为复兴商埠区的传统商业文化，重新激发商埠区的活力，规划将商埠区发展为体现历史文脉特征和传统文化特色、兼具休闲娱乐功能的历史文化特色商业街区，整合资源，改善环境，剔除衰败，更新功能，挖掘提升老字号商业，进一步丰富商业业态，提升传统业态，创新传统品牌，塑造若干个特色鲜明、风格突出的商业街，促进传统商埠区的繁荣和复兴，打造体现悠久历史文化特色的现代化新商埠。

③四片——四个商业片区

- 英雄山商贸片区

该区域初步形成了以英雄山广场为中心，银座八一店、新世界商城、百旺商城、易初莲花、经十一路人防地下商城、中华美食城、山东富客斯购物中心、山东大厦、舜耕会展中心、舜耕山庄、齐鲁宾馆等大型商贸设施为支点的区域商业中心。借助旅游路和伟东、党家新区建设改造，重点抓好经十一路美食街东扩、海鲜大市场提升改造、鲁能广场整体运营、经十一路人防商城扩建、马鞍山路到英雄山路地下商业街建设五大工程，打造特色鲜明的现代休闲观光商贸区。

- 北部商品市场商贸片区

位于经一路（延长线）以北，北外环以南的区域。该区域铁路沿线、小清河沿线已形成钢材、汽车、建材、机电、家居、装饰、服装、茶叶、农副产品等生产、生活资料批发市场群和盖家沟物流园区、泉胜物流等多处现代流通基地。规划依托交通优势，改造提升传统批发市场，实现片区内各类批发市场群的合理布局和资源整合，进一步扩大市场规模、增强辐射功能，提高管理水平，构建城区北部大市场、大商贸、大流通的商品市场商贸片区。

- 奥体燕山现代商业片区

位于二环东路以东、大辛河以西、龙洞附近，按照城区东部大发展的总体思路，以举办第十一届全运会为契机，规划在这一地区将建设奥体中心、政务中心和金融商务区，需相应配置大型现代化商业设施，形成充分体现现代化大都市风貌的现代商业片区。商业网点建设应坚持高起点规划，高标准建设，高层次引进，大手笔运作的

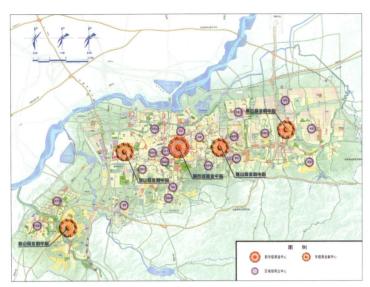

图 8-8　中心城区商业中心规划图

图 8-9　中心城区商业网点布局结构

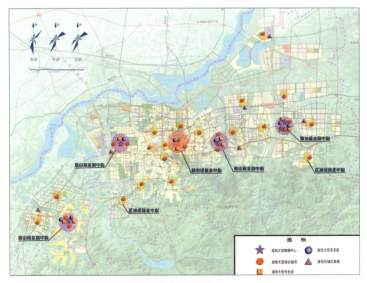

图 8-10　中心城区大型零售网点布局导引

原则，积极引进国内外知名企业、知名品牌，努力打造与东部新区政治、经济、文化、体育中心地位相适应的现代商业片区，成为济南新的形象亮点。

- 崮山大学园文化休闲商业片区

位于西部城区的崮山片区，规划结合高校科技园的建设，突出灵岩寺、五峰山、莲台山等名胜古迹的文化内涵，建设为高等教育、高科技产业、生活居住和旅游休闲配套服务的现代化商业新区，形成集购物、餐饮、文化、娱乐、旅游于一体的文化休闲商业片区。

④四心——四个市级商业副中心

根据城市总体规划确定的"一城两区"城市总体布局和功能分区，顺应城市未来东西两翼扩展的带状发展格局，围绕都市级商业中心，分别在主城商圈的东部燕山新区和西部腊山新区、新城商圈的东部城区和西部城区的核心区规划设置4处市级商业副中心，承担城市的部分商贸职能，以有效地疏解老城，形成城市新区较强的吸引力和服务功能，促进新区的形成和发展，为新区居民提供高档次服务，凸显现代化城市新区的崭新风貌。

（4）商业中心规划

根据前述城市商业网点规划布局的总体框架，城市商业中心规划形成1个都市级商业中心，4个市级商业副中心，20个区域级商业中心和100个左右社区级商业中心的四级结构体系（图8-8—图8-10）。

8.6.2　教育科研设施布局规划

济南是山东省的省会城市，有驻济普通高校28所，由于近几年国家采取有力措施，大力发展普通高等教育，普通高等教育招生数和在校生数逐年增加。存在的主要问题有：①市中心区的主要位置，用地紧张，难以扩大规模；②随着高校的迅速发展，学校规模不断扩大，我市各院校均感到用地不足，发展受到影响和制约；③大专院校的教学环境质量较差；④城市中小学布局结构不合理，教育总量不足，学校规模较小；⑤科技成果转化速度与效益不高。济南市的科技成果转化速度与效益较低，与企业资金实力不足、中介缺位、信息闭塞、技术财产权不明晰、家族企业排外、民营企业信誉不佳等因素有关。

遵循科技与市场经济发展的客观规律，加强和完善政府的宏观调控与引导，突出科技的先导与支撑作用，充分调动科技人员创新创业的积极性，加强技术创新，加速科技成果产业化，建设科技强市，为顺利实现经济转型和步入知识经济时代夯实基础。

(1) 规划目标

①普通高等教育规模

结合城市化水平和高等教育入学率等方法预测，到2020年济南市普通高校在校生规模最高可能达到69.3万人，最低为56.1万人。规划2020年济南市普通高校在校生规模确定为60万人。

②科技发展目标

建立有效的科技政策法律制度、实施与监督机制，将济南市科学技术发展事业全面纳入法制轨道；建立较为完善的区域创新系统，既能与国家创新系统紧密结合，又具有地方特色，各创新主体相互配合与协调使创新资源得到优化配置，不仅能够为济南市区域经济和社会可持续发展提供有力的支撑，而且能够在辐射山东半岛乃至周边省市区域创新系统建设中发挥作用，成为国内人才、技术、投融资、物流中转等方面的国际化、专业化、企业化服务中心和集散地，区域竞争能力进入国家先进城市行列，R&D经费占GDP的比重达到5%以上。

③中小学规划建设标准

规划在分析研究的基础上，参考其他省市的建设标准，确定普通小学每个学生用地14—17m^2，九年一贯制小学每个学生用地15—17m^2，初中每个学生用地15—18m^2，普通高中每个学生用地18—21m^2，寄宿高中每个学生用地32—35m^2。

(2) 教育科研设施规划

①普通高等教育和科研

结合城市总体规划确定的用地布局，在旧城片区完善文东教育科研中心功能，整合现有高等教育、成人教育、职业教育等教育资源，以研究生、科研、成人教育、职业教育为主调整现状旧城区教育用地职能，建设文东教育科研中心区，安排大学生7万人左右。在西部崮山片区建设以高等教育为主的教育科研中心区，安排大学生22万人左右；同时建设二环南路和彩石等高等教育集中区，安排大学生31万人左右，实现高等教育设施的合理布局；结合高等教育设施的布局，完善文东科研中心功能，整合旧城片区科研资源；在长清崮山片区建设以高等教育为主的教育科研中心区。结合高新技术开发区、济南经济技术开发区、孙村工业区等安排为产业发展和配套的科研用地。规划科研教育用地达到30.9km^2。

②基础教育

以规划的居住社区为基础进行中小学规划布局。小学要尽可能设置在居住组团及小区较中心的位置，中学应设置在靠近城市主干道的生活区。城市中心区重在保证义务教育阶段初中小学生就近入学。结合旧城改造，扩大旧城区中小学用地，新拓展区的中小学建设需与住宅的开发使用同步进行。

旧城区针对学校分布密集，但每处学校用地规模较小，与国家标准差距较大的问题，根据城市居住用地的规划分布，采用多种方法对中小学用地调整、整合，增加用地规模，提高教育设施水平；新区调整现状村庄学校，按照中小学的配套建设标准，根据城市居住用地的规划分布，合理确定中小学位置；村镇中小学布局中将镇驻地作为教育设施集中的基地，根据镇驻地居住用地的规划分布，合理确定中小学位置；根据村庄整合的要求，对小学进行合理布点（图8-11）。

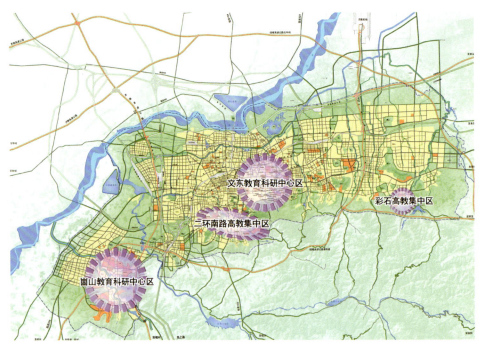

图 8-11　中心城教育科研设施规划布局

8.6.3　文化娱乐设施布局规划

(1) 现状基本情况

济南市大型公共文化娱乐设施门类较为齐全，特别是近年来建设了山东省图书馆新馆、舜耕会展中心、山东省会展中心等大型设施，使济南市的设施类型和建设标准取得了明显的提高。这些文化设施对丰富和活跃省城人民群众的文化生活，加强精神文明建设，促进经济发展和社会进步都起到了积极作用。

济南市到 2004 年已建成各类大型公共文化娱乐设施 36 处，总占地面积 55.3hm^2，人均文化设施用地不足 0.2m^2。其中：省级设施 18 个，总用地面积 32.07hm^2；市级设施 15 个，总用地面积 17.88hm^2；区级设施 13 个，总用地面积 5.53hm^2（表 8-3）。

济南市各类文化娱乐设施指标统计表（2004） 表8-3

	序号	单位名称	地址	占地面积（hm^2）	建筑面积（m^2）
省属设施	1	省博物馆	经十一路 14 号	3.33	23000
	2	山东省会展中心	高新区中心	9.7	350000
	3	省图书馆	二环东路 2912 号	4.3	53000
	4	山东省图书馆大明湖分馆	大明湖南门	0.9	10433
	5	省艺术馆	民生大街 28 号	0.59	5536
	6	省美术馆	青年东路	1.9	7200
	7	省科技馆	泉城广场东侧	0.84	21000
	8	省古化石展览馆	青年东路	1.2	
	9	省妇女儿童活动中心	经十一路 74-1 号	0.6	9500
	10	省青少年活动中心	经十一路 45 号	0.3	10800

续表

序号		单位名称	地址	占地面积（hm²）	建筑面积（m²）
省属设施	11	省老干部活动中心	体育中心南侧	2.2	3000
	12	渤海娱乐城	顺河街	2.6	3000
	13	山东剧院	文化西路117号	1.03	6035
	14	历山剧院	历山路112号	1.33	4400
	15	鲁艺剧院	历山路38号	0.06	1970
	16	齐鲁剧院	经四路385号	0.04	470
	17	百花剧院	解放路25号	0.45	2200
	18	铁路文化宫	经一纬四路	0.7	8640
市属设施	19	市博物馆	经十一路30号	0.87	5800
	20	市图书馆	经三路150号	0.25	8900
	21	舜耕国际会展中心	舜耕路舜耕山庄	3.3	41000
	22	市艺术馆	经二纬四路100号	0.04	1600
	23	市妇女儿童活动中心	经十一路38号	3.33	11000
	24	市青少年宫	少年宫路5号	2.2	6300
	25	市第二工人文化宫	济洛路	6.5	2000
	26	大观电影院	大观园商场29号	0.14	3608.96
	27	中国电影院	济南市经四路1号	0.1	942.4
	28	明星电影院	经六纬十二路291号	0.31	3038.76
	29	光明电影院	天成路5号	0.29	2665.04
	30	胜利电影院	经二纬一路新市场1号	0.06	1260
	31	和平影剧院	经二路567号	0.23	2537.13
	32	北洋大戏院	经二纬三路通惠街1号	0.16	3660.45
	33	天庆剧场	经二纬一路新市场22号	0.1	646
区级设施	34	历下区图书馆	黑虎泉西路	0.08	300
	35	历下区文化馆	黑虎泉西路	0.30	2000
	36	市中区图书馆	经六路	0.02	140
	37	市中区文化馆	经六路	0.05	1500
	38	槐荫区图书馆	经三路	借房，无馆舍	
	39	槐荫区文化馆	经十西路	无馆舍	
	40	天桥区图书馆	堤口路	0.03	300
	41	天桥区文化馆	堤口路	0.30	1000
	42	历城区图书馆	工业北路	0.41	1658
	43	历城区文化馆	闵子骞路	0.07	1100
	44	历城区博物馆	仲宫镇	0.15	2100
	45	长清区图书馆	长清大道	0.20	1000
	46	长清区文化馆	长清大道	0.20	2000
	47	长清区博物馆	长清大道	0.20	3600

资料来源：济南市文化局2004年提供

(2) 存在的问题

济南市文化基础设施虽然形成了一定规模,但是与国内先进城市相比,与不断提高的群众精神文化需求相比,济南市公共文化娱乐设施的建设还处在较低的水平,在资金投入、设施数量、面积指标、人均指标、建设水平等方面与发达国家的配置标准有较大的差距,与国内先进城市也有一定差距。主要表现在:①文化娱乐设施建设资金投入不足,发展不快,不能满足人们文化生活的需要;②文化基础设施陈旧,数量少,规模档次低;③文化设施建设缺乏整体规划,分级配套不够完善。

济南市的公共文化娱乐设施缺乏宏观的整体规划,致使文化设施建设长期缺项或出现局部空白,布局结构不合理。现有文化设施分布大多数集中在历下区和市中区,占设施用地面积的75%,而槐荫区、天桥区、历城区和长清区以及周边地区设施相对比较缺乏,仅占设施用地面积的25%(表8-4),特别是省、市级的大型设施更为缺乏,呈现由内向外逐渐降低的趋势。要达到满足居民文化活动需求,还有相当差距。

各区文化娱乐设施基本情况统计表 表8-4

行政区	用地面积 (hm²)		
	面积 (hm²)	比重 (%)	人均 (m²/人)
历下区	28.04	53.3	0.50
市中区	11.69	22.2	0.35
天桥区	8.69	16.5	0.15
槐荫区	0.56	1.1	0.02
历城区	3.03	5.8	0.07
长清区	0.6	1.1	0.02

资料来源:济南市文化局2004年提供

(3) 发展目标与原则

发展目标:构建传统文化和现代先进文化相得益彰、文化设施齐全、文化产业发达、文化氛围浓厚、文化品位高尚、文化特色鲜明的省会城市。促进公益性文化事业繁荣兴旺,推动经营性文化产业蓬勃发展,全面提高全社会的文化生活质量,充分发挥文化对社会经济发展的支撑和推动作用,满足人民日益增长的精神文化需求。

基本原则:坚持社会经济统筹发展原则、适当集中与分散布点相结合原则、体现特色与打造精品相结合原则、社会效益与经济效益相结合原则以及政府主导与市场运作相结合原则。

(4) 文化特色分区

结合济南市"四轴六分区"的城市风貌总体格局和"一城两区"的空间布局特点,配合行政、商业、金融、教育等设施的布局,提出了以东西城市时代发展轴和南北泉城特色风貌轴为核心,辐射全市,构筑四个各具特色的文化发展区的总体布局构想。

燕山文化发展区:指二环东路以东、大辛河以西围合范围。在大辛河自然景观和新区现代城市景观相互融合的燕山新区,重点建设现代化大型文化娱乐设施,塑造展现现代化省会形象的文化发展区。

泉城广场文化发展区:指以泉城广场为核心,涵盖古城区、商埠区以及千佛山地区。以南北风貌主轴为核心,串联四大泉群和大明湖等重要自然、历史要素,体现济南传统历史文化内涵,形成的文化发展区。

腊山文化发展区:指二环西路以西、京福高速公路两侧地区。在腊山河自然景观和新区现代城市景观相互融合的腊山新区,以建设市级文化设施和文化产业为主的文化发展区。

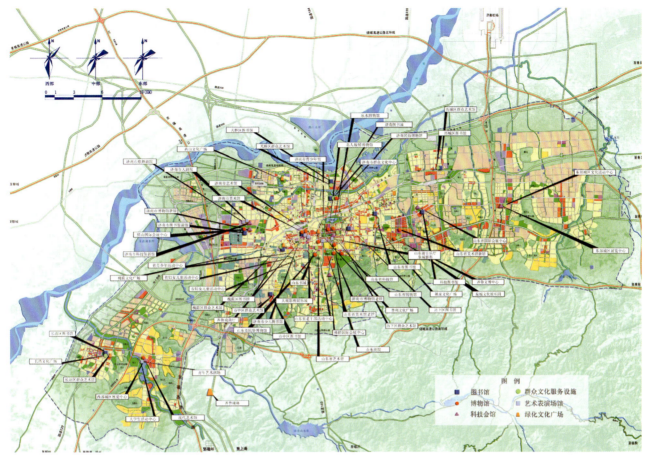

图 8-12 中心城文化设施规划图

崮山文化发展区：位于崮山片区，长清大学科技园内，结合大学园区特色，以建设为大学生服务的市级文化设施和文化产业为主的文化发展区。

(5) 设施规模与等级体系

《济南市大型城市公共设施配置的规划研究》确定：文化娱乐设施总用地为 5km²。研究的重点是图书展览用地 (C34)、影剧院用地 (C35) 和游乐用地 (C36)，约占 45%，总用地为 2.25km²。其中图书展览用地占 62%、总用地为 1.40km²，影剧院用地占 18%、总用地为 0.40km² 和游乐用地占 20%、总用地为 0.45km²。按照省市互动、统筹规划、优化资源、协调发展，构筑与人民群众精神文化需求和市场经济体制相适应的文化服务体系的原则，分为省市级设施、区级设施和社区级设施三级体系进行布局（图 8-12）。

①省市级设施

结合城市发展与布局特征，使省级文化娱乐设施和市级文化娱乐设施相对集中，主要布置在四个各具特色的文化发展区内，具有辐射全市甚至区域范围的影响力，形成四个省市级文化娱乐设施中心。

②区级设施

济南市现有市中区、历下区、天桥区、槐荫区、历城区、长清区六个行政区，各区应达到"两馆一园"的文化娱乐设施配建标准，即一座区级图书馆、一座区级群众文化艺术馆、一个区级特色文化主题公园。

各区级文化中心设施配置参照"全国文明城市评估标准"和"上海社区建设指标体系"的建设标准，根据济南市各市辖区人口和地域面积，建议各市辖区文化中心设施建设适当集中，其中图书馆藏书量达到 60 万册，建筑面积不小于6000m², 用地面积在1—1.2hm²; 群众艺术馆建筑面积不小于6000m², 用地面积在1—1.2hm²; 主题文化公园建设结合现状和规划的广场、公园。

各区级文化娱乐设施的建设应充分考虑结合现状设施，布局应结合现状设施布局，适当集中设置，并考虑位于服务半径较为合理的区域。

③社区级设施

实施"十五分钟社区文化圈"，让市区任何一户居民从家中出发，行走15min，就可以到达其中一个文化娱乐点。每个街道（社区、居委会）按每万人具有室内综合性多功能文化活动场所不少于500m²配置。新建居民小区按规定配套建设文化设施。根据济南市城市总体规划对2020年城市规模的预测，城市人口将达到430万人，需要21.5万m²街道室内综合性多功能文化活动场所。

8.6.4 体育运动设施布局规划

承办第十一届全国运动会的历史机遇，为济南加快体育运动设施建设提供了难得的发展机遇。济南市以此为契机，着力加快各级各类体育设施规划建设，构建全民健身服务体系。

（1）现状概况及存在问题

2004年，济南市共有各类体育场地2287个。其中，工矿系统169个，学校系统1676个，农业系统195个，其他系统144个，省级体育系统55个，市级体育系统48个。存在的主要问题是：

①人均公共体育用地不足

大型体育设施总量不足，与省会城市的功能定位和地位不符，公共体育设施明显欠缺，数量众多的高校内场馆成为市区内大型体育设施的核心组成部分，由于在开放的时间、程度以及分布上的局限性，不能完全取代公益性设施。2005年，中心城现状体育用地60.5hm²，按照现状人口290万计算，人均公共体育设施用地约0.21m²，低于城乡建设部、国家体委发布的《城市公共体育运动设施用地定额指标暂行规定》(1986)体计基字559号中人均0.32—0.48m²的标准。

②体育设施等级质量较低

大型体育场馆设施等级不高，不能满足省会城市承担大型体育赛事的需要，设施质量状况欠佳，多数场馆面临经营不善、设施陈旧老化的问题，在一定程度上制约了体育活动的开展与普及。

③体育设施门类组成单一

大型体育设施现有综合体育馆、举重馆、射击馆、武术馆、体操馆、田径场、网球场、篮球场、排球场等门类，但综合体育馆和游泳馆占绝大多数，专业性的场馆在数量上明显不足，在门类上也不够丰富、全面。

④体育设施布局不均衡

从各行政区体育设施分布的具体情况看，市中区和历下区现有省体育中心和多处大中专院校，体育设施分布相对集中，而槐荫区、天桥区、长清区体育设施明显不足。

（2）体育事业发展目标

济南市体育事业发展的总目标是：以举办第十一届全运会为契机，以建设高水平的小康社会的体育事业为标准，创建区域性体育中心城市。其标志是：群众体育形成体育组织健全、体育活动普及、体育设施完备的新格局；竞技体育确立与区域性体育中心城市相适应的处于全国前列的发展地位；体育产业初步成为省会经济中活跃的发展因素；体育设施完备，体育服务体系健全，初步形成与省会经济相适应，与城市建设相配套，与省会社会发展相融合的国际化、社会化、现代化的体育事业。

①构建全民健身服务体系

中心城体育人口达到60%，100%的社区居委会建立国民体质测试站。实施全民健身设施配建计划，每2500个市民拥有一处全民健身设施。

②完善建设各类公共体育设施

逐步增加公共体育场馆数量，在设施规模、等级组合、门类构成上不断完善，满足市民体育活动的需求，公共体育设施用地达到人均 0.6—0.8m²。建设具有国内先进水平的济南奥体中心，达到全运会和国际单项比赛的设施标准。

(3) 体育设施规划

①省市级体育设施

山东省体育中心：省体育中心为市内现状设施条件、环境状况最好的大型体育设施，用地规模 22hm²，具备承担一定大型体育比赛的能力，现状体育场和体育馆主要以设施完善为主。

济南奥体中心：在龙洞地区规划建设奥体中心，作为第十一届全运会的主会场，形成集体育竞赛、运动科研、大众健身、休闲娱乐、体育博览于一体的大型综合性体育公园，用地规模 80hm²，以主体育场、体育馆、游泳馆和网球中心等设施为主体，还包括体育训练基地、休闲娱乐公园、新闻中心、运动员村等配套设施。

竞技体育训练中心：在凤凰山西侧规划建设竞技体育训练中心，结合山东体育运动学院新校区，配套建设各类竞技体育训练设施，使之成为具有国内一流水平的体育训练、教育、科研、医疗一体化的竞技体育基地。

②区级公共体育设施

区级体育中心的设施内容一般包括：体育场 1—2 处、观众席位为 1.5 万—2 万座，体育馆 2 个、观众席位 0.2 万—0.4 万座，游泳跳水馆 1 个，网球馆 1 个，体育广场 1 处。

长清区公共体育设施布局：将文昌片区现状体育场和体育馆进行扩建。在灵岩路以东、6 号路以南新建区级体育中心，用地规模 15hm²，主要设施包括体育馆、游泳馆、网球馆和体育广场。

市中区公共体育设施布局：在充分利用省体育中心的基础上，规划在九曲片区北部入口处，新建区级体育中心，用地规模 20hm²，主要包括体育场、体育馆、网球馆和体育广场。

历下区公共体育设施布局：在合理利用区内高校体育设施和皇亭体育馆的基础上。规划结合山东体育学院的搬迁形成区级体育中心，将学校内现有体育场和游泳馆转换为公益性设施，并新建网球馆和体育广场，用地规模 15hm²。

槐荫区公共体育设施布局：在对现状槐荫区体育场进行改造的基础上，规划在腊山片区新建区级体育中心，规划选址位于现状张庄机场用地上，用地规模 30hm²，主要包括体育场、体育馆、游泳馆、网球馆及其他专项场馆，并建设健身体育广场。

天桥区公共体育设施布局：天桥区的现状体育设施匮乏，规划在北湖地区内新建区级体育中心，规划选址位于小清河以北，用地规模 15hm²，主要包括体育场、体育馆、游泳馆、网球馆和体育广场。

历城区公共体育设施布局：在合理利用区内高校和厂矿体育设施的基础上，规划在唐冶片区新建区级体育中心，用地规模 20hm²，主要包括体育场、体育馆、游泳馆、网球馆和体育广场。

此外，为使中心城公共体育设施均衡布局，规划主城区外围 7 个相对独立的片区规划预留部分公共体育用地，主要包括彩石片区、孙村片区、郭店片区、党家片区、物流园区及经济开发区科教园区和产业园区。

③社区级体育设施

发展全民健身运动，完善社区级公共体育设施。结合中心城居住社区中心进行社区级体育设施布局，居住区体育场地与居住区主体工程同时规划、同步建设、同期交付使用，对已建成的居住社区，应结合全民健身设施，因地制宜地开拓体育活动场地，落实其用地功能，保证不被改作他用。

④学校体育设施

新建各级各类学校必须按照办学标准规划体育教学用地，对现有学校未达到办学标准的，要制定调整计划，逐步改扩建体育场地。应坚持将有条件的各级各类体育设施向社会开放，实现体育设施资源的社会共享（图 8-13）。

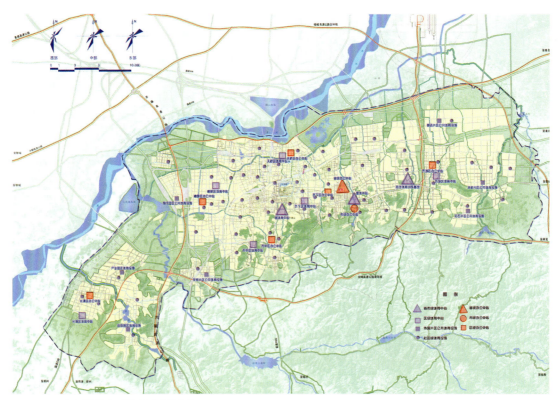

图 8-13 中心城体育设施分布规划图

8.7 康居工程规划

8.7.1 棚户区改造

棚户区改造工作是济南市全面落实科学发展观、加快构建社会主义和谐社会和关注民生、改善民生的重要举措，对于提升城市功能、改善居住环境、建设宜居城市具有重要作用。

目前济南市二环路以内集中连片的棚户区有 38 片，房屋总建筑面积 196 万 m^2，居民 3 万余户、约 10 万人。这些棚户区大都建设年代久远，低洼易涝，排水不畅，潮湿阴暗，安全隐患大，基础设施和生活服务设施不配套，有的几代人挤在一起，居住难、入厕难、出行难、取暖难，方方面面的问题都很突出。特别是棚户区居民很多是特困户、低保户、下岗职工，收入低，生活困难，依靠自身力量根本解决不了改善住房问题。随着城市的建设发展，棚户区居民改善居住条件的愿望非常迫切，加快棚户区改造迫在眉睫、刻不容缓。

2007 年 4 月 30 日，济南市棚户区改造动员大会召开，棚户区改造工作正式启动。市委、市政府明确提出，力争用三年时间，基本完成老城区棚户区改造。这一重大决策，得到全市各界的高度认同，特别是老城区、棚户区广大群众反响强烈。通过改造，实现棚户区居民居住水平和生活质量的较大提高，周边地区人居环境和生态质量明显改善，市政基础设施和文化教育体育等公益性设施逐步改善，城市综合服务功能显著增强，从而实现宜居城市和美丽泉城的建设目标。

（1）济南市棚户区改造进展情况

按照济南市委、市政府确定的"力争三年基本完成棚户区改造工作"的部署要求，济南市规划局立足改善民生，坚持把做好棚改规划工作作为当前及今后一个时期的重点任务来抓，全面部署，精心组织，强力推进，充分发挥规划先导作用，保障棚户区改造工作顺利实施。

为确保棚户区改造规划策划工作有序推进，市规划局坚持"政府主导、市场运作、政策扶持、阳光操作"的方针，按照"统筹规划、捆绑策划、先急后缓、压茬推进"的原则，结合旧城改造规划，确定先期对旧城区内成片的38个主要棚户片区及周边零星棚改地块进行改造，改造片区面积约3330亩，拆迁建筑面积196万m^2。对确定规划条件的片区，按照"符合城市规划、符合法律法规、符合规范标准，尽量提高土地利用率"的"三符合一提高"原则，最大限度提高容积率，提高土地利用效率，降低改造成本，增强棚户区开发改造的可行性和可实施性。采用市场化运作模式，对开发条件较好的区片，通过市场融资进行土地整理熟化，安置房建设享受政府规定的优惠政策，经营性土地采取限定条件"招拍挂"出让。对市场化运作有困难的片区，由政府指定土地熟化人整理熟化土地，实行净地出让。对土地附加值低、基本不具备市场运作条件的片区，由市政府统一调控，采取项目搭配等方法推进改造。改造范围内实现的政府土地纯收益，作为专项资金，封闭运作、调剂使用，统筹用于棚户区改造和相关基础设施建设。

截至2007年底，济南市规划局已提前全部完成了棚户区改造规划策划任务。共完成38个片区的规划研究，为31个片区出具了规划条件，为7个片区确定了策划要求。

（2）棚户区改造典型案例

①发祥巷片区棚户区改造项目

发祥巷片区位于槐荫区纬六路东侧、经二路北侧，项目建设用地约5.7hm^2，现状建筑面积约6.45万m^2，其中住宅建筑面积约4.41万m^2，拆迁户数1180户，3500人。

该项目分为南北两个地块，沿经二路的居住用地面积约4.86hm^2，规划安排3栋多层住宅楼和6栋高层住宅楼以及一所幼儿园，规划地上总建筑面积约16.2万m^2；沿经一路的公建用地面积约0.84hm^2，规划安排高层商务酒店，规划地上总建筑面积约3.4万m^2。

该项目规划致力于探索棚户区改造新思路，充分利用自然地形和周边环境，构建功能多样、环境舒适、配套齐全的现代化社区的同时，注重与商埠区特色风格相协调，力求带动传统商埠区重现活力。

主要指标为：总用地面积约7.28hm^2，可规划建设用地面积约5.7hm^2。居住地块：总用地面积约6.00hm^2，项目规划建设用地面积约4.86hm^2，地上容积率不大于3.33，地下容积率不大于1.2，建筑密度不大于30.3%，配建一处4班幼托等设施。沿经二路建筑按公建立面设计，在形式与色彩上体现商埠区风格特色。须在原位置东侧提供不小于0.05hm^2的用地对宏济堂西院现状建筑进行迁建，迁建建筑后退经二路道路红线8m，保留宏济堂原有建筑特色。公建地块：总用地面积约1.28hm^2，项目规划建设用地面积约0.84hm^2（以实测为准），用地性质为公建，地上容积率不大于4.0，地下容积率不大于1.2，建筑密度不大于35%，绿地率不小于25%（图8-14）。

图8-14 发祥巷片区棚改方案规划图

②聚贤街片区棚户区改造项目

聚贤街片区位于市中区，改造范围东至顺河街，西至聚贤街，南至聚贤街，北至北坦南街，占地面积约4hm²，现状建筑面积约1.7万m²，其中住宅建筑面积约1.68万m²，拆迁户数约530户，1200人。该片区位于大明湖周边建筑高度控制范围内，建筑控高为40m。

经深入分析研究，确定该项目策划方案须符合以下策划要求：

- 用地性质为居住。
- 规划策划范围东至顺河西街，南至聚贤街，西至聚贤街，北至济南市盐业公司。总用地面积为6.68hm²，其中城市道路用地面积约为1.29hm²，项目规划建设用地面积约为5.39hm²（以实测为准）。
- 建筑密度多层不大于30%，小高层不大于25%，高层不大于20%，建筑高度不大于55m，停车率不小于50%，须按《城市居住区规划设计规范》要求结合周边地块配建居民日常生活所需的公共服务设施（其中须配建一所占地面积不少于2400m²的8班幼托）。
- 规划建筑后退顺河西街道路红线不小于15m，后退其他规划道路控制线距离须满足《济南市城市规划管理办法》中第四十七条的有关规定。
- 涉及文物、优秀建筑和传统民居须征求相关主管部门的意见，并在规划策划时合理考虑其保留、保护等问题。
- 方案策划须满足居住区设计规范、日照要求、建筑间距等相关规定、规范要求。住宅套型建筑面积控制须满足国家和省市有关规定要求。

该项目主要策划指标为：项目规划建设用地面积约为5.39hm²（以实测为准），用地性质为居住，地上容积率不大于2.55（核定容积率1.92，超出0.63），地下容积率不大于0.75，建筑密度不大于25%，绿地率不小于35%，建筑高度不高于55m，停车率不小于50%，规划建筑后退顺河西街道路红线不小于15m，须一并实施用地内规划公用道路，沿顺河街居住建筑按公建立面形式设计。

深化方案中项目外应按《济南市日照分析规划管理暂行规定》对现状周边建筑须满足日照要求，项目内住宅日照标准满足1h不足2h的须向业主明示。住宅建筑日照间距须符合有关规定要求，其中建筑高度24m以下的多、低层建筑与北侧住宅的日照间距不小于该建筑物相对高度的1.5倍。同时须按《城市居住区规划设计规范》要求配建居民日常生活所需的公共服务设施（其中须配建一处用地不小于2400m²的8班幼儿园）及中水等设施，并明确各类居住区配建项目及规模。住宅套型建筑面积控制须满足国家和省市有关规定要求。住宅建筑单体设计须符合住宅设计规范要求（图8-15）。

图8-15 聚贤街片区棚改方案规划图

③普利门片区棚改项目简介

普利门片区位于顺和高架路以东，共青团路以北，普利街以南，总用地约 6.35hm²，项目规划建设用地面积约 3.64hm²。片区内主要单位有济南市电信局、山东省盐务局等单位及棚户住宅用地和商业娱乐混合用地，拆迁户数约 1203 户。同时用地内包含了济南市市中区文化局公布的 9 处不可移动文物。

针对棚户区改造拆迁量大，经费高，实施难度大的问题，考虑现状基本情况及实施的可能，在保留济南市电信局重要设施建筑外，拟在共青团路与顺和高架路交叉口处布置一栋主体为 36 层的高层建筑，用地东侧布置一处公共绿地，结合地下人防工程合理利用地下空间。

该片区分为两个地块，其中地块一为济南市电信局地块，项目规划建设用地面积约 0.61hm²，用地性质为公建。地上容积率不大于 2.3，地下容积率不大于 0.5，建筑密度不大于 30%。地块二规划建设用地面积约 3.03hm²，用地性质为公建、公共绿地，地上容积率不大于 3.3，建筑密度不大于 20%，沿普利街与共青团路交叉口设置用地不小于 1.5hm² 的绿化广场。此外，对于用地内部文物的保护及利用须满足市中区文化局的保护意见；对于地下空间的开发利用须满足济南市名泉保护单位的要求，应充分考虑文物结合绿化广场设计，体现传统文化特色，延续历史文脉（图 8-16）。

图 8-16 普利门片区棚改方案规划图

8.7.2 经济适用房项目

经济适用住房是指政府提供优惠政策，限定建设标准、供应对象和销售价格，向低收入家庭供应的具有保障性质的政策性商品住房。经济性和适用性是它的两大特点。而经济适用住房的存在是为了解决低收入家庭的住房困难问题，所以政府给予了一定的优惠政策，以"保本微利"为原则，实行的是"政府指导价"，其开发成本和利润较低。

为解决好城市低收入家庭的住房问题，济南市规划局在深入开展棚户区改造规划策划的同时，还积极配合有关部门积极开展了经济适用房的选址和规划策划。目前济南市有6个经济适用住房项目正在建设，分别是世纪中华城、济发·经典小区、雅居花苑、龙泉居住区、文庄项目和泺口项目。

世纪中华城位于腊山陆军学院东邻，规划面积42万m^2，一期工程7万m^2已全部完成，共有600余套住房，户型设计以中小型为主，建筑面积有50—80m^2不等，并建有地下室和阁楼；济发·经典小区位于槐荫区大金庄村，距经十路300m左右，该项目占地232.05亩，已开工建设20.62万m^2，共计34个楼座，约计1860套住房，结构形式为砖混6层，预计2008年全部建成；雅居花苑和龙泉居住区位于长清区，已开工16万m^2；文庄项目位于市中区文庄村，占地300亩，建设25万m^2；泺口项目共有三个小区，位于天桥区泺口附近，共计19万m^2，已基本建成，将转化为经济适用住房和廉租住房。

经济适用房的建设，解决了济南市（中）低收入家庭的住房问题，促进了社会的和谐稳定；优化了房地产市场供应结构，平抑了商品房价格不合理上涨；改善了城市环境，带动了城郊结合部的发展。

第 9 章　制度创新

——城市规划管理体系的完善与创新

9.1 制度建设与管理方式的改变

9.1.1 城市管治

在英语中,"管治"(Governance)已经在几个世纪的时间里被习惯性地用来指一定范围内权威的行使。它已经被认为是对一个宽广范围内的组织和行为的有效管理,这个范围从合作管治直到其他更深的层次。

尽管"管治"这个概念应用于许多不包含常规政治体系的情形中,但它仍然暗示了这是一种政治过程,即:当计划(包括规划)的执行过程中许多不同利益发生冲突时,通过协调达到一致并取得各方的认可。"管治"这一词汇的广泛应用是近 10 年的事。尤其是国际金融机构在 20 世纪 80 年代始终关注于发展社会中的"管治"概念,并用大量的基金以支持这一概念的深入研究。概括起来,"管治"是一种综合的全社会过程,以"协调"为手段,不以"支配"、"控制"为目的,它涉及广泛的政府与非政府组织间的参与和协调。

有关城市管治的研究,尤其是有关大城市或大区域的城市政府的研究文献近年来已陆续发表,如巴罗的《大城市政府》(1991)、巴尼特的《破裂的大城市》(1993)、洛巴拉特的《大城市管治:美加大城市政府透视》(1993),冯·德·伯格的《管治的大城市》(1993)、萨皮的《世界城市政府:大城市的未来》(1995)等。人们一致认为,探讨这类变革中的城市经济、社会和政治问题,新城市地理学(New Urban Geography)能够发挥重要作用。目前,关于城市管治的研究热点主要集中于政府作用与管治、城市政府功能重组、新城市区、适应性城市政府的可选择模型、地方政府结构和功能评价指标体系、城市管治研究的异同点等几个方面。

就城市管治而言,它并不是一个新课题。毫无疑问,有关最适合和最可行的大城市区政府模型的研究由来已久(Jones, 1942; Sharpe, 1995; Barlow, 1996)。然而,刺激人们对当代大城市管治重新思考,则主要在于日益明显的经济全球化、急剧的市场竞争、高层次的移民运动和资本的极度快速流动。另外,也受到地方和区域范围的公共部门严厉的财政紧缩的影响,政府本身的作用出现了明显的变化,一个崭新的、更不平衡、空间差异明显的大城市形态已经展现在人们的面前(Bourne, 1999)。城市管治的本质在于用"机构学派"的理论建立地域空间管理的框架,提高政府的运行效益,从而有效发挥非政府组织参与城市管理的作用。

当前,中国正在进行由计划经济体制向市场经济体制转型,生产要素流动性逐步提高,农村人口大规模流向大城市,整个国家正进入城市化加速发展时期。在这个时期,制度环境和管理模式一直是影响我国城市化和城市发展的主要因素之一。就城市化而言,一方面,政府希望城市化为国民经济发展提供有力而长久的动力,从根本上解决城乡人口收入差距不断扩大这一突出问题;另一方面,政府也担心与城市化进程相伴随的城市失业和环境恶化等问题会影响社会稳定和发展的可持续性。重新构建一个合理、有效的城市管治系统,对保障我国生产要素市场的健康发展具有特别重要的意义。

通过城市管治研究，可以全面综合地改善制度环境和管理模式，尽快建立多元化管理模式，理顺各级政府之间以及政府、公司和个人之间的关系，确立相关的权利分配规则和行为规范，明确各级政府在城市管理中所应扮演的角色。

9.1.2 规划管理存在问题与解决途径

城市是人类社会现代文明的标志，是经济、政治、科技、文化、教育的中心，集中体现了国家的综合国力、政府管理能力和国际竞争力。联合国环境规划署指出：城市的成功就是国家的成功。21世纪世界发展的三大趋势之一就是城市化。目前我国正处在城市化快速发展时期，城市化进程的加速一方面促进了经济的高速发展，另一方面也使建设用地急剧扩张，产生了巨大的商业机会，给我国的城市规划管理提出了新的挑战和要求。城市化的过程是社会转型的过程，必然伴随着社会制度的变革和创新，城市规划管理机制作为城市规划管理制度的组成部分在快速城市化进程中的改革路径选择必然遵循制度变迁的相关规律，因而从制度变迁的角度对中国城市规划制度改革和机制创新进行探索非常有意义。

（1）制度变迁的相关理论

①制度变迁的概念

制度变迁是指制度的替代、转换和交易过程，实质是用一个效率更高的制度来替代一个效率较低的制度的过程。诺思认为制度变迁是一个制度不均衡时追求潜在获利机会的自发交替过程。林毅夫认为制度变迁是人们在制度不均衡时追求潜在获利机会的自我变迁（诱致性变迁）与国家在追求租金最大化和产出最大化目标下，通过政策法令实施强制性变迁的过程。

②制度变迁的内在机制

任何制度变迁都包括制度变迁的主体（组织、个人或国家）、制度变迁的源泉以及适应效率等诸多因素。其内在机制表现为：有效组织（如集团、企业、政府等）作为创新主体，是制度创新的关键；制度变迁来源于相对价格和偏好的变化；一种组织安排之所以得以创立而实施，是因为它能为组织提供适应效率；制度变迁具有路径依赖的特征。

③制度变迁的方式

制度变迁方式，是指制度创新主体为实现一定目标所采取的制度变迁的方式、速度、突破口、时间路径的综合。制度变迁方式的选择主要受制于一个社会的利益集团之间的权利结构和社会的偏好结构。从不同的角度看，制度变迁方式有不同的分类。根据制度变迁的主体划分为诱致性制度变迁和强制性制度变迁；根据制度变迁的速度分为渐进式的制度变迁和激进式的制度变迁；根据制度变迁的规模可分为整体制度变迁和局部制度变迁；根据制度变迁的层次可分为基础性制度安排和次级制度安排。

（2）制度变迁与中国规划管理机制改革

改革是中国城市规划管理机制改革的内在动因。新制度经济学认为制度变迁的原因来自三个方面：制度稳定性、环境的变动性与不确定性和人们对利益极大化的追求。中国的快速城市化进程就是中国城市规划制度变迁的过程。改革打破了原有计划经济的稳定性，解放和促进了生产力的发展，推动了城市化和现代化进程，使环境的变动性和不确定性增加，而新兴的市场经济又促进了人们对利益极大化的追求，因此，改革是中国城市规划制度变迁的内在动因，中国改革的路径选择决定了中国城市规划制度变迁的路径选择。在中国改革的路径选择上，以邓小平为代表的中国领导人采取的是渐进式改革路径，在改革的顺序上，先易后难，先试点后推广，先进行经济体制改革后进行政治体制改革，根据制度的需求和政策的安排积极稳妥，逐步推进。

而在实践中，作为政治体制改革和经济体制改革结合部的行政体制改革即政府改革的路径，又遵循诱致性制度变迁规律。作为制度变迁主体的政府根据适合于新规则的产生和运行条件，在预期利益的诱导下，实施自发达成内生于原有组织之中的新制度、新规则。这里把政府作为一种有利益追求的利益主体来看待，理论上，政府应以公共利益为追求目标，然而现实却不尽如此。因此，中国的城市规划制度改革路径必然是以渐进式为主，根据制度的需求和经济社会发展环境的变化灵活安排，稳步前进。

(3) 城市规划管理机制改革的内在机制

①有效组织是城市规划管理机制改革的关键

这里的有效组织指的是规划管理部门、开发商、建设单位、业主委员会等，也称各利益主体。之所以强调这些有效组织的作用，是因为：其一，在稀缺条件相竞争的环境下制度和组织的连续交互作用是制度变迁的关键点。例如，各规划设计单位在规划项目的争夺过程中的相互竞争迫使其不断地在发展技术和知识方面进行投资以求生存，这将渐进地改变其制度结构，同时规划部门也会制定相应的资质管理制度、招投标制度等，城市规划管理机制因此发生变化。其二，开发商和企业家的追求利益最大化行为活动决定了制度变迁的方向，城市规划管理机制改革的轨迹在某种程度上讲就是多个组织选择、竞争、合作的结果。其三，城市规划管理机制与各利益主体有着特殊的内在联系。如果说前者是城市规划游戏的"规则"，后者就是参与游戏的"角色"。

②相对价格和偏好的变化是城市规划制度改革的源泉

新制度经济学认为相对价格和偏好的变化是制度变迁的源泉，其原因在于相对价格的变化改变了人们之间的激励功能，而讨价还价能力的变化导致了重新缔约的能力。例如，在计划经济条件下，城市规划是国民计划的延伸和深化，城市建设按照指令性计划进行，企业没有自主权，也不具有讨价还价能力。而在市场经济下，资本的逐利性促使经济活动往优势区位集中，因此企业和城市政府的讨价还价能力也在增强，比较明显的例子就是招商引资，城市政府总是千方百计吸引世界大集团公司入驻，而大企业却要综合评价该城市的软硬条件而作出决策。这将促使城市政府进行城市规划、土地、税收、人才等方面的配套制度改革来吸引外资，发展城市经济，实现政府发展目标。此外，偏好的变化会引起行为模式的变化，理想、风尚、信念和意识形态等也是制度变迁的重要来源。

需要指出的是，相对价格和偏好的变化并不必然导致城市规划管理制度变迁，他们只是制度变迁的外部条件。相对价格和偏好的变化最主要的影响是改变了制度变迁的成本和预期收益。当相对价格和偏好的变化程度不足以改变现有的制度均衡时，制度变迁就不会发生。

③制度的改革取决于能否为各种有效组织提供适应效率

适应效率不同于配置效率，它涉及决定经济长期演变的途径，还涉及一个社会获得知识和学习的愿望，引致创新、分担风险、进行各种创造活动的愿望，以及解决社会长期问题的愿望。一种新的城市规划管理制度得以创立并实施，在于它能为各种社会组织、利益主体提供适应效率。主要表现在：一方面，这种制度允许组织进行分权决策，允许试验，鼓励发展和利用特殊知识，即有效的制度为组织提供一种创新的机制。另一方面，这种制度能够消除组织的错误，分担组织创新的风险，并能够保护产权。

④中国的城市规划制度具有强烈的"路径依赖"特征

路径依赖是指一个具有正反反馈机制的体系，一旦在外部性偶然事件的影响下被系统采纳，便会沿着一定的路径发展演进，而很难为其他潜在的甚至更优的体系取代。受长期以来计划经济思想的影响，人们对于市场经济的认识还不深入，计划经济的管理模式仍然存在，行政体制改革的进程缓慢，因此传统的城市规划管理模式在一定时段内还将长期存在。这种初始制度的惯性会强化现有制度的惯性，阻碍进一步的改革，在新旧体制转轨中需要不断解决"路径依赖"的问题。因此，中国的城市规划管理制度的改革必然是一个长期的过程。

(4) 中国城市规划管理制度改革的路径选择

作为行政管理体制组成部分的城市规划管理，由于其与经济发展、社会发展的密切关系，在伴随经济体制诱致性改革的过程中，城市规划管理改革过程呈现出明显的诱致性特征。这种特征一方面源于地方经济发展、城市化进程条件下现实需求而引起的，因而也存在着区域不平衡的特征；另一方面，在这种变迁过程中，政府作为变迁的主体，会根据自身利益取向进行制度变迁。

①自下而上的局部强制性制度变迁

中国改革开放政策不仅促进了市场经济的迅速发展，而且也对城市规划管理制度改革起到了推动作用，对城市规划管理的决策、执行、监督等环节都提出了迫切的改革要求，从而推动了制度变迁的发生。地方政府为了实现自身的发展目标，对城市规划非常重视，在规划的编制、决策、管理、执行、监督等层面进行了很多改革。这些改革表现为：一是探索城市规划编制体系问题。例如：深圳提出了市域总体规划、次区域规划、分区规划、法定图则和详细蓝图；广州提出了战略规划（总体规划）—片区发展规划—分区域（规划管理图则）—详细规划；南京提出了总体规划、控制性规划（整合分区规划和控制性详规）、修建性详细规划；济南提出了总体规划和专业规划—控制性详细规划—修建性详规和专项规划—重点片区和重点项目规划的编制体系。二是对规划的决策机制进行了研究。如建立城市规划委员会制度、引入城市管治理念、建立健全合议制与行政首长结合的决策机制、建立部门间协调联动制度等，大大促进了规划决策的科学性、民主性。三是加强对规划管理体制的研究。如深圳规划局实行市局、分局、国土所三级垂直管理体制；济南将由各区和市规划局双重管理的7个规划分局改为直属分局，又将直属分局改为5个派出规划管理处，设立村镇规划处，实现了城乡规划的集中统一管理。四是加强对规划执行机制的研究。如很多城市设立城市管理综合执法局，进行城市管理综合执法，济南市将批后管理交由派出规划管理处负责等。五是探索城市规划的监督机制。如很多城市设立了城市规划展览馆，倡导公众参与，济南建立了城市规划公示制度，通过公开，保障公平公正，维护群众的知情权、参与权、表达权和监督权。六是探索城市规划管理法制化、规范化的路径。如济南研究制定了城乡规划条例，出台了城市规划管理的规范化文件等。

②自上而下的诱致性制度变迁

为了实现城市和区域经济社会的协调可持续发展，与地方层面的自发改革同步，中央层面对区域（省级）及地方（市级）的城市规划管理机制进行了改革试点。比较有代表性的是《城乡规划法》的出台，建设部在贵州、四川进行的规划管理体制改革试点，建设部与广东省共同开展的珠三角区域协调规划工作等。

③自上而下的强制性制度变迁

自上而下的强制性制度变迁的主体是国家政府，由政府命令和法律引入来实现，具有激进的性质，制度一出台就一步到位。这方面的制度变迁非常少，如前段时间中央政府的"房产调控"政策就是这种类型的制度变迁，意在稳定房地产市场秩序，维护社会和谐。但由于路径依赖的影响，该政策的实际效果还有待观察。

从目前中国在城市规划管理制度领域进行的改革路径来看，在城市规划决策、编制、执行、管理、监督等层面的制度改革，大都具有诱致性制度变迁的特征。这是由中国改革的大格局决定的。由于中国城市规划制度的"路径依赖性"特征，决定了我国的城市规划管理制度的改革，经历一个长期的探索过程。我国的城市规划管理制度的改革只能采用渐进式的改革路径，先试点，后推广，走由诱致性变迁到强制性变迁、由渐进式到激进式、由局部试点到整体变革的道路。

9.1.3 济南市规划管理制度创新的举措及成效

我国城市化进程的快速推进，对城市规划和规划管理产生了极大的冲击。在政治、经济、社会领域的改革发展不断深化的背景下，作为政府的一项基本管理职能，城市规划管理进行相应的调整与改革已势在必行。与此同时，城市经济的快速发展，各地招商引资工作的深入开展，对规划行政效能提出了更高的要求。在这样的背景下，如何进行制度创新，提高行政效能，成为城市规划管理者面临的重大课题。近年来，济南市规划局积极探索城市规划管理的客观规律，在认真总结传统规划管理模式的基础上，对城市规划管理制度创新进行了诸多有益的尝试与探索，在实践中取得了较大的成功。

济南市规划局坚持以科学发展观统领济南规划工作，深入落实省、市党委政府的部署要求，紧紧围绕"维护省城稳定，发展省会经济，建设美丽泉城"的总体思路，从更新理念创新思路入手，深入研究探索新形势下城市规划工作的特点和规律，以"创新规划管理，服务发展大局"为宗旨，大力实施科学规划、民主规划、依法规划，采取了一系列改革创新举措，济南规划工作的理念思路和体制机制发生了深刻变革，城市规划的先导引领作用和服务保障职能显著增强，规划管理水平和行政效能稳步提高，规划服务水平和社会形象大为改观，为促进济南科学发展、和谐发展、率先发展做出了积极贡献。

（1）以更新理念和创新思路为先导，自觉服从服务发展大局

积极探索新时期城市发展规律和规划管理规律，努力提高对规划公共职能和政策属性的认识，树立全新的规划服务和管理理念，形成了一套符合济南实际和适应发展要求的工作思路。

①深刻认识城市规划的多种属性

从分析研究规划工作的特点和规律入手，深入探寻城市规划物质空间环境背后的政治社会经济成因，深刻认识城市规划是一项综合性、全局性、战略性很强的工作，涉及政治、经济、社会、历史、文化等诸多领域，具有多种本质属性。

政治属性。政治就是大局，发展就是需要，必须跳出就城市论城市，就规划论规划的传统模式，从政治和全局的高度统筹规划工作，强化大局意识和民本意识，解决好为谁规划，为谁服务的问题。广大人民群众的根本利益和城市发展的长远利益是规划工作的出发点和立足点。

经济属性。城市规划必须合理配置城市空间资源，涉及社会各方面的经济利益，矛盾复杂，利益直接。规划产生的效益是最大的效益，规划产生的失误是最大的失误。规划的调控引导和推动作用对经济发展影响较大，要切实解决好"效率"问题。

社会属性。城市规划是关于"人"的规划，涉及社会各界、各层面利益。城市规划是全社会的共同事业，规划工作者不仅要精通专业技术，还要扮演好社会沟通者的角色，赢得社会各界的理解、参与和支持。规划要关注民生，体现民意，重点解决好"公平"问题。

文化属性。不同文化背景产生的规划理念，对城市发展有不同的影响。每个城市都有各自的文化积淀，必须把发掘文化底蕴、体现城市特色与规划工作的有机结合，切实提高城市的文化品位。

历史属性。城市发展是一个历史演进的过程，规划工作必须尊重历史的延续性，传承历史文脉，注重保护与发扬各类历史资源，突出地域特色，保持规划蓝图和规划工作的连续性。

技术属性。城市规划作为引导和调控城市建设发展的技术手段，面临从单一规划向复合规划的转变，应从传统的物质空间规划转向对经济、社会、资源、环境的统筹协调，充分发挥城市规划调控经济发展，平衡各方利益的职能。

②始终坚持服从、服务发展大局

大局就是科学发展、和谐发展、率先发展的要求，就是人民群众的需要。注重强化政治意识、大局意识、全局观念，自觉在思想上行动上与省、市党委政府保持高度一致。自觉站在全市全局的高度谋规划促发展，把为谁规划和为谁服务作为一切工作的方向盘、指北针，把引领发展和改善民生作为一切工作的出发点、落脚点。全面落实省、市关于规划工作的决策部署，突出重点工程、国企改革、棚户区改造、历史遗留问题处理等全局性工作，全力以赴，强力推进，为济南经济社会发展提供了强力支撑。

③研究制定"一二三四五六"的工作思路

坚持以科学发展观统领省会城市规划工作一条主线，实施由规划管理者向规划服务者、由规划审批者向规划责任者两个转变，实现科学规划、民主规划、依法规划三个突破，狠抓作风效率、能力建设、制度建设、技术进步四个关键，正确把握个体与群体、局部与整体、当前与长远、刚性与弹性、政府与市场五个关系，着力建设规划编研、规划服务、规划法规、阳光规划、规划监管和目标责任六个体系。

④提出"符合规划的要快办,不违反规划的要办好,违反规划的坚决不能办"的工作原则

坚持以全面的、发展的、辩证的观点来审视和解决实际工作中的矛盾和问题,统筹兼顾,积极协调,主动服务,妥善处理局部利益与整体利益、个体利益与群体利益、近期利益与长远利益、发展需要与发展可能的关系,坚决做到服务大局不动摇,服务基层不动摇,服务群众不动摇。

⑤大力实施"六个一"工程

实施以"一张蓝图、一个流程、一套法规、一个制度、一套体系、一支队伍"为核心的"六个一"工程,构建能够服务全市发展,引导各项建设,便于统一管理的电子规划蓝图;精简高效的规划审批流程;覆盖规划管理各个层面的地方性法规;公开透明的阳光规划制度;集中统一、级配合理、责权明确的规划管理体系和思想作风硬、业务能力强、服务水平高的规划队伍,全面提高规划工作水平和综合服务能力。

⑥努力实现"三个提升"

坚持"创新规划管理,服务发展大局"的规划宗旨,秉承"公开、公正、严谨、高效"的服务理念,大力实施"六个一"工程,全面提升规划管理和规划服务效能,努力实现规划管理由粗放型向精细特色型、由速度型向质量速度型、由把关型向把关调控型的全面提升,力争用最短的时间,使济南市城市规划工作达到国内一流水平。

(2) 以完善城乡规划体系为主线,全面提升规划编制水平

按照"高起点规划,高标准建设,高效能管理"的要求,加快构建以总体规划和专业规划为指导,控制性详细规划为基础,修建性详规和专项规划为依据,重点片区和重点项目规划为保障的城乡规划体系,以科学规划引领城市健康发展,全面拉开以主城为主体,东部、西部新城为两翼的城市发展框架,为城市近期建设和长远发展提供了科学的规划蓝图。

①高起点完成城市总体规划修编

新一轮城市总体规划修编于2004年6月启动,严格执行八项修编程序,历经30多轮修改完善,完成了450多万字、100余张规划图纸的规划成果,于2006年7月上报国务院待批。总规修编落实科学发展观和"五个统筹"的要求,全面贯彻"东拓、西进、南控、北跨、中疏"的空间战略和"新区开发,老城提升,两翼展开,整体推进"的发展思路,更加注重以人为本、城乡一体、生态保护、规模适度、空间管制和资源节约。规划成果符合国家大政方针和宏观调控政策,符合省委省政府、市委市政府关于省城的发展定位,符合济南的实际情况和长远发展需要。

②全面完成控制性详细规划编制

2006年初,济南市确定了两年实现中心城控规全覆盖的目标。按照"统一组织领导"、"统一工作步骤"等"六统一"原则,借鉴国内外先进经验,大胆创新组织模式、技术思路、编制体系和规划成果,突出各区政府的责任主体地位,全面引入市场机制,广泛动员社会参与,打破了规划部门独家编规划的传统路子,具有编制规模大、参编单位多、市场开放程度高、设计单位水平高、编制周期短、组织工作严密等六个突出特点。2007年12月,在济南规划史上首次实现了中心城控制性详细规划全覆盖,规划范围1320平方公里,形成了2500张图纸、450万字的规划成果,标志着济南市科学民主依法规划进入了新的阶段。

③加快专业专项规划编制步伐

以保障城市体系安全运行和正常运转为目标,在编竣新一轮城市总体规划的基础上,先后组织完成了30余项专业专项规划编制。编竣了城市综合交通规划和"六线"规划成果,相继启动了公共交通、轨道交通、城市防洪、体育设施、文化设施、基础教育、公共卫生、生态水系等专项规划编制,进一步完善了城市功能,提高了城市的综合服务能力和承载力。

④重点区域和重大项目规划取得全面进展

集中力量抓好奥体文博片区、泉城特色标志区、腊山新客站片区"三大亮点"规划。按照率先形成规模气势的要求,完成了奥体中心、文博中心及相关体育场馆、运动员村、商务区、服务区的规划策划和编制;以"一城一湖一环"为核心,编竣了《泉城特色标志区规划》;围绕西客站场站区、核心区、拆迁安置区和道路、基础

设施建设，开展了大量规划工作。配合重点工程建设及环境综合整治，完成了经十路规划与城市设计，围绕胶济客运专线、小清河综合整治、腊山分洪工程、铁路沿线综合整治、河道综合治理、国家信息通信国际创新园以及北园大街、历山路等主次干道改扩建工程做好规划设计与服务。按照三年完成棚户区改造的目标要求，确定了"三符合一提高"的策划原则，提前完成了38个棚户区的改造规划策划任务。

⑤积极促进城乡统筹发展

落实"南控"、"北跨"战略，编制完成了《南部山区保护与发展规划》和《北跨及北部新城区发展战略研究》。全力推进县（市）总体规划修编，章丘市、济阳县总体规划已分别上报省政府、市政府待批，平阴县、商河县的总体规划成果也已通过市规委专家委员会审议。完成了19个试点镇的村庄布点规划和100个试点村的建设规划，为全面推进新农村建设规划积累了经验。

（3）以作风服务效率为突破，努力实现"两个转变"

把"作风、服务、效率"作为推动工作的切入点和突破口，倡导主动规划和主动服务，加快实现由规划管理者向规划服务者、由规划审批者向规划责任者的根本性转变。

①狠抓作风建设，树立良好形象

狠抓作风纪律，制定实施《工作人员十条禁令》等一系列内部管理规定，干部职工的精神面貌发生了明显转变；倡导坚持原则、深入扎实、严谨细致、热情服务的工作作风，努力做到对报建单位少说"不"字，多作解释、多想办法、多给出路，规划部门的社会形象有了较大转变。

②改善服务水平，解决历史问题

为推进国企改革改制工作顺利进行，提出了"尊重历史，承认现实，化解矛盾，规划未来"的指导原则，为上百家改制企业办理规划确认。依法从简从快解决"双清"和违法工程规划审查问题，及时处理越权审批、违法用地和违法旧村居改造项目。实现从"关门服务"到"开门服务"再到"上门服务"的三级跳跃，到各区和建设单位现场办公，妥善解决各类历史遗留问题，长期悬而未决的矛盾基本得到妥善解决。

③提高办事效率，加快项目落地

针对规划审批量大面广、情况复杂的实际情况，采取加班加点、简化程序、完善制度等措施，切实提高行政效率。自2005年以来，年均研究审查各类项目事项3000多件次，项目平均办理时限缩减到7个工作日，50%的项目在5个工作日内办结，按时办结率达到99%以上，远低于《行政许可法》规定的20个工作日，审批速度位居国内同行业榜首。

（4）以加快制度创新为重点，大力推进依法行政

以体制机制改革为重点，以制度创新为保障，不断理顺体制、创新机制、革新方式，逐步建立起全新的工作流程和服务模式，依法行政水平显著提高。

①健全制度体系，奠定依法行政基础

与《中华人民共和国城乡规划法》立法进程动态衔接，加快制定《济南市城乡规划条例》。经过近三年的酝酿，起草完成了《济南市城乡规划条例》草案，经济南市人大常委会审议通过，并获省人大常委会批准，将于2008年10月1日起正式施行。并同步开展了《城乡规划编制审批办法》、《城乡规划管理办法》等配套规章的起草工作。针对规划管理的热点、难点、焦点问题，先后制定了《城市建设用地容积率规划管理暂行规定》、《日照分析规划管理暂行规定》等70多项管理规定和规范性文件。各项工作基本纳入了法制化、制度化、规范化的轨道，为依法行政奠定了坚实基础。

②理顺管理体制，加强集中统一管理

2005年，将各区规划分局改为派出规划管理处，把规划区3000多平方公里纳入统一的规划管理，管理范围扩大了15倍。加强以规划放验线和竣工验收为主要内容的批后管理，加大规划执法和行业指导力度，全方位提升规划管理水平。调整内设处室职能，增设村镇规划处，加强城乡统筹规划管理。2004年12月，成立了济

市城乡规划编制研究中心，就关系城乡发展的重大问题和重点项目进行超前策划、系统研究。2007年12月，成立了济南市规划局高新技术开发区分局，为加强高新区规划管理，保证规划集中统一有序实施提供了有力保证。突出重大项目前期工作、用地规划、土地管理、违法建设项目和"双清"项目处理等重点，加强与发改、国土、建设、执法、房管等部门的协调配合，规范办事程序，提高工作效率，强化部门合力。

③创新工作机制，再造规划审批流程

将原执行的规划审批3个阶段8个环节整合为2个阶段4个环节，实行项目审查三级分类、三级决策、三级签批制度和首问负责制、一次告知制等服务承诺制度，严格执行限时办结制度，加强对规划审批全过程的监督管理。研究发布了服务指南，为建设单位提供全过程导航式服务。高度重视对外服务窗口建设，制定《工作规则》，采取电子报件、处室轮值、电话预约等措施，为建设单位和市民群众提供"一站式"服务。开辟"绿色通道"，为迎全运重点工程项目、大型项目和招商引资项目提供"一条龙"服务，服务效能显著提高。

④完善监督制约机制，自觉接受社会监督

认真贯彻执行市人大常委会的决议决定，主动接受代表监督，确保各项工作符合依法行政要求。近年来，多次向市人大常委会和人大城建环保委员会汇报工作，切实把规划工作置于人大监督之下。聘请38名各界代表担任特邀规划监督员，保障建设单位和广大群众的合法权益。高度重视建议提案办理工作，建立全局联动的工作协调机制和专题研究、督导督办、面复接待三项制度，自2004年以来共答复人大代表建议、政协委员提案460多件，满意率达到100%。

⑤开展效能监察，推进规划依法行政

认真贯彻落实原建设部、监察部关于开展城乡规划效能监察工作的要求。市规划局、监察局共同成立了市城乡规划效能监察领导小组，制定了实施方案，通过听取工作汇报、召开座谈会和实地检查等多种方式，对城乡规划的实施情况进行认真检查，针对带有普遍性的问题制定切实有效的解决方案，抓好整改落实，不断把效能监察工作推向深入，取得了明显成效。

(5) 以公众参与为导向，大力实施"阳光规划"

坚持公开、公平、公正原则，积极实施"阳光规划"，全面推进和谐规划，努力营造良好的规划工作环境，充分调动全社会的力量共同建设美丽泉城。

①完善决策制度，科学民主决策

落实城市规划委员会和城市建设项目审批小组制度，进一步完善专家论证咨询制度，充分发挥专家的参谋智囊作用，提高规划决策的科学性和民主性。按照让权力在阳光下运行的要求，落实民主集中制，健全规划部门内部党委会、办公会、业务会等一系列会议决策制度。决策的内容、方式、过程、结果一律公开，所有决策事项均形成会议纪要存档备查。

②推行政务公开，保障群众权益

公开发布《服务指南》，把服务事项、办理要求、承办人员、办结时限全部公之于众。严格执行规划公示和公开听证制度，所有规划方案一律组织批前批后公示，涉及群众切身利益的审批事项一律举行公开听证，切实保障了广大群众的知情权、参与权、表达权和监督权。

③加大宣传力度，倡导和谐规划

加强城乡规划宣传工作的系统性、宣教内容的针对性、方式方法的多样性，使全社会自觉服从规划、执行规划、维护规划的法制观念和规划意识深入民心、蔚然成风。多次举办专题宣传活动，面对面地向群众讲解规划法规知识。加强各类宣传平台建设，设立咨询服务窗口，创刊《泉城规划动态》，编印《城市规划蓝皮书》和《规划美丽泉城》、《城市规划知识手册》等规划宣传刊物，全面展示规划工作的新理念、新思路、新动态、新成就。充分发挥各类新闻媒体的作用，在报纸开辟规划专栏和专版，介绍规划工作的新举措和新成果。深入开展"和谐规划行动"，在各区设立规划宣传专栏，发放规划知识手册，送规划进社区到乡镇，进一步扩大规划宣传的力度和广度，积极营造和谐规划氛围。

④构建参与平台，拓宽参与渠道

定期召开服务对象座谈会、恳谈会，广泛听取群众意见，有的放矢改进规划服务。全面改版济南市规划局网站，设置专门的公众参与渠道，实现规划部门与社会各界的交流互动。注重了解民意、集中民智，围绕当前城市规划建设热点和市民普遍关心的问题，引导群众参与讨论，发表意见。加快城市规划展厅建设，完成了目前国内最大的总体规划模型建设任务，努力建设国内一流的城市规划展厅，形成市民全方位参与规划的新平台。

(6) 以能力建设为核心，全面加强班子队伍建设

以提高学习能力、行政能力、服务能力、创新能力和自律能力为目标，努力加强规划班子队伍建设，全面提高整体素质。

①健全激励约束机制，加强班子队伍建设

充分认识干部队伍建设对于规划事业长远发展的重要意义，坚持正确的用人导向，健全激励约束机制，建立完善一系列干部任用、招考招聘的长效机制，为规划事业持续发展储备人才、增强能力、夯实基础。着眼于规划事业的长远发展，加大招考招聘力度，连续三年公开招考招聘70名公务员和专业技术干部，70%以上具有硕士学位，有效改善了队伍的知识结构、年龄结构和学历结构。加大干部培养培训力度，创办"规划名家讲坛"，邀请规划名家来济南讲学，选派20多名干部参加"双高人才"培训，组织多批次干部赴先进城市考察学习，干部职工的规划理念和业务素质有了较大提升。狠抓执业能力建设，与香港大学和香港规划署共同举办城市规划管理研修班，与山东建筑大学联合创办专业干部培训班，干部职工的执业能力显著提高。完善选人用人机制，把一批作风正派、实绩突出、群众公认的干部选拔到重要工作岗位。健全决策目标、执行责任、考核监督"三个体系"，把全局工作层层分解落实，以科学的决策目标引领工作，明晰的执行责任推进落实，严格的考核监督激发活力。规划队伍呈现出风清气正、团结和谐、奋发有为、干事创业的良好工作氛围。

②倡导"十要十不要"，积极推进规划文化建设

把营造特色鲜明的规划文化作为推进事业发展的动力，局党委要求干部"要思想敏锐不要不讲大局，要开拓创新不要因循守旧，要奋发有为不要得过且过，要团结和谐不要一团和气，要迎难而上不要回避矛盾，要热情服务不要不讲原则，要求知若渴不要不学无术，要雷厉风行不要拖沓懒散，要因势利导不要盲目蛮干，要严明纪律不要目无组织"。规划队伍的凝聚力、向心力、战斗力进一步增强，精神风貌、作风纪律、服务效率有了根本性转变。

③高度重视党建工作，全面加强党风廉政建设

切实加强局系统先进性教育和"八荣八耻"社会主义荣辱观教育，深入开展"学习贯彻科学发展观——解放思想大讨论"活动和"三学三比，争先创优"学习教育活动，坚持全员教育、全体自查、开门教育，取得了明显成效。坚持两手抓两手硬，把加强党风廉政建设作为头等大事来抓，建立健全教育、制度、监督并重的预防和惩治体系。完善监督机制，形成党内监督、行政监督和社会监督并举的监督体系。认真贯彻中央和省市关于加强党风廉政建设以及反腐倡廉的各项规定，严格执行"四大纪律八项要求"，落实"一岗双责"、"五个不许"，切实增强班子队伍的防腐拒变能力。

9.2 建立规划管理的控制性指标数据库

在整个城市规划编制与管理的过程中，控制性详细规划具有非常重要的承上启下的作用。城市规划正是在控制性详细规划这一层面上，建立了规划编制成果向规划管理法定依据的转换，从而实现了规划编制与规划管理的有效衔接。随着控制性详细规划编制技术的日渐成熟，如何加强控制性详细规划编制成果的管理，实现控制性详细规划编创成果的资源共享和向规划管理法定依据的转换，已经成为规划编制与管理共同面临的一个紧迫问题。

9.2.1 控规编制的背景、目的和意义

控制性详细规划在规划编制体系中起着承上启下的作用，是最具可操作性的管理依据和法定图则。在济南新一轮城市总体规划编竣上报国务院审批的情况下，济南市以总体规划为依据，及时编制控制性详细规划具有极其深远的现实意义。

(1) 有利于促进经济社会又好又快发展

当前，济南已进入城市化和新型工业化加快发展的关键时期，城市建设和发展面临新的历史机遇。胡锦涛总书记在山东视察时对济南提出"三个走在前面"的要求，山东省委、省政府"7·15"济南科学发展座谈会提出了"站在新起点，实现新发展"的发展主题。山东省第九次党代会和济南市第九次党代会的胜利召开为济南的发展指明了方向。2007年"9·29"省委常委扩大会议专题研究济南规划，提出了"奋战两年迎全运"的奋斗目标，对省会城乡规划工作作出了全面部署，提出了希望和要求。因此，济南城市面临重要的发展契机。在这样的形势下，济南市的经济社会发展必然会有一个跨越式飞速发展。实现预期的发展目标，必须有便于实施、具有可操作性的科学规划作为先导和引领，控制性详细规划的编制和实施具有重要作用。通过控制性详细规划的刚性管制与弹性引导，可以有效引导城市开发建设，合理分配城市空间资源，强化对土地开发活动的控制，因而更直接、更有效、更快捷地指导城市各项具体建设，满足土地出让、规划管理和城市建设的需要，实现城市土地开发的经济效益、社会效益和环境效益的有机统一，全面促进省会城市在新的起点上实现又好又快发展。同时，控制性详细规划突出对城市建设用地的使用性质、使用强度、用地布局、功能结构、建设容量、空间环境、公共设施、基础设施、路网结构和交通组织的规划控制，有利于维护社会公平，保护资源环境，保障社会公众利益，充分体现公共政策的要求，有利于和谐济南的构建。

(2) 有利于落实近期建设规划目标

"十一五"时期将是济南承前启后、继往开来的重要历史时期，也是20世纪前20年战略机遇期中的关键时期。紧紧围绕"十一五"规划提出"五个更加注重"，即更加注重人文的、社会的目标；更加注重城乡和区域协调发展的目标；更加注重结构、质量和效益的目标；更加注重降低资源消耗、保护生态环境的目标；更加注重公共事业和公共服务的目标，全面启动控制性详细规划的编制，并与国民经济和社会发展"十一五"规划、城市总体规划和土地利用总体规划紧密衔接，是紧跟时代发展步伐，深入贯彻党的十七大精神，落实山东省委省政府、市委市政府关于济南建设发展战略部署的重大举措，也是各级政府实施近期建设规划、促进经济发展的行动计划，具有极为重要的现实意义。

(3) 有利于完善城市规划管理体系

控制性详细规划是指导城市建设和规划管理的基础性规划，它上承总体规划，是对总体规划的具体深化和落实；下接修建性详细规划，是指导修建性详细规划编制的重要依据。全面编制控制性详细规划，对于建立以总体规划和专业规划为指导、控制性详细规划为基础、修建性详规和专项规划为依据、重点片区和重点项目规划为保障，覆盖全市、目标明确、科学规范的城市规划管理体系具有重要意义。因此，在我市总体规划编竣上报审批之际，迅速启动控制性详细规划编制，进一步完善城市规划管理体系，对具体指导城市发展和开发建设具有非常重要的作用。

(4) 有利于促进科学规划、民主规划和依法规划

控制性详细规划以城市总体规划为依据，充分利用现代数字信息技术，严格按照"六统一"的原则和相关技术规定，将各类规划控制要素叠加整合，形成一张能够统筹全市发展、引导各项建设，操作性和实施性强的电子规划蓝图，体现了规划的科学性和合理性。控制性详细规划的编制采取"阳光运作"的方式，充分体现民主、公开、公正的原则，实现由"部门规划"向"全民规划"的重大突破。这次编制工作将广泛动员全社会力量共同参与规划编制，吸纳各方面智慧，引入市场机制，实行统一招标竞标制度，让人民群众真正参与规划、了解规划、执行规划和监督实施。控制性详细规划编制完成并按照法定程序审批后，即具有相应

的法律效力，任何单位和个人必须执行，规划管理有据可依，体现了规划的严肃性和权威性，对城市发展建设走上依法、规范的轨道，将起到积极推动作用。

(5) 有利于推进规划管理行政和服务方式的转变

控制性详细规划更加注重规划的可操作性和规划管理实施的需要，控制性详细规划编制，能够为规划实施和控制管理提供科学可靠、切实可行、便于操作的规划管理依据，因而有利于实施管理重心下移和关口前移，推动实现由规划管理者向规划服务者、由规划审批者向规划责任者的根本性转变；有利于再造规划审批流程，创新项目审批机制，落实首问负责制、一次告知制、限时办结制等制度，促进规划审批进一步提速，提高办事效率，彻底改变规划滞后、管理落后、服务拖后的被动局面，从而实现规划管理行政方式和服务方式的根本性转变，保障经济社会和各项建设事业健康发展。

9.2.2 工作组织与编制思路

2006年初，济南市新一轮城市总体规划基本编竣，为更好地发挥总体规划的引导调控作用，完善城市规划体系，济南市委、市政府决定适时启动控制性详细规划编制工作。2006年1月，中心城控制性详细规划编制启动大会正式召开，成立了编制工作委员会，各区、高新区相应成立组织领导机构，为控规编制工作建立了有效的组织和制度保障。

市政府按照统一组织领导，统一工作步骤，统一技术标准，统一区片划分，统一征选承编单位，统一审查审批的"六统一"原则，确定了"政府主导、市区联动，统筹策划、分片编制，先急后缓、突出重点，阳光运作、统一审批，依法实施、动态完善"的工作思路。"政府主导、市区联动"即由市政府统一组织领导，各区、高新区、规划局作为片区组织主体，市、区有关部门共同参与。成立由分管市长任组长，各区、高新区和市直部门组成的控规编制工作委员会，组建技术顾问组，成立技术协调审查组，各区、高新区亦相应成立领导小组，负责相关片区规划编制工作。"统筹策划、分片编制"即统一工作要求和编制标准，将市区划分为7个分区和53个编制片区，统筹策划，逐步编制。"先急后缓、突出重点"即结合各区发展需求和"十一五"建设重点，先行启动建设意向活跃、编制条件成熟的片区。"阳光运作、统一审批"，即开放规划设计市场，提高规划编制水平，动员社会各界力量参与，广泛征求意见，充分反映社会各界的利益诉求和发展愿望，严格统一审批。"依法实施、动态完善"即控制性详细规划一经审批通过，应作为规划管理的基本依据，严格依法实施。根据经济社会发展和城市建设的需要可适时更新，动态完善，确保时效性。根据上述工作思路，确定了选定承编单位与现状调研、概念规划编制与征求意见、控制性详细规划编制、成果公示与论证审查、上报审批与成果归档五个工作步骤。

为保障控制性详细规划编制的顺利进行，前期开展了大量基础性工作，主要包括修测补测中心城 1:2000 地形图 $1800km^2$ 和南部山区 1:5000 地形图 $1700km^2$；标定道路红线、河道蓝线、高压控制线 6000 余公里；论证制定工作规则、技术导则、成果数据标准等 11 项规范性文件；编制分别具有新区和老城特征的莲花山、文昌等 5 片规划试点。在此基础上，科学制订工作计划，按阶段分解目标任务，定期召开协调调度会，及时安排部署下步任务，形成了总体控制、全线展开、压茬推进、紧张有序的工作局面，确保了中心城控规全覆盖工作目标的圆满完成。

9.2.3 规范性文件的制定

依据国家、省市有关法规、规范和标准，借鉴国内先进城市经验，结合济南实际情况，先期编制了《济南市控制性规划编制工作规则》、《济南市控制性规划编制"六线"标定工作规则》、《济南市控制性规划编制技术导则》、《济南市控制性规划编制"六线"标定技术要求》、《济南市控制性规划编制城市地域划分及编码》、《济南市控制性规划编制城市用地分类和代码》、《济南市控制性规划编制建设用地容积率指标指引》、《济南市控制性规划编制居住区公共服务设施配置指引》、《济南市控制性规划编制停车设施配置标准》、《济南市控制性规划编制现状调查及分析要求》、《济南市控制性规划编制计算机制图规范及成果数据标准》等 11 项规范性文件，为控规编制实现规范化、标准化、制度化奠定了基础。

9.2.4 控规编制特点

济南市控制性详细规划编制坚持开门规划，阳光运作，引入市场竞争机制，通过竞争性谈判、定向委托、定向招标等多种市场化运作方式，面向全国统一征选控规承编单位，有利于提高编制水平和加快编制进度，有利于进一步开放规划设计市场，促进济南市规划设计水平的全面提高，是近年国内编制规模最大、参编单位最多、市场开放程度最高、设计单位水平最高、编制周期最短、组织工作最严密的一次规划编制活动。控规编制工作具有以下特点：

以先进理念为指导，增强规划的科学性。坚持把中央和省市关于加快科学发展的一系列指示精神贯彻到编制工作的全过程，学习借鉴国内外先进理念，突出控规的刚性内容，强化控规的引导作用，形成了能够承接总体规划、指导修建性详规、规范建设项目管理的规划图则。

以引领发展为目标，强调规划的适用性。坚持把经济社会发展需求作为编制工作的导向，深入了解各区的发展意向，广泛征求各方意见建议5600多条，切实把各部门各行业的发展要求落实到控规之中，充分保障了控规与各层次规划成果无缝对接，强化了控规的指导性、合理性和操作性。

以模式创新为突破，加快规划编制步伐。在编制体系、组织方式、技术思路、规划成果等方面大胆创新，充分调动市区两个积极性，强化各区政府的责任主体地位，全面引入市场竞争机制，突破规划局独家编规划的老路，探索形成了一套全新的工作模式，大大加快了规划编制进度。

以加强协调为保障，突破编制工作瓶颈。针对各个重点片区，具体问题具体分析；针对各项不确定因素，加强研究科学论证；针对各类重大项目，及时衔接综合分析。健全工作协调机制，加大督查督办力度，每季检查，每月调度，每周通气，及时发现和有效解决了编制工作中遇到的各种难题。

以社会参与为基础，提高规划编制水平。坚持开门规划、阳光运作，采取招标方式，邀请监察部门全程参与，公开征选确定12家高水平承编单位。先后邀请国内专家200多人次，对所有规划方案进行咨询论证，采取多种方式组织控规方案公示，认真听取方方面面的意见，不断完善规划成果，切实提高编研水平。

以法规标准为依据，规范各项编制成果。严格遵循有关法律规范与技术标准，结合我市实际，先期制定了11项技术标准，形成完善的技术规范体系，对统一编制标准、提高编制质量发挥了重要作用。采取"条块结合"方式，组织相关部门，开展成果联审校核与数据验收，切实把好成果质量关。

9.2.5 控制性详细规划典型案例

(1) 章锦片区控制性详细规划方案

章锦片区规划范围东至力诺工业园及玉岭山和杨树山，西至绕城高速东环线，南至济莱高速公路，北至经十东路，总用地面积约1897.72hm^2。片区规划目标为：将开发建设、环境保护与可持续发展有机结合，将出口加工区规划建设成为高新区独具特色的国际商务商贸产业园区，完善片区生活居住和配套服务设施，构建经济繁荣、和谐宜居的城市新区。片区功能定位为：以出口加工生产为主导，配套建设商务商贸服务设施和城市生活居住社区，完善生态环境保护功能。规划城市建设用地总面积约966.08hm^2；建设总量约960万m^2。规划城镇居住人口约9.5万人。

①规划构思

以"山、水、绿、城"和谐相融为特色，形成自然山体为背景，滨水景观带、绿色隔离带、城市发展带有机结合的空间格局。

②总体布局

概括为"一轴两心三带六区"的布局结构。"一轴"为沿港西路的片区发展轴；"两心"为港西立交西南以

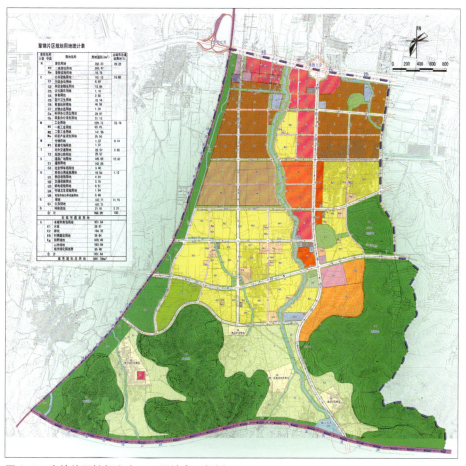

图 9-1 章锦片区控规方案——用地布局规划

商务办公、国际商贸为主的出口加工区公共服务中心和港西路与旅游路相交处以居住区配套服务设施为主的章锦居住社区中心;"三带"为片区西部沿绕城高速东环线城市绿色隔离带、中部刘公河滨水景观带和东南部山体景观带;"六区"为出口加工生产园区、商务商贸服务区、配套产业园区、神武居住区、章锦居住区和蟠龙洞风景旅游区(图9-1)。

③功能分区

沿经十东路南侧和港西路西侧规划为商务商贸、产业研发办公区;绕城高速东环线与刘公河之间北半部规划为出口加工区;港西路与力诺工业园之间规划为出口加工区的配套工业园区;沿旅游路两侧规划为生活居住区及社区配套服务区;港西路与旅游路路口东南规划为医疗卫生、教育科研区。

④综合交通规划

规划对外交通主要为绕城高速东环线和济莱高速公路;规划城市道路分快速路、一级主干路、主干路、次干路、支路五个等级,以经十东路城市快速路、旅游路主干路和港西路一级主干路构建"两横一纵"城市道路主骨架。

⑤"六线"规划

规划道路红线为绕城高速东环线、济莱高速公路、经十东路城市快速路、港西路、旅游路以及城市次干路和支路等道路控制线;城市蓝线为刘公河等河道和蟠龙水库的控制界线;城市黄线为潘石线等高压线和污水处理站等城市基础设施的控制界线;城市绿线为刘公河滨水绿地、城市公共绿地、居住区绿地、城市隔离防护绿地和玉岭山等山体的控制绿线;城市橙线为中小学、医院、社区文体活动中心等城市公益性公共设施的用地界线(图9-2)。

图 9-2 章锦片区控规方案——六线规划图

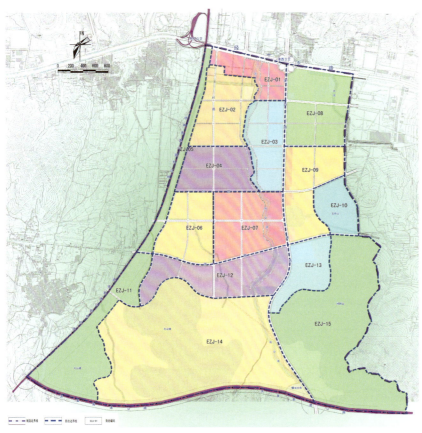

图 9-3 章锦片区控规方案——街坊控制指标

⑥城市设计导引

规划将出口加工区和沿经十东路集中公建区作为城市设计特色意图区，塑造国际化的产业和商务商贸园区整体景观风貌；港西立交周围以高层建筑为主，组织城市公共空间和标志性景观；控制玉岭山周边和旅游路以南建设用地的开发强度和建筑高度，协调好开发建设与环境保护的关系。

⑦街坊规划

本片区共划分15个街坊，并统一制定编码和控制指标。其中01、03街坊主导属性为商务研发办公，紧邻经十东路和港西路，为城市设计重点区域；02、04、08街坊主导属性为工业，规划准入标准为一二类无污染工业；13街坊主导属性为医疗教育；06、07、09、12街坊主导属性为居住；05、10、11、14、15街坊主导属性为郊野绿地，是非城市建设用地街坊，除村庄整合外限制开发建设。具体规划内容详见街坊控制指标规划图（图9-3）。

(2) 彩石片区控制性详细规划方案

彩石片区规划范围东至南围子山、青龙山一线，西至玉岭山，南至凤梅岭、狼猫山水库一线，北至经十东路，总用地面积约2377.21hm²。规划目标为：生态环境自然优美、城市空间开敞舒展的和谐休闲之区。功能定位以教育科研和生态居住功能为主，兼有旅游休闲的功能。本片区规划城市建设用地约1256.25hm²；规划定位为中低密

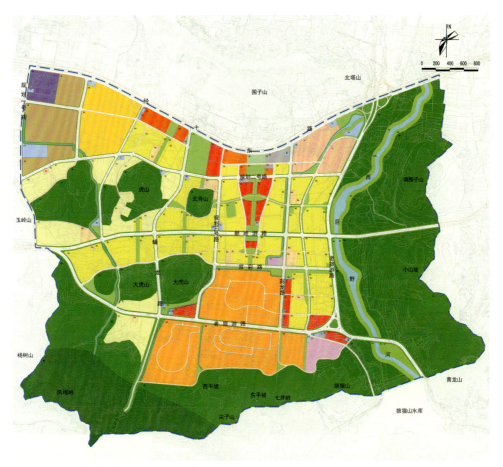

图 9-4 彩石片区控规方案——用地布局规划

度区域，建设开发总量约 980 万 m²。规划总居住人口约 10.6 万人。

①规划构思

以围子山郊野公园和片区南部山体为背景，规划南北向楔形带状绿廊统领全局；利用现状优越的自然条件，规划网络状开敞空间串联片区用地。形成自然环境与城市空间有机相融的特色格局。

②总体布局

概括为"一带两轴两心"。"一带"指片区南部山体和西巨野河所形成的山水景观带；"两轴"指以围子山为背景，在片区中心规划楔形带状绿廊所形成的片区南北绿化景观主轴线，以及新旅游路生活副轴线；"两心"指沿经十东路规划的以商业金融设施和交通枢纽为主的面向东部城区的公共服务中心；同时向南延伸，结合南北向绿化轴线形成的以居住区配套服务设施为主的居住社区公共中心。

③功能分区

以力诺工业园为主体，在片区西北侧规划高新产业区；在杨家河立交西南侧规划创意产业区；沿老旅游路沿线规划高教园区；沿虎山、北寺山、西巨野河西侧规划生活居住功能区。

④土地使用规划

本片区规划非城市建设用地面积 1120.96hm²，占规划总用地的 47.15%。规划城市建设用地面积 1256.25hm²，占规划总用地的 52.85%，主要包括居住用地 399.50hm²；公共设施用地 306.35hm²；工业用地 121.95hm²；道路广场用地 195.61hm²；绿地 195.24hm²（图 9-4）。

图9-5 彩石片区控规方案——六线规划图

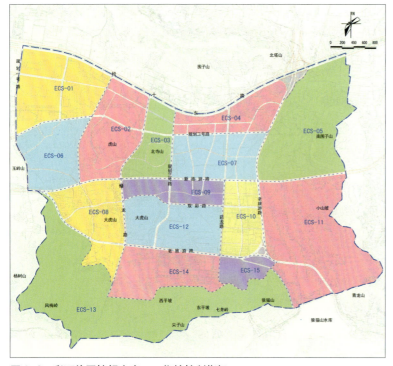

图9-6 彩石片区控规方案——街坊控制指标

⑤综合交通规划

规划城市道路分为快速路、主干路、次干路、支路四个等级，以经十东路为快速路，新、老旅游路为主干路，构建"三横一纵"城市道路主骨架。

⑥"六线"规划

本片区规划道路红线包括经十东路快速路、新旅游路和老旅游路城市主干路以及次干路和支路的道路红线。城市蓝线包括土河、杨家河、西巨野河及其支沟的保护和控制线。城市黄线包括城市基础设施的控制界线。城市绿线包括河道滨水绿地、居住区绿地、城市公共绿地、防护绿地及山林绿地的控制线。城市橙线包括中小学、医院等城市公益性公共设施的用地界线。城市紫线包括省级文物保护单位房彦谦墓、市级文物保护单位清太和夫人墓的保护控制线（图9-5）。

⑦城市设计导引

规划沿经十东路南侧集中公建区作为城市设计特色意图区，建筑宜以30m以上的中高层建筑为主，重点突出经十东路的城市景观风貌特征。

强化片区南北主轴线的大尺度开敞通廊景观特质的塑造，加强主要道路两侧绿化控制，并在其间规划多条联系片区内外山体间绿化交通走廊，完善城市开敞空间系统的网络化。加强对区域周边环境的绿化保护和建设，重点保护和控制山体山脊线和制高点，形成优美的城市自然景观界面。

⑧街坊控制规划

本片区共划分15个街坊，并统一制定编码和控制指标。其中05、11和13街坊主导属性均为郊野绿地，是非城市建设用地街坊；01街坊主导属性为工业；04街坊主导属性为商业；14、15街坊主导属性为教育科研；02、03、06、07、08、09、10和12街坊主导属性均为居住（图9-6）。

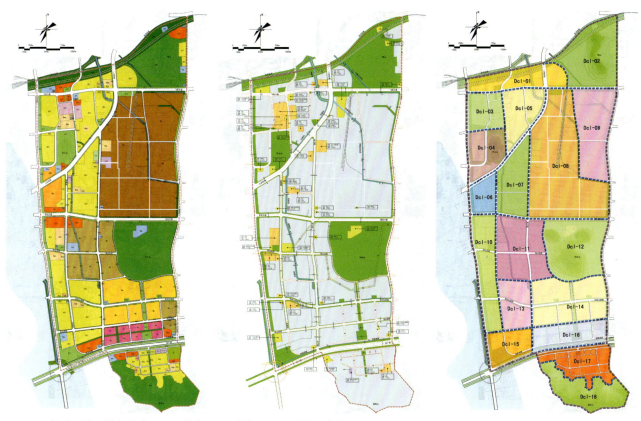

图 9-7 长岭山片区控规方案——用地布局、六线控制、街坊控制指标

(3) 长岭山片区控制性详细规划方案

长岭山片区规划范围东至兴港路，西至刘智远路，南至莲花山姚家镇与港沟镇镇界，北至胶济铁路，总用地面积约 1433.50hm²。规划目标为：加强片区生态环境的保护和控制，突出片区时代景观风貌，重点塑造沿经十路的城市景观，构建充满活力和富有魅力的和谐的城市新区。功能定位：本片区以生产和社会化服务功能为主，兼有生活居住功能。发展规模：本区规划城市建设用地总面积约 1199.00hm²，建设开发总量约 870 万 m²。本片区规划总居住人口约 9 万人。规划充分结合片区现状用地特点，因势利导进行规划，形成"组团生长、绿化融合"的布局框架。

① 总体布局

本片区规划总体布局概括为"一心、四团、一带环绕"。"一心"指以长岭山山体林地保护为基础，形成整个片区的"绿心"。"四团"指经十路两侧商住组团，商住组团以北、世纪大道以南高新技术产业组团，世纪大道以北、凤山路以东综合工业组团，世纪大道以北、凤山路以西生活居住组团。"一带环绕"指结合刘智远路东侧的公共绿化带和胶济铁路防护绿化带，形成环绕长岭山片区的生态绿带（图 9-7）。

② 功能分区

规划主要功能分区为沿经十路两侧布置城市商务办公、生活居住功能区；在凤山路和兴港路之间布置工业生产、研发功能区；在凤山路和刘智远路之间布置以生活居住为主的功能区。

③ 土地使用规划

本片区规划非城市建设用地面积 234.50hm²，占规划总用地的 16.36%。规划城市建设用地面积 1199.00hm²，占规划总用地的 83.64%，主要包括居住用地面积 293.71hm²；工业用地面积 425.21hm²；城市公共设施用地面积 96.84hm²；城市绿地面积 198.21hm²；对外交通用地面积 12.15hm²；道路广场用地面积 147.31hm²；市政公用设施用地面积 20.54hm²；特殊用地面积 5.03hm²。

④综合交通规划

本片区规划对外交通主要为胶济铁路。规划城市道路分为快速路、主干路、次干路、支路四个等级,以经十路为快速路,世纪大道、飞跃大道、刘智远路和兴港路为主干路,构建"三横两纵"城市道路主骨架。

⑤"六线"规划

本片区规划道路红线包括经十路城市快速路、世纪大道、刘智远路和兴港路等城市主干路以及次干路和支路的道路红线。城市蓝线包括龙脊河和龙脊河支沟等的保护和控制界限。城市黄线包括韩开线、黄炼线等高压线路和义和变电所等城市基础设施的控制界限。城市绿线包括居住区绿地、城市公共绿地、防护绿地以及长岭山、莲花山等山体林地的控制绿线。城市橙线包括医院、中小学、文化设施、体育设施等城市公益性公共设施的用地界线。城市紫线包括林家庄老天主教堂控制紫线。

⑥城市设计导引

规划沿经十路北侧集中设置公建区,作为城市设计特色意图区,以高层和大体量公共建筑为主,组织城市公共空间和标志性景观,形成疏密有致,高低错落,富有韵律的城市轮廓线。重点塑造刘智远路与经十路交叉口城市景观节点。适当控制经十路南侧建筑高度和沿莲花山土地开发强度,使开发建设、环境保护、景观塑造相辅相成,协调发展。

⑦街坊规划

本片区共划分18个街坊,并统一制定编码和控制指标。其中02、12和18街坊主导属性均为郊野绿地;15街坊主导属性为商业、居住;16街坊主导属性为商务办公,均紧邻经十路,为城市设计重点区域;08、09、11和14街坊主导属性均为工业;01、03、05、07、10、13、17街坊主导属性均为居住;04街坊主导属性为居住、公园;06街坊主导属性为教育科研。

(4) 文昌片区控制性详细规划方案

文昌片区规划范围东至红山、北大山一带山体,西至黄河,南至潘庄、十里铺等行政村村界,北至北大沙河,为长清区文昌办事处行政辖区范围,总用地面积约9721.0hm²。规划目标为贯彻生态优先的可持续发展战略,突出区域自然环境优势,构建具有合理空间布局、综合服务功能、高效便捷交通体系和高品质空间环境的城市新城区。功能定位为以商业金融、居住休闲为主导的宜居的生态新城区,为平安片区和崮山片区提供服务支撑。规划城市建设用地总面积约1965.80hm²,非城市建设用地面积约7755.20hm²。规划城镇居住人口约20万人。

①规划构思

依据片区"依山、傍水"的自然优势条件,通过合理协调的功能组合,形成"山水共融、和谐发展"的城市新区(图9-8)。

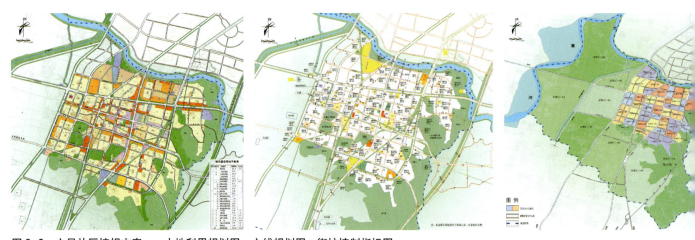

图9-8 文昌片区控规方案——土地利用规划图、六线规划图、街坊控制指标图

②总体布局

规划南引绿山，北亲沙河，确定合理的发展轴线和职能中心，形成"一带、两片、三轴、四心"的空间结构。"一带"指北大沙河滨河生态功能带；"两片"指东部、南部两片山体形成的山体绿化生态功能带；"三轴"指沿灵岩路、长清大道、龙泉大街三条城市发展轴线；"四心"指行政办公、商业金融、文化娱乐、体育休闲等四个公共中心。

③功能分区

城市建设用地划分为 16 个功能区和两个功能带，包括：一个行政办公功能区；三个商业金融功能区；两个产业研发功能区；一个文化娱乐功能区；一个体育综合功能区；一个市场服务功能区；四个居住综合功能区；三个绿化景观功能区和两个绿化生态功能带。非城市建设用地划分为山林绿化用地保护区、水资源保护区、农田保护用地区、农村居民点建设区等。

④土地使用规划

规划非城市建设用地面积 7755.20hm^2，占规划总用地的 79.78%。规划城市建设用地面积 1965.80hm^2，占规划总用地的 20.22%，主要包括居住用地面积 823.18hm^2；公共设施用地面积 326.15hm^2；绿地面积 310.44hm^2；道路广场用地面积 327.01hm^2；市政公用设施用地面积 54.96hm^2 等。

⑤新农村建设

在非城市建设用地中，规划确定中心村 6 个，基层村 31 个；迁并自然村 8 个；新增集中居民点 1 处。在城市建设用地中，纳入城市居住规划的城中村 21 个。

⑥综合交通规划

对外交通包括国道 220、省道 104；城市道路分为快速路、主干路、次干路、支路 4 个等级，呈"十一横、十一纵"的方格网状道路网结构；以国道 220 为快速路，长清大道等 9 条道路为主干路，文昌路等 20 条道路为次干路。

⑦"六线"规划

规划道路红线包括国道 220 快速路，长清大道、灵岩路等主干路，以及次干路和支路的道路红线。城市蓝线包括北大沙河及其支流的保护和控制线。城市黄线包括平许线等高压线路和热电厂等重要城市基础设施的控制线。城市绿线包括北大沙河滨河绿地，城市公园以及文昌山、红山等外围山体的林地控制线。城市橙线包括区博物馆、区人民医院、敬老院等城市公益性设施和中小学普教设施的用地界线。城市紫线包括市级文保单位释迦舍利塔地宫等 11 处文物保护单位的保护和控制线。

⑧城市设计导引

规划划定三个自然山体特色区和一个现代风貌特色区，作为城市景观重点控制的区域。并结合特色区域确定城市的建筑高度控制分区。

⑨街坊规划

片区共划分了 54 个街坊单元，并统一制定编码和控制指标。其中 43—49 街坊主导属性为村庄和耕地，50—54 街坊主导属性为林地或郊野公园，01 街坊主导属性为市政，24 街坊主导属性为城市公共绿地，07、13、15 街坊主导属性为公共设施，02、06 街坊主导属性为工业或产业研发，10、12、19、40、41 街坊主导属性为居住和公共设施，其他街坊的主导属性为居住。

9.3 优化规划管理技术手段与管理平台

要保证城市规划的顺利实施，必须要有保障规划实施的技术手段。目前，济南市已经编制的城市规划成果成百上千，已经发出的各类文件数目繁多。面对庞杂的资料和信息，利用现代信息技术和档案管理手段，对之进行适当整合，形成清晰统一的管理平台是极为重要的基础性工作。

9.3.1 城市规划决策管理三维支持系统

随着经济的快速发展和科技水平的提高，城市规划的重要性日益突出。为了落实科学发展观，实现科学规划、效率规划和阳光规划，济南市规划局组织有关单位开发研究了"基于数字技术的城市规划决策管理三维支持系统研究"项目。

3DGIS技术和VR技术的发展，为城市规划提供了一种科学的方法。传统的城市规划是在二维空间进行的，城市规划大多数是靠专家凭借经验和感觉来确定的。为了准确地判断设计方案的适宜性，最好的办法是建立模拟环境，充分利用高新技术，将城市信息和规划信息综合起来，建立一个虚拟的城市环境，将设计放置在虚拟的环境中进行各种评估，最大限度地保证设计方案的正确性（图9–9）。

（1）功能体系

城市规划决策管理三维支持系统是一个基于数字技术、计算机技术、GIS技术和虚拟现实技术基础上的应用平台，它可以利用在计算机中所建立的模型、场景、数据和拓扑关系来逼真、生动地再现现实世界中的景物特征，使得人们可以沉浸于虚拟环境之中，犹如身临其境，感受城市三维空间特征。在此基础上，结合规划分析与应用需求，开发出诸如规划方案管理、方案比选、日照模拟等规划辅助功能，形成用于辅助城市规划决策的专题应用系统。

系统由两大子系统组成，即基于C/S结构的单机版和基于B/S结构的网络版。其中单机版系统功能有虚拟现实与正射影像浏览、线路定制与飞行、辅助规划设计、规划方案管理、规划指标查询和二维与三维联动等功能。网络版系统功能包

图9–9 计算机辅助决策系统

括规划方案管理、方案比选、浏览、地名查询定位等功能，实现了局域网内多用户同时使用。

（2）建设过程

2005年初，市规划局决定利用DMC数字航测技术重新测绘济南市六区4000km² 1∶2000比例尺数字正射影像图，2005年3月，开始了泉城广场及其周边1km²三维建模与规划辅助功能开发工作，对三维GIS技术用于规划辅助决策进行了尝试性研究。2005年7月，按照"构建数字规划，打造一张蓝图"的发展理念，正式启动"基于数字技术的城市规划决策管理三维支持系统研究"项目。

2005年12月，一期工程完成，满足了济南市控规重点区域规划编制的需要。完成内环区域25km²的景观建设，开发出方案比选、日照模拟等规划辅助决策功能，完成2200km²正射影像图飞行浏览系统。2005年12月，该项目在建设部立项。为了丰富系统功能、提升系统档次、提高系统可用性，启动了二期工程建设，对系统的模型数据和功能开发进行了扩充。具体工作包括：

①六区范围内4000km²的正射影像图全面重新调色、拼接并导入系统。

②扩展了三维建模区。三维模型数据在原精细建模基础上，增加了大明湖、北园高架、鲁能领秀城、阳光100国际新城、西部大学园区的精细建模。

③对系统的功能作了优化和扩展，将系统平台作了升级，把原三维规划决策系统和影像飞行浏览系统整合

到 VRMAP4.0 平台上。在单机版不断优化的同时，开发了系统网络版。

2007 年底，"基于数字技术的城市规划决策管理三维支持系统研究"项目，通过了由建设部组织的项目验收和济南市科技局组织的由李德仁院士、徐其凤院士等 8 位专家组成鉴定委员会的项目鉴定，鉴定结论为整体达到"国际先进水平"。该系统由设计管理系统、网络发布系统和系统维护系统三大子系统组成。其中设计版具有强大的三维城市规划功能，网络版包括规划项目管理展示、三维城市浏览、地名查询定位等功能。目前该系统已建成济南市 20km^2 的虚拟城市景观，24km^2 的重点规划方案和 4400km^2 的城市三维地形影像。

(3) 系统特点

① 科学性

系统以当今先进的三维地理信息技术、计算机仿真技术，真实地在计算机上展示城市地理信息，辅助规划决策，是科学规划、科学管理、科学决策的一次尝试，也是对传统的规划管理模式的一项创新。

与二维地理信息系统相比，三维地理信息系统对客观世界的表达能给人以更真实的感受。它不仅能够表达空间对象间的平面关系，而且能描述和表达它们之间的垂向关系；可以通过数据接口与 GIS 信息相结合，随时获取项目的数据资料；它具备对空间对象进行三维空间分析和操作等特有的功能，方便了规划管理需要。

② 适应性

城市浏览功能支持多种硬件外设。可以通过游戏杆操纵前进方向，适合多层次的用户使用。可以将设计方案输出成图像、视频等多媒体形式，满足各种形式、场合的展示需要。在城市经济飞速发展的今天，系统适用了目前科学规划、和谐规划的要求。

③ 先进性

该系统通过先进计算机技术建设并管理了城市海量三维景观模型、正射影像和地形；通过金字塔技术和图像压缩技术实现了地形正射影像快速浏览；建立了大型三维空间数据仓库，开展三维空间数据浏览和各种规划数据交互查询与空间分析；基于"3S"技术提供规划决策手段。

9.3.2 城市规划管理信息系统

为进一步加快信息化建设步伐，增强规划管理的科学性、准确性和规范性，提高规划管理效能和服务水平，济南市规划局积极筹建规划管理信息系统。规划信息化建设是规划工作的创新点，顺应科学技术发展的要求，承载规划管理的创新思想，在济南市规划事业发展的新时期面临着新的挑战。为此，确定现阶段市规划局信息化建设的指导方针是：以科学发展观为指导，以"服务规划"为中心，按照"两个转变"、"三个提升"、"四个体系"等规划工作创新思路,完整体现规划管理"流程再造"的创新思想,建设办公应用基础平台,建立健全"阳光规划"支持平台，完善规划信息积累，实现科学规划、数字规划、阳光规划和规划管理的科学民主高效，为建设数字济南提供技术支撑。

(1) 系统建设工作目标与指导思想

① 工作目标（六个一体化）

按照行政许可法要求，建设"服务型窗口"，突出依法、亲民、责任型和服务型政府建设，通过规划综合办公系统的建设实施实现"六个一体化"的目标，即：市局和分局审批一体化、公文办理与业务审批一体化、外网信息发布与内网业务办公一体化、业务办公管理与全文电子档案一体化、办公参考资料与行文流转一体化、规划业务审批与规划监管一体化。

② 指导思想

加快信息化建设步伐，提高办事效率和服务质量，实现项目审批"流程再造"，进一步减少审批事项，简化审批程序，整合审批环节，缩短建设项目办理时限，提高规划管理科学化、标准化、规范化水平，全面提高规划行政效能。

(2) 系统设计原则

①总体性原则

济南城市规划综合办公系统具有综合性、整体性的特点，是覆盖全局规划业务管理多方面的综合应用系统，系统建设遵循"总体设计、分步实施"的原则，先进行系统的总体设计与建设，然后根据市规划局业务办理情况的明确，落实一部分，就实施一部分，最终实现行政办公的自动化。

②实用性、简单易用性原则

系统充分体现用户需求至上的思想，采用浏览器方式，界面直观、方便友好，满足不同层次、不同类别用户的需要，为城市规划业务管理提供全方位、动态、实时的技术支持，并提供完备的联机帮助。

③先进性原则

系统的建设采用先进的建设方案、开发技术、数据库技术和网络技术，基于三层体系架构，运用功能强大、可扩充性强、运行效率高、具有较强稳定性的管理信息系统平台，建设各个业务管理子系统，结构合理、适用性强。

④安全性原则

系统采用严格的安全措施，设置多级安全机制，保证系统运行的安全和稳定。充分利用数据库的安全机制，对新用户的操作权限，对各应用模块的使用权限，以及文档在各状态下的读、写、改、删等各方面权限进行严格控制，保障系统安全稳定运行。

⑤可扩展性原则

为了满足系统今后扩容和扩大应用范围的需求，系统充分考虑从系统结构、功能设计、管理对象等各方面的功能扩展，综合考虑规划管理的统一性，保证规划管理数据库的统一性，预留数据和功能接口，可以与空间数据库系统、电子报批系统等集成和应用。

⑥灵活性原则

注重灵活性，实现流程的定制，能够应对处室职责、人员职责的调整，同时通过定制能够实现操作人员界面的简捷性；注重开放性，为将来系统功能调整以及与新系统的集成提供便捷与可行性。

(3) 系统建设目标

济南市规划局综合办公系统是一个覆盖全局规划业务管理多方面的综合应用系统，核心目标是实现规划行政管理中行文流转、督察督办、会议管理、对外信息发布等，同时实现全局内部的行政管理，将建立规划管理信息库、行政办公资料库与规划知识库，不涉及带图作业的内容（图9-10）。

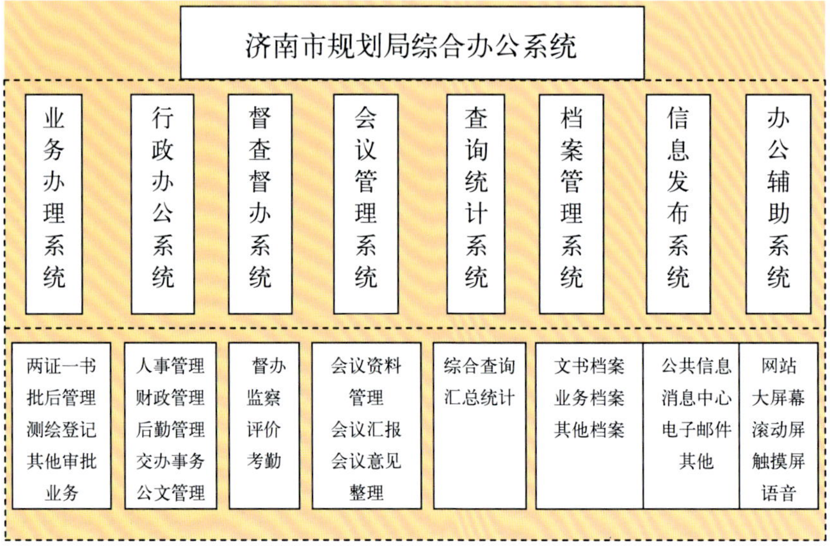

图9-10 济南市规划局综合办公系统

①业务办理系统

市规划局办公自动化建设的核心内容，贯彻"流程再造"的思想，实现规划管理的计算机处理，通过报建、批转、分件、存档、删除、公告等功能，实现规划审批的自动化办公，是规划管理信息库的管理平台。

内容涵盖行政许可与非行政许可审批两个方面，具体包括"两证一书"审批、批后管理（放线、验线、竣工验收、违法监察等）、其他审批（规划编制审批、规划设计和测绘资质审批）以及辅助决策四个方面的内容。

②行政办公系统

实现市规划局行政办公的自动化。分为公文管理、行政管理和人事管理三方面内容。公文管理：分为上行文、下行文、内部发文和平行文；党、政、工、团公文；局内各级单位公文三个类别的公文自动化办公管理。交办事务：解决局领导交给下属工作人员办理某一具体事务，对办理过程和结果进行监控和督办，实现网络化的交办事务管理。

③办公督察系统

针对市规划局主要业务（业务审批、公文办理、交办事务），可以查询或者监控项目的审批情况，以及通过消息提醒、电子邮件、手机短信等方式及时灵活地进行项目催办，对于超期的业务能够生成周、月、年报表，提高工作效率。

④会议管理系统

管理会议事务，解决了市规划局各类业务会议（处业务会、专题业务会、局业务会、专家评审会、市审批小组会等），从会议资料准备、会议汇报演示、会议意见整理、会议纪要签发和会务内容的归档等会议过程。

⑤查询统计子系统

规划管理部门日常办公中经常需要查询、统计、分析有关规划图档资料数据，并依据这些数据来为其科学决策服务。查询统计子系统提供了工作人员通过业务编号、业务名称、申请单位、申报日期、经办人、结案情况、关键词等至少一种查询条件，进行项目案卷办理资料的查询，以及进行案卷统计，年终统计报表的自动生成等，查出的结果可以输出到Excel。

⑥档案管理子系统

解决规划档案管理过程中的文件收集、档案验收、案卷立卷、档案利用、档案统计、档案编研等问题。实现了与业务审批子系统无缝集成，已经办结的业务随办随归，系统提供了对于多年前业务系统中没有的业务卷整理材料、归档等功能，还可以提供完善的查询、统计功能，查询历史审批的各类案件及内容不受人员变动、部门调整、办案过程变化等影响。

⑦对外信息发布系统

对外信息发布采用网站、大屏幕、滚动屏、触摸屏、语音和短信息五种方式，体现"民主规划"、"阳光规划"的要求，向建设单位、政府机关和社会公众提供一个服务的平台。

⑧办公辅助系统

为工作人员提供各种工具，方便办公需要，包括公共信息、消息中心、电子邮件等。

9.3.3 "一张蓝图"的规划管理平台

为了适应省会城市经济发展和规划管理的需要，深入落实科学发展观，加快信息化建设步伐，济南市规划局提出并筹建"一张蓝图"规划信息系统，利用现代数字信息技术，以控制性详细规划成果为基础，将各类规划控制要素整合叠加，形成能够服务全市发展、引导各项建设、便于统一管理的电子规划蓝图。"一张蓝图"建设是市规划局以"一张蓝图、一个流程、一套法规、一个制度、一套体系、一支队伍"为核心的"六个一"工程的重要组成部分，是市规划局"创新规划管理，服务发展大局"的具体举措，也是实现规划管理高起点、高标准和高效能的关键性技术工作。

通过开展规划信息资源整合与信息系统建设，充分利用现代信息技术，特别是计算机技术、网络技术、"3S"技术、通信技术、系统集成技术和信息安全技术，建立以规划信息资源管理、电子政务、信息服务为主要目标，互通、高效、集成、一体的城市规划信息系统，加快规划管理与服务工作的信息化进程，推动规划主管部门的管理创新，整合业务流程，提升管理能力，降低管理成本，增强信息利用率以及更新速度，实现各类规划信息的资源共享，实现面向社会服务的电子政务建设，逐步使信息化、数字化、网络化成为规划管理的基本运行方式是"一张蓝图"工程实施的基本目的。

目前，济南市新一轮城市总体规划（2006—2020）已上报审批，中心城控规编制工作也已基本完成，基础测绘实现了1∶10000市域全覆盖，中心城1∶2000全覆盖和南部山区1∶5000全覆盖也已完成，今后还将实现中心城1∶500全覆盖。为保障上述资源充分合理地应用于规划管理工作中，"一张蓝图"建设工作已成当务之急。

"一张蓝图"工程暨济南市规划局"一张蓝图"规划信息系统建设涉及规划局的每个部门及下属单位，其覆盖范围主要包括基础测绘、规划编制及规划管理三个方面，本期建设任务主要完成：需求分析、总体设计、标准体系、基础设施和基础测绘、规划编制、规划管理三类业务资源管理、数据共享平台以及应用系统开发工作，建立基础地理信息系统、规划编制成果管理系统、规划管理办公自动化和行政办公自动化系统，建立信息安全体系，推动电子报批、电子政务与社会信息服务的实施与发展。

(1) 总体目标

"一张蓝图"工程建设的总体目标为：按照"统一领导、全局齐动，急用先行、分期实施，重点突出、分头并进，落实责任、动态完善"的工作思路，紧紧围绕服务规划管理，综合运用计算机技术、现代空间技术、网络技术及GIS技术等现代数字信息技术手段，有效整合基础测绘、规划编制和规划管理等信息资源，建成技术先进、国内一流、经济实用、安全兼容的规划信息应用平台。

整个工程建设分为四个阶段，每一阶段的任务目标描述如下。

①第一阶段任务目标

调查研究，细化济南市规划局管理应用需求，完成《"一张蓝图"系统需求分析说明书》。在需求分析的基础上深化完善，形成《"一张蓝图"工程建设总体方案》。

②第二阶段任务目标

整合现有各类数据标准，建立健全济南市规划信息管理标准体系。制定规划信息管理系统数据标准、网络标准、应用标准，完成基础测绘、规划编制及规划管理数据成果的建库技术要求及数据质量控制与评价标准等方案的设计工作。协调控制各子系统的数据建库和系统开发工作。

根据总体设计方案的设计内容及系统建设的实际需求，建立起覆盖全局业务范围、技术先进、标准统一、安全可靠、高效实用的软硬件及网络环境，满足系统开发及试运行的要求。

在总体方案的基础上，对已具备条件的基础测绘和六线、控规成果管理系统先期动工建设，要求成熟一个，稳定一个，应用一个，并在应用中不断完善、提升。

③第三阶段任务目标

对其他诸如总规、区域规划、专题规划和规划管理相关的成果等建设内容，只要需求明确、条件具备，在此阶段同步安排、压茬推进。

建立规划管理数据中心，整合基础测绘、规划编制和规划管理数据形成完整、准确、面向全市规划信息管理的综合业务数据库，整合开发数据中心管理、维护系统。

建立规划管理通信中心，进一步改造网络环境，建成覆盖全市的规划信息专用网络平台，实现规划管理各级部门的互联互通、信息共享，为规划管理各级部门间联合办公奠定基础。

④第四阶段任务目标

构建"数字规划"，打造"一张蓝图"，以规划管理信息化建设为出发点，以办公自动化、电子报批和电子政务为核心建设内容，集中解决规划管理办公自动化、行政办公自动化、公众信息查询与发布、电子报批等相关系统的建设工作，整合各类信息及系统，形成统一的规划信息管理应用平台，实现"一张蓝图"工程建设总目标。

(2) 建设内容

项目建设内容可概要表达为以下五个方面：

"一套标准"，整合现有各类数据标准，制定规划信息管理系统数据标准、网络标准、应用标准，建立健全济南市规划信息管理标准体系。

"一套数据"，整合基础测绘数据、规划编制、规划审批管理数据及其他数据资源，建立规划业务综合信息数据库。

"一个平台"，搭建一个集规划信息管理、维护及应用于一体的应用平台。

"一个网"，建立专用、标准、覆盖市局、派出管理处、两院两中心的城域信息交换网络平台。

"一个中心"，数据中心建设，建立数据共享平台，开发数据中心管理、维护系统，网络管理系统。

项目具体设计开发内容如下：

①标准体系建设

明确提出设计引用和参考的标准规范，在符合国家标准、地方标准或行业标准的前提下，结合济南市规划局数据、软件、系统现状，进行整合、扩充、编制，制定济南市规划信息数据标准规范。要求涵盖系统建设所有数据内容。

②基础设施建设

根据济南市规划局硬件及网络环境现状进行设备配置、升级、改造，包括网络系统建设、中央机房建设、系统软件部署及系统安全体系四方面内容，建设规划信息管理网络平台。

③基础地理信息管理系统

在"一张蓝图"工程总体设计框架的前提下，在建立基础地理信息数据库时，考虑增加面向测绘业务的测绘成果管理功能，实现物理无缝，逻辑上可依时间、项目、区域和分幅等多要素、多粒度的管理模式，实现图层控制、更新策略、元数据管理等功能，总体设计方案中要考虑此因素，便于测绘成果标准化生产和规范性管理，保证测绘成果到基础地理信息数据库的顺利迁移。

④规划编制成果管理系统

规划编制成果数据库用于存储和管理历年的规划编制成果，包括图形数据和文本说明，是城市空间信息数据库的一个重要组成部分。规划编制成果管理系统就是建立在此数据库基础之上，应用数据库技术、GIS技术、CAD技术，制定规划成果数据标准，规范成果数据的报批形式，对不同时间和级别的规划编制成果数据库进行设计和建立，对其中的用地规划数据、地块指标进行转换入库以及完成相应的规划成果管理与应用并实现网上发布等多种功能的一体化应用系统。

⑤规划管理综合办公系统

规划综合办公自动化系统全方位覆盖规划审批管理、行政办公、内部管理和综合档案管理等业务内容，是GIS、OA、MIS的集成应用，为市规划局行政办公人员提供一个图、文、表、管一体化的协同办公系统，提高规划审批管理水平和工作效率，创造无纸化办公环境。要求系统建设图、文、表、管集成在统一界面环境之下，采用B/S结构搭建。规划综合办公自动化系统基于规划综合业务数据库之上，各子系统相互关联，共享规划综合业务数据库信息，是"一张蓝图"工程的核心子系统。

⑥电子报批

制定规划方案（逐步推广完成单体、详规等内容）申报电子方案的内容、数据规范标准，开发方案审查系统，对方案的各项指标进行计算、分析，辅助规划审批。

⑦公众信息服务

升级改造现有门户网站,进一步完善政务公开、规划公示、网上办事、空间服务等栏目,完善网站后台管理系统,完善内网信息发布功能。

触摸屏、大屏幕等对外信息查询与发布节点建设。将触摸屏、大屏幕等对外信息查询与发布节点纳入统一网络平台,利用规划公众共享信息数据库实现公众办案进度查询,发布机构职能、政策法规、通知公告、办事指南等信息。

⑧城市规划三维辅助决策支持

将三维规划辅助决策支持系统纳入系统总体框架之内,统一数据格式、数据标准,将虚拟环境建设中的DEM、DOM及三维建模数据纳入基础地理信息数据库统一管理。对原系统进行优化、调整、丰富功能,纳入规划综合办公自动化系统之中,用于辅助支持规划业务审批管理。

⑨数据中心建设

根据济南市规划局"一张蓝图"规划信息系统的数据规划,对涉及到的数据内容、数据类型、数据结构、生产方式及特点进行综合分析,建立总体数据更新维护机制数据,建立规划数据共享平台,支持规划信息系统高效运行,并为其他政府部门提供数据共享。

(3) 建设情况

为尽快形成科学、先进、实用、符合规划管理信息化建设特点的"一张蓝图"工程总体设计方案,市规划局于2006年底组织召开了"一张蓝图"方案征集专家论证会,邀请天津、南京、武汉、重庆、沈阳等5城市的有关专家进行咨询论证,研究确定了"一张蓝图"工程总体设计方案征集文件。在此基础上,采取公开招标方式,邀请上海数慧、武大吉奥、广州城信三家设计单位参与竞标。经有关专家评标,最终确定方案编制的合作单位,设计形成了"一张蓝图"建设纲要和总体方案。

根据总体设计方案,整个工程设计分为两个方面。一是标准体系建设和系统开发,二是软硬件平台及网络设备采购。2007年8月通过公开招标方式分别确定了两个标段的合作单位。目前,已经完成硬件设备的安装调试和网络的部署,标准体系建设和系统开发也已进入调研和标准编制阶段,预计2008年下半年将基本完成"一张蓝图"系统建设(图9-11)。

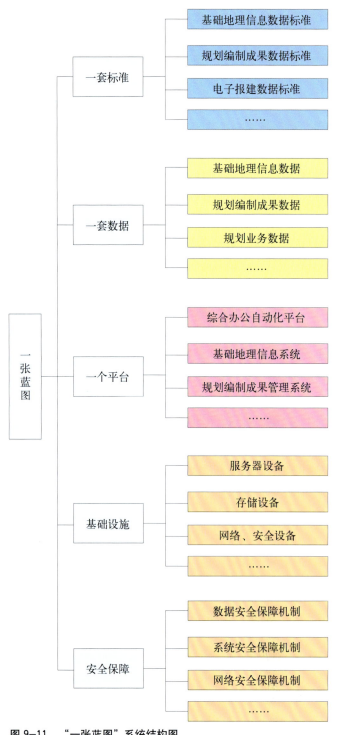

图9-11 "一张蓝图"系统结构图

9.3.4 经营性用地规划策划研究

根据《济南市经营性用地规划策划工作实施方案》，济南市城乡规划编制研究中心（以下简称编研中心）作为济南市经营性用地规划策划工作的编制主体，负责规划策划项目的方案编制和前期技术咨询。为进一步做好规划策划工作，特制定编研中心内部工作流程及相关事项。

（1）工作流程

规划策划工作按委托、编制、初审、沟通、审定及项目办结程序分为以下六个步骤：

①委托策划

编研中心内勤人员负责收文工作，对报件材料符合要求的接受委托，填写《济南市城乡规划编制研究中心业务收文处理笺》，并提交编研中心工作组负责人签批；内勤人员按工作组负责人签批意见，填写《经营性用地规划策划项目统计表》，将收文转交经办人，经办人签收开始策划工作。以上两步骤工作时限为1个工作日。

②规划策划要求研究

经办人持委托方标明策划范围的地形图和市规划局规划标定（道路红线、河道蓝线、高压线路）联络单，衔接市规划局市政规划处标注并复核"六线"等市政条件，时限为2—5个工作日；经办人衔接市规划局相关业务处室了解项目及周边规划资料，掌握项目背景，策划要点，收集和分析现状基础资料、踏勘现场、核对现状图及日照影响范围，填写工作记录，时限为1—2个工作日；经办人提出规划策划要求、原则和附图，包括用地性质、用地范围及其他规划要求，同时列表报工作组业务会研究，对与城市规划无重大矛盾的项目，提报市规划局专题业务会审定；对与城市规划有重大矛盾的项目，提报市规划局专题业务会研究，根据研究意见，报市规划局局业务会审定，时限为3—5个工作日。

③策划方案初审

规划策划要求与委托单位沟通后，签订《规划策划技术咨询协议》，进行策划方案编制，时限为1—3个工作日；经办人编制策划方案，进行日照分析，方案比较，确定初步方案和规划条件，报工作组业务会初审后，衔接市咨询服务中心复核日照，报市规划局专题业务会审查，时限为2—5个工作日（其中项目委托单位提供所需现状建筑的日照分析实测数据不计入时限）。

④策划方案沟通与协调

根据市规划局专题业务会意见，工作组负责人和具体经办人与委托单位沟通，该阶段不计入工作时限。

⑤规划条件审定

策划方案修改完善后，确定规划条件，提交市规划局局业务会审定。其中重点、重要策划项目需提交市建设项目审批领导小组审定，时限为2—5个工作日（其中提交市审批小组审定阶段不计入时限）。

⑥经营性用地规划策划工作办结

经办人完善策划成果，衔接市咨询服务中心出具日照分析报告，按照《济南市规划局机关档案管理规定（试行）》整齐案卷资料报内勤存档管理，市编研中心向委托单位发告知函，请委托单位领取策划成果，并向市规划局征询规划条件，时限为1—3个工作日（图9-12）。

（2）规划策划相关会议内容及参加人员

规划策划需通过以下三个会议，完成方案审定。

①工作组业务会

主要内容为规划策划要求的研究及规划条件的初审，工作组全体成员参加。

②市规划局专题业务会

主要内容为规划策划要求的审查、审定及规划条件的审查，成员为市规划局分管负责人、总规划师、相关处室负责人及工作组成员。

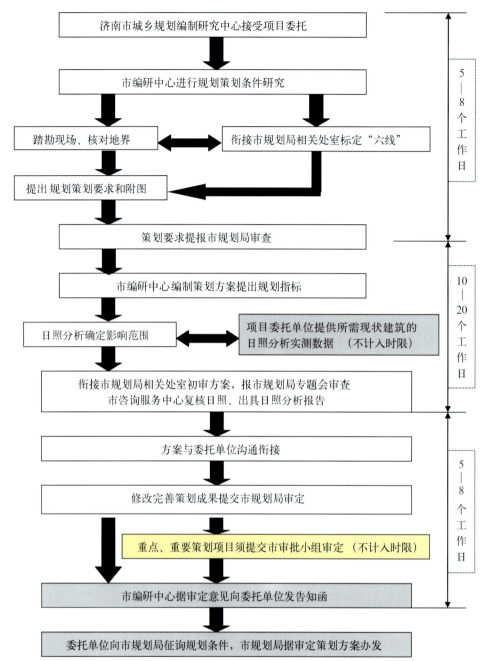

图 9-12 济南市经营性用地规划策划工作流程、服务时限表

③市规划局局业务会

主要内容为规划策划要求及规划条件的审定，时间及人员按市规划局相关规定确定。

(3) 编制研究案例——济南大学东校区规划策划说明

2006年12月13日，济南市旧城改造投融资管理中心拟收购济南大学东校区国有土地，济南市城乡规划编制研究中心接受该项目的规划策划委托，明确该宗用地的用地性质、规划范围、建筑密度、容积率、绿地率等规划要求及指标。

项目用地位于七里山片区，东至舜耕路，南至济南大学宿舍、市广播电视局宿舍，西至济南铁路分局宿舍、省委党校宿舍及其他机关宿舍，北至济大路，总用地面积约 18.38hm^2 （图9-13）。

图 9-13 策划地块范围与现状

随着济南大学新校区建设的逐步完善，新的校区已经基本具备了容纳教学、生活需要的条件，东校区向西搬迁的时机逐渐成熟。为满足济南大学和济南市旧城改造的需要，市规划局原则同意对该地块进行规划策划研究，用地性质策划为居住用地。

①策划要求

项目靠近济南市区南部山区，位于千佛山、英雄山与七里山之间，东北侧为舜耕山庄、北侧为南郊宾馆。周边为舜玉花园、省委二宿舍、省交通厅宿舍、舜玉小区等人口密集的居住区，交通条件良好、市政基础配套设施较为成熟，拆迁成本较小，属于济南市目前房地产开发的黄金地段。

由于项目位于老城区中的开发成熟片区，周边已建设起良好的公共服务配套设施，加上距离市中心区较近，公共服务设施配套较为齐全。现状文化、体育设施有山东财政学院、山东城市建设职业技术学院运动场、省老年人体育活动中心、省妇女儿童活动中心等；现状医疗卫生设施有省警官总医院、市二院门诊等；现状普通教育服务设施有舜耕中学、舜耕小学、舜玉小学、交通厅幼儿园、舜玉路幼儿园等。

考虑到用地内河道东侧至舜耕路已建起良好的植被和绿地，可为周边居民提供健康、绿色的公共活动场所，市规划局驳回了委托单位的建设申请，保留了这片绿地。

2007年1月13日，经局业务会研究，策划方案需满足以下策划要求：

用地范围内河道东侧用地作为配套绿地并对社会开放；地块建筑应以小高层为主。同时须配建一处幼儿园、商业、社区服务、居民健身、垃圾转运、中水等设施。方案策划须满足居住区设计规范、日照要求、建筑间距、容积率等相关规定及规范，结合周边地块综合考虑配套公共服务设施，住宅套型必须满足国家和省市有关规定要求。

②技术方案比较

根据策划要求，结合实际建设的可行性，编研中心编制了两个可供选择的技术方案。方案一采取环绕中心布局的建筑形态，方案二以行列式的建筑形态为主，建筑层数均以小高层和多层为主。经过认真地讨论与分析，方案一具有形态良好、人性化的优点，容易为大多数人接受。根据《城市居住区规划设计规范》的要求，遵循《济南市日照分析规划管理暂行规定》、《济南市日照分析技术规程》等规定，编研中心对方案进行了详细核对，保证规划建筑不对周边现状居住建筑产生任何不良阳光影响（图9-14）。

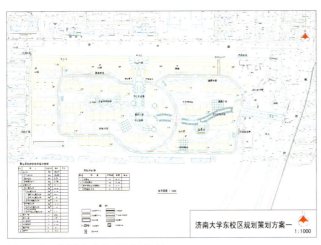

图 9-14 策划方案技术经济比较

③方案沟通与调整

2007年3月1日策划方案报局专题业务会，提出以下规划条件：

总用地面积约为16.55hm^2，城市道路、河道、河道防护绿地面积2.72hm^2，项目规划建设用地面积约13.83hm^2（以实测为准）。

用地性质为居住，地上容积率不大于1.90，地下容积率不大于0.80，建筑密度不大于20%，绿地率不小于40%，停车率不小于100%，用地范围内河道东侧用地作为配套绿地使用，并对社会开放，日照须满足相关规划要求，须按《城市居住区规划设计规范》要求配建居民日常生活所需的公共服务设施，其中含一处用地不小于0.27hm^{2}的9班幼儿园，一处室内副食品市场及中水等设施。住宅套型建筑面积控制需满足国家和省市有关规定要求。

方案基本确定后与用地单位和委托方进行沟通，委托单位提出济南大学由于贷款压力较大，申请在满足相关规定及规范的前提下提高土地出让规划指标。

结合规划参与者提出的合理要求，编研中心与委托方进行了有效的沟通与衔接，确定项目范围内东侧建筑可规划为高层的调整思路，并报市规划局研究。

④方案审议与审定

2007年3月15日，局专题业务会审议了经过规划调整后的方案，研究认为方案从服务民生大计考虑，应综合部署各项配套设施，完善生活室内副食品市场和社会公共停车场（库）的配建。

根据局专题业务会意见，编研中心于3月17日提报市规划局研究济南大学东校区规划策划项目。经研究，市规划局同意了调整后的规划策划方案，审定了以下规划条件：

总用地面积约为16.55hm^2，城市道路、河道、河道防护绿地面积2.72hm^2，项目规划建设用地面积约13.83hm^2（以实测为准）。

用地性质为居住，地上容积率不大于2.1，地下容积率不大于1.0，建筑密度不大于21%，绿地率不小于40%，住宅停车率不小于100%，并须向社会提供不少于150个车位的社会公共停车场（库），用地范围内河道东侧用地作为配套绿地并对社会开放，日照须满足相关规划要求。同时须按《城市居住区规划设计规范》要求配建居民日常生活所需的公共服务设施，其中须配建一处用地不小于0.27hm^{2}的9班幼儿园、一处建筑面积不少于4000m^{2}的室内副食品市场及中水等设施。住宅套型建筑面积控制需满足国家和省市有关规定要求（图9-15）。

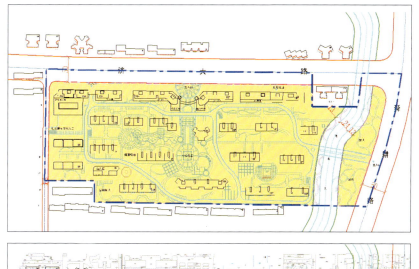

图 9-15 策划方案调整与审定

9.4 专业人才培养与管理队伍建设

9.4.1 规划管理与技术支持队伍的建设

经过多年的发展，济南市规划局逐步形成了目前"一主四辅"的架构，即一个行政主体：济南市规划局，四个技术辅助单位：济南市城乡规划编制研究中心、济南市城市规划咨询服务中心、济南市规划设计研究院、济南市勘察测绘研究院。

（1）济南市城乡规划编制研究中心

济南市城乡规划编制研究中心系济南市规划局所属全额预算管理副局级事业单位，成立于 2004 年，是代表济南市人民政府进行城市规划研究及其编制的机构，编制 48 人。现有规划设计研究人员 32 人，其中具有高级职称 5 人，具有硕士以上学位人员占 56%。

济南市城乡规划编制研究中心主要职责包括：受市规划局委托负责本市城乡规划的组织编制和论证工作；承担市政府交办的有关规划编制任务；开展城市规划管理的战略研究工作；负责济南市经营性用地规划策划工作等。

近年来济南市城乡规划编制研究中心在组织控制性详细规划编制、组织规划设计方案征集和咨询以及经营性用地规划策划方面取得了突出成绩。

作为济南市经营性用地规划策划工作的编制主体，济南市城乡规划编制研究中心积极配合济南市政府、市规划局的工作，开展了大量经营性用地规划的策划工作。2006年10月，该中心按照《济南市经营性用地规划策划工作实施方案》的要求制定了《济南市城乡规划编制研究中心经营性用地规划策划内部工作流程及相关事项》和《济南市城乡规划编制研究中心经营性用地规划策划工作纪律》等内部规章制度，顺利地开展了经营性用地规划策划工作。截至2008年4月，市编研中心已受理各类规划策划项目210多项。在工作过程中，注重规划编制的科学性，积极协调各有关部门，针对各项目开展的必要性、可行性、主要困难、解决问题的途径、经济可行的技术路线、时间安排等问题开展细致深入的前期研究，编制项目建议书。在此基础上开展立项申报、组织编制、技术协调工作，并协助市规划局做好审查批复、跟踪实施等工作，使城市规划、建设和管理进一步走上了科学化道路。

（2）济南市城市规划咨询服务中心

济南市城市规划咨询服务中心系济南市规划局所属全民事业单位，创建于1993年。研制开发的"济南市城市规划管理信息系统"已应用于济南市规划局规划管理业务工作中，该系统将逐步兼容城市规划、建设和管理领域的其他信息系统，最终发展成为"济南市城市地理信息系统"，为社会提供多功能、多目标、多层次的综合信息服务。

中心主要从事于GIS技术、CAD技术、数据库等有关的应用系统研究和开发，对内辅助济南市规划局城市规划与管理；对外面向城市规划，建设和管理及有关领域，提供GIS技术、CAD技术应用咨询、设计、开发、培训，承担各类图形、文档数据的数化、录入和对各类图形数据格式的转换编辑工作；同时可承担企业形象、产品包装、装饰工程设计等业务。中心已经完成和正在完成的开发项目有：城市规划管理信息系统、管道液化气管理信息系统、供（配）电网管理信息系统、地籍管理信息系统、CAD数化成图及图形格式转换系统、城市规划设计CDS系统、建筑物日照间距分析系统、房屋平面图设计系统、房产档案查询统计系统、房地产交易统计报表系统、规划档案查询系统、总体规划多媒体演示系统等。

济南市城市规划咨询服务中心下设三个部门：技术部、信息部、综合部，分别负责GIS技术研究、应用系统开发；国内需求调研、信息交流、业务联系；内部协调、后勤服务、对外接待等。人员专业配置齐备，技术力量雄厚，具有GIS技术、CAD技术、多媒体制作、网络构建、系统集成开发和应用的经验和能力。中心设备配置完备，拥有大屏幕投影仪一台、SUN-E450服务器1台、SUN工作站3台、PENTIUM微机10台和绘图仪、数字化仪、扫描仪、打印机等外部设备；主要软件有GENAMAP、MAPINFO、AUTOCAD、方正奥思等，具备各种应用系统开发的软硬件条件。

（3）济南市规划设计研究院

济南市规划设计研究院是以城市规划设计为主的综合性设计研究单位。自1987年4月28日建院以来，为省会济南的经济、社会发展和城市建设作出了突出贡献。该院先后被济南市委、市政府评为1994年度"建设事业"先进集体，1998年度"城市建设管理"先进集体，1999年度"省市重点工程建设"标兵单位，2000年度"一环九射工程"先进集体，2003年被市委、市政府授予"城市建设先进单位称号"，2002年被授予"青年文明号"单位。1995年被授予山东省首届"十佳"勘察设计院，1997年先后被山东省人事厅和省建委联合评为"城市规划"先进单位、"文明示范窗口"先进单位；1997年被国家建设部评为"应用新技术"先进单位；2004年2月被市委、市政府授予"济南市2003年度城市建设先进单位"称号，被济南市劳动竞赛委员会和市总工会授予"职工经济技术创新活动先进单位"；2004年3月，被评为"创建国家园林城市"先进集体；2004年10月被评为"全省城市规划先进集体"；2005年2月被济南市城市建设工程总指挥部评为"济南市城市重点工程建设2003—2004年度先进单位"。

该院是国家建设部1993年批准的首批规划设计甲级资质单位，并具有市政工程全行业设计乙级资质和建筑设计乙级资质；2002年10月顺利通过ISO9001:2000国际质量管理体系认证。

该院专业技术力量雄厚,设计能力强,设计质量高。现有在职职工109人,具有各类专业技术职称人员99人,其中教授级高工10人,高级工程师37人,注册规划师34人,注册一级建筑师2人,注册一级结构师2人。能承担城市总体规划、分区规划、控制性详细规划、详细规划和市政工程各专项规划的设计任务;并能承担市政工程施工设计和建筑工程设计任务。建院来共完成各类设计任务1600余项,获国家级、部级、省级、市级优秀设计成果奖106项,其中获市级一等奖18项,省级一等奖9项,国家部级5项。科研成绩显著,获科研成果奖7项,其中省级科技进步一等奖1项,三等奖2项;市级科技进步二等奖2项,三等奖1项。

该院注重新技术应用与开发,技术设备精良,应用新技术能力强。拥有高性能的网络服务器,建立了院局域网,形成了百兆桌面网络。局域网的建设和设备的不断更新,使该院逐步步入了数字化时代。

(4) 济南市勘察测绘研究院

济南市勘察测绘研究院成立于1954年,1987年获国家建设部颁发的甲级工程勘察资质,1995年首批获得全国测绘甲级资质,1999年被省科委认定为高新技术企业,并经国家外经贸部批准获得对外勘测咨询业务经营权。1991年、2000年两次被评为"全国城市勘测先进单位",2000年被省人事厅、建设厅评为"山东省建设科技先进集体"。2000年12月29日通过ISO9002国际质量体系认证。主要从事城市测绘和工程测量、工程地质勘察、地理信息系统开发、岩土工程、基坑治理、地图广告、专业咨询等业务。现有在职职工176人,其中高级职称12人,中级职称52人,专业技术人员占职工总数的72%。拥有GPS接收机、全站仪、数字化仪、喷墨绘图仪、扫描仪、电子手簿、新型百米钻机、三轴剪切仪等先进勘测技术设备多台套,拥有PⅢ、PⅡ型计算机40台。

多年来,该院以"质量第一"为宗旨,精心勘测,完成了济南市各级平面和高程控制网测量,各种比例尺地形图测绘,大量市政建设项目、工业民用建筑、开发区及大型厂区的工程测量和工程地质勘察。建立了覆盖全市2000余平方公里独立坐标系统及GPS平面网,1993年完成济南市建成区1:500航测图120km^2,1996年完成1:2000航测图1062km^2,1998年以来完成1:500全野外数字化成图100km^2,1998年完成了高程控制网改造并启用"1985国家高程基准"。近年来,先后完成了小清河综合治理、顺河街高架路、泉城广场等省市重点工程的勘测任务。在银工大厦、玉泉森信大酒店、济南电力调度中心等超高层建筑的工程地质勘察中,采用了深基础载荷试验技术,为建设单位节约直接投资近2000万元,为济南市的规划、建设和管理作出了重要贡献,并取得了显著的经济效益。1995年以来,该院产值年均增长31%,2000年完成产值2382万元,实际收入1685万元,创历史最高水平。

近年来,该院积极开发应用勘测高新技术,不断加大科技投入,提高硬件水平,不断完善科技管理制度,努力促进科技成果转化,多项科研成果获省市科技进步奖。"济南市GPS测量控制网"、"导线网测量自动化系统"、"泉城广场地下地质特征研究"等科研成果通过了省或市科委组织的专家鉴定,并获科技进步奖。为适应城市信息化的发展趋势,引进国际先进的MGE系统作为GIS平台的数化环境,建立了济南市基础地理信息系统,并于2000年底完成了一期工程,具备了批量生产GIS数据的能力。近年来又实现了地形图成图全野外数字化,内业编绘淘汰了手工绘图,达到了全国同行业的先进水平。

该院重视勘测成果质量,从1987年开始推行全面质量管理,2000年6月开始进行ISO9002标准国际质量体系认证,建立了文件化的质量管理体系,2000年12月29日顺利通过北京新世纪质量体系认证中心的认证注册。勘测成果合格率一直保持100%,优良品率一直保持在90%以上,并获省部级优秀工程奖16项,市级优秀勘察设计奖50余项。其中齐鲁宾馆二期工程勘察获1998年度全省勘察工程惟一的优秀勘察设计一等奖。银工大厦工程勘察获建设部2000年度优秀勘察设计一等奖,填补了省内空白。

近几年来,该院不断适应形势,深化内部改革,转换经营机制,积极拓宽业务领域,开展了岩土工程、基坑治理、地图广告等业务,完成了宁津送变电工程、临清造纸厂等几十个工程的岩土工程施工,汇博大楼、中银大厦等多项大型建筑的基坑治理,创造了效益,增加了积累。编绘出版了"济南工贸交通图"、"济南市地名图"、"济南企事业单位分布图"等,对济南市的对外开放和招商引资起到了积极的促进作用。

9.4.2 积极引进外部智力

济南市规划局在不断加强自身队伍建设的同时，还积极引进外部智力，充分利用社会资源，内联外引，大大提高了规划管理和规划设计的水平，社会影响力迅速提高。

(1) 济南市城市规划委员会

济南市城市规划委员会成立于 2003 年，是济南市人民政府授权的城市规划审议审查机构，负责对城市规划的重大问题进行科学民主决策，审议审查重大重要的规划设计和建设项目。济南市城市规划委员会由公务员、专家学者和群众代表共 27 人组成。其中公务员委员 13 人，非公务员委员 14 人。济南市城市规划委员会委员由济南市政府聘任，每届任期 5 年。济南市城市规划委员会聘请驻济专家组成专家委员会，并特邀国内权威专家担任特邀技术顾问。专家委员会是济南城市规划委员会的参谋智囊团，受济南市城市规划委员会委托，为济南城市规划建设科学决策提供审议审查意见。自成立以来至 2008 年 6 月，济南市城市规划委员会共召开会议 4 次，研究审议各类规划事项 7 件次；专家委员会召开会议 64 次，研究审议各类规划事项 66 件次，为济南城市科学发展作出了重要贡献。

(2) 规划名家讲坛

规划名家讲坛是济南市规划局引进外来智力，加强队伍建设的又一重要举措。该活动旨在通过邀请国内外城市规划专家来济南作学术讲座的形式，普及城市规划知识，吸收借鉴国内外城市规划的先进技术、先进理念和先进思想，通过专家的现身说法，让规划工作者开阔视野，提高规划设计和编研水平。规划名家讲坛自 2005 年初启动以来，已经成功举办了七期。规划名家讲坛使规划工作者感受到了规划界前沿理论的熏陶，济南市规划局系统形成了走近大师学理论促实践的良好学风。

(3) 山东省城市规划与设计工程技术研究中心

2007 年 1 月 24 日，由山东建筑大学和济南市城乡规划编研中心联合创办的山东省城市规划与设计工程技术研究中心正式挂牌成立。山东省城市规划与设计工程技术研究中心是我省城市规划领域集科研教学、人才培养、学科建设于一体的综合性研究中心。该中心把高等院校的人才优势、技术优势、科研优势与省会城市的规划实践有机结合，立足济南，面向全省，放眼全国，广泛开展城市规划和应用技术研究，力争逐步建成具有国内领先水平的规划科研机构。该中心还坚持高起点规划的要求，突出城市特色等重点，不断探索新理论、开发新技术，促进济南市城市规划工作不断达到新水平，为省会规划建设事业又好又快发展提供有力的技术支撑。

9.4.3 规划文化建设

(1) 机关文化建设的意义

机关文化，主要指机关及其成员在组织和管理相关事务的长期实践中形成的，为多数成员所认同和共同遵守的基本信念、价值标准、行为规范以及从中体现出来的群体意识、道德品质、精神风貌等。

《中共中央关于加强党的执政能力建设的决定》指出："坚持马克思主义在意识形态领域的指导地位，不断提高建设社会主义先进文化的能力。"各级机关要在建设先进文化、提高执政能力的过程中作出表率。而建设先进的机关文化是深入贯彻党的十七大精神和落实科学发展观的必然要求，也是各级机关不断提高建设社会主义先进文化能力、构建和谐社会和全面建设小康社会的重要内容。加强机关文化建设对于统一思想、更新观念、凝聚力量、提高服务质量和工作效率，树立党和政府的良好形象，实现国家长治久安和民族伟大复兴具有重要意义。

(2) 济南市规划局规划文化建设

济南市规划局把营造特色鲜明的机关文化作为推进事业发展的动力，深入开展以"八荣八耻"社会主义荣辱观、"学党章、守纪律、作表率、树形象"和规划职业道德为主要内容的"三项主题教育"活动，积极倡导以"十要十不要"为核心的规划文化，要求干部"要思想敏锐不要不讲大局，要开拓创新不要因循守旧，要奋发有为不要得过且过，要团结和谐不要一团和气，要迎难而上不要回避矛盾，要热情服务不要不讲原则，要求知若渴不要不学无术，要雷厉风行不要拖沓懒散，要因势利导不要盲目蛮干，要严明纪律不要目无组织"。规划队伍的凝聚力、战斗力进一步增强，精神风貌、作风纪律、服务效率有了根本性转变。

①济南市规划局"十要十不要"规划文化的内涵

一要思想敏锐不要不讲大局。做好规划工作必须讲政治，顾大局，必须保持敏锐的政治觉悟，使自己的思想与局党委保持高度一致，摒弃本位主义，树立大局观念。

二要开拓创新不要因循守旧。创新是灵魂。我们必须大胆破除阻碍发展的旧习惯、旧思维。要顺应发展形势，吃透新情况，搞清新问题，在工作中跳出老框框，革新老办法，研究新思路，探索新方法，寻找新途径。

三要奋发有为不要得过且过。规划工作是一项事关全局的事业，需要我们每个规划工作者积极进取、奋发有为，要保持朝气蓬勃、严肃活泼的精神状态，只争朝夕，勤奋工作，而不要不思进取，做一天和尚撞一天钟。

四要团结和谐不要一团和气。团结就是力量，团结出成绩、出干部。和谐才能凝聚人气，但和谐绝不是一团和气。一团和气是不讲原则的"团结"，这种"团结"缺乏根基。团结和谐是有原则的和谐，有纪律的和谐。在工作中要讲原则、讲党性、讲纪律、讲组织，积极营造和谐的规划工作氛围。

五要迎难而上不要回避矛盾。规划工作涉及社会生活的方方面面，必然会遇到这样那样的问题和矛盾。勇于承担责任是人格问题，也是政治问题，党性问题。我们必须知难而进，勇往直前，不能回避矛盾，绕着红灯走。要敢于正视困难，积极破解难题，实在不好解决的，大家共同负责，协力解决。

六要热情服务不要不讲原则。我们倡导主动热情地为广大建设单位和群众服务，但必须坚持规划原则，尤其是规划的基本原则和底线。透风撒气、推诿扯皮的习气要不得。坚持原则不是教条和僵化，而是努力做到原则性和灵活性的有机统一，在依法行政的前提下，增强处理复杂问题的艺术和能力。

七要求知若渴不要不学无术。规划工作涉及政治问题、经济问题，还涉及社会问题、文化问题、技术问题，需要多学科的知识和多方面的能力。同时，规划领域的新思想、新理念、新技术不断涌现，这就要求我们必须坚持与时俱进，如饥似渴地学习，不断地充实和完善自己，使自己的能力和水平与不断发展的规划事业相匹配。

八要雷厉风行不要拖沓懒散。目前，济南市进入经济快速发展的时期，对规划工作提出了更加严格的要求。我们要真抓实干、雷厉风行，按时保质保量地完成每一项任务，决不能容忍拖拖拉拉、懒懒散散的现象存在。拖沓懒散的作风会毁了这一支队伍，毁了良好的工作局面。

九要因势利导不要盲目蛮干。尊重客观规律、尊重现实情况、尊重大家的主观能动性，是局党委的以一贯之的原则。只有这样，我们才能集思广益，及时更新规划理念，及时调整思路，不断丰富工作的方式方法，才能突破工作瓶颈，打开工作局面。面对新形势新任务，我们不仅要肯干，还要会干，还要干好。必须坚持从实践中来到实践中去，在探索、归纳、实践、提升的基础上，做到顺时应势，因势利导，乘势而上。

十要严明纪律不要目无组织。党的纪律、组织的纪律是大家都要遵守的基本规范。必须深刻认识到我们是规划局这个团队中的一员，个人的形象就代表规划局的形象，个人的工作必须对规划事业负责，个人的事业发展需要组织的培养和支持。我们在处理任何问题时，都必须服从组织安排，遵守组织纪律，维护组织利益，以实际行动为规划工作作贡献。

②积极开展"三项主题教育"活动

市规划局深入开展的以"学党章、守纪律、做表率、树形象"、"八荣八耻"社会主义荣辱观、"规划职业道德"教育为主要内容的"三项主题教育"活动，是加强党的先进性建设，强化全体党员的服务宗旨和职业道德，推进规划工作"三个体系"建设的落实，全面提升规划队伍形象的一项重要举措。整个活动自2007年元月份开始，历时6个月。活动期间，各单位保持并发扬了局系统开展"党员先进性教育"的做法，结合实际，创新活动方式，深化教育效果，先后建立了学习日制度、学习交流制度、情况反馈制度，确保教育活动取得实实在在的效果（图9-16）。

图 9-16 "我为规划事业添光彩"演讲比赛

图 9-17 济南市规划局召开"解放思想大讨论"活动动员大会

图 9-18 济南市规划局理论学习读书会

③深入开展"解放思想大讨论"活动

为深入学习宣传贯彻党的十七大精神，落实市委《关于在全市深入开展"学习实践科学发展观——解放思想大讨论"活动的意见》，2007年11月起，市规划局积极组织开展了局系统"学习实践科学发展观——解放思想大讨论"活动。在活动过程中，市规划局从深入查找问题入手，突出大局意识、思想境界、工作标准等重点，注重加强领导、深入动员，注重把握主题、突出重点，注重深入调研、广征意见，注重狠抓整改、务求实效，解放思想大讨论活动取得了明显成效，广大干部职工的思想认识高度统一到了十七大精神上来，统一到了省、市九次党代会和"9·29"省委常委扩大会议的部署要求上来，统一到了"维护省城稳定、发展省会经济、建设美丽泉城"的总体思路上来，进一步增强了服从服务发展大局的自觉性和坚定性，思想观念有了大转变、境界标准有了大提升、干劲作风有了大改进、服务效能有了大改善。在此基础上，局党委进一步提出了要努力做到思想到位、标准到位、作风到位、措施到位、落实到位"五个到位"的要求，不断把解放思想大讨论活动引向深入（图9-17）。

④组织召开理论学习读书会

2006年8月和2007年8月，济南市规划局先后两次举行局系统理论学习读书会，对近年来规划工作进行深刻总结，使广大干部职工进一步统一了思想，提高了认识，工作的积极性主动性大大提高，规划设计和规划管理工作的水平进一步提升（图9-18）。

⑤机关生活

济南市规划局举办了篮球比赛、书画比赛、摄影比赛等一系列活动，丰富了职工的业余文化生活，提高了干部职工的综合素质（图9-19）。

⑥组织开展"三学三比，争先创优"学习教育活动

为进一步认真学习贯彻党的十七大精神，深入落实科学发展观，全面提升规划队伍的

图 9-19 济南市规划局书画比赛优秀作品展

整体素质，不断把"解放思想大讨论"活动引向深入，自 2008 年 4 月起，市规划局在局系统深入开展了以"学先进、学理论、学业务"和"比素质、比作风、比业绩"为主要内容的"三学三比，争先创优"学习教育活动，通过组织召开动员会座谈会、安排参观学习和社会考察、开展知识竞赛和业务考核等形式多样的活动，全面提升规划系统干部职工的思想境界、业务水平和工作作风，整个规划队伍形成了党性观念强、政治纪律明、工作作风硬、精神状态好、服务效能高，团结和谐、廉洁自律、风清气正的良好工作氛围，树立了规划部门"为民、务实、清廉、高效"的良好形象，努力以一流的素质、一流的作风、一流的业绩，为"维护省城稳定、发展省会经济、建设美丽泉城"和推进济南科学发展、和谐发展、率先发展做出新的更大的贡献（图 9-20）。

图 9-20 济南市规划局"三学三比，争先创优"学习教育动员大会

参考文献

法规、著作与论文

[1] 中华人民共和国城乡规划法 [Z], 2007.

[2] 建设部. 城市规划编制办法 [Z], 1991.

[3] 建设部. 城市规划编制办法实施细则 [Z], 1994.

[4] 济南市规划局. 济南市城市规划法律法规文件汇编（第一册）[Z], 2007.

[5] 全国城镇体系规划纲要（2005—2020）[Z].

[6] 建设社会主义新农村学习问答 [M]. 北京：中央党史出版社, 2006.

[7] 中华人民共和国土地管理法 [Z].

[8] 济南市史志编纂委员会. 济南市志（第二册）[M]. 北京：中华书局, 1999.

[9] （加）克雷格·弗莱舍，（澳）芭贝特·本苏桑. 战略与竞争分析 [M]. 王俊杰等译. 北京：清华大学出版社, 2004.

[10] 吴良镛. 借"名画"之余晖，点江山之异彩——济南"鹊华历史文化公园"刍议 [J]. 中国园林, 2006(1).

[11] 吴良镛. 人居环境科学导论 [M]. 北京：中国建筑工业出版社, 2001.

[12] 王新文. 从理念探索到规划实践——关于"泉城"可持续发展规划的研究与思考 [J]. 中国人口、资源与环境, 2002, 12 (5).

[13] 王新文. 关于城市形象的文化审视 [J]. 山东大学学报（哲学社会科学版）, 2003(4).

[14] 任致远. 科学发展观与城市规划 [J]. 规划师, 2005(2).

[15] 李翅. 走向理性之城 [M]. 北京：中国建筑工业出版社, 2006.

[16] 朱鹏，姚亦峰等. 基于人的"需求层次"理论的"宜居城市"评价指标初探 [J]. 河南科学, 2006(1).

[17] 中国科学院可持续发展研究组. 2002 中国可持续发展战略报告 [R]. 北京：科学出版社, 2002.

[18] （德）AG·汉贝尔. 关于城市远景的主导思想 [A]. 1999 年北京国际建筑师协会第 20 届世界建筑师大会论文.

[19] 连玉明. 中国城市报告 2004[R]. 北京：中国时代经济出版社, 2004.

[20] 顾朝林等. 城市管治——概念理论方法实证 [M]. 南京：东南大学出版社, 2003.

[21] 郝之颖. 对宜居城市建设的思考——从国际宜居城市竞赛谈宜居城市实践 [J]. 国外城市规划, 2006 (2).

[22] 黄光宇. 中国生态城市规划和建设进展 [J]. 城市环境与城市生态, 2001, 14 (3).

[23] 车维汉. 发展经济学 [M]. 北京：清华大学出版社, 2006.

[24] 陈秀山. 中国区域经济问题研究 [M]. 北京：人民大学出版社, 2003.

[25] 国彦兵. 新制度经济学 [M]. 上海：立信会计出版社, 2006.

[26] 冯现学. 快速城市化进程中的城市规划管理 [M]. 北京：中国建筑工业出版社, 2006.

规划成果

[1] 济南市都市计划纲要，1950
[2] 济南市城市建设初步规划，1956
[3] 济南市城市总体规划，1959
[4] 济南市城市总体规划（1980—2000），1983
[5] 九零总体规划调整（1989—2000），1990
[6] 济南市城市总体规划（1996—2010），2000
[7] 济南市城市总体规划（2006—2020）
[8] 济南市历史文化名城保护规划，1994
[9] 济南市城市总体规划（1996—2010）版济南市历史文化名城保护专项规划
[10] 济南市城市总体规划（2006—2020）版济南市历史文化名城保护专项规划
[11] 山东半岛城市群总体规划
[12] 济南都市圈规划
[13] 济南市城市空间战略及新区发展研究
[14] 泉城特色风貌带规划
[15] 济南芙蓉街—曲水亭街地区保护与整治规划
[16] 将军庙街坊城市设计研究
[17] 解放阁地区及舜井街两侧详细规划
[18] 大观园街坊规划研究与策划
[19] 商埠片区保护规划研究
[20] 泉城广场北侧地区（榜棚街—天地坛街）城市设计
[21] 魏家庄商务区详细规划及城市设计
[22] 济南东部产业带空间布局规划研究
[23] 济南东区分区规划
[24] 唐冶片区控制引导规划
[25] 孙村片区规划
[26] 奥体中心规划
[27] 济南汉峪新区详细规划与城市设计
[28] 茂岭山片区规划
[29] 大学科技园区规划
[30] 腊山新区规划
[31] 济南经济开发区规划
[32] 济南市北跨及北部新城区发展战略研究
[33] 大经十路沿线城市空间发展规划
[34] 城区铁路沿线综合整治规划
[35] 小清河两岸地区综合改造规划
[36] 鹊山龙湖沿湖发展带规划
[37] 章丘市城市总体规划（2006—2020）
[38] 济阳县城市总体规划（2006—2020）

[39] 平阴县城市总体规划（2006—2020）
[40] 商河县城市总体规划（2006—2020）
[41] 济南市综合交通规划
[42] 济南市轨道交通线网规划控制定线
[43] 京沪高铁新客站规划
[44] 济南市城市供热规划
[45] 济南市商业网点发展规划
[46] 山东半岛产业发展规划
[47] 山东半岛制造业基地规划
[48] 山东半岛旅游规划
[49] 山东半岛城市群发展战略研究
[50] 济南市中心城控制性详细规划成果
[51] 济南市南部山区（西片）保护与发展规划
[52] 济南市南部山区（东片）保护与发展规划
[53] 济南市绿色生态隔离带规划
[54] 济南市社会主义新农村试点规划
[55] 城市规划决策管理三维支持系统成果
[56] 济南市空间信息服务系统成果
[57] 济南市基础地理信息系统成果

后 记

在《规划泉城》编撰完成,即将与读者见面之际,充盈在我们心中的那份期盼久久萦绕。回顾历时一年多来的编著过程,创作的艰辛和激动还历历在目。在本书即将问世之时,我们更感到了付出之后的收获和喜悦!

通过济南市城市规划工作实践,我们对城市规划工作有了更多的感悟和启发,在编著《规划泉城》过程中,我们试图通过对济南市城市规划工作历史与现状的系统梳理与回顾,研究济南建设发展中面临的机遇与挑战,认清济南市城市发展所处的历史阶段,总结城市规划的实践经验和做法,向大家展示济南市城市规划成就以及我们在工作中的创新和探索,以期为我国城市规划理论创新提供借鉴。这是对济南市多年来城市规划工作的系统研究和归纳总结,也是对我们每一位城市规划工作者的鞭策。在本书具体的编著过程中,我们感受到了济南市规划工作者在工作中迎难而上的豪迈与激情,从中吸取了有益的经验并积蓄前进的动力,为实现济南市城市规划工作新的辉煌而努力。

在本书写作过程中,我们得到了来自各方的关心、支持和帮助。

感谢中国科学院院士、中国工程院院士、清华大学教授吴良镛先生。吴先生一直深切关怀济南市的城市规划工作,多次亲临济南,悉心指导济南市的城市规划建设,这是对济南城市规划工作的莫大支持和帮助。

对长期以来大力关心支持济南市城市规划事业的省委省政府、市委市政府的领导致以诚挚的感谢,对一直以来对济南规划工作给予精心指导和帮助的建设部、山东省建设厅的有关领导表示衷心的感谢。我们将再接再厉,再创新的业绩,努力规划建设更加美丽的泉城。

感谢济南市规划系统各处室、各单位的有关工作人员,他们为本书提供了大量规划成果、基础资料和图片,没有他们的辛勤劳动就没有本书的成功编著。

同时,本书在写作中援引和参阅了一些国内外专家学者以及规划工作者已有的研究成果。在此,也对他们表示深深的敬意和感谢。

通过《规划泉城》的出版,我们期望能够借此与国内外其他城市交流城市规划工作经验,并且通过对济南市城市规划实践的探讨,向人们展示济南市独特的城市规划建设特色,并为建立适合我国国情的城乡规划理论体系提供参考。

鉴于时间和篇幅的限制,书中存在疏漏在所难免,敬请各位专家学者、同行朋友批评指正。

《规划泉城》编者
2008 年 5 月

编委会成员

编　　著：王新文 等

编　　委：王新文　金德岭　姜连忠　吕　杰　孙艺成

　　　　　张立图　王秀波　李　翅

编撰人员：王新文　李　翅　刘晓虹　马交国　秦　杨